Jean Martin Charcot

Neue Vorlesungen über die Krankheiten des Nervensystems

insbesondere über Hysterie

Jean Martin Charcot

Neue Vorlesungen über die Krankheiten des Nervensystems
insbesondere über Hysterie

ISBN/EAN: 9783743455849

Hergestellt in Europa, USA, Kanada, Australien, Japan

Cover: Foto ©berggeist007 / pixelio.de

Manufactured and distributed by brebook publishing software (www.brebook.com)

Jean Martin Charcot

Neue Vorlesungen über die Krankheiten des Nervensystems

Vorwort des Uebersetzers.

Ein Unternehmen wie das vorliegende, welches bezweckt, den Lehren eines klinischen Meisters Eingang in weitere ärztliche Kreise zu verschaffen, wird wohl keiner Rechtfertigung bedürfen. Ich gedenke daher nur wenige Worte über die Entstehung dieser Uebersetzung sowie über den Inhalt der darin wiedergegebenen Vorlesungen zu sagen.

Als ich im Winter 1885 zu fast halbjährigem Aufenthalte nach der Salpêtrière kam, fand ich, dass der — mit 60 Jahren in voller Jugendfrische arbeitende — Prof. Charcot sich von dem Studium der in organischen Veränderungen begründeten Nervenkrankheiten abgewendet habe, um sich ausschliesslich der Erforschung der Neurosen — und zwar besonders der Hysterie — zu widmen. Diese Wandlung hatte an die in der Eröffnungsvorlesung dieses Buches geschilderten Veränderungen angeknüpft, welche im Jahre 1882 in den Arbeits- und Lehrbedingungen Charcot's eingetreten waren.

Nachdem ich das anfängliche Befremden über die Ergebnisse der neueren Untersuchungen Charcot's überwunden und die hohe Bedeutung derselben würdigen gelernt hatte, bat ich Herrn Prof. Charcot um die Erlaubniss, die Vorlesungen, in welchen diese neuen Lehren enthalten sind, in's Deutsche zu übertragen. Ich habe ihm an dieser Stelle nicht nur für die Bereitwilligkeit zu danken, mit welcher er mir diese Erlaubniss ertheilte, sondern auch für seine weitere Unterstützung, durch die es möglich wurde, die deutsche Ausgabe sogar mehrere Monate vor der französischen der Offentlichkeit zu übergeben.

Eine kleine Anzahl von Anmerkungen — zumeist Nachträge zu der Geschichte der im Texte behandelten Kranken — habe ich im Auftrage des Verfassers hinzugefügt.

Den Kern des Buches bilden die meisterhaften und grundlegenden Vorlesungen über Hysterie, von denen man mit dem Verfasser die Herbeiführung einer neuen Epoche in der Würdigung der wenig gekannten und dafür arg verleumdeten Neurose erwarten darf. Ich habe daher im Einverständnisse mit Prof. Charcot den Titel des im Französischen als „Leçons sur les maladies du système nerveux. Tome troisième" bezeichneten Buches verändert, und die Hysterie unter den darin behandelten Gegenständen hervorgehoben.

Wen diese Vorlesungen zu weiterem Eingehen auf die Forschungen der französischen Schule über Hysterie anregen, den darf ich auf das 1885 in zweiter Auflage erschienene, in mehr als einer Hinsicht bemerkenswerthe Buch von P. Richer, „Études cliniques sur la grande hystérie", verweisen.

Wien, 18. Juli 1886.

Inhaltsübersicht.

Erste Vorlesung.

Zur Eröffnung.

Zweite Vorlesung.

Ueber Muskelatrophie im Anschluss an gewisse Gelenkserkrankungen.

Dritte Vorlesung.

I. Ueber Contracturen aus traumatischer Ursache. II. Ueber einen Fall von (schmerzlosem) Gesichtskrampf bei einer Hysterischen.

Neunte Vorlesung.

Ein Beispiel von Entwickelung einer Spinalaffection nach Contusion des N. ischiadicus.

Contusion in der linken Gesässgegend. — Permanente und aussetzende Schmerzen. — Frühzeitiges Eintreten einer motorischen Schwäche. — Muskelatrophie. — Störungen des Harnlassens, der Defäcation und der sexuollen Functionen. — Bleibende Atrophie der vom N. ischiadicus und N. glutaeus inferior versorgten Muskeln linkerseits. — Elektrische Untersuchung. — Parese und Atrophie der Glutäalmuskeln rechterseits. Pag. 101.

Zehnte Vorlesung.

I. Ein Fall von doppelseitiger Ischias bei Wirbelkrebs. II. Ueber Pachymeningitis cervicalis.

I. Doppelseitige Ischias, Verhältnisse, unter denen dieses Leiden auftreten kann: Diabetes, gewisse Formen von Myelo-meningitis, Compression beider Nervenstämme in den Zwischenwirbellöchern. — Die Pseudoneuralgien bei Krebs der Wirbelsäule. — II. Pachymeningitis cervicalis hypertrophica, pseudo-neuralgisches, paralytisches und spastisches Stadium. — Ein bemerkenswerther Fall, Ausheilung mit Verkürzung der Beugemuskeln der Unterschenkel, endgiltige Wiederherstellung durch chirurgische Eingriffe. Pag. 114.

Eilfte Vorlesung.

Ueber einen Fall von Wortblindheit.

Begriffsbestimmung der Aphasie. — Wortblindheit (Cécité verbale). — Charaktere des beobachteten Falles: Plötzliches Einsetzen der Krankheit, vorübergehende rechtsseitige Hemiplegie und motorische Aphasie, Hemianopsie, unvollständige Alexie. — Bedeutung der Bewegungsvorstellungen für das Verständniss des Gelesenen. Pag. 124.

Zwölfte Vorlesung.

Ueber einen Fall von Wortblindheit.

(Fortsetzung.)

Geschichte der Wortblindheit: Gendrin, Trousseau, Kussmaul, Magnan etc. — Analyse von 16 klinischen Beobachtungen. — Fälle mit Sectionsbefund. — Localisation. — Häufigkeit der Hemianopsie dabei. — Bemerkungen über die Natur und den vermuthlichen Sitz der Läsion, von welcher die Hemianopsie und die Wortblindheit abhängen. Pag. 135.

Dreizehnte Vorlesung.

Ueber einen Fall von plötzlichem Verlust der visuellen Erinnerungsbilder für Sprachzeichen und Objecte (Gestalt und Farbe derselben).

Die angebliche Einheit des Gedächtnisses. Unabhängigkeit der einzelnen partiellen Erinnerungsvermögen von einander. — Ein Fall von hoher Entwickelung des visuellen Gedächtnisses. — Familienanlage. — Plötzlicher Verlust des „inneren Sehens". — Die dadurch hervorgerufene Veränderung des Kranken. — Ersatz durch das auditive und musculäre Erinnerungsvermögen. — Die vier Bestandtheile der complexen Vorstellung „Wort". — Individuelle Verschiedenheiten. Pag. 145.

Achtzehnte Vorlesung.

Ueber sechs Fälle von männlicher Hysterie.

Die hysterische Neurose kommt beim männlichen Geschlechte häufig vor und zeigt die nämlichen Charaktere wie beim Weibe. — Sie entwickelt sich häufig auch bei nicht verweichlichten Personen im Anschluss an ein Trauma. — Railway-spine. — Bedeutung des psychischen Shocks. — Vorurtheile, welche die richtige Auffassung der männlichen Hysterie behindern. — Der rasche Wechsel und die Unbeständigkeit der Symptome sind keine allgemein giltigen Charaktere der Hysterie. — Ebensowenig die Wandelbarkeit der Stimmung und des psychischen Verhaltens der Kranken. — Fälle von langjährigem, unverändertem Fortbestehen der hysterischen Stigmata bei Frauen. — Beobachtung I: Heredität, wiederholte Traumen. — Symptome: Hemianästhesie, hysterogene Zonen, Auraempfindungen, psychische Depression. — Charakter der Anfälle. — Beobachtung II: Complication des Symptomcomplexes mit einem eigenthümlichen, für die neurasthenische Neurose charakteristischen Kopfschmerz. — Zungenbiss und unwillkürlicher Harnabgang. — Beobachtung III: Aehnlichkeit der Vorgeschichte in allen drei Fällen. — Hysterischer Tremor. — Beschreibung der Anfälle, in denen die Phase der „grands mouvements" besonders ausgebildet ist. Pag. 202.

Neunzehnte Vorlesung.

Ueber sechs Fälle von männlicher Hysterie.

(Fortsetzung.)

Beobachtung IV: Heredität, Schwächung durch eine acute Erkraukung, Schreck. — Anästhesie in zerstreuten Herden, Anfälle. — Starre und Umwandelbarkeit der Symptome. — Beobachtung V: Hysterie und Alkoholismus in der Familie. — Wiederholtes Erschrecken. — Anfälle unter dem Bilde der partiellen Epilepsie. — Beobachtung VI: Moralische Entartung des Kranken. — Sturz vom Gerüst. — Monoplegie des linken Armes von Anästhesie begleitet. — Schwierigkeiten der Diagnose bei Vorhandensein eines organischen Herzfehlers. — Ausschliessung einer materiellen Erkraukung. — Hervorrufung der Anfälle durch Reizung einer hysterogenen Zone. — Besserung der Monoplegie. — Wiedereintritt der Lähmung in Folge von Suggestion. Pag. 225.

Zwanzigste Vorlesung.

Ueber zwei Fälle von hysterischer Monoplegie des Armes aus traumatischer Ursache bei Männern.

Vorgeschichte des Kranken. — Sturz vom Kutschbocke. — Keine Bewusstlosigkeit. — Plötzliches Auftreten der Monoplegie des rechten Armes am sechsten Tage nach dem Trauma. — Charakter der Lähmung: Absolute Schlaffheit, Erhaltung der Reflexe, der Muskelmassen und der elektrischen Erregbarkeit. — Sensible Störungen in der Haut und in den tiefen Theilen. — Absolute Anästhesie und Fehlen des Muskelsinnes. — Freibleiben der Finger von der motorischen und sensiblen Störung. — Eigenthümliche Abgrenzung der Anästhesie. — Diese Monoplegie kann nicht von einer Erkraukung des Armgeflechtes herrühren. — Vergleich mit einem Falle der letzteren Art. — Die Vertheilung der Anästhesie in demselben. Pag. 242.

Vierundzwanzigste Vorlesung.

Ueber einen Fall von hysterischer Coxalgie aus traumatischer Ursache bei einem Manne.

(Fortsetzung und Schluss.)

Ergebnisse der Untersuchung in der Chloroformnarkose bei dem Kranken. — Combination der organischen mit der hysterischen Coxalgie. — Schwierigkeiten der Diagnose. — Beispiele. — Reproduction des Symptomcomplexes der hysterischen Coxalgie durch die Hypnose. — Erklärungsversuch auf Grund der Lehre von den psychischen Lähmungen. — Therapie. — Wirkung der Massage bei dem Kranken und anderen hysterischen Personen. Pag. 320.

Fünfundzwanzigste Vorlesung.

Eine hysterische Hemiplegie.

Vorgeschichte der Kranken. — Nächtliches Trauma ohne materielle Läsion. — Plötzliches Auftreten einer Hemiplegie am nächsten Tage ohne cerebrale Vorboten. — Charaktere der Lähmung: Muskelschlaffheit, Anästhesie, Verlust des Muskelsinnes. — Fehlen einer Mitbetheiligung der Gesichtsmusculatur. — Ausschliessung einer organischen Ursache für diese associirte Monoplegie. — Heilung durch einmalige Faradisation. Pag. 331.

Sechsundzwanzigste Vorlesung.

Ueber hereditäre Ataxie.

Die klinischen Charaktere der Friedreich'schen Krankheit halten die Mitte zwischen denen der Tabes und der multiplen Herdsklerose, die Krankheit sondert sich aber durch mehrere Punkte scharf von den beiden anderen ab. — Alter der Erkrankten. — Heredität. — Verlauf. — Reflexaufhebung, Zittern, Gangstörung, Ataxie, Nystagmus, Sprachstörung. — Keine anderweitigen Augensymptome, keine visceralen und trophischen Störungen. — Erhaltung der Sensibilität. — Anatomische Läsion der hereditären Ataxie. Pag. 336.

Siebenundzwanzigste Vorlesung.

Ueber alkoholische Lähmungen.

Geschichte der Alkohollähmung. — Nachweis der krankhaften Veränderungen in den peripheren Nerven. — Schwierigkeiten bei der Erhebung der Aetiologie. — Bevorzugung des weiblichen Geschlechtes. — Periode der Schmerzen, welche an die lancinirenden Schmerzen bei Tabes erinnern. — Lähmung, vorzugsweise der Extensoren. — Vasomotorische Phänomene an den Füssen. — Analgesie und eigenthümlicher Geisteszustand der Kranken. — Verlauf der Erkrankung. — Mögliche Verwechslung mit den nervösen Erscheinungen bei Diabetes. Pag. 341.

Achtundzwanzigste Vorlesung.

Ueber die Basedow'sche Krankheit.

Rudimentäre Formen. — Ein neues Symptom. — Die elektrische Behandlung. Pag. 347.

Erste Vorlesung.

Zur Eröffnung.

Die Errichtung des klinischen Lehrstuhls für Krankheiten des Nervensystems.
— Hilfsmittel: das Siechenhaus der Salpêtrière, die Ambulanz, die Laboratorien. — Berechtigung einer besonderen Unterrichtsanstalt für Nervenpathologie.
— Beeinflussung der Pathologie durch die anatomische und physiologische
Wissenschaft. — Unter welchen Bedingungen dieselbe zulässig ist. —
Die nosologische Methode. — Die anatomisch-klinische Methode. — Die
Neurosen sind den allgemein giltigen physiologischen Gesetzen unterworfen. —
Schwierigkeiten des Studiums derselben. — Simulation.

I.

Meine Herren! Es sind nun bald 12 Jahre, dass ich bei
der Wiederaufnahme des damals seit 4 Jahren bestehenden
klinischen Unterrichts in den Räumen dieses Siechenhauses
die Hoffnung aussprach, dieses grossartige Asyl menschlichen
Elends, in dem so viele Meister der französischen medicinischen Schule unsterblichen Ruhm erworben haben, würde
eines Tages eine planmässig organisirte Hauptstätte der Lehre
und der Forschung für die Krankheiten des Nervensystems
werden.

Wo anders, sagte ich damals, will man ein so reiches,
für diese Art von Untersuchungen geeignetes Material finden?
Und geringfügige Abänderungen in der inneren Einrichtung
der Anstalt, fügte ich hinzu, würden hinreichen, diesem Material
die volle Verwerthbarkeit zu geben.

Seit jener Zeit habe ich nie aufgehört, diese meine Ansicht
sozusagen Tag für Tag laut zu verkünden, und habe mich
mit allen mir zu Gebote stehenden Mitteln — bald durch
mündliche Belehrung, bald durch die Veröffentlichung von
Arbeiten, an denen oft meine Schüler theilgenommen haben —
bemüht, deren praktische Tragweite selbst den Ungläubigsten
klar zu machen.

Sie wissen, meine Herren, dass unsere Bestrebungen sich endlich in einem alle Erwartung übertreffenden Masse verwirklicht haben. Denn heute bin ich so glücklich, im Namen der medicinischen Facultät von Paris den Unterricht aufzunehmen, den ich vor nahezu 17 Jahren ohne Lehrauftrag, nur aus persönlicher Entschliessung begonnen hatte.

Wenn ich heute — ich gestehe, nicht ohne tiefe Erregung — die klinische Lehrkanzel für Krankheiten des Nervensystems inaugurire, sollen meine ersten Worte der Ausdruck meines Dankes gegen diejenigen sein, welche dieselbe geschaffen und mir anvertraut haben. Ich danke der Deputirtenkammer, welche dieses Project angeregt, dem Minister des öffentlichen Unterrichts, welcher es angenommen hat, und meinen Collegen an der medicinischen Facultät, welche, über die Zweckmässigkeit der Institution befragt, durch ihr wohlwollendes Gutachten mir einen Beweis ihrer Anerkennung geliefert haben, von dem ich tief gerührt bin. Ich ergreife ferner bereitwillig die gebotene Gelegenheit, ein öffentliches Zeugniss von der Dankbarkeit zu geben, die ich einerseits gegen den Stadtrath von Paris, andererseits gegen die Leitung der Assistance publique empfinden muss. Die weise und grossherzige Hilfe dieser beiden Körperschaften hat zu Stande gebracht, was ohne sie auf vielleicht unüberwindliche Hindernisse gestossen wäre. Dank dieser Unterstützung waren wir in der That bereits vor der Aufnahme in den Schoss der Universität im Besitze von Hilfsmitteln, welche unsere Abtheilung in diesem Krankenhause zu einem neuropathologischen Institut im rechten Sinne des Wortes gemacht hatten.

Endlich, meine Herren, obliegt mir, ehe ich diese Danksagung beschliessen kann, die Erfüllung einer Pflicht, der ich mit ganz besonderer Freude genüge. Indem ich alte Erinnerungen in mir wachrufe, wende ich mich an alle die, welche mir die Ehre erweisen, sich meine Schüler zu nennen — sie sind alle bereits Meister geworden oder auf dem Wege es zu werden — und indem ich ihnen von neuem die Versicherung meiner innigen und aufrichtigen Zuneigung wiederhole, fordere ich sie auf, sich mit uns an dem glücklichen Gelingen des Werkes zu freuen, an dem sie selbst Mitarbeiter waren.

II.

Ich habe soeben, meine Herren, die wichtigen Veränderungen erwähnt, welche mit Hilfe der Leitung der Assistance publique und des Stadtrathes von Paris seit einigen Jahren in der Krankenabtheilung durchgeführt worden sind, die ich

zu leiten die Ehre habe. Mit Ihrer Erlaubniss will ich diesen
Gegenstand etwas ausführlicher behandeln, um dabei die Vor-
theile hervorzuheben, welche die Errichtung der neuen Lehrkanzel in diesem Hospiz oder Versorgungshaus mit sich
bringen kann.

Dieses grosse Asyl schliesst, wie Sie Alle wissen, eine
Bevölkerung von mehr als 5000 Personen ein, darunter eine
grosse Anzahl unter der Bezeichnung „Unheilbar" und auf
Lebenszeit aufgenommene Individuen jeden Alters, die von
chronischen Krankheiten aller Art, besonders aber von Krankheiten des Nervensystems befallen sind. Dieses beträchtliche,
aber in seiner Eigenart nothwendig beschränkte Material,
welches ich als den alten Fonds bezeichnen möchte, war durch
lange Jahre das einzige, das uns für unsere pathologischen
Untersuchungen und für unseren klinischen Unterricht zur
Verfügung stand.

Die Dienste, welche die Studien und der Unterricht unter
diesen Bedingungen leisten können, sind gewiss nicht gering
anzuschlagen. Die klinischen Typen bieten sich dem Beobachter in zahlreichen Exemplaren, welche gestatten, das Krankheitsbild mit einem Blick in verschiedenen, gleichsam fixirten
Stadien zu überschauen, denn die Lücken, welche die Zeit in
diese oder jene Gruppe reisst, werden alsbald wieder ausgefüllt.
Wir sind mit anderen Worten im Besitz eines reich aus-
gestatteten, lebenden pathologischen Museums. Zwar fehlen
uns oft die ersten Anfänge des Uebels, aber dafür ist es uns
gestattet, durch die Leicheneröffnung nach den Läsionen zu
suchen, welche den lange Zeit und sorgfältig während des
Lebens beobachteten Symptomen entsprechen. Jedermann
gesteht auch heute den entscheidenden Einfluss zu, welchen
die von der anatomisch-klinischen Methode geleiteten mikro-
skopischen Untersuchungen auf den Fortschritt der Neuropathologie ausgeübt haben. Aber andererseits sind die schwachen
Seiten der Lage, die ich geschildert habe, zu sehr augen-
fällig, um übergangen zu werden.

In ein Siechenhaus werden in der Regel nur die sehr
ausgesprochenen, für unheilbar gehaltenen Fälle aufgenommen;
die leichten, minder ausgeprägten fehlen. Man kann dort nicht
die Würdigung jener feinen symptomatologischen Nuancen
erlernen, durch die der Beginn gewisser chronischer Affectionen
sich oft allein verräth. Und welche Hoffnung, Heilung oder
Besserung herbeizuführen, bleibt uns ferner, wenn das Uebel
bereits durch lange Jahre im Organismus Wurzel gefasst
und den entsprechenden therapeutischen Methoden wider-
standen hat?

Diese Mängel waren ganz offenkundig. Man konnte hoffen, ihnen abzuhelfen, wenn man vor den Thoren des Krankenhauses eine Ambulanz mit unentgeltlicher Verabreichung der Medicamente einrichten würde. Dort, sollte man erwarten, würden sich in grosser Zahl jene chronisch Kranken vorstellen, welche nicht immer eine leichte Aufnahme in die Spitäler der Stadt und jedenfalls nicht beständig die für ihren Zustand geeignete Behandlung finden.

Diese Erwartungen haben sich erfüllt. Die Ambulanz (Consultation externe) functionirt bereits seit zwei Jahren und Fälle, welche uns wegen der speciellen Richtung unserer Studien interessiren, finden sich dort in grosser Menge ein. Ich werde oftmals Gelegenheit haben, Ihnen bei unseren Zusammenkünften Kranke vorzustellen, welche die Ambulanz des Hauses besuchen. Es fällt diesen Kranken nicht ein, sich der klinischen Demonstration zu entziehen. Sie verstehen, dass, mit je mehr Interesse und Sorgfalt sie untersucht werden, desto mehr ihre Chancen auf Heilung oder Besserung wachsen.

Die Ambulanz forderte als eine sozusagen logische Ergänzung die Einrichtung einer Abtheilung im Krankenhause, auf welcher die Kranken, die von auswärts kommen, um uns zu consultiren, zeitweilige Aufnahme finden können. Oft und oft hatten wir diese Neuerung verlangt, aber wir sind an principiellen Schwierigkeiten gescheitert.

Zum Glück hat unsere Sache das Interesse des erleuchteten Leiters der Assistance publique erweckt, und gegenwärtig sind alle Schwierigkeiten behoben, eine klinische Abtheilung von 60 Betten, 40 für Frauen und 20 für Männer, ist heute eingerichtet. Ich weiss Herrn Quentin nicht genug für den Eifer zu danken, mit dem er in dieser Angelegenheit unsere Bemühungen unterstützt hat.

Auf diese Weise ist zum Siechenhaus zuerst eine Ambulanz und dann eine Klinik [1] hinzugekommen. Das alles bildet ein innig verknüpftes Ganzes, welches durch einige andere Zuthaten vervollständigt wird. Wir besitzen ein pathologisch-anatomisches Museum nebst Ateliers für Photographie und Gypsabgüsse, ein Laboratorium für Anatomie und pathologische Physiologie, welches in seiner Behaglichkeit einen eigenthümlichen Contrast gegen die enge, schlecht beleuchtete Kammer bildet, die durch 15 Jahre unser einziger Zufluchtsort — meiner und meiner Schüler — war, und die wir mit dem stolzen Namen „Laboratorium" zu bezeichnen pflegten; ein ophthalmologisches Cabinet als unentbehrliche Ergänzung

---

[1] Dieselbe ist auf die Aufnahme von Nervenkranken beschränkt.

— 5 —

jedes neuropathologischen Instituts, und den Hörsaal, in dem ich die Ehre habe, Sie zu empfangen, und der, wie Sie sehen, mit allen modernen Demonstrationsapparaten ausgerüstet ist. Endlich besitzen wir noch eine Abtheilung, welche reich mit allen für die Pflege der Elektrotherapie und Elektrodiagnostik nothwendigen Apparaten ausgestattet ist, woselbst zahlreiche Kranke dreimal wöchentlich die ihrem Zustand entsprechende Behandlung finden.

Die hingebende Unterstützung, die uns unser ausgezeichneter Freund, der Director des Hauses, Herr Lebas, bei der Einrichtung dieser Institute angedeihen liess, ist wahrlich über alles Lob erhaben.

Sie sehen, wie reiche Hilfsmittel uns anvertraut sind! Es ist nun unsere Sache, sie auszunützen. Was mich betrifft, so hoffe ich, obwohl ich auf einer Stufe des Lebens angelangt bin, wo der Blick sich einzuschränken beginnt, doch Kraft und Zuversicht genug in mir zu finden, um nicht hinter meiner Aufgabe zurückzubleiben.

III.

Ich muss mich nun, meine Herren, mit einigen Bemerkungen gegen Einwände und Bedenken principieller Natur wenden, welche sich aus Anlass der Errichtung der neuen Lehrkanzel sicherlich Vielen unter Ihnen aufgedrängt haben.

Man hat sich z. B. gewiss die Frage gestellt, ob die officielle Anerkennung einer neuen Specialisirung in der Medicin wirklich etwas Zweckmässiges und Berechtigtes ist, und ob man nicht, auf dem einmal betretenen Wege weiter gehend, Gefahr läuft, die Einheit unserer Wissenschaft durch Zersplitterung aufzulösen? Darauf kann man die kurzgefasste Antwort geben, dass heutzutage in der Medicin, seitdem die immer tiefer eindringende Forschung die Zahl der Thatsachen ohne Unterlass vergrössert, während unsere Arbeitskraft und Fähigkeit der Aneignung nicht in gleichem Masse wachsen, Niemand mehr ernsthafterweise den Anspruch erheben kann, Alles zu beherrschen und Alles zu ergründen. Die Specialisirung ist nothwendig und unvermeidlich geworden. Man muss sie wohl hinnehmen, da man sie nicht umgehen kann. Es wird nur darauf ankommen, ihr eine geeignete Organisation zu geben, um eine Zersplitterung ohne Grenzen und eine unfruchtbare Abschliessung der Specialfächer zu verhüten. Bildete sich eine solche heraus, so hätten wir allerdings beklagenswerthe Folgen davon zu erwarten. Nun, ich muss sagen, in gewissem Sinne besteht diese Organisation bereits in dem Lehrkörper unserer

Facultät, denn derselbe fordert von seinen Mitgliedern (Agrégés), aus denen die Professoren genommen werden, die Kenntniss der gesammten Medicin.

Auf dem Gebiete der Nervenpathologie ist übrigens die Gefahr, welche aus einer allzu eng begrenzten Specialisirung erwachsen könnte, nicht zu befürchten, denn dieses Gebiet ist heute, wie Jedermann zugeben wird, eines der allerumfassendsten geworden, die es gibt, eines von denen, die sich am raschesten ausdehnen, und deren Bearbeitung von Jedem, der sich demselben widmet, einen grossen Reichthum von allgemeinen Kenntnissen erfordert. Es war also nur in der Ordnung, dass die Nervenpathologie, welche in der Zukunft alle Kräfte derjenigen absorbiren wird, die sie beherrschen wollen, einen besonderen Platz für sich neben den anderen Specialfächern beansprucht hat, welche der Zwang der Verhältnisse schon früher aus dem Schosse der Medicin losriss und zur Selbstständigkeit entwickelte.

Eine andere Bemerkung, die man geltend machen muss, ist, dass in der wissenschaftlichen Entwickelung der letzten dreissig Jahre, durch welche die Grenzen der Neuropathologie hinausgerückt und deren Specialisirung nothwendig gemacht wurde, Frankreich zu wiederholten Malen mit der Anregung vorangegangen ist.

Diese Rolle muss behauptet werden; Frankreich darf sich auf seinem eigenen Gebiet nicht von anderen Ländern überholen lassen. Um dieses Ziel zu erreichen und sich eine dauernde Position zu sichern, war es nothwendig, einer gewissen Anzahl von Arbeitskräften alle Mittel in die Hand zu geben, um sich auf der Höhe der wissenschaftlichen Bewegung zu erhalten, und dies konnte nur geschehen, indem man einen Lehrstuhl für den Unterricht in den Krankheiten des Nervensystems errichtete. Denn nur ein solcher, von einem ordentlichen Professor eingenommener Lehrstuhl kann, in Folge der Vorrechte und Pflichten, welche sich an ihn knüpfen, die Bedürfnisse des Unterrichts und die Anforderungen des wissenschaftlichen Fortschritts in würdiger Weise erfüllen.

IV.

Es scheint mir unnütz, diese Rechtfertigung der neuen Institution noch länger auszuführen und weitere Argumente zu ihren Gunsten zu häufen. Wir wollen vielmehr, in Befolgung des hergebrachten Brauchs, diese Eröffnungsvorlesung dazu verwenden, um unseren neuen Gästen, denen, die uns zum ersten Male die Ehre ihrer Anwesenheit schenken, aus-

einanderzusetzen, wie ich es mit diesem Unterricht halte, der,
schon lange Zeit geübt, mir heute in officieller Weise übertragen worden ist.

Wie in früheren Jahren, wird es sich hier vor Allem um
Klinik, mit anderen Worten um praktische Ausübung der
Medicin handeln. Das heisst, wir werden diesen oder jenen
besonderen Fall vornehmen, diesen oder jenen Kranken, den
zu heilen oder wenigstens zu bessern unsere Aufgabe ist.
Dieses Ziel, meine Herren, kann selbstverständlich nur erreicht
werden, indem wir von den Kenntnissen Gebrauch machen,
die wir uns vorher in den verschiedenen Fächern der Medicin
erworben haben; denn um zu können, muss man erst wissen.
Die medicinische Praxis hat in Wahrheit keinen ihr selbst
eigenen Inhalt, sie lebt von Anleihen und von Anwendungen;
ohne die wissenschaftliche Auffrischung würde sie zu einer
eingerosteten und gleichsam stereotypirten Routine herabsinken.
Auch kann man meiner Meinung nach behaupten, dass, abgesehen vom ärztlichen Blick, vom Scharfsinn und anderen
angeborenen Eigenschaften, die man zwar durch Uebung ver-
vollkommnen, aber doch nicht ganz und gar erlernen kann —
man kann behaupten, sage ich, dass jeder als Kliniker so viel
werth ist, als er als Pathologe taugt. Man kann also den
Kliniker, wenigstens im Grossen und Ganzen, beurtheilen, ehe
man ihn bei der Arbeit sieht, wenn man nur seine wissenschaftlichen Gesichtspunkte und Bestrebungen prüft.

Mit Bezug auf diesen Punkt brauche ich, meine Herren,
kein Glaubensbekenntniss mehr abzulegen, und ich kann mich,
wie ich meine, darauf beschränken, noch einmal zu erklären,
dass meiner Ansicht nach eine in grossem Ausmasse statt-
findende Einflussnahme der anatomischen und physiologischen
Wissenschaft auf die Medicin eine wesentliche Bedingung des
Fortschritts der letzteren bildet: eine Wahrheit, die übrigens
im Laufe der Zeit zum Gemeinplatz geworden ist.

Einen Punkt will ich aber mit Nachdruck hervorheben,
nämlich, dass dieser Einfluss, um wirklich fruchtbringend und
berechtigt zu sein, gewisse Bedingungen einhalten muss, an die
man nie vergessen darf. Erlauben Sie mir, Ihnen die Ansicht
ins Gedächtniss zu rufen, die ein hervorragender Physiologe,
Claude Bernard, gerade mit Rücksicht auf diesen Gegenstand
ausgesprochen hat. „Man darf nie," sagt er, „die Pathologie der
Physiologie unterordnen. Das Umgekehrte muss geschehen.
Man muss zuerst das medicinische Problem so hinstellen, wie
es durch die Krankenbeobachtung gegeben wird, und dann
suchen, die physiologische Erklärung dafür zu liefern. Verfährt
man anders, so setzt man sich der Gefahr aus, den Kranken

aus den Augen zu verlieren und das Krankheitsbild zu ver-
zerren." Das sind wahrlich beherzigenswerthe Worte! Ich
habe sie mit Absicht wortgetreu citirt, weil sie ein so treffender
Ausdruck unseres Gedankens sind. Sie lassen klar erkennen,
dass es in der Pathologie ein ganzes, grosses Gebiet giebt,
welches dem Arzt ausschliesslich zu Eigen gehört, welches er
allein bearbeiten und Früchte tragen lassen kann, und das
nothwendig einem Physiologen verschlossen bleiben muss, der,
beharrlich in sein Laboratorium gebannt, die Lehren des
Krankensaals verachten wollte.

Die zur Bearbeitung dieses weiten Feldes taugliche Methode
kann man als die nosologische bezeichnen; es ist die von
Alters überlieferte Methode, denn sie bemüht sich, so lange
es eine Medicin giebt, die krankhaften Zustände zu beschreiben,
ihre Kennzeichen zu bestimmen, ihre Aetiologie, ihre Abhängigkeit von anderen Umständen, die Veränderungen, die
sie unter dem Einfluss der therapeutischen Agentien erfahren,
festzustellen. Thatsachen dieser Art bilden nothwendigerweise,
beachten Sie das wohl, meine Herren, die ersten Grundsteine
jedes wissenschaftlichen Gebäudes in der Pathologie, und ohne
diese Grundlage wäre die Physiologie des kranken Menschen
nichts als ein leeres Wort.

Wenn man die ganze Leistungsfähigkeit dieser Methode
auf dem Gebiet der Krankheiten des Nervensystems darthun
will, braucht man nur an einen Theil der unübertrefflichen
Arbeiten von Duchenne (de Boulogne), diesem grossen Vertreter der Neuropathologie in Frankreich, zu erinnern. Seine
bewunderungswürdigen Studien über die Muskelbewegungen
mit Hilfe der localisirten Application der Elektricität könnte
allerdings, wenigstens bis zu einem gewissen Punkt, die Physiologie für sich in Anspruch nehmen. Aber das gilt nicht für
seine Schöpfung der grossen Krankheitstypen, die wir unter
dem Namen der progressiven Muskelatrophie, der Kinderlähmung, der Pseudohypertrophie der Muskeln, der Zungen-
kehlkopflähmung, endlich der Ataxie locomotrice kennen. Diese
Schöpfung, unbestreitbar der Höhepunkt seiner Arbeiten, weil
sie mit beseelten, lebenden, der Wirklichkeit entsprechenden,
Jedermann kenntlichen Wesen Fächer gefüllt hat, die früher
leer oder von verworrenen Formen eingenommen waren, diese
Schöpfung, sage ich, ist ganz ausschliesslich das Werk der
nosographischen Methode.

V.

Diese Methode braucht sich aber durchaus nicht auf
die Beobachtung der äusserlichen Krankheitsanzeichen zu

beschränken; sie kann, ohne ihren Charakter zu verändern, sich auf das pathologisch-anatomische Gebiet erstrecken und sich dasselbe unterwerfen.

Man hat oft gesagt, dass der Fortschritt der Pathologie dem der pathologischen Anatomie parallel geht. Das erweist sich als besonders zutreffend für die Krankheiten des Nervensystems. Ein Beispiel wird genügen, um Ihnen zu zeigen, von welch ausschlaggebender Bedeutung die Entdeckung einer constanten Läsion in den Krankheiten dieses Organs ist.

Die Beschreibung, welche Duchenne de Boulogne von der Ataxie locomotrice entworfen, gehört zu den packendsten und lebenswahrsten. Sie gilt mit Recht für ein Meisterwerk. Und doch hat sie lange Zeit keine andere als eine skeptische Aufnahme gefunden, so lange, bis man die längst von Cruveilhier beschriebene Läsion des Rückenmarks auf das Krankheitsbild beziehen lernte.

Immer noch hielten einige Autoren an der Ansicht fest, dass die Krankheit bei ihrem Beginne nur eine Neurose sei. Aber alle Täuschung darüber musste schwinden, als man erkannte, dass die Läsion bereits in den ersten Stadien der Krankheit vollkommen entwickelt und ersichtlich ist, wenn sich dieselben klinisch nur durch flüchtige Symptome verrathen, und dass diese Läsion immer, bis zu einem gewissen Masse, auch in den abgeschwächten, nicht typischen Fällen vorhanden ist, welche man so mit Sicherheit dem in der classischen Beschreibung von Duchenne allein berücksichtigtem Typus der Erkrankung anreihen konnte.

Beachten Sie wohl, dass in diesem, wie in vielen anderen Fällen, die Zuziehung der pathologischen Anatomie uns einen gewissermassen rein praktischen Anhaltspunkt liefert. Es handelt sich hier vor Allem darum, der Nosographie bestimmtere, sozusagen greifbarere Kennzeichen in die Hand zu geben, als es die Symptome selbst sind. Man kümmert sich dabei nicht darum, die Natur der Beziehungen, welche die Läsionen mit den Symptomen verknüpfen, zu ergründen.

Ohne die Bedeutung der auf diesem Wege gewonnenen Resultate verkennen zu wollen, muss man doch zugeben, dass das Studium der Läsion von einem anderen Gesichtspunkt aus betrieben werden und höhere, ich möchte sagen, mehr wissenschaftliche Ziele anstreben kann. Unter günstigen Umständen kann man durch dieses Studium die Grundlagen für eine physiologische Erklärung der Krankheitserscheinungen finden und, im engsten Zusammenhange damit, gleichzeitig der Diagnose zu einer grösseren Vertiefung und Schärfe verhelfen.

Ich lege Ihnen hier ein Schema vor, welches gewissermassen ein Abriss, ein Auszug der neueren Pathologie des
Rückenmarks ist. Sie sehen darauf das Rückenmark in eine
weit grössere Anzahl von Regionen eingetheilt, als früher
durch die Anatomie und die experimentelle Physiologie bekannt
geworden waren. Dieses Schema ist das Werk der anatomisch-
klinischen Methode.

Jede dieser Regionen kann für sich allein, ohne Mitbetheiligung der benachbarten Partien, in, wie man es nennt,
„systematischer" Weise der Sitz einer Läsion werden und uns
so in die Verhältnisse einer wohl gelungenen Vivisection ver-

Fig. 1.

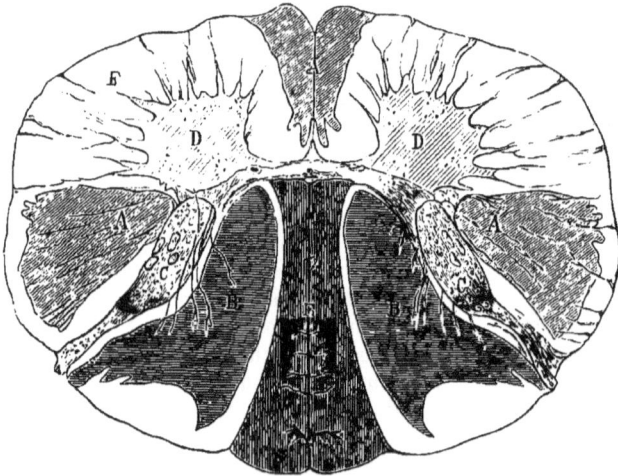

AA Seitenstränge. *A* Türck'sches Bündel. *BB* Hintere Wurzelzone. *CC* Hinterhörner. *DD* Vorderhörner. *F* Vordere Wurzelzone. *E* Goll'sche Stränge.

setzen; jeder dieser umschriebenen Läsionen entspricht ein
besonderes Krankheitsbild, das gewissermassen die jeder Region
zukommende Function durch deren Störung enthüllt. Man
erfährt so, dass die Pyramidenstränge fast ausschliesslich aus
Fasern bestehen, welche in directer Weise die Willensimpulse
dem Rückenmarke und durch dessen Vermittelung den Extremitäten zuführen, oder dass die motorischen Zellen der Vorderhörner der Ernährung der mit ihnen verbundenen Muskeln
vorstehen, dass diese Region der Vorderhörner nichts mit der
Leitung sensibler Eindrücke zu thun hat u. A. m. Physiologie
und Pathologie treffen sich und verschmelzen miteinander
auf diesem Gebiet.

Aehnliche Resultate hat man durch die Anwendung der nämlichen Methode auf das Studium der Localisationen im verlängerten Mark und in den Grosshirnhemisphären erhalten. Ich will mich in Bezug auf diesen letzten Punkt mit wenigen kurzen Bemerkungen begnügen.

Sie wissen, dass in dem Lager der Experimentatoren mit Bezug auf diese Frage der Localisation im Grosshirn gegenwärtig ein grosser Wirrwarr herrscht. Die Einen bestreiten nachdrücklich, was die Anderen ebenso entschieden behaupten. Diesen Kämpfen schauen wir Pathologen, wenn auch nicht mit Gleichgiltigkeit, so doch mit Ruhe zu; wir werden in Geduld warten, bis die Einigung erzielt ist.

Wir können das, weil die Mittel der Forschung, welche uns zu Eigen gehören, uns eine gewisse Anzahl von fundamentalen Thatsachen für den Menschen kennen gelehrt haben, gegen welche die von der Vivisection gemachten Angaben niemals in Betracht kommen können. So wissen wir mit Sicherheit, dass eine destructive Läsion des Pyramidenbündels in seinem Verlauf nach hinten vom Knie der inneren Kapsel die gemeine bleibende Hemiplegie erzeugt; dass destructive Läsionen des hinteren Endes der inneren Kapsel den Symptomencomplex der cerebralen Hemianästhesie zur Folge haben; was die Rinde der Grosshirnhemisphären anbelangt, so ist gegenwärtig die pathologische Bedeutung der Brocaschen Windung eine ganz unbestrittene. Man weiss, dass die Zerstörung der Windungen der sogenannten motorischen Zone, wenn sie ausgebreitet ist, eine Hemiplegie verursacht, dagegen nur eine Monoplegie, wenn sie sich auf diese oder jene Unterabtheilung der Zone beschränkt. Auf die irritativen Läsionen derselben Gegend beziehen wir die Erscheinungen der partiellen Epilepsie. Allerdings bieten diese Thatsachen der Localisation uns noch nicht das Material für eine ausgebildete Lehre von der physiologischen Bedeutung der verschiedenen Rindengebiete. Aber so, wie sie sind, stellen sie ebensoviele Anhaltspunkte dar, deren sich der Kliniker bei der schwierigen Arbeit der Feststellung der Diagnose bedient.

VI.

Aus dem Vorhergehenden erhellt die Bedeutung, welche wir in unseren Studien der pathologisch-anatomischen Untersuchung einräumen müssen. Es ist Ihnen aber wohl bekannt, meine Herren, dass es für unsere heutige Kenntniss eine grosse Anzahl von Krankheiten giebt, welche offenbar ihren Sitz im Nervensystem haben und dennoch keine wahrnehmbare mate-

rielle Spur in der Leiche zurücklassen. Die Epilepsie, die
Hysterie, selbst bei noch so langem Bestande, die Chorea und
viele andere krankhafte Zustände sind wie ebensoviele Sphinxe,
welche der gründlichsten anatomischen Forschung Trotz bieten.
Diese aus Symptomen ohne anatomisches Substrat bestehenden
Gebilde drängen sich der Vorstellung der Aerzte nicht mit jener
Realität und Bestimmtheit auf, wie sie den von nun ab an eine
greifbare anatomische Veränderung geknüpften Affectionen zukommt.

Ja, es fehlt nicht an Meinungen, welche in mehreren
dieser Affectionen nichts sehen wollen als einen wirren Haufen von
sonderbaren, zusammenhanglosen, der Analyse unzugänglichen
Erscheinungen, die man vielleicht am besten in die Kategorie
des Unerforschlichen bannt. Es ist besonders die Hysterie,
welche von dieser Aechtung betroffen wird. Aber kein Macht-
wort, gleichgiltig von wo es ausgeht, wird je vermögen, sie
von dem Register der Krankheiten zu streichen. Wir müssen
vielmehr sie nehmen, wie sie ist, und dürfen uns nicht durch
die Schwierigkeiten, die ihr Studium bietet, abschrecken lassen.
Uebrigens, meine Herren, könnte nur eine oberflächliche Beobachtung zu der Meinung führen, die ich eben gekennzeichnet
habe; ein aufmerksameres Studium zeigt die Verhältnisse in
ganz anderem Lichte, und es ist ein grosses Verdienst von
Briquet, in seinem schönen Buch unwiderleglich dargethan zu
haben, dass auch die Hysterie, gerade so wie die anderen
krankhaften Zustände des Nervensystems, Regeln und Gesetzen
gehorcht, welche eine aufmerksame und hinreichend verviel-
fältigte Beobachtung immer wird aufdecken können. Gestatten
Sie mir, um nur ein Beispiel vorzubringen, Sie an die Beschreibung des grossen hysterischen Anfalles zu erinnern, die
heute in eine so einfache Formel gefasst ist. Mit der Regelmässigkeit eines Mechanismus folgen im ganz ausgebildeten
Anfalle vier Perioden aufeinander: 1. die epileptische, 2. die
der grossen (widerspruchsvollen, sinnlosen) Bewegungen, 3. die
der leidenschaftlichen Stellungen und Geberden, 4. das termi-
nale Delirium. Aber der Anfall kann ein unvollständiger sein,
jede der Perioden kann isolirt auftreten, oder es fallen nur
eine oder zwei von ihnen aus. Man versteht, zu welcher
Mannigfaltigkeit der Bilder diese Combinationen führen können;
aber immer muss es dem, der im Besitz der Formel ist, leicht
werden, alle Bilder auf den Grundtypus zurückzuführen.

Das alles hat das grösste Interesse für den Kliniker,
welcher lernen muss, sich in dem anscheinend unentwirrbaren
Labyrinth zurechtzufinden. Was ich aber besonders hervorheben will, ist, dass im hysterischen Anfall — ich könnte

ebensogut das Gleiche von vielen anderen Aeusserungen der
Hysterie sagen — nichts der Willkür des Zufalls überlassen ist;
im Gegentheil, alles geht nach Regeln vor sich, die immer
die nämlichen sind, für die Spital-, sowie für die Privatpraxis,
für alle Länder, für alle Zeiten, für alle Racen, die also wirklich universelle Giltigkeit besitzen.

Es giebt eine andere wichtige Thatsache in der Lehre
von den Neurosen im Allgemeinen und von der Hysterie im
Besonderen, welche beweist, dass diese Affectionen durchaus
nicht etwa in der Pathologie eine besondere Classe bilden,
welche von anderen als den gemeinen physiologischen Gesetzen
beherrscht wird, nämlich die, dass ihre Symptomatologie sich
immer — und häufig in innigster Weise — der Symptomatologie
anschmiegt, welche an die Erkrankungen mit materiellen
Läsionen geknüpft ist. Und diese Aehnlichkeit geht oft so weit,
dass sie die Diagnose aufs äusserste erschwert. (Man hat
mitunter diese Eigenthümlichkeit der Affectionen sine materia,
organische Erkrankungen nachzuahmen, als Neuromimesis
bezeichnet.) So ist die Uebereinstimmung überraschend zwischen
der gewöhnlichen Anästhesie der Hysterischen und der, welche
von einer organischen Herderkrankung abhängt. Im Grunde
genommen ist es in beiden derselbe Symptomencomplex. Dieselbe Aehnlichkeit besteht zwischen der spasmodischen Paraplegie der Hysterischen und der durch organische Läsion des
Rückenmarks verursachten (Muskelschwäche und Steifigkeit,
Steigerung der Sehnenreflexe, Erhaltung der Muskelmassen).
Gerade diese Aehnlichkeit, welche den Kliniker mitunter in Verlegenheit bringt, muss dem Pathologen zur Belehrung gereichen,
um hinter dem gemeinsamen Krankheitsbild die Identität der
anatomischen Localität zu erkennen und mutatis mutandis die
dynamische Läsion in jenen Ort zu verlegen, auf den die
Untersuchung der entsprechenden organischen Läsion hingewiesen hat. Und damit hätten wir wieder erkannt, dass die
Principien, welche in dem Reiche der Pathologie herrschen,
auch für die Neurosen Geltung haben, und dass man auch
bei diesen trachten muss, die klinische Beobachtung durch
anatomische und physiologische Denkweisen zur Vollendung
zu bringen.

VII.

Da ich dabei bin, Ihnen die Schwierigkeiten auseinander-
zusetzen, welchen der Kliniker bei dem Studium der Neurosen
begegnet, und die Mittel anzuführen, über die er verfügt, um
diese Hindernisse zu überwinden, muss ich noch, bevor ich

schliesse, Ihre Aufmerksamkeit auf einen Punkt besonders richten. Ich meine nämlich die Simulation, nicht etwa jene Nachahmung einer Krankheit durch eine andere, von der wir eben gesprochen haben, sondern die absichtliche, gewollte Simulation, bei welcher die Kranken entweder vorhandene Erscheinungen übertreiben oder sogar eine vorgebliche Symptomatologie aus ihrer Phantasie neu schaffen. Jedermann weiss ja, dass in der That das Bedürfniss zu lügen, bald ohne Zweck zu lügen, in einer Art von uneigennütziger Ausübung der Kunst, bald mit Absicht, um Aufsehen zu erregen, Mitleid zu wecken u. s. w., ein sehr gewöhnliches Vorkommniss und das besonders in der Hysterie ist. Wir werden diesem Umstand auf Schritt und Tritt in der Klinik dieser Neurose begegnen und dürfen uns nicht verhehlen, dass er es ist, der ein ungünstiges Licht auf die hierher bezüglichen Studien wirft. Aber sollte es wirklich so schwierig sein, wie Einige zu glauben scheinen, heutzutage, meine Herren, nachdem das Bild der Hysterie so viele Male untersucht und nach allen Richtungen durchforscht worden ist, die wirkliche Symptomatologie von der geheuchelten zu unterscheiden? Das ist durchaus nicht der Fall, und um uns nicht länger in allgemeinen Versicherungen zu bewegen, lassen Sie mich nun ein concretes Beispiel vornehmen, eines von den vielen, die wir dazu wählen könnten, um, wenn ich nicht sehr irre gehe, den von mir aufgestellten Satz zu vertheidigen.

Es handelt sich um die Katalepsie, die man bei gewissen Hysterischen durch Hypnotisiren erzeugen kann. Die Frage ist die folgende: Kann diese Katalepsie so simulirt werden, dass sich der Arzt täuschen lassen muss? Man glaubt gewöhnlich, dass eine kataleptische Person, der man einen Arm in die horizontal ausgestreckte Stellung bringt, diese Stellung so lange Zeit beibehält, dass diese Ausdauer allein hinreicht, um den Verdacht auf Simulation abzuweisen. Dies ist nach unseren Beobachtungen nicht richtig: nach 10 oder 15 Minuten fängt der erhobene Arm vielmehr an herabzusinken und nach längstens 20 bis 25 Minuten hängt er wieder vertical herab. Gerade so lange kann auch ein kräftiger Mann mit Absicht diese Haltung des Arms durchführen. Das zwischen beiden unterscheidende Merkmal muss also wo anders gesucht werden. Bringen wir bei der Kataleptischen wie beim Simulanten eine Marey'sche Trommel am Ende der ausgestreckt gehaltenen Extremität an, welche uns gestattet, die geringsten Schwankungen des Gliedes graphisch aufzuzeichnen (Fig. 2 R), während gleichzeitig ein auf die Brust aufgesetzter Pneumograph die Curve der Respirationsbewegungen liefert (Fig. 2 P), und

betrachten wir nun die erhaltenen Curven, von denen ich Ihnen
ein Muster vorlege.

Bei der Kataleptischen zeichnet die dem ausgestreckten Arm
entsprechende Feder während der ganzen Dauer der Beobachtung eine vollkommen regelmässige gerade Linie (Fig. 3 *II*).

Die entsprechende Linie beim Simulanten gleicht in der
ersten Zeit der Geraden der Kataleptischen, aber nach einigen

Fig. 2.

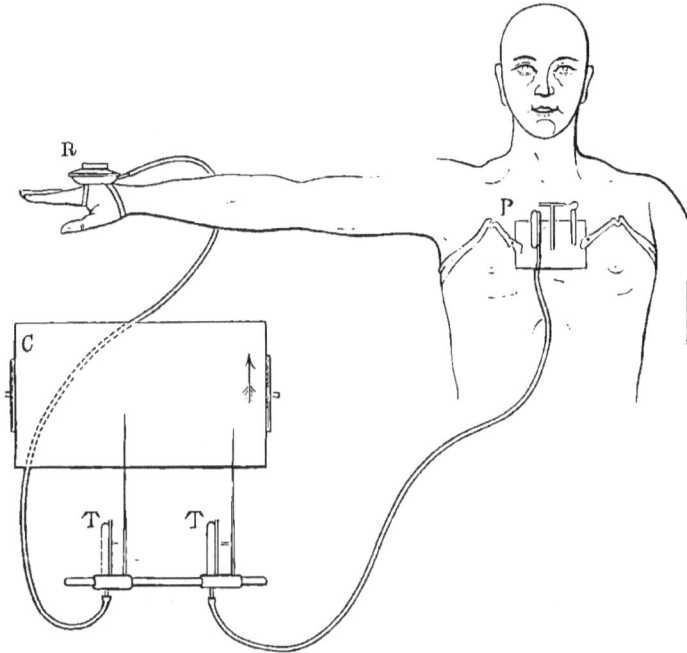

Schema der Versuchsanordnung bei den Experimenten über die kataleptische
Unbeweglichkeit. *R* Marey'sche Trommel. *P* Pneumograph. *C* Rotirender
Cylinder. *TT* Hebel-Trommeln.

Minuten beginnen auffällige Unterschiede hervorzutreten. Die
gerade Linie wandelt sich in einen sehr unregelmässigen,
gebrochenen Zug um, der von Zeit zu Zeit grosse, in Reihen
gefasste Oscillationen trägt (Fig. 4 *II*).

Ebenso charakteristisch sind die Aufzeichnungen des Pneumographen. Bei der Kataleptischen ruhige, seltene und oberflächliche Respiration; das Ende der Curve gleicht vollkommen
dem Anfange (Fig. 3 *I*). Beim Simulanten setzt sich die pneumo-

graphische Curve aus zwei ganz verschiedenen Stücken zusammen. Zu Anfang haben wir regelmässige normale Respiration, aber in der zweiten Epoche, jener, die den Anzeichen der am ausgestreckten Arm hervortretenden Muskelermüdung entspricht, macht sich eine grosse Unregelmässigkeit im Rhythmus und

Fig. 3.

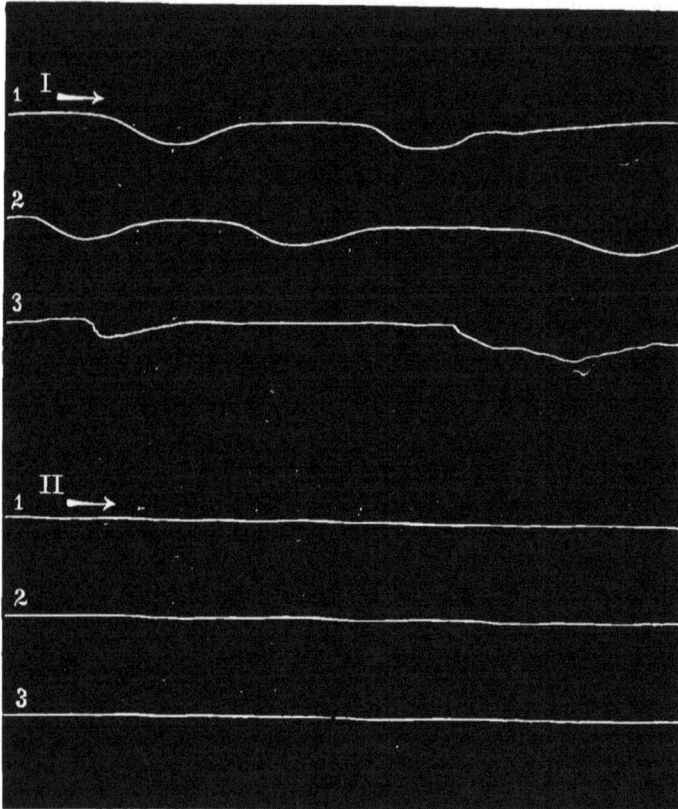

Schema der bei einer Hysteroepileptischen in der hypnotischen Katalepsie erhaltenen Curven. *I* Pneumographische Curve, *II* Curve der Marey'schen Trommel.

im Umfange der Respirationsbewegungen bemerkbar; die Curve zeigt tiefe und rasche Senkungen als Anzeichen einer die Muskelanstrengung begleitenden Störung der Athmung (Fig. 4 *I*).

Kurz, Sie sehen, die Kataleptische zeigt nichts von Ermüdung; die Muskeln lassen nach, aber ohne Anstrengung, ohne Einmischung des Willens. Der Simulant dagegen verräth sich, wenn man ihn diesem Doppelversuch unterwirft, gleichzeitig auf beiden Wegen, 1. durch die Curve des Armes, welche von der Muskelermüdung zeugt, 2. durch die Curve der

Fig. 4.

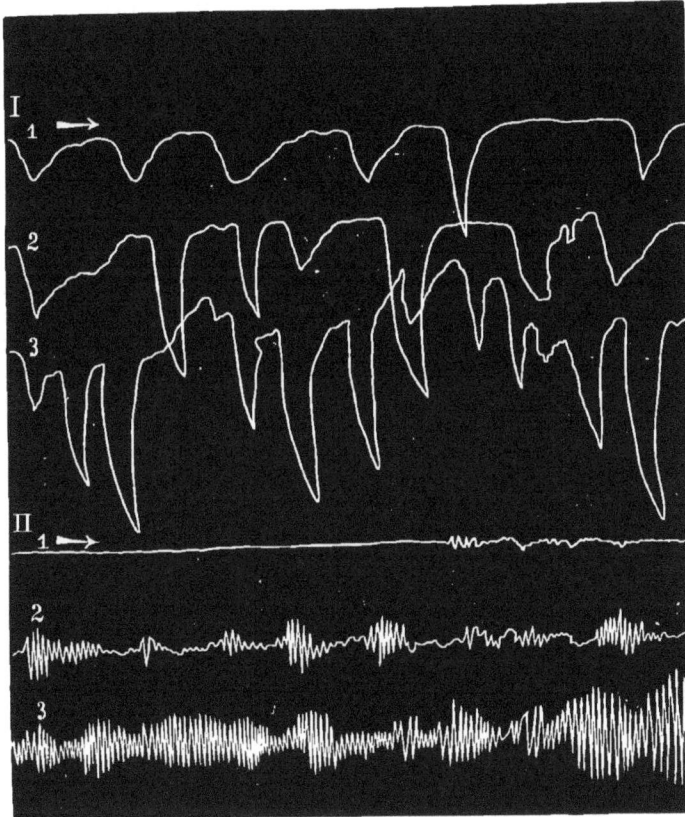

Schema der bei einem Simulanten erhaltenen Curven, welcher die kataleptische Stellung festzuhalten versuchte. *I* Curve der Respiration. *II* Curve der Maroy'schen Trommel.

Respiration, welche die Spuren der Anstrengungen trägt, die er macht, um die Ermüdung zu verdecken.

Es ist wahrlich überflüssig, weiter auf dieses Thema einzugehen. Ich könnte hundert andere Beispiele anführen, die in gleicher Weise zeigen, dass die Simulation, von der soviel die Rede ist, wenn es sich um Hysterie oder verwandte Affectionen handelt, bei dem gegenwärtigen Zustand unserer Kenntnisse weiter nichts ist als ein Popanz, der nur Neulinge oder Zaghafte abhalten kann. Künftighin bleibt es die Aufgabe des auf diesem Gebiete wirklich unterrichteten Arztes den Betrug aufzuspüren, wo er sich findet, und die echten Krankheitssymptome, die zum Grundbestand der Krankheit gehören, wo es nöthig ist, von den simulirten zu scheiden, welche die Unaufrichtigkeit der Kranken zu den ersteren hinzufügen möchte. Wir werden also — gewiss nicht ohne Vorsicht, aber doch mit Zuversicht — das Studium dieser gemiedenen krankhaften Zustände in Angriff nehmen, da wir durchdrungen sind von der Zuverlässigkeit der uns zu Gebote stehenden Untersuchungsmethoden.

Die Zeit drängt, ich komme zum Ende. Ich werde mich glücklich schätzen, wenn es mir gelungen ist, Ihnen in der vorangehenden Skizze einen Ausblick nach dem Ideal zu geben, zu dem alle unsere Bemühungen hinstreben. Zur Lösung der uns vorgelegten Probleme müssen alle Zweige, alle Fächer der biologischen Wissenschaft beitragen und, indem sie sich gegenseitig unterstützen und gegenseitig zurechtweisen, mit gleichen Schritten auf dasselbe Ziel lossteuern. Aber was ich vertrete, ist, dass die Führerrolle, die oberste Entscheidung in diesem Zusammenwirken, immer der klinischen Beobachtung zugetheilt werden sollte.

Mit dieser Erklärung habe ich mich unter den Schutz der Häupter der französischen Schule gestellt, die unsere unmittelbaren Lehrer sind, und deren Wirken einen so hellen Glanz auf diese grosse Facultät der Medicin in Paris, der auch ich angehöre, geworfen hat.

Zweite Vorlesung.

Ueber Muskelatrophie im Anschluss an gewisse Gelenkserkrankungen.

Gelenkstrauma mit nachfolgender Muskelatrophie und Lähmung. — Veränderungen der elektrischen Erregbarkeit. — Contraction bei Anwendung des elektrischen Funkens. — Steigerung der Sehnenreflexe. — Nicht entzündlicher Charakter der Atrophie. — Mangel einer Proportionalität zwischen der Intensität der Gelenksaffectionen und der Intensität der paralytischen und amyotrophischen Symptome. — Die Affection befällt vorwaltend die Strecker des Gelenks. — Die Läsionen der Muskeln hängen von einer secundären spinalen Veränderung ab.

Meine Herren! Das Leiden, mit welchem der Ihnen heute vorgestellte Kranke behaftet ist, kann nach seiner Aetiologie als ein chirurgisches bezeichnet werden; es ist in der That durch eine traumatische Einwirkung entstanden. Aber in weiterer Folge dieses Traumas hat sich bei dem Kranken eine spinale Affection besonderer Art entwickelt, welche noch heute fortbesteht, während die unmittelbare Wirkung des Traumas, das Gelenksleiden, seit Langem erloschen ist, und wegen dieses Zusammenhangs erhebt der Kranke Anspruch auf unser Interesse und unsere Hilfeleistung.

Der 23jährige Telegraphenbeamte B.... hat sich stets der besten Gesundheit erfreut und bietet nichts Bemerkenswerthes in seiner Anamnese bis auf den einen Umstand, dass einer seiner Oheime von mütterlicher Seite wegen Geistesstörung in einer Anstalt untergebracht werden musste.

Ich zeige Ihnen den Kranken im Bette liegend, obwohl er ganz gut im Stande ist, sich zu erheben und herumzugehen. Die Bettlage des Kranken gestattet mir aber, Ihre Aufmerksamkeit auf gewisse Eigenthümlichkeiten des Kranken zu richten, welche wir sonst leicht übersehen würden.

Lassen Sie mich vor Allem hervorheben, dass der Allgemeinzustand des Kranken ein vortrefflicher ist. Aussehen,

2 *

Ernährung, alle organischen Functionen sind vollkommen unbeeinträchtigt. Sein Leiden besteht einzig in einer Gangstörung, und zwar ist es, wie Sie sehen werden, das rechte Bein oder vielmehr nur gewisse Muskeln desselben, in deren Gebrauch er behindert ist. Diese Erschwerung des Ganges datirt seit ungefähr einem Jahre.

Eine methodische Untersuchung enthüllt uns folgenden Status: Wenn der Kranke im Bette liegt, kann er mit dem rechten Bein alle Bewegungen in normaler Weise ausführen mit Ausnahme einer einzigen, der Streckung des Unterschenkels gegen den Oberschenkel. Die Abduction und Adduction des Oberschenkels, die Beugung desselben gegen das Becken und die Beugung des Unterschenkels gegen den Oberschenkel, die isolirten Bewegungen des Fusses, die Beugung und Streckung desselben gegen das Bein, dies alles ist normal; aber der Unterschenkel kann nicht gestreckt werden. Wenn er das in halber Flexion befindliche Bein ausstrecken soll, zieht er die Strecker des Oberschenkels zusammen und lässt seine Ferse längs der Unterlage des Bettes hingleiten, oder er bedient sich seiner Hände oder des anderen Beines. Es fehlt also die Thätigkeit der Extensoren des Unterschenkels; die vom N. cruralis innervirten Muskeln, insbesondere der M. quadriceps cruris, müssen afficirt sein.

Den Versuchen passiver Beugung und Streckung im Hüft- oder in den Fussgelenken widersteht der Kranke, wiewohl mit etwas geringerer Kraft als auf der gesunden Seite; er leistet auch guten Widerstand, wenn man den im Knie gebeugten Unterschenkel wieder extendiren will; wenn man aber den extendirten Unterschenkel zu beugen versucht, ist sein Widerstand ein ausserordentlich geringer. Die Functionsschwächung des Quadriceps ist also die Hauptsache, wenn auch die Mehrzahl der Muskeln des Gliedes eine Herabsetzung ihrer Kraft zeigen.

Diese auf die Extensoren des Knies beschränkte Lähmung wird sich auch ausprägen, wenn der Kranke, von der linken Seite her, aus dem Bette steigt und zu gehen beginnt. Sie sehen, wie er dabei den rechten Unterschenkel mit Hilfe des linken Fusses aufhebt, um die ihm unmögliche Streckung im rechten Kniegelenk zu ersetzen. Er geht dann ohne Stock, aber die Art, wie er sich vorwärts bringt, hat etwas sehr Auffälliges. Bemerken Sie übrigens, dass sein Zustand sich seit einigen Tagen sehr gebessert hat; als der Kranke eintrat, waren die Eigenthümlichkeiten seines noch immer behinderten Ganges viel mehr ausgesprochen. Sie können immer noch wahrnehmen, dass, während auf der linken Seite bei jedem Schritt nach vorwärts das Knie gebeugt und dann gestreckt wird, im rechten Bein keine derartige Bewegung vor sich geht. Beugung und Streckung geschieht dort im Hüftgelenk; das rechte Bein, gleichsam zu lang geworden, führt als Ganzes eine Schwenkung aus, gerade als ob das Kniegelenk nicht existirte. Früher bestand noch eine Neigung, die Fussspitze beim Gehen herabsinken zu lassen, was den Gang noch mehr erschwerte; diese Schwäche der Muskeln, welche den Fuss gegen den Unterschenkel beugen, ist heute geschwunden.

Es ist wichtig zu bemerken, dass die Bewegungen nicht im Mindesten schmerzhaft sind, so dass wir die Gangstörung nicht aus der Schmerzhaftigkeit bei Bewegung des Beines erklären können, auch ist das Gelenk vollkommen frei; wir müssen also die Ursache der Lähmung im Nervensystem oder in den Muskeln suchen.

Eine eingehendere Untersuchung des afficirten Gliedes macht uns nun mit einer gewissen Zahl von wichtigen Symptomen bekannt. Vor Allem constatiren wir eine Volumabnahme der ganzen Extremität, welche ebenfalls früher auffälliger war. Messungen ergeben jetzt:

	rechts	links
um den Anfang des Oberschenkels	48 cm	52 cm
oberhalb des Knies	37 „	38 „
um die Wade	33 „	35 „

Auch ohne sich der Messung zu bedienen, erkennt man leicht, dass die Vorderfläche des rechten Oberschenkels bedeutend abgeflacht und wie ausgehöhlt ist, ausserdem sind die Muskeln dieser Gegend schlaff und springen selbst im Moment der Anstrengung nicht vor.

Es besteht also nicht nur eine Schwäche, sondern auch eine Ernährungsstörung, eine Atrophie des M. quadriceps. Vielleicht ist auch die Temperatur am Oberschenkel und Knie ein wenig herabgesetzt, eine merkliche Abschwächung der Hautempfindlichkeit liegt nicht vor.

Fügen wir, um die Beschreibung zu vervollständigen, die Ergebnisse der elektrischen Untersuchung an, welche uns über den Ernährungszustand der Muskeln Aufschluss giebt. Vor 8 Tagen, zur Zeit des Eintritts des Kranken, war 1. die galvanische und faradische Erregung des N. cruralis in der Leistenbeuge fast erfolglos, 2. brachte die Faradisation bei übereinandergeschobenen Rollen (des Schlittenapparats von Dubois-Reymond) an den motorischen Punkten kaum eine Reaction hervor; es war, als ob die betreffenden Muskeln ganz fehlen würden. Man hätte nun erwarten können, dass der galvanische Strom die Reaction hervorrufen würde, welche

man bei tiefgreifenden Ernährungsstörungen der Muskeln,
wie nach der experimentellen Nervendurchschneidung, oder
bei der Kinderlähmung, wenn die motorischen Zellen zerstört
sind, oder bei den schweren Facialislähmungen, beobachtet.
In diesen Fällen stellt sich ein Verhalten ein, welches in der
Elektrodiagnostik als Entartungsreaction bezeichnet wird. Die
galvanische Erregbarkeit ist erhöht, während die faradische
herabgesetzt ist oder fehlt. Aber in unserem Falle fand dies
nicht statt; der galvanische Strom ergab, selbst bei 50 Elementen und bei beliebiger Anordnung der Pole, ebensowenig
eine Reaction als der faradische. Es lag also eine quantitative
und nicht eine qualitative Modification der elektrischen Erregbarkeit vor, und man kann daraus schliessen, dass es sich um
eine einfache und nicht um eine degenerative Atrophie der
Muskeln handelte. [1]

Es ist merkwürdig genug, dass dieser Muskel, welcher
unter dem Einfluss des Willens und elektrischer Reize (sowohl
directer als indirecter durch Faradisation und Galvanisation
des Nervens) fast ganz unthätig bleibt, dagegen in energische
Contraction geräth, wenn man den Kranken auf den Isolirschemel einer Elektrisirmaschine bringt und einen Funken auf
die Gegend des M. rectus cruris oder des M. vastus internus
überspringen lässt. (Der vastus externus macht insoferne eine
Ausnahme, als er sich ein gewisses Mass von faradischer und
galvanischer Erregbarkeit bewahrt hat.) Dazu kommt noch,
dass auch die mechanische Erschütterung des M. rectus eine
deutliche Contraction erzeugt, und dass die Percussion der
Strecksehne des Knies sehr lebhafte Zuckungen hervorruft,
welche nicht nur in dem betreffenden Gliede, sondern auch in
beiden oberen Extremitäten und besonders in der linken hervortreten. Die Percussion der linken Patellarsehne erzeugt fast
ebenso heftige und ausgebreitete Zuckungen. Die rasche und
energische Dorsalflexion der Fussspitze ruft auf keiner Seite
eine Trepidation hervor.

Alle anderen Muskeln der Extremität zeigen normale
elektrische Erregbarkeit. Nach den Angaben des Kranken
wäre dies früher anders gewesen, die Wadenmuskeln und die
Muskeln an der Vorderfläche des Unterschenkels hätten sich

---

[1] Die elektrische Reaction der Muskeln bei Gelenksleiden (im Schulter-,
Kniegelenk etc.) ist von Rumpf auf der Klinik von Erb studirt worden.
Es hat sich ergeben, und diese Resultate sind zu wiederholten Malen von
Erb selbst bestätigt worden, dass in solchen Fällen nur einfache Herabsetzung der elektrischen Erregbarkeit, ohne qualitative Aenderung vorkommt,
was einen scharfen Unterschied dieser Muskelaffectionen gegen die degenerative Atrophie abgiebt.

früher auf beiden Seiten nicht gleich gut contrahirt; darin hätten wir also eine Besserung zu verzeichnen. Beachten wir noch, dass niemals Störungen der Blasen- und Darmfunctionen aufgetreten sind.

Es handelt sich jetzt darum, die Ursache und die Bedeutung dieser genau aufgenommenen Befunde zu suchen. Um es kurz zu wiederholen: dieser Kranke leidet an einer Lähmung, die fast ausschliesslich auf die Streckmuskeln des Kniegelenks beschränkt ist, mit einfacher Atrophie derselben und mit tiefer, aber nur quantitativer, nicht qualitativer Veränderung ihrer elektrischen Erregbarkeit.

Schon die Localisation der Störung reicht hin, unsere Diagnose auf das Richtige zu lenken. Man weiss heutzutage durch zahlreiche Forschungen,[1] dass eine atrophische Lähmung, welche die Streckmuskeln allein (oder wenigstens hauptsächlich) befällt, häufig als Complication mannigfacher spontaner oder traumatischer Erkrankungen der entsprechenden Gelenke auftritt. So atrophirt der M. deltoideus häufig nach verschiedenartigen Affectionen des Schultergelenks; nach Entzündungen und Verrenkungen im Hüftgelenk sieht man oft die M. glutaei leiden, und wenn das Kniegelenk betroffen ist, wird der Quadriceps cruris in seiner Ernährung und Beweglichkeit beeinträchtigt.

Diese Thatsachen waren schon Hunter und Paget bekannt und sind dann in den letzten Jahren eingehender von Ollivier, Le Fort und endlich von Valtat in einer werthvollen Abhandlung gewürdigt worden. Letzterer hat experimentell dargethan, dass bei Thieren (Hunden und Meerschweinchen) in Folge von Entzündungen des Kniegelenks durch reizende Injectionen die Muskeln der ganzen Extremität, besonders aber die Strecker des Gelenks von Atrophie befallen werden. Diese Atrophie, welche sich als eine einfache, ohne entzündlichen Charakter darstellt, tritt sehr rasch ein; sie ist in 20% der Fälle nach 8 Tagen, bei 44% nach Verlauf von 14 Tagen ausgebildet.

Dürfen wir nun diesen Zusammenhang zwischen Gelenks- und Muskelerkrankung auch für unseren Fall anrufen? Ich meine, ganz unbedenklich. Sie werden dem beistimmen, wenn

[1] J. Hunter, Oeuvres complètes. Trad. Richelot, Paris 1839. T. I, p. 581. — A. Ollivier, Des atrophies musculaires. Thèse agrég., 1869. — Le Fort, Société de chir., 1872. — Sabourin, De l'atrophie musculaire rhumatismale. Thèse de 1873. — J. Paget, Leçons de clinique chirurgicale, Trad. Petit, 1877. — E. Valtat, De l'atrophie musculaire consécutive aux. maladies articulaires (étude clinique et expérimentale). Thèse de 1877. — Darde, Des atrophies consécutives à quelques affections articulaires. Thèse de 1877. — Guyon et Féré, Note sur l'atrophie musculaire consécutive à quelques traumatismes de la hanche. Progrès médical. 1881 etc.

Sie die Krankheitsgeschichte unseres Falles würdigen, und werden mir zugeben, dass man nicht weiter zu gehen braucht, um die Ursachen der beobachteten krankhaften Symptome zu finden. Am Anfang dieser Krankengeschichte begegnen wir einem Trauma, und dieses Trauma betraf das Knie, und zwar das Knie ausschliesslich.

Vor ungefähr einem Jahre, am 5. Mai 1881, stiess sich B..... das rechte Knie an, als er über einen am Boden liegenden Baumstamm sprang. Er kam nicht zu Falle, der Schmerz war nicht heftig, aber der Stoss doch stark genug, um ihm die Hose über dem Knie zu zerreissen. Er konnte weitergehen und legte noch 3 Kilometer ohne Beschwerde zurück; aber als er einen Abhang herabsteigen musste, fühlte er eine gewisse Steifheit im Knie und war genöthigt Halt zu machen. Damals bemerkte er auch einen Tropfen Blut an der vorderen Fläche des Knies, an dem keine Schwellung zu sehen war. Als er sich erhob, konnte er nur mit Hilfe eines Stockes weiter gehen.

Während der folgenden 8 Tage trat eine mässige Anschwellung des Gelenks auf, der Kranke hütete das Bett, fieberte nicht. Die Aerzte, die ihn sahen, zeigten sich erstaunt über den Widerspruch, dass bei einer so leichten, wenig schmerzhaften Gelenksaffection eine so bedeutende Bewegungsstörung bestand. Ein durch 21 Tage getragener Wasserglasverband brachte keine Besserung. Nachdem der Verband abgelegt wurde, bestand derselbe Widerspruch, dieselbe Verwunderung des Arztes über die Incongruenz der so ausgeprägten motorischen Lähmung mit der schmerzlosen Gelenksaffection. Erst 4 Monate nach dem Beginne des Leidens fing man an, das für den Zustand geeignete Heilmittel, die Faradisation, anzuwenden, und erst dann trat eine Besserung ein, die dem Kranken das Gehen weniger beschwerlich machte.

Der Zusammenhang zwischen dieser Lähmung, welche ein Jahr lang anhält und einem leichten Trauma, das nur eine geringfügige Gelenksaffection hervorruft, hat für uns nichts Befremdendes, wenn wir die durch neuere Arbeiten ziemlich genau bekannt gewordene Lehre von den atrophischen Lähmungen aus articulären Ursachen heranziehen.

In einer grossen Anzahl von Fällen sind es allerdings die schmerzhaften, in grosser Intensität auftretenden Gelenksleiden spontaner oder traumatischer Natur, an welche sich die atrophischen Lähmungen knüpfen. Aber das gilt durchaus nicht für alle Fälle. Eine einfache, bald ausheilende Verrenkung, eine einfache, nicht entzündliche, nicht schmerzhafte Hydrarthrose, eine ganz leichte Entzündung wie in unserem Falle,

alle diese Zustände können dieselben Folgen nach sich ziehen. Es giebt keine feste Beziehung zwischen der Intensität der Gelenksaffection und der Intensität der atrophischen und paralytischen Symptome.

Was die Fortdauer der secundären Affection (Lähmung und Atrophie) nach dem Erlöschen der primären (des Gelenksleidens) anbelangt, so ist das gewissermassen die Regel und vielleicht der interessanteste Punkt des ganzen Gegenstandes, sowohl in klinischer, als in pathologischer Hinsicht.

Der Kliniker muss in der That diesem merkwürdigen Verhältniss Rechnung tragen. Er darf sich nicht, angesichts eines leichten Gelenksleidens, wenn die Symptome der Lähmung oder der Atrophie einmal ausgeprägt sind, zu einer günstigen Prognose hinreissen lassen oder eine Heilung binnen kurzer Zeit versprechen. Der Erfolg könnte ihn Lügen strafen. Wie Sie sehen, können Monate hingehen, ehe die Extremität wieder gebrauchsfähig wird, während vom Gelenksleiden längst nur eine geringe Infiltration der periarticulären Gewebe zurückgeblieben, oder während dasselbe spurlos geschwunden ist.

Diese Eigenthümlichkeiten drängen uns die Frage auf, welches wohl die physiologische Ursache einer so merkwürdigen Complication der Gelenksaffectionen ist. Eine Kenntniss darüber würde uns vielleicht einen Fingerzeig für die Wahl der Behandlung geben.

Die Mehrzahl der zeitgenössischen Autoren scheint sich über diesen Punkt der Theorie eine feste Vorstellung gemacht zu haben: Die Gelenksaffection soll nämlich auf dem Wege der irritirten Gelenksnerven auf das spinale Centralorgan einwirken und daselbst die Centren, von denen die motorischen und die der Muskelernährung vorstehenden Nerven ausgehen, in ihrer Thätigkeit hemmen.

Es müsste demnach im Rückenmark ein mehr oder weniger directer Zusammenhang zwischen den Ursprungszellen der centripetalen Gelenksnerven und den Ursprungszellen der motorischen und trophischen Nerven für die Strecker (in unserem Falle des N. cruralis) bestehen, da es sich als ein constantes Ergebniss herausstellt, dass bei Irritation der Nerven des Kniegelenks die Atrophie, wenn sie auftritt, die Streckmuskeln (den M. quadriceps) oder wenigstens diese Muskeln vorzugsweise befällt. Ich sage vorzugsweise, weil eine von den Gelenksnerven des Knies ausgehende Reizung das Verbreitungsgebiet des Cruralis überschreiten und die Muskeln des Unterschenkels und des Fusses mit in den Bereich ihrer Wirkung ziehen kann. Auch bei den Läsionen des Schulter-, Ellbogen- und Hüftgelenks sind es immer die Extensoren, in denen die

Atrophie am stärksten entwickelt ist, wenngleich andere Muskelgruppen ebenfalls ergriffen sein können.

Keine andere der aufgestellten Theorien scheint zulässig zu sein. So spricht man von der Fortpflanzung der Gelenksentzündung durch directe Contiguität bis zu den nahe liegenden Muskeln. Aber man muss dagegen einwenden, dass die Atrophie längs der ganzen Länge des Muskels von derselben Intensität ist, und dass überdies die Thierversuche die einfache Atrophie ohne entzündliche Symptome, ohne Myositis, dargethan haben. Auch die Hypothese, welche die Atrophie von der längeren Unthätigkeit der Muskeln ableiten will, ist zu verwerfen. Die Gelenksaffection ist oft so geringfügig, dass sie nur eine ganz kurz dauernde Muskelruhe herbeizuführen braucht, und man ist nicht im Stande, nach dieser Hypothese die fast ausschliessliche Localisation der Atrophie auf die Strecker zu erklären.

Es bleibt also nichts übrig, als eine deuteropathische Spinalaffection anzunehmen, von welcher die Lähmung und die Atrophie abhängen. Worin soll aber die Veränderung des spinalen Centrums bestehen? Es kann keine tiefgehende Veränderung der Vorderhornzellen vorliegen, denn die Folgen einer solchen sind, wie uns durch die Kinderlähmung bekannt ist, ganz andere. Es kommt dann zur Entwickelung der Entartungsreaction, nämlich Erhöhung der galvanischen bei Herabsetzung der faradischen Erregbarkeit, wenigstens so lange die Affection nicht weit vorgeschritten und der Muskel nicht gänzlich zerstört ist. Im letzteren Falle sind beide Arten der elektrischen Erregbarkeit erloschen, eine Wiederherstellung derselben ist so gut wie unmöglich. Sie sehen, wie im Gegentheil in unserem Falle die elektrische Erregbarkeit sich bei geeigneter Behandlung herzustellen beginnt. Es könnte sich hier also nur um eine Art von Functionseinstellung, einen Stupor der zelligen Elemente handeln.

Darf man daraus schliessen, dass in einem Falle dieser Art eine rasche Heilung zu erzielen wäre, wenn man von Anfang an die geeignete Behandlung anwenden würde? Ich halte das für wahrscheinlich, und das bringt mich darauf, Ihnen von der Behandlung zu sprechen.

Ich will nur noch vorher auf die Erhöhung der Sehnenreflexe an den unteren Extremitäten aufmerksam machen. Ist diese eine zufällige Eigenthümlichkeit unseres Kranken oder liegt ein krankhafter Zustand des Rückenmarks vor, demzufolge in der ganzen Länge desselben eine gesteigerte Reflexerregbarkeit herrscht, mit Ausnahme jener Gegend, in der, wie wir eben angenommen haben, die motorischen Zellen sich im Torpor befinden? Mir scheint das letztere wahrscheinlich nach einigen weiteren Fällen, welche unserem gegenwärtigen analog sind, und von denen ich bald zu sprechen Gelegenheit haben werde.

Ich kehre zur Behandlung zurück. Wir haben es mit einer dynamischen (functionellen) spinalen Läsion ohne tiefgehende Veränderung der Elemente — soviel wir wissen — zu thun, und dürfen ohne Bedenken bei der elektrischen Behandlung beharren; die bisher erreichten Resultate scheinen hoffnungsvoll für die Zukunft. Der elektrische Funke scheint sich bisher in beachtenswerther Weise bewährt zu haben, da er die Erregbarkeit wiederherstellte, wo Faradisation und Galvanisation erfolglos waren. Wir haben von nun ab nur die Verlegenheit der Wahl: Wir können abwechselnd den elektrischen Funken, den galvanischen und den faradischen Strom anwenden. Ich behalte es mir vor, Ihnen bei späterer Gelegenheit zu sagen, in welcher Weise die Behandlung geleitet werden wird.[1]

---

[1] Wie oben gezeigt wurde, kann es vorkommen, dass ein für den faradischen und galvanischen Strom ganz unerregbarer Muskel durch den elektrischen Funken in lebhafte Zusammenziehung versetzt wird. Diese von Charcot bereits in einer Vorlesung über die statische Elektricität (Revue de médecine 1881, N° 2) mitgetheilte Thatsache zeigt, wie wenig weittragend und wie eingeschränkt in ihrer Bedeutung die gegenwärtigen Angaben der Elektrodiagnostik sind. Es ist doch sehr überraschend, dass man auf die Anwendung der gewöhnlichen Methoden hin (Galvanisation und Faradisation) einen Muskel als unerregbar durch Elektricität bezeichnen kann, der sich doch in normaler Weise zusammenzieht, wenn man zu einem anderen Verfahren elektrischer Erregung greift.

Man darf aber nicht glauben, dass diese grössere Wirksamkeit der statischen Elektricität die Regel ist. Oft ist der elektrische Funke nicht besser geeignet, Muskelzuckung hervorzurufen, als der galvanische und faradische Strom. Wir haben uns davon erst vor einigen Tagen bei einer Frau überzeugt, welche an einer nicht höchstgradigen Atrophie der Muskeln des Halses und der oberen Extremitäten mit Abschwächung (nicht Aufhebung) der galvanischen und faradischen Erregbarkeit leidet.

Auf alle Fälle beweisen Thatsachen, wie die oben von Charcot gewürdigten, die praktische Wichtigkeit der statischen Elektricität in der Elektrodiagnostik. Von nun an muss neben der galvanischen und faradischen Reaction die „Franklinische" Berücksichtigung finden. (Wie bekannt, bezeichnen viele englische und amerikanische Autoren die statische Elektricität als Franklinismus, daher der Name Franklinisation für die Anwendung der statischen Elektricität. Es empfiehlt sich der Kürze wegen diesen Terminus anzunehmen.)

Es erübrigt noch die klinische Bedeutung dieser Art von elektrischer Reaction zu erläutern.

Verfolgen wir die Behandlung des oben vorgestellten Kranken. Seitdem die Vorlesung gehalten wurde, ist er noch dreimal franklinisirt worden, was im Ganzen acht Sitzungen ausmacht. Es hat sich eine bedeutende Besserung eingestellt, die mit seinem früheren Zustand recht auffällig contrastirt, aber seither, trotz verschiedenartiger Behandlungsmethoden, durch lange Monate keine weiteren Fortschritte gemacht hat. Der Gang ist viel besser u. s. w.;

In unserem Falle hat sich das von der Gelenkserkrankung abhängige Spinalleiden in einer gutartigen Form gezeigt. Es wird Heilung erfolgen, und dies ist auch der gewöhnliche Verlauf. Aber es können Fälle vorkommen, in denen die Spinalaffection und die davon abhängige Affection der Muskeln von ernsterer Natur sind.

Man darf auch nicht vergessen, dass Lähmung und Atrophie nicht die einzigen secundären Symptome sind, welche sich an eine Gelenkserkrankung knüpfen können. Diese Gruppe von Thatsachen umfasst noch complicirtere Formen. Gewisse Gelenksentzündungen oder traumatische Gelenksaffectionen

bemerkenswerth ist aber, dass die faradische und galvanische Erregbarkeit sich immer mehr herstellt. Zu Anfang war sie gleich Null für den faradischen Strom bei der wirksamsten Stellung des Schlittenapparates, und bei einer Stärke von 20 Milliampères des galvanischen Stroms; jetzt erhält man von den kranken Muskeln Reaction bei 4—5 cm Rollenabstand und bei 9 oder 10 Milliampères.

Es ist wichtig zu bemerken, dass beide Arten der Reaction gleichzeitig wieder erschienen sind. Für beide wirkt derzeit nur die Kathodenschliessung. In anderen Worten: der faradische Strom erzielt nur dann eine Zuckung, wenn der Muskel mit dem negativen Pol erregt wird. (Ich bin vor Kurzem in einem Artikel über Elektrodiagnostik dafür eingetreten, dass man die Stromrichtung für den faradischen Strom ebenso berücksichtigen muss, wie man es für den galvanischen thut.) Auch durch den galvanischen Strom erhält man nur dann Zuckung, wenn man mit dem negativen Pol reizt, und zwar nur im Moment der Stromschliessung (KSZ). Es handelt sich also nur um einfache Herabsetzung der elektrischen Erregbarkeit ohne qualitative Aenderung, was die von Charcot in obiger Vorlesung ausgesprochene Ansicht, dass nur eine einfache Atrophie vorliege, bekräftigt.

Was die Art und Weise der weiteren elektrischen Behandlung betrifft, so haben wir nach Charcot's Worten die Wahl zwischen der Faradisation, Galvanisation und Franklinisation. Bei der gegenwärtigen Lage der Dinge würde es schwer halten, ein für die eine oder andere Methode ausschlaggebendes Moment anzugeben. Es wird das Einfachste sein, mit der Franklinisation fortzufahren. Dieselbe hat bis jetzt offenbar gute Dienste geleistet und lässt sich leicht ausführen. Wir werden uns aber nicht abhalten lassen, von Zeit zu Zeit die anderen üblichen Reactionen hervorzurufen.

Ich habe noch genauer anzugeben, in welcher Art diese Behandlung durchgeführt werden soll. Wir wissen aus Erfahrung, dass der elektrische Funke den günstigsten Einfluss auf den Ernährungszustand der Muskeln übt; so haben wir mit seiner Hilfe erfolgreich eine alte Facialislähmung aus peripherer Ursache behandelt, bei welcher die elektrische Erregbarkeit ganz erloschen war.

Aber ich muss Gewicht darauf legen, dass für den therapeutischen Erfolg die Anwendung starker Funken, die man aus einer Metallstange oder Kugel zieht, nicht unumgänglich nothwendig ist. Wir haben sie bei unserem Kranken zu Zwecken der Untersuchung angewendet; für die Behandlung wird es von nun an genügen, mit Hilfe einer Holzstange büschelförmige Entladungen zu erzeugen, die viel schwächer und unfähig sind, eine Contraction hervorzurufen. Dieses Verfahren hat uns schon z. B. in einigen beträchtlichen Atrophien rheumatischen Ursprungs Dienste geleistet. Herr Professor Reginbeau, Agrégé in Montpellier, hat (nach mündlicher Mittheilung) seinerseits, unabhängig von mir, ähnliche Erfolge erzielt.

führen durch reflectorische Wirkung zu einer Contractur, die sich auf die Muskeln des betreffenden Gelenks beschränkt oder sich auf das ganze Glied ausbreitet. Solche Fälle kommen sogar sehr häufig vor, und man weiss, dass mitunter die Flexoren das Uebergewicht über die Extensoren erlangen, so dass das Gelenk in Beugestellung fixirt wird. In anderen Fällen combiniren sich Atrophie und Contractur.

Diese Mannigfaltigkeit der spinalen Affectionen, die anscheinend immer von der nämlichen Ursache abhängen, muss uns in hohem Grade interessiren, und wir wollen bei Gelegenheit der Vorstellung mehrerer jetzt auf unserer Klinik befindlichen Kranken auf sie zurückkommen.

Es ist für die praktische Ausführung wichtig, dies zu wissen, denn es hat oft seine Uebelstände, wenn man einen kranken Muskel durchaus zur Contraction bringen will.

Für die Theorie ist zu beachten, dass die unzweifelhafteste trophische Einwirkung von einer elektrischen Entladung ausgeübt wird, bei der die Quantität von Elektricität im Vergleich mit jener bei den (in der Elektrotherapie gebrauchten) elektrischen Strömen verschwindend genannt werden muss. Man muss also mit grosser Zurückhaltung die Lehren jener Autoren beurtheilen, die von den physiologischen Eigenschaften des Stromes ausgehen und die trophischen Einflüsse desselben von der Elektricitätsmenge abhängen lassen, ohne Zweifel durch die Analogie mit den chemischen Wirkungen geleitet. Die Frage ist wahrscheinlich nicht so einfach, wie diese Autoren wollen.

Im Ganzen hat der Kranke, mit dem sich die Vorlesung Charcot's beschäftigt, uns reichlich Gelegenheit gegeben, die Anwendung der Elektrisirmaschine in der Salpêtrière von neuem zu rechtfertigen.

Bei dem gegenwärtigen Zustand der Elektrotherapie besteht kein Grund, eine Methode a priori abzuweisen. Nur von der Erfahrung darf man Gründe für oder gegen den Gebrauch der statischen Elektricität erwarten.

Romain Vigouroux

Dritte Vorlesung.

I. Ueber Contracturen aus traumatischer Ursache.
II. Ueber einen Fall von (schmerzlosem) Gesichtskrampf bei einer Hysterischen.

I. Der Einfluss der Traumen auf die Localisation gewisser von einer Disposition oder Diathese abhängiger Erkrankungen. — Die Contractur aus traumatischer Ursache bei Personen, welche einen latenten Zustand von spastischer Rigidität darbieten. — Die Steigerung der Sehnenreflexe bei Hysterischen. — II. Das typische Bild des Gesichtskrampfes. — Contractur der Gesichtsmuskeln bei einer Hysterischen. — Simulation.

Meine Klinik beherbergt in diesem Augenblicke mehrere sehr interessante Fälle, welche, wie ich glaube, wohl verdienen, Ihnen vorgeführt zu werden. Einige davon können uns in wenigen Tagen verlassen, bei anderen sind die Symptome, auf welche ich Ihre Aufmerksamkeit lenken möchte, von der Art, dass sie in plötzlicher und unerwarteter Weise verschwinden können. Ich halte es daher für geboten, die jetzt noch günstige Gelegenheit zu benützen, um Sie heute mit diesen Fällen zu beschäftigen.

I.

Der erste Fall, den ich Ihnen vorstelle, gestattet uns, den Einfluss zu studiren, welchen die alltäglichsten traumatischen Einwirkungen oftmals auf die Entwickelung von Symptomen sogenannter „localer Hysterie", insbesondere auf das Entstehen von Contracturen üben.

Man weiss seit langer Zeit, dass gewisse, von einer Disposition abhängige Affectionen sich gelegentlich unter dem Einfluss einer traumatischen Einwirkung entwickeln. Es ist dann ganz gewöhnlich, dass die Affection zu Anfang gerade an jenen Stellen ausbricht, welche von dem Stich, Schlag oder der

Quetschung betroffen worden sind. Das gilt, wie ich seit langer
Zeit zu lehren pflege, für den acuten Gelenksrheumatismus und
für die Gicht; es ist nichts häufiger, als dass ein gichtisches
Individuum zu seinen regelmässigen Herbst- und Frühjahrs-
anfällen sich einen neuen Anfall holt, wenn es etwa einen
Sturz erlitten hat. Und während die spontanen Anfälle sich an
ihren betreffenden Lieblingsstellen localisiren, wird der ausser
der Ordnung kommende Anfall bemerkenswertherweise dieses
oder jenes Gelenk zum Sitze wählen, welches eben den Stoss
oder die Quetschung erlitten hatte. Dies ist heutzutage eine
allgemein bekannte Thatsache, und in den letzten Jahren haben
Verneuil und seine Schüler das Interesse, welches vom
chirurgischen Standpunkt diesen Verhältnissen zukommt, ins
volle Licht gesetzt.

Es ist aber vielleicht weniger bekannt, dass gewisse locale
Symptome der Hysterie, und besonders die Contractur einer
Extremität, manchmal in ähnlicher Weise und unter den gleichen
Bedingungen auftreten.

· Ich beginne sogleich die Erörterung des uns beschäftigenden
Falles und werde Ihnen im Verlauf derselben die Lehren vorbringen, die man aus ihm ziehen kann.

Dieses starke 34jährige Mädchen ist eine der ältesten
Pfleglinge unserer Abtheilung für Epileptische ohne Geistesstörung, sie befindet sich daselbst seit 12 Jahren. Sie gehört
jener Kategorie von Kranken an, welche wir auf der Klinik
als „Hystero-epileptische mit getrennten Anfällen" führen.

Ich muss Ihnen eine kurze Erklärung dieses Namens
geben. Er besagt, dass die Kranke an zwei verschiedenen
Krankheiten leidet, deren Anfälle gesondert von einander auftreten, so dass hysterische Anfälle, die wir attaques heissen,
mit epileptischen (bei uns accès genannt) abwechseln. Man
spricht dagegen von „Hystero-epilepsie mit gemischten Anfällen", wenn nur Hysterie vorliegt, aber die Krankheit in
ihren voll ausgebildeten Anfällen vier Perioden erkennen lässt,
von denen die eine, die erste, sich in die Erscheinung der
Epilepsie kleidet (epileptoide Phase, epileptiforme Hysterie).
Ich habe den Vorschlag gemacht, diese Form „grosse
Hysterie" zu nennen, um die Missdeutungen ausgesetzte
Bezeichnung „Hystero-epilepsie mit gemischten Anfällen" zu
vermeiden.

Unsere Kranke leidet also gleichzeitig an „grosser Hysterie"
und eigentlicher Epilepsie mit nächtlichen Anfällen, Zungenbiss,
unwillkürlicher Harnentleerung u. s. w. In früherer Zeit, das
heisst bis zu den letzten fünf Jahren, machte sich die Hysterie
mehr bemerkbar als die Epilepsie; so zählte man im Jahre 1874

in einem Monat 244 hysterische und 62 epileptische Anfälle; aber seit 1876 zeigen die hysterischen Anfälle eine Neigung zur Abnahme, und jetzt stehen offenbar die epileptischen Anfälle, welche sich, obwohl ebenfalls minder zahlreich, zur Zeit der Regeln einstellen, im Vordergrunde.

Zur Zeit, als noch bei unserer Kranken die hysterischen Anfälle neben den epileptischen auftraten, zeigte sich die Eigenthümlichkeit, dass auf die hysterischen Anfälle häufig eine Contractur der rechten unteren Extremität folgte, welche 14 Tage, einen Monat u. dgl. anhielt. Die Kranke hatte rechtsseitige Hemianästhesie und Ovarie, auf derselben, der rechten Seite, traten auch die Prodromalsymptome des Anfalls (das Ohrensausen, Klopfen in der Schläfe u. s. w.) auf.

Im Laufe der letzten Jahre waren die hysterischen Erscheinungen fast vollständig geschwunden und wir hatten uns seit 5 oder 6 Jahren gewöhnt, die Kranke nicht mehr als eine Hysterische, sondern als eine Epileptische zu betrachten, deren Anfälle übrigens, wenn nicht an Intensität, so doch an Zahl abzunehmen die Neigung zeigten.

Nun, am 16. Mai, also vor 5 Tagen, hat sich etwas zugetragen, was uns bewies, dass die Hysterie bei dieser Frau keineswegs erloschen ist, sondern als latente Disposition fortbesteht.

Die Kranke hatte an den Tagen vorher nichts Auffälliges gezeigt. Sie begab sich am erwähnten Tage wie gewöhnlich in die Werkstätte, in der sie beschäftigt ist, als sie durch Ungeschicklichkeit und ohne von einer Betäubung oder Ohnmacht ergriffen worden zu sein — sie gibt ganz entschiedene Auskunft über diesen Punkt — auf der Stiege einen Fehltritt machte, mit ihrem ganzen Gewicht auf die linke Seite fiel und wie ein todter Körper ein Dutzend Stufen herabrollte. Zwei ihrer Genossinnen hoben sie alsbald wieder auf, sie hatte sich kein Leid gethan, und die einzige Spur des Sturzes besteht heute in einer Ecchymose, welche den äusseren Knöchel des linken Fusses bedeckt. Aber der Gang war gleich nach dem Fall sehr erschwert, und als die Ursache dieser Störung stellte sich eine Rigidität heraus, welche alle Gelenke (Hüft-, Knie- und Sprunggelenk) der linken unteren Extremität, auf welche sie gefallen war, ergriffen hatte.

Ich habe die Kranke am nächsten Morgen gesehen und sie in dem Zustand gefunden, in dem sie noch gegenwärtig ist, und den wir nun untersuchen wollen.

Sie sehen die Kranke im Bette auf der rechten Seite liegend. Die linke untere Extremität ist steif im Knie- wie im Sprunggelenk. Streckung und Beugung sind in gleicher Weise unmöglich, man begegnet dem gleichen Widerstand, in welchem Sinne man sich auch bemüht. Beuger und Strecker sind, wie Sie sehen, beide gleichzeitig in Anspannung, nur dass, wie bei dieser Art von Contractur gewöhnlich, an der unteren Extremität die Wirkung der Strecker vorherrscht. Oberschenkel und Unterschenkel sind in Extension, der Fuss befindet sich in Plantarflexion in Folge der kräftigeren Action der Wadenmuskeln. Mit anderen Worten: die drei Abschnitte des Beines bilden eine Gerade, der Fuss steht in Spitzfussstellung. Ich will hinzufügen, dass das Bein, welches man einem starren Stab vergleichen kann, gegen den Rumpf adducirt ist; wenn man es von der Mittellinie abzieht und dann sich selbst überlässt, geht es wie von einer elastischen Feder gezogen in seine frühere Stellung zurück. Ausserdem hat das Glied eine Rotation im Hüftgelenk erfahren, derzufolge Kniescheibe und Fussspitze fast ganz nach einwärts gewendet sind. Sonst finden wir weder Schwellung noch Schmerzhaftigkeit der Gelenke, kurz nichts, was an den Sturz erinnert, wenn wir von der bereits erwähnten Ecchymose neben dem äusseren Knöchel absehen.

Ich mache Sie darauf aufmerksam, dass diese Zwangsstellung des Beines gleichsam mit einem Schlage aufgetreten ist. Wie ich schon oft betont habe, liegt in diesem Charakter der spasmodischen Contractur bei Hysterischen ein Unterscheidungsmerkmal von den Contracturen aus organischer Ursache. Bei der spastischen Paraplegie der transversalen Myelitis, der disseminirten Sclerose u. s. w. kommt es nie mit einem Male so weit. Da bereitet sich der Zustand allmählich vor; Sie haben in einer ersten Periode Paraplegie mit Muskelschlaffheit, aber Steigerung der Sehnenreflexe, in einer zweiten sehen Sie die Rigidität anfallsweise auftreten, in einer dritten ist die Contractur in Extension oder halber Flexion ausgebildet, und endlich erst in einer vierten Periode, die man aber fast nie oder nur ausnahmsweise beobachtet, kommt es zu einer unüberwindlichen Steifheit, so dass man die Glieder mit starren Stäben vergleichen kann.

Sie sehen also, es gehört zu den interessantesten Eigenthümlichkeiten der hysterischen Contractur, dass sie mit einem Schlage ihr Maximum erreichen kann.

Das Auftreten einer Contractur unter den geschilderten Verhältnissen bei einer Person, die nach unserem Wissen an einer schweren Form von Hysterie und auch bereits an Contracturen gelitten hat, musste uns natürlich vermuthen lassen, dass bei ihr ein neuer Ausbruch der Hysterie bevorstehe. Wir mussten nachforschen, ob sich bei ihr gleichzeitig mit der

Contractur nicht andere Stigmata der Hysterie in Folge des Traumas entwickelt hatten. Und das war wirklich der Fall: Die Hemianästhesie, welche früher die rechte Seite einnahm, war seit einigen Jahren geschwunden; sie ist jetzt wieder erschienen, aber sie besteht jetzt auf der linken Seite, dort wo das Trauma eingewirkt und wo sich die Contractur ausgebildet hat.

Diese Anästhesie nimmt die ganze linke Seite ein, Extremitäten, Rumpf und Gesicht, jedoch mit Ausnahme jener Partien, welche an Sinnesorgane angrenzen, wie dies manchmal vorkommt. Ovarie besteht nicht.

Von diesen Verhältnissen abgesehen, bietet unsere Kranke nichts Bemerkenswerthes; es wäre etwa noch die Schlaflosigkeit zu erwähnen, die seit fünf Tagen anhält und das Eintreten der Regeln, welche vor zwei Tagen zur rechten Zeit gekommen sind. Gerade zur Zeit der Menstruation treten bei ihr die epileptischen Anfälle auf und sind früher die hysterischen Anfälle erschienen. Es ist daher mindestens sehr wahrscheinlich, dass wir in einigen Tagen einen hysterischen Ausbruch mitansehen werden, in Folge dessen die Contractur verschwinden kann, wie sie gekommen ist, nämlich ganz oder nahezu mit einem Schlage. Dies ist der Grund, weshalb ich darauf bestanden habe, Ihnen die Kranke noch heute vorzustellen. Die Gelegenheit, Ihnen eine hysterische Contractur aus traumatischer Ursache zu zeigen, könnte sich mir auf lange Zeit hinaus nicht mehr bieten.

Aber, können Sie mir einwenden, sind Sie denn wirklich sicher überzeugt, dass das Trauma auf die Entwickelung der spastischen Contractur des Beines solchen Einfluss ausgeübt hat, wie Sie behaupten? Kann es sich nicht um ein blos zufälliges Zusammentreffen handeln? Nein, antworte ich, denn es fehlt mir nicht an Argumenten, um den Satz zu unterstützen, den ich aufgestellt habe.

Nehmen wir zuerst die Gründe vor, bei denen von der Hysterie abgesehen wird: Ich hatte bereits Gelegenheit, die weitgehenden Analogien zu betonen, welche zwischen der spastischen Extremitätenlähmung bei den Hysterischen, oder zwischen den nicht von materiellen Veränderungen des Rückenmarks abhängigen Lähmungen und den spastischen, hemiplegischen oder paraplegischen Lähmungen besteht, die sich an eine spinale Läsion knüpfen. So z. B. können bei einer Hemiplegie in Folge von Gehirnläsion, die den Verlauf des Pyramidenbündels in der inneren Kapsel trifft, die Glieder schlaff bleiben; aber die Contractur ist in solchen Fällen in gleichsam latentem Zustande vorhanden, wie die Steigerung der Sehnenreflexe (Fussphänomen,

Kniephänomen) zeigt, und mitunter kann man durch beharrliches
Wiederholen der Schläge auf die Patellarsehne eine Contractur
erzeugen, die einige Minuten lang anhält. In diesen Fällen also
droht die Gefahr der Contractur, und diese selbst kann sich
entwickeln, wenn eine traumatische Läsion hinzukommt, und
zwar gerade an jenen Partien, welche von der Quetschung
oder Zerrung betroffen worden sind. So erzählt Terrier die
Geschichte einer hemiplegischen Frau, bei welcher eine Contractur von mehrmonatlicher Dauer durch traumatischen Einfluss zu Stande kam. Man könnte noch zahlreiche Beispiele
der Art anführen, in denen nicht nur Hemiplegien, sondern
auch Paraplegien in Folge von Trauma den spastischen
Charakter angenommen haben. Es bedarf übrigens keines
heftigen Traumas, um in einem Glied, das von schlaffer
Lähmung befallen ist, Contractur zu erzeugen; eine ungestüme
Faradisation, die Anwendung eines Blasenpflasters, eines
Pflasters mit Brechweinstein reicht hin, um denselben Effect
zu erzielen.

Man kann sich folgende Theorie machen, um diese Verhältnisse im Gedächtnisse zu befestigen: Es besteht in diesen
Fällen von Lähmung in Folge materieller Läsion eine Erregbarkeitssteigerung der grauen Substanz und hauptsächlich der
motorischen Zellen der Vorderhörner, für welchen besonderen
Zustand ich den Namen „Strychninismus" in Ermangelung eines
besseren vorgeschlagen habe. Hautreize, Erregungen centripetaler Nerven überhaupt steigern noch die ohnedies erhöhte
Erregung der motorischen Zelle, das Mass wird übervoll und
der motorische Nerv überträgt die Erregung auf die Muskeln,
die er beherrscht.

Aber es ist Zeit, dass wir zur Hysterie zurückkehren.
Bei vielen Hysterischen besteht, besonders oft auf der anästhetischen Seite, häufig aber mehr allgemein, ein Zustand von
gesteigerter Reflexerregbarkeit, wiewohl man dabei eine Parese,
eine dynamometrisch nachweisbare Muskelschwäche finden
kann. Es ist daher nicht mehr auffällig, wenn eine Erregung
centripetaler Nerven, Sehnennerven oder anderer, dieselben
Wirkungen hervorbringt wie in Fällen mit Läsionen der nervösen Centren; unter denselben Bedingungen kann hier wie
dort die spastische Paralyse der Extremitäten ohne Muskelstarre sich in eine Paralyse mit Contractur und Gelenkssteifigkeit umwandeln.

Ich könnte Ihnen zahlreiche Beispiele der Art anführen,
einige davon finden sich in dem Anhang zum ersten Band
meiner in der Salpêtrière gehaltenen Vorlesungen. In dem
einen Falle trat in Folge eines Sturzes auf den Handrücken

eine Contractur im Handgelenk ein, welche mehrere Monate dauerte; dieselbe Erscheinung beobachtete ich ein andermal in Folge einer Quetschung der Hand durch das Triebwerk einer Maschine; eine andere Hysterische, die sich den Fussrücken stark gegen das Querholz eines Sessels gedrückt hatte, wurde von einer Contractur des Fusses befallen u. dgl. mehr. Brodie, welcher diese Thatsachen sehr wohl gekannt und sie in seinem Buch „Ueber gewisse locale nervöse Affectionen" 1837 zuerst veröffentlicht hat, erwähnt Contracturen der oberen Extremität nach Stich in den Finger.

Diese Thatsachen werden dadurch noch interessanter, dass die Contractur in Folge von Trauma häufig die erste Offenbarung der hysterischen Disposition ist. Nehmen Sie an, ein gewöhnliches leichtes Trauma habe bei einer jungen Person, die bisher keine nervösen Erscheinungen geboten, eine Contractur hervorgerufen. Sehen Sie genauer zu, und Sie werden wahrscheinlich irgend welche Nebenumstände finden, die es ausser Zweifel setzen, dass Hysterie im Spiele ist. Es sollte mich sehr wundern, wenn Sie unter solchen Verhältnissen nicht ein Anzeichen von Hyperästhesie oder Anästhesie, Ovarialschmerz oder irgend ein Symptom der Art entdecken.

Ich kann Ihnen übrigens diese Neigung zur Contratur, welche oft bei gewissen Hysterischen im höchsten Grade besteht, sofort vor Augen führen. Es handelt sich dabei nicht immer um die grosse Hysterie, die Hysterie mit voll entwickelten Anfällen, sondern um die gemeine, leichte Form.

Ich stelle Ihnen hier zwei junge hysterische Mädchen vor, welche, beiläufig gesagt, mit ihren aufgeweckten Mienen und ihrer durch Blumen- und Bänderschmuck bekundeten Putzsucht auffällig gegen unsere erste Kranke abstechen, deren Gesichtszüge verriethen, wie sehr ihr Geist unter den wiederholten epileptischen Anfällen gelitten hat. Die eine dieser Kranken zeigt eine Anästhesie in zerstreuten Herden und linksseitige Ovarie, die andere ist links hemianästhetisch, auf der rechten Seite aber analgisch und hat doppelseitigen Ovarialschmerz. Sie sehen, wie durch wiederholte Percussion der Patellar- und der Achillessehne der Unterschenkel in Extension geräth, während der Fuss Klumpfussstellung annimmt. Diese Stellung ist nun fixirt, die Extremität ist vollkommen starr, Sie können dieselbe weder beugen noch strecken. Es handelt sich mit einem Wort um eine vortrefflich ausgebildete Contractur, welche mehrere Stunden dauern würde, wenn wir sie nicht durch Erregung der Antagonisten auf demselben Wege schwinden machen, auf dem wir sie erzeugt haben. Was wir am Bein

gemacht, können wir für die obere Extremität wiederholen.
Wenn wir mit einem Percussionshammer wiederholte kleine
Schläge auf die Fingerbeuger im Niveau des Handgelenkes
ausführen, sehen Sie die Hand und die Finger in extremste
Flexion gerathen und in dieser Contractur verharren.

Ich glaube genug vorgebracht zu haben, um den Einfluss
traumatischer Läsionen auf die Entwickelung von Contracturen
bei hysterischen und anderen, durch gewisse organische
Läsionen prädisponirten Personen zu erweisen. Wir werden
im Verlaufe unserer Studien zu wiederholten Malen Gelegenheit finden, diese interessante Anschauung für die Erklärung
von sonst unverständlichen Phänomenen zu verwerthen.

Kehren wir zur Contractur unserer Kranken zurück.
Was sollen wir mit ihr thun? Zunächst die vorherzusehende,
gewissermassen unausbleibliche Umwälzung abwarten, die der
Contractur wahrscheinlich ein Ende machen wird. Wenn sie
aber fortbesteht? Dann sind wir, da es sich um eine einseitige
Contractur handelt, nicht ohne Angriffspunkte für die Therapie;
wir können etwa mit Hilfe des Magneten oder anderer Agentien
der Art einen Transfert der Contractur auf die andere Seite
hervorrufen, und es ist wohl möglich, dass nach einer sehr
häufigen Wiederholung dieser Transferts die Contractur überwunden ist.

II.

In unsere Consulation externe kommt gegenwärtig eine
kleine Patientin, deren Zustand in die Hysterie einschlägt,
wenn er nicht ganz und gar dahin gehört. Es handelt sich um
ein fünfzehnjähriges, noch nicht menstruirtes Judenmädchen
aus Petersburg, die etwa seit sechs Wochen unsere Klinik
besucht, um dort die Heilung zu finden, die sie anderswo nicht
erlangen konnte. Ich weiss nicht, ob es uns möglich sein wird,
ihr zu leisten, was sie verlangt, oder vielmehr was ihr Vater
für sie verlangt. Sie werden sogleich verstehen, warum ich
diese Einschränkung mache.

Es handelt sich, oder scheint sich bei ihr um einen nicht
schmerzhaften Gesichtskrampf zu handeln, aber das Leiden
bietet bei der Kranken einige besondere Eigenthümlichkeiten,
durch welche es vom normalen, typischen Bilde erheblich
abweicht.

Betrachten Sie zunächst hier diese hysterische Frau, die
ich Ihnen auch zu einer anderen Gelegenheit vorstellen werde,
und die den (nicht schmerzhaften) Facialiskrampf in seiner
gewöhnlichen Erscheinung zeigt. Es ist eine seit Langem

hysterische oder vielmehr noch immer, trotz ihrer 50 Jahre, hysterische Person, bei der die Anfälle seit geraumer Zeit verschwunden sind, aber es besteht noch eine linksseitige Hemianästhesie und auf derselben Seite hat sich seit vier oder fünf Jahren ein Gesichtskrampf festgesetzt. Dieser Krampf offenbart sich in Anfällen, die mehr oder weniger zahlreich im Laufe eines Tages auftreten, und besteht in einem Zwinkern des Auges und in einem sehr raschen, etwa 200 mal in der Minute wiederholtem Erzittern der linken Lippencommissur; das Platysma myoides nimmt in gewissem Masse an dem Krampfe theil. Dies ist die typische Form.

Betrachten Sie jetzt unsere junge Kranke. Bei ihr können wir den Krampf nach unserem Belieben hervorrufen. Sie sehen sie jetzt ruhig, mit einem kleinen Kissen auf dem rechten Auge, es geht in ihrem Gesichte nichts Besonderes vor. Aber wir wollen das Kissen wegnehmen; wenn wir es nur leicht aufheben, ohne das stets von den festgeschlossenen Lidern bedeckte Auge freizulegen, tritt schon eine Zusammenziehung der Gesichtsmuskeln auf der rechten Seite ein. Wenn wir das Auge aufdecken, wird der Krampf noch heftiger und es kommt zu einer gräulichen starren Verziehung der Gesichtszüge. Das Ergebniss bleibt immer dasselbe: Ruhe, solange man das Kissen an seiner Stelle lässt, Contractur, sobald man es wegzieht.

Es besteht also eine so merkwürdige Verschiedenheit zwischen diesem Falle und dem vorigen, dass wir uns wohl fragen müssen, ob wir nicht einen jener sonderbaren Fälle von Simulation vor uns haben, an denen die Casuistik der Hysterie so reich ist.

Ich will gleich sagen, dass dem gegenwärtigen Zustand ein Krampf im rechten Orbicularis vorausgegangen ist, der vor einem Jahr ohne bekannte Ursache und ohne Schmerzen auftrat. Kurze Zeit später kamen nervöse Anfälle von Lach-, Wein- und Schreikrämpfen hinzu. Im letzten August bildete sich in Folge einer localen Anwendung der Elektricität der Gesichtskrampf aus, wie er heute besteht.

Erwägen wir die Dinge etwas genauer. Das Vorkommen eines Lidkrampfes bei einer nervösen, hysterischen Person ist nichts Seltenes, nichts, was uns verwundern könnte. Auch dass sich dieser Krampf auf die anderen Gesichtsmuskeln ausdehnt, ist nichts Ausserordentliches; man sieht solche Fälle oft. Endlich ist nichts natürlicher, als dass dieser Krampf durch Druck auf gewisse Punkte hintangehalten werden kann. v. Graefe hat schon vor langer Zeit auf diese Druckpunkte aufmerksam gemacht, die der Arzt suchen muss, und die die Kranken oft

selbst empirisch auffinden. Im vorliegenden Fall spielt das
Lid selbst oder der untere Orbitalrand die Rolle eines solchen
Druckpunktes.

Nun aber beginnt das Sonderbare! Der Druck, den dieses
kleine Kissen ausübt, ist wahrlich recht gering, und wenn es sich
nur um den Druck handeln würde, müsste es gleichgiltig sein,
ob wir ihn anbringen, indem wir das Kissen anlegen und es mit
Hilfe der Binde befestigen, oder ob die Kranke selbst diese
Verrichtung vollzieht. Das ist aber nicht der Fall. Es kommt
also auch auf die Person an, die es thut, und das giebt zu
denken. Ich will es gerade heraussagen; es handelt sich bei
mir nicht um einen Verdacht, sondern um eine Ueberzeugung.
Dieses junge Mädchen simulirt oder wenigstens, sie übertreibt.
Ich gestehe gerne zu, dass der Lidkrampf reell ist, aber was
den Krampf im Bereich des unteren Fascialisastes und des
Platysmas betrifft, so halte ich ihn für willkürliche Zuthat, für
Simulation.

Wahrscheinlich ist den Aerzten, welche dieses Mädchen
in Petersburg gesehen haben, derselbe Gedanke gekommen,
denn man hatte zu einer Operation der Nervendurchschneidung
vorbereitet, die Kranke wurde chloroformirt, und die Operation
ist nicht ausgeführt worden. Der Krampf aber ist geblieben,
wie Sie ihn heute sehen.

Sie werden mir einwenden: Welches Interesse soll dieses
Mädchen haben, um zu simuliren? Ich habe schon Gelegenheit gehabt Ihnen zu sagen, dass die Hysterischen oft ohne
bestimmte Absicht simuliren, sie pflegen die Kunst um ihrer
selbst willen. Aber steckt nicht etwa die Sucht, Aufsehen zu
machen, dahinter? Die Aerzte von Petersburg zu täuschen
oder zu glauben, dass man sie täuscht, dann die von Paris,
dann an die Facultät von Wien zu gehen und so ganz Europa
zu durchlaufen, wäre das nicht Beweggrund genug?

Ich füge hinzu, dass, wenn man die Kranke mit unver-
deckten Lidern auf den Isolirschemel der Elektrisirmaschine
bringt, sie sichtlich zu ermüden scheint; nach Verlauf einer
Viertelstunde wird die Athmung keuchend, der Körper bedeckt sich mit kaltem Schweiss und ein mehr oder minder
echter nervöser Anfall droht auszubrechen. Wir haben diesen
Versuch nicht weiter treiben wollen.

Was soll man unter solchen Verhältnissen thun? Zuwarten
und nichts sagen. Wir wollen vorläufig nichts von unserer
Ansicht dem Vater und noch weniger dem Mädchen selbst
verrathen, um nicht ihr Vertrauen einzubüssen, und wollen
eine Scheinbehandlung einschlagen. Ich will hoffen, dass
unsere junge Patientin noch einige Zeit bei uns bleiben

und mir Gelegenheit geben wird, sie Ihnen neuerdings vorzustellen. [1]

---

[1] Seit der Vorlesung ist Fräulein A. von ihrer Familie getrennt worden.
Am 27. Mai in's Spital aufgenommen, hat sie keine andere Behandlung als
einige Sitzungen mit statischer Elektricität und die Application von Magneten
auf Distanz gegen die Seite des Krampfes erfahren. Am 1. April nahm unter
dem Einfluss der Elektrisirung der Krampf zeitweilig ab. Bis zum 18. Juni
fiel nichts Besonderes vor, aber an diesem Tage hatte sie einen Anfall mit
schrillen Schreien und einigen Verdrehungen des Körpers, die immer auf der
rechten Seite, der Seite des Krampfes, heftiger waren. Einige Tage später
haben sich solche Anfälle wiederholt. Während des Monats Juli wurde sie
fast täglich der Fernwirkung des Magneten unterworfen, dabei schwand
allmählich die Contractur in der unteren Gesichtshälfte, am 26. Juli war
nur noch der Lidkrampf übrig. Tags darauf bekam sie in Folge einer Aufregung einen heftigen Anfall, und seither blieb die Lidspalte in normaler
Weise offenstehend, aber die Anfälle haben sich noch öfter wiederholt.

Ch. Féré.

Vierte Vorlesung.

Ueber Muskelatrophien im Gefolge von chronischem Gelenksrheumatismus.

Die Muskelatrophie bei acuten, subacuten oder chronischen Gelenksleiden. — Beziehung zwischen der Localisation der Atrophie und dem Sitz der Gelenkserkrankung. — Die Typen des primären chronischen Gelenksrheumatismus: 1. verbreitete oder progressive Form, 2. localisirte oder partielle Form, 3. die Heberden'schen Knoten. — Der allgemeine verbreitete chronische Gelenksrheumatismus erzeugt Muskelatrophie, welche vorzugsweise die Streckmuskeln der erkrankten Gelenke befällt. — Steigerung der Sehnenreflexe. — Neben der Atrophie besteht ein latenter Zustand von Contractur. — Die reflectorische spastische Contractur aus articulärer Ursache.

Meine Herren! Ich stelle Ihnen hier einen Kranken vor, der uns von neuem auf das Studium jener amyotrophischen Lähmungen hinführt, mit denen wir uns vor Kurzem beschäftigt haben.

Ich darf annehmen, dass Sie sich jenes jungen Telegraphenbeamten erinnern, der in Folge eines Stosses gegen das rechte Knie eine übrigens sehr leichte Gelenksentzündung davontrug und seither nun schon ein Jahr lang an einer atrophischen Parese leidet, die, vorzugsweise auf den M. extensor triceps der rechten Seite localisirt, ihm das Gehen recht beschwerlich macht.

Die traumatischen Einwirkungen sind aber durchaus nicht die einzigen, an die sich solche Folgezustände schliessen. Es ist vielmehr festgestellt, dass diese das Ergebniss der verschiedenartigsten krankhaften Veränderungen sein können.

Diese Beziehung gilt unter anderen für den acuten Gelenksrheumatismus, den acuten Gichtanfall (Bouchard, Debove) und die gonorrhoische Gelenksentzündung; und was sich von den acuten und subacuten Gelenksleiden sagen lässt, kann man ebenso auf den chronischen Gelenksrheumatismus übertragen.

In allen diesen acuten oder chronischen Gelenksaffectionen befolgt die auftretende Atrophie die früher angeführte Regel, das heisst sie befällt in einer weitaus überwiegenden Weise die Muskeln, welche das afficirte Gelenk strecken, also die M. glutaei, wenn es sich um eine Arthritis der Hüfte handelt, den extensor triceps, wenn das Knie ergriffen ist, den M. triceps des Armes, wenn die Erkrankung im Ellbogengelenk sitzt u. dgl.

Diese Beziehung zwischen dem Sitz der Gelenksaffection und der Localisation der Muskelatrophie ist so constant, dass sie in schwierigen Fällen selbst für die Diagnose verwerthet werden kann. So kann bei gewissen Leiden des Hüftgelenks, z. B. in manchen wenig vorgeschrittenen Fällen von malum senile coxae, bei denen die physikalischen Symptome wegen der tiefen Lage des Gelenks noch kein sicheres Urtheil erlauben, die sehr ausgesprochene Abflachung der Hinterbacke der entsprechenden Seite in Folge der Atrophie der inneren Bündel des M. glutaeus maximus ein sehr bedeutungsvoller Anhaltspunkt werden. Lange Zeit, ehe man etwas von den Muskelatrophien aus articulärer Ursache wusste, hat schon Adams die Aufmerksamkeit auf diese Abflachung der Hinterbacke bei manchen chronischen Hüftgelenksleiden gelenkt.[1] Der Fall, den ich Ihnen heute zeigen werde, gehört der Gruppe des chronischen Gelenksrheumatismus an.

Ich will Ihnen in's Gedächtniss zurückrufen, dass ich vorgeschlagen habe, die sehr mannigfachen Formen, unter denen diese Affection auftritt, auf drei fundamentale Typen zurückzuführen.[2] Diese sind:

1. Der (primäre) allgemeine oder progressive chronische Gelenksrheumatismus. Der sogenannte „knotige" Rheumatismus der Autoren; er zeigt von allem Anfang an einen chronischen Verlauf und eine fast unaufhaltsame Neigung zur allgemeinen Ausbreitung. Die kleinen Gelenke der Extremitäten, besonders der Hände, am häufigsten die Metacarpo-phalangealgelenke werden zuerst ergriffen, und zwar in symmetrischer Weise. Im Verlaufe der Zeit kommt dann die Mehrzahl der anderen Gelenke fast unausbleiblich an die Reihe. Während der ganzen langen Dauer der Krankheit hat der Kranke häufig lebhafte Schmerzen, oft von Fieberbewegungen begleitet, zu ertragen.

2. Der (primäre) partielle oder localisirte chronische Gelenksrheumatismus. Das Leiden, welches den-

[1] Adams, A Treatise on rhumatic gout etc. London 1857.
[2] Charcot, Traité de la goutte de Garrod, Anmerkung, pag. 602. — Krankheiten des Greisenalters. 2. Auflage, 1874, pag. 197 u. ff.

selben Charakter des durchgängig chronischen Verlaufs zeigt,
wie die vorstehende Form, bleibt gewöhnlich auf eine oder
zwei grosse Gelenke beschränkt und richtet in diesen tiefgehende Verheerungen an. Es ist in der Chirurgie häufig als
Arthritis sicca oder Morbus senilis coxae, wenn es das Hüftgelenk betrifft, abgehandelt worden. Die Schmerzen, die es
begleiten, sind geringfügig; Fieber fehlt zumeist.

3. Die Heberden'schen Knoten. Die von Heberden
als „Digitorum nodi" beschriebene Affection. Sehr allgemein,
aber ganz mit Unrecht der Gicht zugezählt, befällt sie fast
ausschliesslich die Gelenke zwischen den zweiten und dritten,
manchmal ausserdem die zwischen den zweiten und ersten
Phalangen der Finger. Sie verschont im Gegentheil die Metacarpo-
phalangealgelenke, welche eine Lieblingsstätte des eigentlichen
knotigen Rheumatismus sind.

Es versteht sich von selbst, dass das anatomische Substrat all dieser klinischen Formen das gleiche, nämlich eine
Arthritis sicca ist, aber jeder dieser klinischen Formen gehört
ein besonderer pathologisch-anatomischer Typus an. Eigentlich sind diese drei Formen nicht scharf voneinander geschieden,
vielmehr durch allmähliche Uebergänge verbunden. Es giebt
sozusagen intermediäre Formen, und der Fall, den wir nun
untersuchen wollen, gehört sowohl dem partiellen als dem
allgemeinen chronischen Rheumatismus an; es ist ein partieller
Rheumatismus, der sich auf eine grosse Anzahl von Gelenken
erstreckt hat.

Der 51jährige S . . . . ., Friseur, hat sich bis zu seinem
44. Jahre einer guten Gesundheit erfreut. Während der
letzten neun Jahre bewohnte er unglücklicherweise eine finstere
und feuchte Parterrestube hinter seinem Laden, in der er
Nachts häufig an Kälte litt. Dieser Einfluss einer feuchten
Wohnung gehört zu den mit Recht am häufigsten betonten
unter den Anlässen des chronischen Rheumatismus, und es ist
sehr bemerkenswerth, dass die Gelenksschmerzen gewöhnlich
erst einige Jahre, nachdem die Schädlichkeit ihre Einwirkung
begonnen hat, auftauchen. Es scheint da eine Art Incubation
vorzuliegen. So zeigten sich bei unserem Kranken die ersten
Zeichen der Gelenksaffectionen erst, nachdem er fünf Jahre hindurch in dieser Stube gelebt hatte. Die Gelenke wurden in nach-
stehender Reihenfolge ergriffen: Zuerst die Handgelenke, dann die
Schulter-, dann die Sprung-, Knie-, Hüft- und Ellbogengelenke,
zuletzt erkrankten im geringen Grade die Finger und die
Gelenke der Halswirbelsäule. Diese allmähliche Ausbreitung
des Leidens ging während eines Zeitraumes von vier Jahren vor
sich. Die Schmerzen waren nur wenig intensiv, Anschwellungen

kaum ausgesprochen; niemals Röthung oder Fieber, der Kranke
war zu keiner Zeit bettlägerig, aber er fühlte zuerst eine
Behinderung in gewissen Bewegungen seiner Handgelenke bei
der Ausübung seines Gewerbes, dann kam eine rapide Abmagerung und grosse Muskelschwäche hinzu, die ihm den
Gang ausserordentlich erschwerte, und endlich sah er sich
genöthigt, seinen Beruf aufzugeben.

Es ist gegenwärtig leicht, die kranken Gelenke zu erkennen und die Veränderungen, von denen sie befallen sind,
zu beurtheilen. Crepitiren bei Bewegungen ist in den meisten
nachweisbar, am stärksten im linken Schultergelenk und in
beiden Kniegelenken. In diesen letzteren ist eine gewisse
Menge eines flüssigen Ergusses vorhanden, und die Weich-
theile, die sie umgeben, sind augenscheinlich geschwellt. Ebenso
besteht Crepitiren in den Hand- und Ellbogengelenken und in
einigen Fingergelenken an beiden Händen. Um es kurz zu
fassen, wir finden in einer grossen Anzahl von Articulationen
die classischen Zeichen der Arthritis sicca.

Was unser Interesse aber zumeist in Anspruch nehmen
muss, ist die Abnahme der Muskelmassen. Es handelt sich
dabei nicht um eine allgemeine Abmagerung im strengen Sinne
des Wortes, sondern vielmehr um eine localisirte Atrophie,
die vor Allem gewisse Muskeln oder Muskelgruppen betrifft,
und wir finden hier wieder die vorwiegende Betheiligung der
Strecker vor, auf welche wir uns gefasst gemacht hatten.
So constatiren wir an den Schultern eine Abflachung der
Deltoidei, an den Armen sind es besonders die M. tricipites,
welche geschwunden sind, während die Bicepsmuskeln noch
eine gewisse Massenentwickelung bewahrt haben. Die M. glutaei
sind in hohem Grade abgeflacht in Folge der Affection der
Hüftgelenke. Am Oberschenkel ist der Triceps weit mehr
atrophisch als die Beugergruppe, und dieselbe Regel bewährt
sich für alle erkrankten Gelenke.

Die Veränderungen der elektrischen Erregbarkeit, welche
die Muskeln zeigen, sind auch in diesem Fall ausschliesslich
quantitativer und nicht qualitativer Natur. Ein einziger Muskel
macht eine Ausnahme, nämlich der Vastus externus der rechten
Seite, welcher Entartungsreaction zeigt, also Abschwächung
der faradischen bei Erhöhung der galvanischen Erregbarkeit.
Diese Ausnahme ist aber ganz vereinzelt, überall sonst sprechen
die elektrischen Reactionen der Muskeln für eine einfache
Atrophie derselben ohne tiefere Ernährungsstörung. Gewisse
dieser atrophirten Muskeln sind der Sitz sehr merklicher
fibrillärer Contractionen, z. B. der Deltoides, der Quadriceps des
Beines, die Glutaei; einige zeigen sich unzweifelhaft für die

directe mechanische Erschütterung erregbarer, wie Sie es besonders schön am linken Deltoideus sehen.

Diesen Ernährungsstörungen der Muskeln entspricht eine motorische Schwäche, deren Grad der Höhe der Atrophie proportional ist. Der Gang ist sehr erschwert, weit mehr in Folge der atrophischen Parese als in Folge von Schmerzen. An den Händen ist die dynamometrische Kraft sehr herabgesetzt; sie wird durch die Zahl 10 für die rechte und 12 für die linke Hand ausgedrückt, während das Mittel im Zustand der Gesundheit ungefähr 80 beträgt.

Eine eingehendere Untersuchung lässt erkennen, dass, wie vorherzusehen, an den oberen Extremitäten besonders die Wirkung der Extensoren ausgefallen ist; so ist es z. B. sehr leicht, die Extension im Ellbogengelenk zu überwinden, während dagegen das vom Kranken in Flexion gebrachte Glied den Versuchen, es zu strecken, noch ziemlich guten Widerstand leistet. Dasselbe kann man für's Handgelenk erweisen. Auch für's Knie gilt das Gleiche.

Sie sehen also, dass bei unserem Kranken in allen wesentlichen Punkten eine volle Uebereinstimmung mit dem Zustand jenes Telegraphenbeamten besteht, dessen atrophische Paralyse sich in Folge eines Traumas entwickelt hatte. Wir dürfen also daraus schliessen, dass die Gelenksaffectionen des verbreiteten chronischen Rheumatismus in gleicher Weise wie Gelenkstraumen jene Rückwirkung auf das spinale Centralorgan ausüben, von der die an den Streckern vorwiegende atrophische Paralyse abhängt. [1]

Ich muss aber noch einen Berührungspunkt zwischen den beiden Fällen erwähnen. Bei dem Telegraphenbeamten habe ich als eine sehr interessante Thatsache die Steigerung der Sehnenreflexe hervorgehoben, welche nicht nur an dem erkrankten, sondern auch an dem anscheinend gesunden Gliede hervortritt, und ich habe daraus geschlossen, dass die spinale Affection, die sich in Folge des Gelenksleidens entwickelt hat, worin immer sie bestehen mag, eine viel grössere Ausdehnung im Centralorgan hat, als man zunächst vermuthen sollte. Nun wohl, dieses selbe Symptom, welches uns die Steigerung der

---

[1] D o b o v e hat (Progrès médical, 1880, pag. 1011) die Gelegenheit gehabt, die Muskeln eines an chronischem Rheumatismus Leidenden, welcher von Muskelatrophie befallen worden war, mikroskopisch zu untersuchen, und konnte an ihnen Charaktere auffinden, welche gestatten, diese Amyotrophien an die Myopathien aus spinaler Ursache anzureihen, nämlich: die Ungleichmässigkeit der Atrophie, welche nicht nur die Bündel desselben Muskels, sondern selbst die Fasern desselben Bündels in ungleich hohem Grade befällt, und die Sclerose des interstitiellen Bindegewebes.

reflectorischen Erregbarkeit bezeugt, findet sich auch bei dem Kranken, den ich Ihnen heute vorstelle, und zwar in noch viel höherem Grade. So kann ich durch Dorsalflexion der Fussspitze beiderseits ein sehr lebhaftes Schütteln hervorrufen, besonders dann, wenn der Kranke sich anstrengt, dieser Bewegung zu widerstehen. Um jetzt die Erhöhung der Kniereflexe schätzen zu können, lasse ich den Kranken sich auf den Bettrand niedersetzen und die Fussballen an dem Rande eines Sessels stützen. Sie sehen nun, wie auf beiden Seiten die Percussion der Patellarsehne bei jedem Schlage eine Bewegung der Schulter, besonders der linken, hervorruft. Ich wiederhole: so oft man, sei es rechts oder links, auf die Patellarsehne schlägt, entsteht eine Contraction des Deltoides, Trapezius und Pectoralis major, die Schulter wird gehoben und die ganze obere Extremität von dieser Bewegung mitgerissen.

Wir finden also an den unteren Extremitäten jene Symptome, welche den Inhalt der spastischen Paraplegie ausmachen, zur Zeit, wo die permanente Contractur zwar noch nicht ausgebildet, aber doch nahe bevorstehend ist. Und diese Erscheinungen sind in so hohem Grade entwickelt, dass ein unterrichteter Arzt dazu verleitet wurde, zu glauben, dass in diesem Falle das Spinalleiden das Primäre, die Gelenksaffectionen und Muskelatrophien das Abhängige wären. Aber gegen diese Anschauung erhebt die Art und Weise der Entwickelung der Krankheit Einspruch; in Wirklichkeit sind die Gelenksaffectionen das Primäre und die spinale Affection, welche die Amyotrophie bedingt, ist nur secundär.

Es ist nicht unwichtig hinzuzufügen, dass, abgesehen von dieser Erhöhung der Reflexerregbarkeit, welche sich sowohl an den oberen als an den unteren Extremitäten durch Reflexsteigerung kundgiebt, kein anderes Symptom zu finden ist, welches man auf ein Spinalleiden beziehen könnte. Also keine Störung der Hautempfindlichkeit, keine Gürtelschmerzen, keine Störung beim Harnlassen u. dgl.

Wie Sie aus dem Vorhergehenden ersehen, besteht in dem Falle, dass die amyotrophische Parese das Bild beherrscht, die Contractur gleichsam potentia, im latenten Zustand. Dies führt mich zur Bemerkung, dass, wenn bei gewissen Gelenksleiden, wie im eben besprochenen Falle, die atrophische Paralyse die Hauptsache ist, in anderen Fällen von Gelenkserkrankung dagegen die Verhältnisse sich umkehren und die spastische Contractur in den Vordergrund tritt.

Seit langer Zeit wird in der Chirurgie gelehrt, dass bei gewissen Arthritiden, besonders bei den sehr schmerzhaften Formen, die erkrankten Gelenke steif werden. Sie sind alsdann

gewöhnlich in der Flexion festgestellt; so beugt sich bei der
Coxalgie der Oberschenkel gegen das Becken, bei der fungösen
Kniegelenksentzündung der Unterschenkel gegen den Ober-
schenkel u. s. f.

Ueber die Ursache dieser Gelenkssteifigkeit und der
durch sie hervorgebrachten Difformität ist sehr lange Zeit
gestritten worden. Wie Ihnen bekannt sein wird, hat man
sich in der Schule Bonnet's in Lyon auf den Instinct des
Kranken berufen, der ihn das Gelenk in eine unverrückbare
Lage bringen heisst, um so den Schmerz so viel als möglich
zu vermeiden. Andere haben das Gewicht der betreffenden
Theile, die in der Gelenkshöhle angesammelte Flüssigkeit
u. a. d. beschuldigt, aber immer hat man die Thatsache der
unwillkürlichen spastischen Contractur dabei in den Hinter-
grund gedrängt. Heute ist es, wenn ich mich nicht täusche,
im Gegentheil diese unwillkürliche spastische Zusammenziehung
der Muskeln, an welche sich die Mehrzahl der Chirurgen hält,
und man ist so zur Lehre von Hunter zurückgekehrt.
Mr. Hilton, Chirurg im Guy's Hospital, hat in einem in
Frankreich wenig bekannten Buche der heute herrschenden
Ansicht bestimmten Ausdruck gegeben.[1] „Wenn," sagt er, „die
Gelenkshöhle der Sitz irgend einer Reizung oder Entzündung
ist, so wird der Einfluss dieses Zustandes auf das Rückenmark
übertragen, und wirkt von dort aus vermittelst der betreffenden
motorischen Nerven auf die Muskeln, welche das Gelenk be-
wegen, zurück." Prof. Duplay hat sich in verschiedenen
Stellen seines Buches, ebenso wie Pitha, als Anhänger dieser
Lehre bekannt.

Es handelt sich dabei also um eine spastische Zusammenziehung, welche sowohl Beuger als Strecker betrifft, aber immer
so, dass die ersteren die Oberhand gewinnen und die Richtung
der neuen Stellung bestimmen. Es scheint sich nicht um eine
absichtliche oder instinctive Contraction zu handeln, die
dazu bestimmt wäre, den Schmerz zu lindern, denn in vielen
derartigen Fällen, besonders in der Coxalgie, soweit das Hüftgelenk in Betracht kommt, ist es oft nothwendig, dieser Contractur entgegenzuarbeiten und zur Linderung der Schmerzen
die forcirte Extension einzuleiten. Masse[2] hat übrigens die
interessante Beobachtung gemacht, dass solche Contracturen
sich oft im Schlafe ausserordentlich verstärken, während sie im
Gegentheil bei Tage, wenn der Kranke im Stande ist gegen
sie anzukämpfen, nachlassen.

---

[1] On rest and pain etc., 2nd ed. London 1877.
[2] Influence de l'attitude des membres sur leurs articulations. Montpellier, 1878, pag. 104.

Ohne also den Einfluss accessorischer Ursachen zu bestreiten, gelangt man doch zur Annahme, dass die fehlerhafte Stellung der Gelenke in solchen Fällen hauptsächlich durch die reflectorische spastische Contractur bedingt ist. Diese Anschauung findet, wie ich glaube, ihre volle Bekräftigung durch die Untersuchung der merkwürdigen Verkrümmungen, welche sich so oft beim verbreiteten und progressiven chronischen Rheumatismus (knotigen Rheumatismus) ausbilden. Diesen Gegenstand habe ich bereits vor 30 Jahren, in meiner Inauguraldissertation, aufzuklären versucht und bitte Sie um die Erlaubniss, jetzt darauf zurückzukommen. Aber die Erörterung der auf diese Fragen bezüglichen Verhältnisse würde uns heute zu weit führen, und ich verschiebe sie daher auf die nächste Vorlesung.

Es wird aber vielleicht nicht überflüssig sein, ausdrücklich hervorzuheben, dass es neben den amyotrophischen Lähmungen aus articulärer Ursache spastische Contracturen giebt, die sich gleichfalls an Gelenksveränderungen knüpfen, dass diese Lähmungen wie die Contracturen von einer Spinalaffection abhängen, die auf reflectorischem Wege bedingt ist, und auf solche Weise den Zusammenhang zu betonen, welcher zwischen diesen beiden, anscheinend einander so fremden Reihen von Thatsachen zu bestehen scheint.

Fünfte Vorlesung.

I. Ueber reflectorische Muskelatrophie und reflectorische Contractur in Folge von Gelenkserkrankung. II. Ueber Migraine ophthalmique in der Initialperiode der progressiven Paralyse.

I. Der chronische Gelenksrheumatismus. — Reflectorische Contractur aus articulärer Ursache. — Difformitäten beim chronischen Gelenksrheumatismus: 1. Extensionstypus, 2. Flexionstypus. — Gestaltung der Hand bei der Athetose und bei der Paralysis agitans. — Die Gelenksveränderungen beim chronischen Rheumatismus hängen von einer Spinalaffection ab, deren Entstehung nach dem Mechanismus der Reflexacte vor sich geht. — II. Die progressive Paralyse. — Die Migraine ophthalmique im Beginne derselben. — Das Flimmerskotom. — Die Hemianopsie.

I.

Meine Herren, die erste Kranke, auf welche ich Ihre Aufmerksamkeit lenken will, zeigt uns ein Beispiel von Arthritis sicca im Hüftgelenk, und Sie können an ihr jene von der Atrophie der Glutaei abhängige Abflachung der Hinterbacke bemerken, welche, wie ich Ihnen schon erwähnt habe, in schwierigen Fällen zur Feststellung der Diagnose dienlich sein kann.

Es handelt sich um eine Frau von 62 Jahren, bei welcher wir nicht die gewöhnliche Aetiologie des chronischen Gelenksrheumatismus erheben können; sie hat niemals an einem feuchten Orte gewohnt; übrigens sind auch die anderen Gelenke bei ihr unversehrt. Sie selbst bezeichnet langjähriges Arbeiten an der Nähmaschine als Ursache des gegenwärtigen Leidens im rechten Hüftgelenk. Die Krankheit begann vor einem Jahr mit einer gewissen Behinderung in diesem Gelenke; später kamen spontane Schmerzen hinzu, die besonders zur Nachtzeit auftraten, im unteren Theil der Hinterbacke sassen und längs des Oberschenkels und der Innenfläche des Knies ausstrahlten. Zu einer gewissen Zeit war auch Crepitiren im Gelenke vorhanden, das heute nicht mehr besteht. Die spontanen Schmerzen sind gegenwärtig verschwunden, auch Schlag auf den grossen Trochanter ruft keine Schmerzensäusserung hervor, eine ausgesprochene Verkürzung der Extremität ist nicht vorhanden; aber diese zeigt eine auffällige Neigung, sich in die Rotation nach innen zu begeben, wie Sie schon von der Ferne aus der Stellung des Fusses ersehen können. Die Kranke geht ziemlich gut und hinkt nicht, wenn sie erst einige Schritte gemacht hat; wenn sie sich aber niedergesetzt hat, ist es ihr unmöglich, den rechten Oberschenkel über den linken zu legen, während sie dasselbe für den linken ganz gut ausführen kann. Die Anamnese, wie die noch jetzt vorhandene Functionsstörung stellen es ausser Zweifel, dass hier zu einer gewissen Zeit eine Gelenksaffection bestanden hat; aber selbst, wenn diese Anhaltspunkte weniger unzweideutig wären, müsste die sehr beträchtliche Abflachung der rechten Hinterbacke unsere Aufmerksamkeit auf das Gelenk hinleiten. Die rechte Hinterbacke erscheint nicht nur auf den ersten Anblick sehr abgemagert, sie fühlt sich auch weicher und schlaffer an als die linke; man gelangt mit den Fingern leicht dazu, den Sitzhöcker zu betasten, was links nicht der Fall ist; endlich sehen Sie, dass auf der rechten Seite der grosse Trochanter viel mehr vorspringt, was von der Atrophie des M. glutaeus minor herrührt.

Mir lag daran, Ihnen diese Kranke zu zeigen, weil ihr Zustand sich an jene Muskelatrophien aus articulärer Ursache anschliesst, mit denen wir uns gegenwärtig beschäftigen. Ich will jetzt daran gehen, Ihnen einige weitere Einzelheiten über die spastischen Contracturen mitzutheilen, welche sich so häufig neben der Atrophie der Muskeln im Gefolge von Gelenks affectionen entwickeln. Ich habe versucht, Ihnen zu beweisen, dass diese Contracturen, wie schon Hunter lehrte, durch einen reflectorischen Einfluss zu Stande kommen, welcher von dem erkrankten Gelenk ausgeht. Die Reizung der Gelenksnerven überträgt sich auf die Centren im Rückenmarke, welche ihrerseits wieder diese Erregung vermittelst der motorischen Nerven auf die Muskeln, sowohl auf die Beuger als auf die Strecker des Gelenks reflectiren.

Im Allgemeinen beschränkt sich die spastische Contractur auf die Strecker und Beuger des erkrankten Gelenkes. Aber es kommen Fälle vor, in denen zufolge von Ausbreitung der Läsion im Rückenmarke der Muskelkrampf die Neigung zur Verallgemeinerung zeigen und sich z. B. über eine ganze Extremität erstrecken kann. Wir haben Thatsachen dieser Art in der Klinik der Hysterie bereits kennen gelernt, aber soweit man nach den bisher veröffentlichten Beobachtungen urtheilen

kann, kommen diese auf eine ganze Extremität ausgedehnten
Contracturen in Folge von Läsion eines einzigen Gelenkes auch
ausserhalb der Hysterie vor. Wir können uns hier auf die
Fälle berufen, welche Duchenne (de Boulogne) zuerst bekannt
gemacht und unter dem Namen „Reflectorische Contractur aus
articulärer Ursache" beschrieben hat. Später hat Dubrueil
in Montpellier über denselben Gegenstand gearbeitet.[1] In der
Beobachtung Dubrueil's handelt es sich um einen jungen
Menschen von 16 Jahren, der sich durch Fall von einer Leiter
eine Verstauchung im linken Tibio-Tarsalgelenk zugezogen
hatte. Drei Tage später kam es bei ihm zu einer Contractur,
die nicht blos die Muskeln des in Adduction dorsalflectirten
Füsses, sondern auch die Beuger des Knie- und Hüftgelenkes
betraf. Offenbar sind die Personen, bei denen eine solche
Contractur aus articulärer Ursache sich auf andere Gelenke
ausbreitet, als prädisponirte zu betrachten und in dieser Hinsicht den Hysterischen an die Seite zu stellen.

Um diesen Gegenstand abzuschliessen, erübrigt mir noch
Ihnen, wie ich versprochen habe, zu zeigen, dass auch die
Difformitäten der Glieder beim progressiven, knotigen, chronischen Gelenksrheumatismus durch eine spastische Contractur
der Muskeln bedingt sind, welche gleichfalls von einer, mit
den Gelenksläsionen im Zusammenhange stehenden, Reflex-
wirkung abhängt.

Ich habe schon früher einmal[2] nachzuweisen versucht,
dass die Missstaltungen, die man in solchen Fällen beobachtet,
und die wir nun an den oberen Extremitäten studiren wollen,
sich trotz all ihrer Mannigfaltigkeit auf zwei Grundtypen
zurückführen lassen, an welche alle anderen, sonst noch vor-
kommenden Formen anzureihen sind.

Wir wollen zuerst die beiden Typen gemeinsamen Züge
hervorheben: Die Hände sind gewöhnlich in Pronation und
ein wenig gebeugt, die krankhaften Veränderungen in der
Regel symmetrisch, die Finger zumeist en masse dem Ulnar-
rande der Hand genähert (Fig. 5).

Nun lassen wir die unterscheidenden Merkmale der beiden
grossen, damals von mir beschriebenen Typen folgen:

Erster oder Extensions-Typus: Wenn wir zunächst
das freie, periphere Ende der Finger in Betracht ziehen, sehen
wir *a)* eine Beugung der dritten Phalange, *b)* eine Ueber-
streckung der zweiten und *c)* eine Beugung der ersten Phalange.

---

[1] Dubrueil, Leçons de clinique chirurgicale. Montpellier, 1880, pag. 5.

[2] Charcot, Études pour servir à l'histoire de l'affection décrite sous
les noms de goutte asthénique primitive, nodosités des jointures, rhumatisme
articulaire chronique (forme primitive). Thèse de Paris, 1853.

Die Kranke D . . . ., die ich Ihnen vorstelle, zeigt diese Misstaltungen in einer ganz charakteristischen Ausbildung. Es ist eine Frau von 49 Jahren, bei welcher die Krankheit vor

Fig. 5.

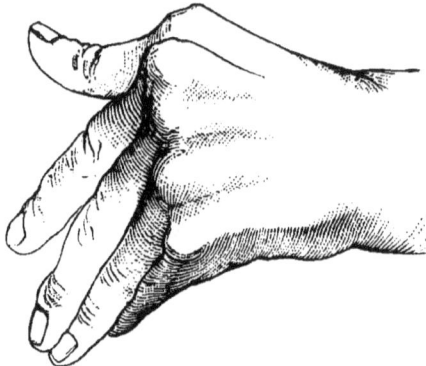

Zur Darstellung der Gesammtabweichung der Finger gegen den Ulnarrand der Hand. Zeichnung von P. Richer.

20 Jahren nach dreijährigem Aufenthalt in einer feuchten Wohnung ausgebrochen ist. Bei ihr finden wir auch die Mehrzahl der analogen anderen Gelenke erkrankt (Fig. 6). Die-

Fig. 6.

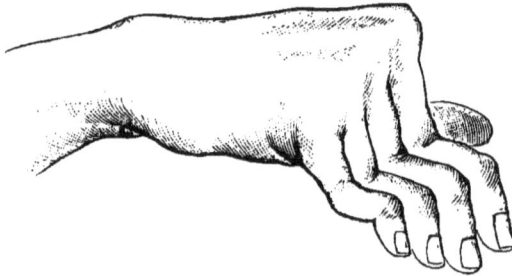

Linke Hand der Kranken D . . . . Extensions-Typus. Zeichnung von P. Richer.

selben Difformitäten sehen Sie an der Kranken M . . . . wieder, welche zur Zeit der Menopause von der Affection ergriffen worden ist (Fig. 7).

Beim zweiten Typus, dem Typus der Flexion, finden wir eine Streckung der dritten und Beugung der zweiten

Phalange, wie es Ihnen die nun vorgestellte Kranke vor Augen führt (Fig. 8).

Das sind also die Misstaltungen, welche nach meiner Anschauung ebensowohl von einer spastischen Contractur der

Fig. 7.

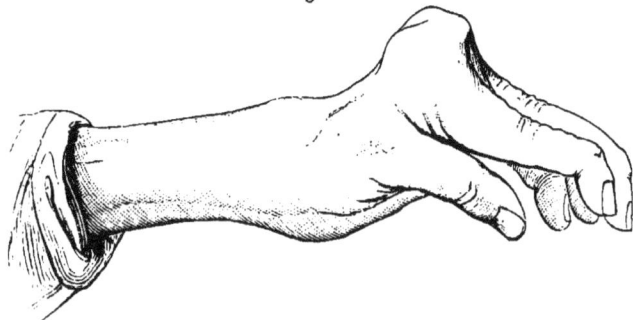

Linke Hand der Kranken M . . . Extensions-Typus. Zeichnung von P. Richer.

Muskeln abzuleiten sind, wie jene, welche man an den anderen Gelenken der Kranken (Knie-, Ellbogen u. s. w.) beobachten kann.

Wollen Sie aber wohl beachten, dass die spastische Contractur selbst bei diesen Kranken seit langer Zeit geschwunden

Fig. 8.

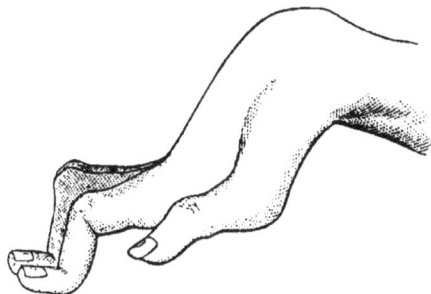

Rechte Hand der Kranken X . . . Flexions-Typus. Zeichnung von Peugniez.

ist. Nur die Difformitäten, welche dieselbe hervorgerufen hat, bestehen in Folge der Verdickung der periarticulären Gewebe fort. In der langen Zeit der Unbeweglichkeit haben sich, während die Gelenke durch die Wirkung der spastischen Muskelverkürzung in fehlerhaften Stellungen fixirt waren,

Subluxationen und Schrumpfungen der Bänder vollzogen, welche nun den Händen die charakteristische Stellung ihrer einzelnen Abschnitte gegeneinander bewahren. Welches sind aber die Argumente, die man zu Gunsten dieses von mir aufgestellten Satzes anführen kann?

1. Man kann unmöglich zugeben, dass diese unnatürlichen, gezwungenen, sozusagen sinnlosen Stellungen von dem Kranken instinctiv angenommen worden seien, um durch eine bestimmte Fixation des Gelenkes den Schmerz so viel als möglich zu vermeiden. Wenn man die Kranken während der Periode der heftigen Anfälle der Krankheit untersucht, findet man im Gegentheil, dass sie, anstatt diese gezwungenen Stellungen zu suchen, vielmehr die spastischen Contracturen, welche zu ihnen führen, die „Krämpfe", wie sie sagen, mit allen Kräften zu unterdrücken streben.

2. Die Flüssigkeitsansammlung in den Synovialkapseln kann wohl die Beweglichkeit der Gelenke erhöhen und die Wirkung der contracturirten Muskeln begünstigen, kann aber nicht als wirkende Ursache der Difformität angesehen werden. Dazu kommt, dass nicht alle Gelenke der Hand, welche der Verkrümmung unterliegen, von Hydrarthrose oder nur von Entzündung befallen gewesen sind. Endlich kann man, ohne Furcht vor Widerlegung, behaupten, dass die Schwere der erkrankten Theile bei der Entstehung der Difformität nur eine äusserst untergeordnete Rolle spielt.

Es bleibt also als einzige Ursache, an die man sich halten kann, die reflectorische Muskelcontractur übrig, welcher als einer blindwirkenden Kraft nichts Zweckmässiges innewohnt.

Ich will hinzufügen, dass man zu Gunsten dieser Theorie noch andere, zwar indirecte, aber wichtige Argumente herbeiziehen kann. Ich kann Ihnen zeigen, dass dieselben Difformitäten der Hand, dieselben Verbildungen der Gelenke, welche wir beim knotigen Rheumatismus finden, auch unter anderen Bedingungen auftreten; in Fällen, wo keine Gelenksaffection besteht und nur die Rigidität der Muskeln im Spiele ist, und zwar mit bis zur Verwechslung ähnlichen Charakteren. So z. B. in der spastischen Hemiplegie der Kindheit; die Kranke, die ich Ihnen jetzt vorstelle, zeigt eine spastische Contractur aller Muskeln der oberen wie der unteren Extremität der linken Seite; das Leiden datirt aus der Kindheit, die Person ist epileptisch, aber es handelt sich dabei um eine besondere Art von Epilepsie; niemals ist irgendwo eine Spur von Gelenkserkrankung, namentlich nicht an den Händen, bei ihr aufgetreten. In dieser Hand nun, welche die der Athetose eigenthümlichen unwillkürlichen Bewegungen und daher eine gewisse

Erweiterung des Spielraumes der Gelenke nach mehreren Richtungen darbietet, sehen Sie, wenn die Kranke die Hand ausstrecken will, eine Difformität entstehen, welche lebhaft an
unseren ersten Typus, den der Extension erinnert (Fig. 9).
Dasselbe trifft für die Parkinson'sche Krankheit zu. Ich
pflege seit langer Zeit auf die dabei auftretenden Misstaltungen
aufmerksam zu machen, welche sich nur durch die anhaltende
Rigidität von antagonistisch wirkenden Muskeln erklären lassen.
Es ist übrigens bekannt, dass bei der Paralysis agitans auch die
Muskeln der Extremitäten und des Stammes sich in einem
Zustand permanenter Spannung befinden, in Folge dessen die
einzelnen Theile wie zusammengelöthet sind. An den Händen
begegnet man am häufigsten einer Difformität, welche an
die Schreibfederstellung erinnert, und auf die Contractur der

Fig. 9.

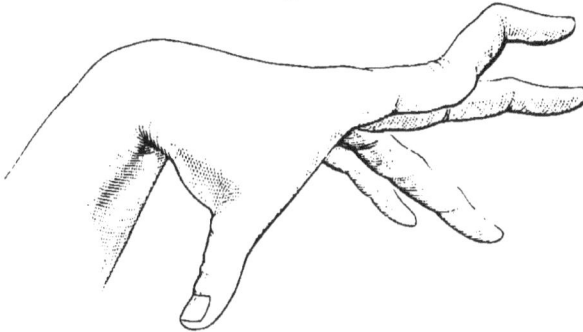

Hand bei Athetose, welche an die Missstaltung des Extensions-Typus
erinnert. Zeichnung von P. Richer.

M. interossei zu beziehen ist. Aber in manchen Fällen finden
wir doch eine Verbildung der Finger, welche ganz der beim
knotigen Rheumatismus gleicht. In dem Falle, den ich Ihnen
jetzt vorstelle, haben Sie wieder den Typus der Extension
vor sich (Fig. 10). Auch in dieser Reihe von Fällen ist es
einzig und allein der Muskelzug, welcher die Misstaltung erzeugt; die Gelenke sind in keiner Weise afficirt.
    Das sind also die verschiedenen Argumente, meine Herren,
aus denen mir hervorzugehen scheint, dass die Gelenksver-
bildungen des chronischen Rheumatismus von einer Spinalaffection herrühren, welche sich auf dem Wege reflectorischer
Einwirkung entwickelt hat.
    Wir dürfen nun von Neuem betonen, dass die Rückwirkung
der Gelenksaffectionen auf das spinale Centralorgan bald eine

Thätigkeitssteigerung der Nervenzellen hervorruft — daher dann die Contractur — bald im Gegentheil eine Herabsetzung dieser Thätigkeit, welche zur atrophischen Lähmung führt.

Man muss hinzufügen, dass diese beiden Arten der spinalen Affection sich an demselben Individuum combinirt vorfinden können. So sieht man z. B. beim knotigen Rheumatismus, dass noch zur Zeit, in der die Muskeln von Contractur befallen sind, in einer grossen Zahl derselben, besonders aber in den Streckern, bereits eine mehr oder weniger ausgeprägte Atrophie auftritt. In solchen Fällen stellen Steigerung und Hemmung der Thätigkeit der zelligen Nervenelemente zwei aufeinanderfolgende Phasen in demselben krankhaften Process dar. Aber

Fig. 10.

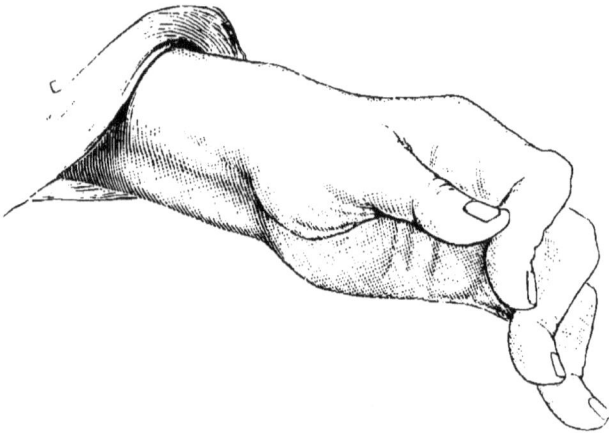

Hand bei Schüttellähmung, die an die Missstaltung des Flexions-Typus erinnert. Zeichnung von P. Richer.

es scheint, dass es mitunter von vorneherein blos zu einer functionellen Depression der Nervenzellen kommen kann; dieser Vorgang mag bei der primären Amyotrophie stattfinden, die ich an erster Stelle in diesem Zusammenhange erwähnt habe. Sie erinnern sich aber wohl, dass selbst in diesem Falle — soweit man wenigstens nach den Beobachtungen, die wir miteinander gemacht haben, schliessen darf — die Verhältnisse, welche zur Contractur prädisponiren und sie vorbereiten, nämlich die Steigerung der Sehnenreflexe, neben der Atrophie, gewissermassen mit ihr combinirt, vorgefunden werden.

Es besteht also nicht, wie man auf den ersten Anschein hätte meinen sollen, ein Gegensatz oder gar ein Widerspruch

zwischen den beiden Reihen von Thatsachen. Ob nun Contractur oder im Gegentheil Amyotrophie in Folge einer Gelenks-
läsion vorliegt, die spinale Affection ist darum doch stets die
nämliche. Diese beiden Reihen von Erscheinungen stellen
gleichsam die beiden Extreme eines und desselben Krankheits-
processes dar.

Ich will zum Schlusse bemerken, dass diese Combination,
diese Aufeinanderfolge von Contractur und Muskelatrophie in
der Klinik der spinalen Affectionen durchaus nicht vereinzelt
dasteht. Sie begegnet uns in ganz unverkennbarer Weise auch
bei der amyotrophischen Lateralsklerose, von der ich Ihnen
kürzlich ein Beispiel vorgeführt habe.[1]

II.

Nun aber genug von spastischen Contracturen und Amyo-
trophien aus articulärer Ursache. Ich will Ihnen jetzt einen
Kranken zeigen, dessen Zustand in ein ganz anderes Register
gehört. Der Kranke leidet an der progressiven Paralyse der
Irren, und wenn wir nur seinen gegenwärtigen Zustand in
Betracht ziehen, werden wir sehen, dass es sich um einen
gewöhnlichen, classisch ausgebildeten Fall handelt, in dem die
Diagnose — leider — nur zu leicht zu stellen ist.

Herr L . . . ., Professor der Geschichte, 35 Jahre alt, ist
nach Frankreich gekommen, um hier Rechtswissenschaft zu
studiren. Er bietet gegenwärtig folgende Erscheinungen: Eine
eigenthümliche Sprachstörung, durch welche die Sprache fast
unverständlich geworden ist, fibrilläres Zittern der Zunge, einen
eigenthümlichen Tremor der Hände und jenes Symptombild
intellectuellen und moralischen Verfalls, welches man als
„paralytischen Schwachsinn" zusammenfassen kann. Der Fall
ist, ich wiederhole es, als ein ganz classischer zu bezeichnen,
wenn man nur unserer heutigen Kenntniss Rechnung trägt,
dass es eine Form von progressiver Paralyse giebt, in der
der Grössenwahn nicht zur Ausbildung gelangt. Man nennt
diese Form die „paralytische", oder „progressive Paralyse ohne
Geistesstörung".

Das Hauptinteresse des Falles liegt aber in den Initial-
phänomenen, über welche uns die junge Frau des Kranken
mit ausgezeichnetem Verständniss unterrichtet.

---

[1] Seitdem diese Vorlesung gehalten wurde, hat Charcot von Herrn
Dreschfeld, Professor der pathologischen Anatomie in Manchester, die
Photographie der Hand eines Studenten am Royal College erhalten, welcher

Ich will Ihnen zuvor ins Gedächtniss zurückrufen, dass die progressive Paralyse, welche, einmal voll entwickelt, ein fast einförmiges Symptombild liefert, nach Jules Falret [1]

Fig. 11.

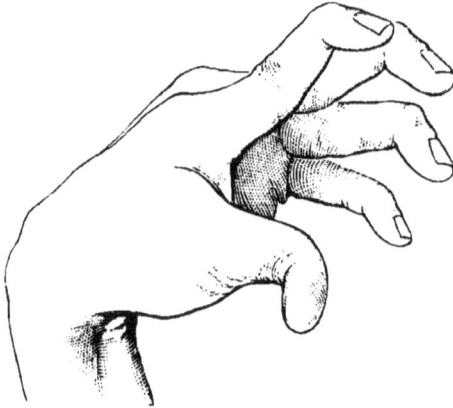

Willkürlich erzeugte Missstaltung der Hand, welche an den Extensions-Typus beim chronischen Rheumatismus erinnert. Zeichnung von P. Richer.

Fig. 12.

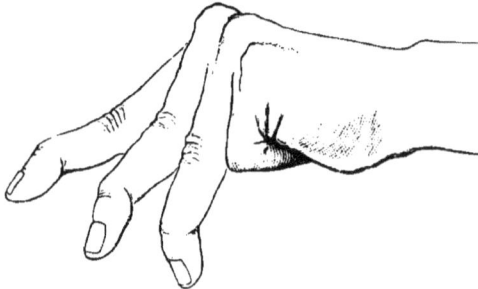

Willkürlich erzeugte Missstaltung der Hand, welche an den Extensions-Typus beim chronischen Rheumatismus erinnert. Zeichnung von P. Richer.

durch Streckung der zweiten und Beugung der ersten und dritten Phalange eine ganze ähnliche Difformität wie beim chronischen Gelenksrheumatismus willkürlich hervorbringen konnte (Fig. 11). Dasselbe ist ein klinischer Zögling der Salpêtrière im Stande (Fig. 12). Solche Thatsachen sind wohl geeignet zu beweisen, dass die Difformität einzig und allein unter dem Einfluss der Muskelthätigkeit entsteht.   Ch. Féré.

[1] J. Falret, Recherches sur la folie paralytique. Thèse de Paris, 1853.

zu Anfang in sehr verschiedenen Erscheinungsformen auftreten
kann, die aber eine Zurückführung auf vier Typen oder Unterarten gestatten.

1. Die expansive (maniakalische) Form. Die Kranken
zeigen Grössenwahn, sind von sich selbst und ihrer Umgebung
im hohen Grade befriedigt, erwarten Millionen, spielen sich
auf Künstler und Dichter hinaus u. s. w. Dieser Grössenwahn
trägt von Anfang an den Stempel des Schwachsinns (Falret).
Die Ideen, in denen er sich äussert, sind widerspruchsvoll,
flüchtig, absurd, ganz verschieden von dem logisch fest-
gehaltenen Grössenwahn des chronischen Wahnsinns. Diese
psychischen Störungen sind begleitet von einer gewissen Erschwerung der Articulation, Ungleichheit der Pupillen, Tremor
und Unsicherheit der Bewegungen.

2. Die melancholische (depressive) Unterart, die
einen auffälligen Gegensatz zur vorigen bildet.

Die Kranken zeigen einen melancholischen Kleinheits-
wahn, glauben sich entehrt, ruinirt u. dgl. Manchmal gesellen
sich hypochondrische Ideen dazu. Sie fürchten zu sterben, sie
bilden sich Krankheiten ein, die in Wirklichkeit nicht bestehen,
behaupten, dass sie nicht schlingen, nicht Harn lassen können,
dass ihre ersten Wege verstopft sind u. dgl. Diese Symptome
bezeichnen den Beginn der Erkrankung, bald kommen aber
die anderen, Sprachstörung, Pupillenungleichheit u. s. w. hinzu.

3. Die paralytische (atonische) Unterart. Diese ist
durch das Fehlen eines Wahns charakterisirt. Von psychischen
Störungen liegen nur die tiefgehende Charakterveränderung,
der unmotivirte Wechsel von zärtlicher und zorniger Aufregung, die Abnahme des Gedächtnisses vor. Bei dieser Form
beherrschen die motorischen Störungen das Bild: Sprachstörung,
Zittern der Hände und der Zunge, die von fibrillären Contractionen bewegt ist, Unsicherheit des Ganges, Schwanken.
Bei dieser Paralyse ohne Geistesstörung bewahren die Kranken
das Bewusstsein ihres Verfalls, und können trotz der Schwächung ihrer Intelligenz ihre socialen Pflichten bis zu einem
gewissen Grade erfüllen.

4. Die congestive Unterart. Bei dieser beobachtet
man eine Reihe von auf Congestion bezogenen Anfällen,
zwischen denen fast freie Intervalle bleiben. Solche Anfälle
können sich eine unbestimmte Anzahl Male wiederholen, ehe
sich die progressive Paralyse mit ihren permanenten Symptomen
dauernd festsetzt.

Die Erscheinungsform dieser sogenannten „congestiven" Anfälle ist eine ziemlich wechselnde. Mitunter ist es ein apoplekti-
former Anfall, der eine vorübergehende Hemiplegie zurücklässt,

mitunter ein Anfall epileptiformer Krämpfe, endlich kommt es
häufig ohne eigentlichen Verlust des Bewusstseins zur Vertaubung
einer Hand, der Lippen, einer zeitweiligen Störung der Sprache
und Verworrenheit der Ideen, zu einer flüchtigen Aphasie u. dgl.
Unter diesem congestiven Typus hat die Krankheit in
unserem Falle begonnen, und die verschiedenen Formen der
Anfälle haben sich bei ihm in einer gewissen Reihenfolge abgelöst.

Ihre besondere Aufmerksamkeit möchte ich aber auf die
Thatsache hinlenken, dass die paralytischen Anfälle bei unserem
Kranken zumeist durch jenen Symptomcomplex eingeleitet
wurden, den man gewöhnlich als „Migraine ophthalmique"
zusammenfasst.

In den ersten Anfällen waren die Erscheinungen der Art,
dass man sie, an und für sich betrachtet, auf eine zumeist gut-
artige Affection hätte zurückführen können. Wie die Folge
gezeigt hat, handelte es sich aber um den Beginn einer verhängnissvollen Erkrankung.

Ich will mich heute nicht in die Symptomatologie der
Migraine ophthalmique des Näheren einlassen; dieser Gegenstand soll uns ein andermal für sich allein beschäftigen. Ich
will Ihnen nur in's Gedächtniss zurückrufen, dass man bei
einem gewöhnlichen, gut ausgebildeten Anfall von Migraine
ophthalmique im Gesichtsfeld eine leuchtende Figur auftauchen
sieht, die zuerst kreisrund ist, dann halbkreisförmig wird, Zick-
zack- oder Festungslinien zeigt und in einer sehr lebhaften
flimmernden Bewegung begriffen ist. Dieses Phänomen ist bald
in einem leuchtenden Weiss, bald in mehr oder minder deutlich gelben, rothen oder blauen Farbentönen ausgeführt. Man
bezeichnet es als Flimmerskotom (scotome scintillant) (Fig. 13).

Das Skotom macht häufig einem vorübergehenden hemianopischen Gesichtsfelddefect Platz, in dessen Folge man von
den fixirten Gegenständen nur die eine Hälfte sieht.

Die in solchen Fällen sehr lehrreiche Untersuchung des
Gesichtsfeldes lässt einen hemianopischen, gewöhnlich homo-
nymen und lateralen Gesichtsfelddefect erkennen, der in der
Regel nicht bis zum Fixationspunkt reicht (Fig. 14).

Auf all das folgt ein Schmerz in der Schläfe jener Seite,
auf welcher der Ausfall des Gesichtsfeldes oder die subjective
Gesichtserscheinung aufgetreten ist, und das Auge derselben
Seite wird der Sitz eines Gefühls von schmerzhafter Spannung,
welches mitunter an den Schmerz beim acuten Glaukomanfall
erinnert.[1] Endlich tritt Erbrechen ein und alles ist wieder in
Ordnung.

[1] Dianoux, Scotome scintillant ou amaurose partielle temporaire.
Thèse de Paris, 1875.

Dies ist die gewöhnliche Reihenfolge der Symptome bei
der einfachen Migraine ophthalmique. In anderen, sogenannten
complicirten Fällen von Migraine sieht man aber, wie Piorry[1]

Fig. 13.

Verschiedene Phasen des Flimmerskotoms nach Hubert Airy (Philo-
sophical transactions, 1870). Die grossen Buchstaben sollen die einzelnen
Farben (Blau, Roth, Gelb u. s. w.) andeuten.

zuerst hervorgehoben hat, verschiedene andere Störungen
sich hinzugesellen. Dazu gehören z. B. ein Taubwerden der

---

[1] Piorry, Traité de médicine pratique, pag. 75.

Hand oder einer Zungenhälfte, eine flüchtige Aphasie oder Spracherschwerung, epileptiforme Anfälle u. dgl. [1]

Die Migraine opthalmique kann, selbst in diesen schwersten Formen, zu einer habituellen Krankheit oder besser Indis-

Homonyme Gesichtsfeldeinengung in einem Falle von Migraine ophthalmique. (Aus der Thèse von Féré, Des troubles fonctionnels de la vision par lésions cérébrales, 1882, p. 109.)

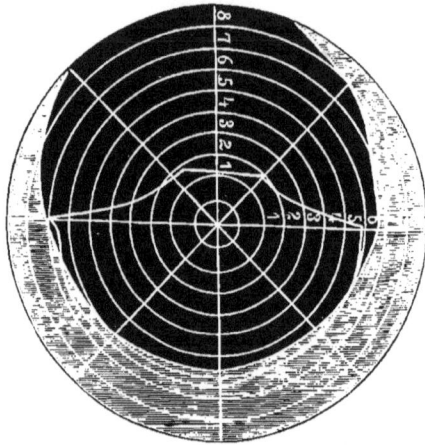

NAS

Fig. 14.

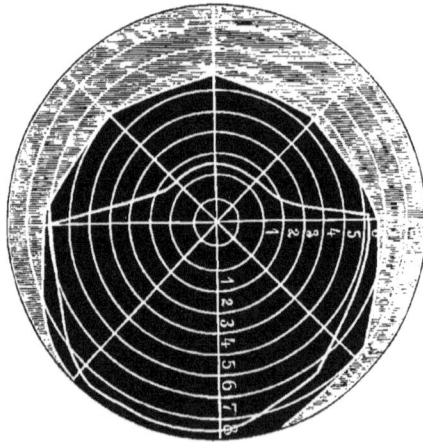

position werden, und trotz häufigen Auftretens auch durch 10, 12, 15 Jahre keine ernsten Folgen nach sich ziehen. Aber

[1] Ch. Féré, Contribution à l'étude de la migraine ophthalmique. Revue de médicine, 1881.

hüten Sie Sich doch, aus der Kenntniss dieser Verhältnisse, welche in der That dem gewöhnlichsten Sachverhalt entsprechen, eine günstige Prognose für alle Fälle zu schöpfen. Warten Sie zu, sehen Sie sich die Dinge genauer an, es ist oft Zurückhaltung geboten!

Es können verschiedene Zufälle eintreten. Ein jedes der gewöhnlich flüchtigen Symptome im Complex der Migraine ophthalmique kann zu einem bleibenden Zustand werden, wie ich dies nachgewiesen habe. So kann es geschehen, dass die Aphasie, die Hemianopie, die Parese eines Gliedes, nachdem sie eine Anzahl von Malen in vorübergehender Weise aufgetreten sind, im Anschluss an einen neuen Anfall nun dauernd verharren.

Als ein ungewöhnliches Zusammentreffen muss ich es endlich aufführen, wenn die der Migraine ophthalmique angehörigen Symptome unter den congestiven Initialerscheinungen der progressiven Paralyse auftreten. Dieses gewiss seltene Zusammentreffen ist, wie ich glaube, von den Autoren bisher nicht erwähnt worden. Ich habe es aber drei- oder viermal gesehen.

Hier haben Sie übrigens die Krankengeschichte des Herrn L.... im Auszuge. Seit zwei Jahren ist er reizbar und ängstlich verstimmt geworden, doch konnte er noch im letzten Juli ein juridisches Examen vor der Pariser Facultät mit Erfolg ablegen. Die ersten Krankheitserscheinungen, welche überhaupt Aufmerksamkeit erregt haben, gehen bis in den September 1881 zurück. Damals hatte er seinen ersten Anfall: eine Migraine ophthalmique mit Flimmerskotom und Sehabschwächung auf der rechten Seite, begleitet von Sprachhemmung, Parese und Taubsein der rechten oberen Extremität. Er blieb acht Tage leidend, dann war alles vorüber. Acht Tage später bekam er einen zweiten (paralytischen) Anfall ohne Bewusstseinsverlust mit Erschwerung der Sprache. Seine Intelligenz blieb durch 24 Stunden beeinträchtigt. Er schien sich dann gänzlich erholt zu haben, war aber nervös, gereizt; er konnte jedoch seine Arbeit wieder aufnehmen. Im Monat Februar des Jahres 1882 bekam er einen dritten Anfall mit den gleichen Symptomen der Migraine, aber diesmal waren noch krampfhafte Zuckungen von epileptiformem Charakter dabei und ausserdem Bewusstseinsverlust. Dieser Zustand hielt zwei Stunden lang an, woraus hervorzugehen scheint, dass es sich um eine Reihe von Anfällen handelte, die mit· der Eigenthümlichkeit behaftet waren, auf der rechten Seite stärkere Zuckungen hervorzubringen. Von diesem Anfalle blieb eine Sprachhemmung zurück. Acht Tage später trat der vierte Anfall

auf, mit denselben Charakteren, Verstärkung der Sprachhemmung und Schwäche des rechten Arms. Der fünfte Anfall
endlich, am 5. Mai, brachte eine Parese des rechten Arms,
zu der sich am nächsten Tage die Parese des rechten Beins
gesellte. Während der unmittelbar folgenden 5 oder 6 Tage
konnte er nichts sagen als „à cause que". Der rechte Arm
blieb einen Monat lang gelähmt. Von da ab kam es auch zum
geistigen Verfall: Er ist nun ganz kindisch geworden, folgsam,
aber sehr veränderlich, sehr leicht zum Lachen wie zum
Weinen zu bringen. Er kann fast gar nichts selbstständig
schreiben, aber wohl eine Seite mit zitternder Handschrift
copiren. Sein Gedächtniss ist ebenso geschwächt wie sein
Urtheil und seine Willenskraft. Von Zeit zu Zeit ist er dem
Flimmerskotom unterworfen. Sie sehen, wie er schwankenden
Schrittes einhergeht, seine Hände wie seine Zunge zittern,
seine Rede ist fast unverständlich, sein Gesichtsausdruck
ganz charakteristisch, der Blick erloschen, die Lider herab-
hängend u. s. w. Die rechte Pupille ist weiter als die linke,
sie reagirt nur schwach auf Lichteinfall, besser bei Convergenz.

Sie können aus diesem Fall die Lehre ziehen, meine
Herren, dass man nicht kritiklos an der — für die übergrosse
Mehrheit der Fälle allerdings richtigen — Vorstellung fest-
halten darf, die Migraine ophthalmique und die Symptome,
die sie oft begleiten, seien nicht schwer zu nehmen. Unter dieser
gutartigen Aussenseite kann sich der Beginn einer verhängnissvollen Erkrankung verbergen, seien Sie darauf gefasst! [1]

---

[1] Seitdem diese Vorlesung gehalten und im Progrès médical veröffentlicht worden ist, hat Parinaud einen Fall derselben Art bekannt
gemacht. (Archives de Neurologie, T. V, pag. 57.) Ch. F.

Sechste Vorlesung.

Ueber Hysterie im Knabenalter.

Hysterische Contractur. — Amblyopie. — Hysterogene Zonen. — Phasen des hystero-epileptischen Anfalls. — Hysterie bei Knaben, Anfälle, permanente Symptome. — Die Wichtigkeit der Isolirung als therapeutisches Moment.

Meine Herren! Ich habe mir vorgesetzt, Sie in dieser Vorlesung mit einem Knaben zu beschäftigen, der seit einigen Wochen auf unsere Klinik kommt und eine Reihe von hochinteressanten nervösen Symptomen darbietet. Alle diese Symptome müssen, wie Sie sehen sollen, auf Hysterie bezogen werden, und ich werde diese Veranlassung benützen, um Ihnen in Kürze zu zeigen, wie sich die Hysterie gestaltet, wenn sie beim Manne, und besonders im jugendlichen Alter, auftritt.

Ehe ich aber darauf eingehe, Ihre Aufmerksamkeit auf diesen einzelnen Fall zu lenken, will ich Ihnen nochmals einige der grossen Erscheinungsformen der Hysterie bei Frauen in classischen Typen vorführen, damit Sie so den richtigen Standpunkt für die Beurtheilung des Neuen gewinnen. Ich habe dabei die Hystero-epilepsie à crises mixtes oder grosse Hysterie, wie sie sich bei einer grossen Anzahl der in unserer Pflege befindlichen Kranken zeigt, im Auge, und stelle Ihnen darum neuerdings zwei weibliche Kranke vor, die Sie schon von verschiedenen Gelegenheiten her kennen. Die eine davon, die 34jährige B . . . ., hat uns, wie Sie sich erinnern, ein schönes Beispiel von der Entwickelung einer hysterischen Contractur unter dem Einfluss eines Traumas geboten.[1] Die Contractur hatte fünf Tage lang alle Gelenke der linken unteren Extremität beherrscht; wir haben überdies erkannt, dass auf derselben Seite eine vollständige, wenigstens für die allgemeine Sensibilität höchst-

---

[1] Siehe pag. 32.

gradige Hemianästhesie besteht. Die Hemianästhesie besteht noch heute in gewissem Masse, die Contractur aber ist verschwunden. Was ist nun mit der Kranken vorgegangen, seitdem wir sie zuletzt gemeinsam untersuchten? Die Regeln haben sich zwar bei ihr eingestellt, aber jene hysterischen Anfälle, auf welche wir zählten, um die Contractur zu beheben, sind nicht aufgetreten. Die einzigen Anfälle, die wir beobachten konnten, drei an der Zahl, trugen alle den Charakter der Epilepsie; sie traten zur Nachtzeit auf, ohne Vorboten, mit vollkommener Bewusstseinsaufhebung, Zungenbiss u. dgl.; auf die Starre der Extremität hatten sie keinen Einfluss. Wir entschlossen uns dann dazu, die Anwendung des Magneten in der Nähe des contracturirten Gliedes zu versuchen. Nach verschiedenen Zwischenfällen wich endlich die Contractur und jetzt ist, wie Sie sehen, die linke untere Extremität fast vollkommen frei.

Ich füge hinzu, dass die Neigung zur Contractur bei unserer Kranken geschwunden zu sein scheint, denn die Anbringung eines Magneten in der Nähe der Extremität bringt, wie wir uns überzeugt haben, keine Starre mehr hervor; dasselbe muss ich von der Faradisation sagen, welche in dieser Hinsicht ebenfalls erfolglos geblieben ist. Auch ist noch Folgendes bemerkenswerth: Eine maximale Faradisation mit dem Dubois-Reymond'schen Apparat hat sonst keine Schmerzensäusserung hervorgerufen und thut dies auch heute nicht; aber gestern haben wir gesehen, dass, wenn man die Einwirkung durch etwas längere Zeit fortsetzte, schliesslich die Empfindlichkeit auf der ganzen linken Seite wieder auftauchte. Dieser Umstand lässt uns vermuthen, dass die hysterische Tendenz, die sich bei unserer Kranken in der letzten Zeit wieder kundgegeben, nun erschöpft ist, und dass bald wieder alles zur Norm zurückkehren wird. Wahrscheinlich wird die Sensibilität auf der linken Seite wieder erscheinen, die hysterischen Kundgebungen werden sich eine Zeit lang nicht mehr erneuern; die Kranke wird aber den epileptischen Anfällen wie sonst unterworfen bleiben.

Soweit sind wir nun noch nicht bei der jungen Israelitin, die Sie schon seit beinahe drei Wochen kennen. Sie erinnern sich, dass bei ihr seit sechs Monaten Contractur aller vier Extremitäten bestanden hatte. Entweder unter dem Einfluss der statischen Elektricität oder spontan ist die Sachlage einfacher geworden. Die Contractur schwand zuerst an beiden oberen, dann an der linken unteren Extremität; an der rechten unteren blieb sie noch bestehen, und die Anästhesie, welche zur Zeit der Contractur alle vier Extremitäten er-

griffen hatte, beschränkte sich blos auf die rechte Seite.
Nachdem durch die lange Zeit fortgesetzte Anwendung des
Magneten eine gewisse Anzahl von Schwankungen erzielt
worden war, ist endlich die Beweglichkeit des rechten Beines
zur Norm zurückgekehrt. An der Hemianästhesie hat sich
nichts geändert; die Kranke hält, wie Sie sehen, nicht nur bei
Stichen, sondern auch bei anhaltender und starker Faradisation ruhig.

Ich mache Sie noch auf Folgendes aufmerksam: Wenn
man bei der Kranken die Nervenstämme und Muskeln faradisirt,
erzeugt man Muskelzusammenziehungen, die nicht mit dem
Aufhören der Reizung schwinden, sondern als Contracturen
bestehen bleiben. So erzeuge ich vor Ihnen die als „Griffe
cubitale" bekannte Haltung der Hand durch Reizung des
Ulnarnerven an der hinteren Seite des Ellbogens oder einen
Spitzfuss durch Reizung der M. gastrocnemii. Es ist also ein
latenter Zustand von Contractur hier immer vorhanden, und
es bedarf nur einer leichten Erregung, um dieselbe auf lange
Zeit, vielleicht als bleibenden Zustand, in die Erscheinung zu
rufen. Ich habe ferner bei beiden Kranken die Existenz einer
Hemianästhesie hervorgehoben, und da dieses Symptom eine
bedeutende Rolle im Krankheitsbilde der Hysterie spielt und
sich sehr allgemein auch bei der gewöhnlichen Hysterie,
mindestens angedeutet vorfindet, will ich mir erlauben, bei
dieser Sensibilitätsstörung ein wenig zu verweilen.

Dieses junge Mädchen, Bl . . . ., zeigt uns die hysterische
Hemianästhesie in ihrer classischen und für das Studium sehr
geeigneten Form. Bei ihr besteht auf der linken Seite völlige
Unempfindlichkeit gegen Stich, Kälte und jede Art von Reiz,
und zwar betrifft der Verlust der allgemeinen Sensibilität
obere und untere Extremität, die Hälfte des Rumpfes und des
Kopfes in gleicher Weise. Wie Sie sehen, hält diese junge
Kranke die stärkste Faradisation aus, ohne die leiseste
Schmerzensäusserung von sich zu geben. Die Anästhesie hat
aber nicht nur die Haut, sondern auch die tiefen Theile,
Muskeln und Nervenstämme befallen, denn Sie können durch
Reizung der Muskeln und Nerven ausgiebige und mehr oder
minder dauerhafte Contractionen erzeugen, ohne dass die
Kranke dabei leidet. Nur selten ist die allgemeine Sensibilität
dabei allein beeinträchtigt, in der Regel sind vielmehr auch
die Sinnesapparate auf der Seite der Anästhesie mitergriffen,
und man beobachtet gewöhnlich eine Herabsetzung des
Geschmacks, Geruchs und Gehörs. Ihre besondere Aufmerksamkeit will ich aber für die Störungen des Sehvermögens
in Anspruch nehmen, denen ein so grosses diagnostisches

Interesse zukommt. In der Regel ergiebt sich, wenn eine Anästhesie einer Hälfte des Körpers und des Kopfes besteht, eine mehr oder weniger ausgesprochene Functionsstörung am Auge der entsprechenden Seite, eine Art von Amblyopie, die in seltenen Fällen sich bis zur Amaurose steigert. Ein methodisches Studium dieser Sehstörung führt zu folgenden Resultaten. Man findet erstens: Eine oft sehr ausgesprochene Einschränkung des Gesichtsfeldes. Wenn die Anästhesie doppelseitig ist oder auf der einen Seite blos Analgesie, auf der anderen völlige Anästhesie besteht, beobachtet man auch oft, dass die Gesichtsfeldeinschränkung doppelseitig ist, aber dann fällt sie auf der Seite beträchtlicher auf, welche dem höheren Grade von Sensibilitätsstörung entspricht. Der Gesichtsfeldeinschränkung kommt ein hohes klinisches Interesse zu. Die Kranken wissen vor der Untersuchung nichts von ihr, können sie auch nicht übertreiben, und sie ist häufig sehr ausgesprochen, während die Störungen der allgemeinen Sensibilität nur geringfügig sind. Zweitens: Ein anderes Symptom, welches gewöhnlich die Gesichtsfeldeinschränkung begleitet, besteht in der Abnahme der Sehschärfe; ausserdem kommen noch häufig Störungen in der Wahrnehmung von Gestalten vor, und ist eine Herabsetzung des Lichtsinnes zu bemerken. Was aber bei der Amblyopie der Hysterischen zumeist der Aufmerksamkeit würdig ist, das ist, drittens, die Dyschromatopsie, oder bei höheren Graden Achromatopsie, das heisst die Abnahme oder der völlige Verlust des Farbensinnes. Wie bekannt, sind im Zustande der Norm nicht alle Partien der Netzhaut gleich gut zur Farbenwahrnehmung geeignet; das Gesichtsfeld für die Wahrnehmung von Blau ist grösser als das für Gelb, das für Gelb grösser als für die Farbenwahrnehmung Roth; an das Roth schliessen sich Grün und zuletzt Violett, welche Farbe nur von den centralsten Theilen der Netzhaut erkannt wird. Diese Eigenthümlichkeiten des normalen Zustandes sind bei der hysterischen Amblyopie nur insofern verändert, als die Kreise, welche die Grenzen der einzelnen Farbengesichtsfelder darstellen, sich für alle Farben in concentrischer Weise verengt zeigen. Der Kreis des Violetten kann bis auf Null verengt sein, und dann ist die Kranke, wenn man ihr die Farbe vorlegt, nicht im Stande, sie zu bezeichnen; dasselbe kann sich auch für das Roth, Grün u. s. w. wiederholen. Die Empfindungen Gelb und Blau werden vielleicht als die einzigen übrig bleiben, aber auch sie können verschwinden. Dann spricht man von totaler Achromatopsie, die Kranke erkennt zwar die Gestalt der Gegenstände, sieht dieselben aber grau, wie eine nicht colorirte Photographie im Stereoskop erscheint.

Bei vielen Hysterischen kommt aber eine häufige Ausnahme von der Regel vor, die ich eben aufgestellt habe,
und derzufolge die Wahrnehmungen von Gelb und Blau bei
der Achromatopsie am längsten erhalten bleiben. Ich muss
diese Anomalie erwähnen — obwohlich nicht die Absicht habe,
hier eine vollständige Darstellung der hysterischen Achromatopsie zu geben — weil man dieselbe nicht nur bei der Mehrzahl
von hysterischen Frauen, die wir zu beobachten Gelegenheit
hatten, sondern auch bei den männlichen Individuen, von denen
wir bald sprechen werden, vorfindet. Diese Anomalie besteht
darin, dass die Ausdehnung des Gesichtsfeldes für Roth grösser
ist als für Blau, so dass die Kranken die Wahrnehmung von
Violett, Grün, Blau und Gelb verloren haben können, während sie
für Roth noch besteht. Ein von Dr. Parinaud genau untersuchter
Fall wird uns die in Rede stehende Erscheinung klar zeigen.

Bei der Kranken N .... ist das rechte Auge von einer
gewissen Einengung der Gesichtsfelder für die Farben, deren
normale Reihenfolge aber erhalten ist, befallen. Am linken
Auge ist eine Einschränkung des Gesichtsfeldes für das weisse
Licht sehr deutlich, die Felder der einzelnen Farben sind noch
mehr und im höheren Grade als auf der anderen Seite verengt; überdies aber, und darin besteht eben die Anomalie, ist
das Gesichtsfeld für Roth grösser geworden als für das Gelb
und Blau. Das letztere hat sich dem Grün genähert und ist
an die Stelle des Feldes für Roth getreten. Wenn diese Einengung noch fortschreitet, wird es dahin kommen können,
dass alle Farbenwahrnehmungen verloren gehen bis auf die
für Roth. Ich habe bei diesen Anomalien verweilt, weil wir
sie bis zu einem gewissen Grade bei unserem hysterischen
Knaben wiederfinden werden.

Auf die Erörterung der Natur dieser hysterischen Seh-
störungen will ich hier nicht eingehen; ich will Ihnen nur
beiläufig bemerken, dass diese Symptome mit keiner für den
Augenspiegel wahrnehmbaren Veränderung der brechenden
Medien oder des Augenhintergrundes einhergehen. Man findet
nicht einmal Veränderungen an den Gefässen, es handelt sich
um ausschliesslich dynamische Störungen, wie man sie nennt.
Ich muss Ihnen noch bemerken, dass diese Phänomene, etwa
von dem Verhalten der Wahrnehmung für Roth abgesehen,
nichts der Hysterie Eigenthümliches sind. Mit Ausnahme dieses
letzten Details kann man sie ebenso bei Herdläsionen des
Gehirns im Bereich der inneren Kapsel beobachten.

Bei der Kranken, welche jetzt der Gegenstand unserer
Untersuchung ist, müssen wir noch das Vorhandensein zweier
Punkte oder vielmehr Stellen auf der anästhetischen Seite

hervorheben, in deren Bereich die Empfindlichkeit gesteigert
erscheint. Der eine dieser Punkte entspricht der Ovarialgegend,
der andere liegt in der Lendenregion, und breitet sich nach rechts
und nach links von den Dornfortsätzen aus. Solche hysterogene
Punkte oder Zonen finden wir bei vielen Hysterischen, und auch
in anderen Gegenden als den jetzt erwähnten. So hat z. B. die
Kranke H . . . ., deren Anästhesie doppelseitig, aber links stärker
ausgebildet ist, drei hysterogene Zonen: den Ovarialpunkt, einen
Lendenpunkt links und einen Punkt am Vorderkopf.

Was sind nun diese hysterogenen Zonen? Es sind mehr
oder minder gut begrenzte Körperstellen, in deren Bereich ein
Druck oder ein einfaches Reiben der Haut mehr oder minder
rasch die Phänomene der hysterischen Aura hervorruft, auf
welche mitunter, wenn man die Reizung lange genug fortsetzt,
ein hysterischer Anfall folgen kann. Diese Punkte oder besser
Zonen zeigen noch die Eigenthümlichkeit, dass sie der Sitz
einer beständigen Empfindlichkeit sind, welche sich vor dem
Anfall spontan zu einem Schmerzgefühl steigert, das also bereits
zu den Erscheinungen der Aura gehört. Diese schmerzhafte
Empfindung besteht manchmal in einem Klopfen, anderemale
in einem Gefühl von heftigem Brennen. Wenn der Anfall einmal ausgebrochen ist, gelingt es noch oft, ihn durch einen
kräftigen, auf diese Punkte ausgeübten Druck aufzuhalten. Es
ist eine interessante und merkwürdige Thatsache, dass man
diese Punkte nie an den Extremitäten findet.[1] Man findet sie
aber an der Vorderfläche des Rumpfes, im Bereich der
Medianlinie (am Manubrium des Brustbeines, am Schwertfort-
satz) unterhalb der Clavicula (Fig. 15), unterhalb der Brust
und in der Ovarialgegend bei Frauen, und in der Inguinal-
gegend bei Männern; an der Rückseite (Fig. 16), zwischen
den Schulterblättern, manchmal über dem Schulterblattwinkel,
in der Lendengegend rechts oder links von der Mittellinie
und am Steissbein. Beim Manne sieht man nicht selten den
Hoden, besonders wenn er der Sitz einer Lage- oder Ent-
wickelungsanomalie ist, in eine hysterogene Zone einbezogen,
oder die Vorhaut zeigt eine hochgradige Steigerung der
Empfindlichkeit und spielt gleichfalls eine hysterogene Rolle. Am
Kopfe finden wir solche Zonen auf der einen oder auf der anderen

---

[1] Seitdem diese Vorlesung gehalten wurde, hat Gaube sehr interessante
Untersuchungen über die hysterogenen Zonen veröffentlicht. Aus dieser,
unter der Leitung von Pitres in Bordeaux gemachten Arbeit geht hervor, dass
auch an den oberen und unteren Extremitäten hysterogene Zonen vorkommen
und dass diese dieselben Eigenschaften haben wie die am Rumpf oder am
Kopf bekannten. (Gaube: Recherches sur les zones hystérogènes. Thèse de
Bordeaux, 1882.) Ch. F.

Seite im Bereich des Vorderhauptes. Die Ausdehnung dieser hysterogenen Zonen ist sehr verschieden, häufig sind sie nicht grösser als ein Fünffrankenstück.

Fig. 15.

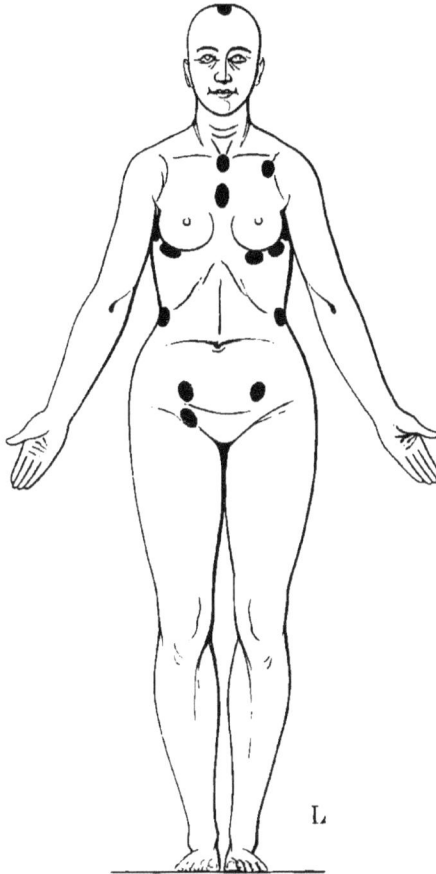

Hysterogene Zonen an der Vorderfläche des Körpers. (Aus der „Iconographie photographique de la Salpêtrière" von Bourneville und Regnard, t. III, p. 48.)

Um diese Einleitung, die ich Ihnen zu geben hatte, zu vervollständigen, erübrigte mir noch, Ihnen die allgemeine Charakteristik des grossen hysterischen Anfalls vorzutragen, aber für diesen Gegenstand darf ich, wie ich glaube, auf meine früheren Vorlesungen verweisen.

Damit habe ich also die Phänomene, die man so allgemein bei der grossen Hysterie der Frauen beobachtet, als Einleitung zum Nachfolgenden aufgezählt. Die grosse Mehrzahl derselben, behaupte ich nun, findet man bei der Hysterie der Männer wieder. Gibt es aber eine Hysterie beim männlichen Geschlecht?

Fig. 16.

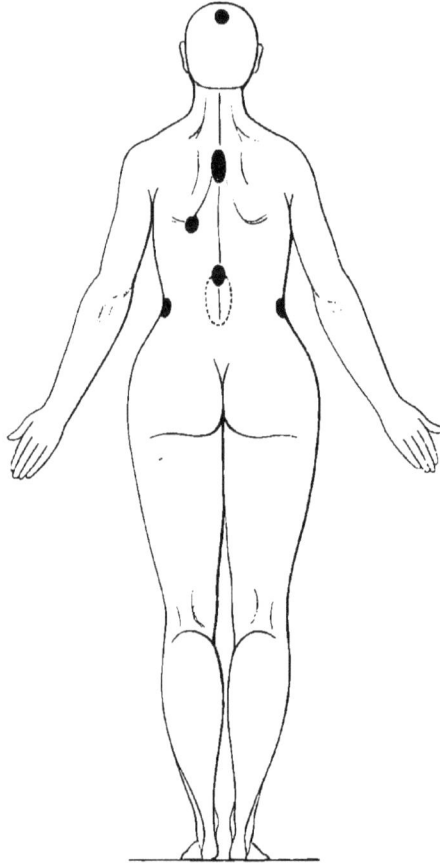

Hysterogene Zonen an der Rückenfläche des Körpers. (l. c., p 49.)

Auf diese Frage, ob die Hysterie auch Personen des männlichen Geschlechts befällt, müssen wir eine bejahende Antwort geben, und wir können selbst hinzufügen, dass diese kein so seltenes Vorkommniss ist.

In einer kürzlich veröffentlichten Arbeit hat Klein,[1] ein Schüler von Olivier, nicht weniger als 77 Fälle von männlicher Hysterie gesammelt. Nach Briquet wäre das Verhältniss: ein Mann auf zwanzig Frauen. Diese Zahl ist gewiss übertrieben, aber welches immer das numerische Verhältniss sein mag, ich kann auf Grund meiner Erfahrung behaupten, dass die Hysterie oft genug beim männlichen Geschlechte auftritt, und dass sie dann alle Charaktere zeigt, die man gewöhnlich bei Frauen beobachtet.

Ich will, um ein Beispiel zu geben, nur einen einzigen Fall anführen: Voriges Jahr kam Herr S . . ., ein 17jähriger junger Mann, aus Moskau, um mich zu Rathe zu ziehen. Er ist gross und mager; aus seiner Anamnese ist die Thatsache hervorzuheben, dass einer seiner Oheime an „Melancholie" leidet. Was ihn selbst anbelangt, so ist er exaltirt, schreibt Verse, schwärmt für Musik, liest leidenschaftlich gerne Romane. Er zeigt keinerlei Missbildung an den Genitalien. Seit einigen Monaten ist er Anfällen unterworfen, welche sich fast alle Tage um die fünfte Abendstunde einstellen. Ausserdem zeigt er als permanente Symptome eine linksseitige Hemianästhesie und einen sterno-costalen hysterogenen Punkt; stärkeres Reiben der Haut an diesem Punkte ruft einen Anfall hervor. Die spontanen Anfälle werden durch einen Zustand von Traurigkeit, Klopfen in den Schläfen und die Empfindung einer Kugel, welche von der Präcordialgegend bis zum Kehlkopf aufsteigt, eingeleitet. Ob die Anfälle spontan oder künstlich hervorgerufen sind, immer zeigen sie zuerst eine epileptoide, in der einen Körperhälfte stärker hervortretende, Periode. Der Kranke bekommt tonische und klonische Krämpfe, die auf der linken Seite vorwiegen, verliert das Bewusstsein, beisst sich aber nicht in die Zunge. Darauf beschreibt er mit seinem Körper einen Kreisbogen, dessen höchste Wölbung im Abdomen liegt. In einer dritten Phase geht er mit offenen Augen umher und stösst einen Schrei des Entsetzens aus (er sieht nämlich seine Mutter todt vor sich liegen). Am Ende des Anfalls kommt es zum Lachen, Weinen, Gähnen, er verlangt zu trinken, zittert, beklagt sich über Frieren u. dgl. Kurz: die Hemianästhesie, das Vorhandensein eines hysterogenen Punktes, die eben geschilderten Eigenthümlichkeiten des Anfalls sind mehr als ausreichend, um die Diagnose zu gestatten, es handle sich nicht um Epilepsie, sondern um Hysterie. Eine tonisirende Behandlung, die methodische Anwendung der Hydrotherapie und einige Veränderungen in seiner Lebensweise und geistigen

---

[1] Klein, De l'hystérie chez l'homme. Thèse de Paris, 1880.

Beschäftigung erwiesen sich geeignet, die Heilung herbeizuführen.

Die schwere Hysterie kommt aber nicht nur beim Manne
und beim Jüngling vor; man trifft sie auch, wie sorgfältige
Beobachtungen erweisen, im Knabenalter, vor der Pubertät.
Nach Klein fällt die grösste Häufigkeit der Hysterie beim
Manne auf das Alter um 24 Jahre. Dieser Angabe kann ich
ungefähr beipflichten; nach meinen eigenen Beobachtungen
wäre die Krankheit auch bei Knaben von 12 bis 13 Jahren
häufiger, als man glaubt. Wie Sie wissen, findet man sie beim
anderen Geschlecht noch früher, z. B. im Alter von 10 bis
12 Jahren. Die Hysterie kann übrigens bei beiden Geschlechtern
schon in der Kindheit mit allen Charakteren der Hysteria major
auftreten. Als Beispiel dieser Art könnte ich Ihnen den Fall
eines 13jährigen Knaben anführen, den ich im Consilium mit
einem hervorragenden Arzt gesehen habe, welcher aber gegen
die Hysterie im Allgemeinen und gegen die Hysterie im
Kindesalter im Besonderen einen grossen Skepticismus zur
Schau trägt. Er hatte sich angesichts der vorhandenen epileptiformen Anfälle gefragt, ob es sich nicht um echte Epilepsie
oder um Epilepsie als Folgeerscheinung schwerer Gehirn-
erkrankung, so z. B. eines Hirntumors, handle. Epileptiforme Anfälle
waren allerdings da, aber sie bildeten nur eine Theilerscheinung
in einer Reihe von anderen Phänomenen; auf sie folgten, was
ich die „grossen Bewegungen" heisse, darauf warf sich das
Kind in die Stellung des „Gewölbes" (arc de cercle) u. s. w.
Ich war bei einem dieser Anfälle zugegen, suchte einen
hysterogenen Punkt und fand ihn auch in der linken Leiste;
als ich daselbst comprimirte, hörten die Krämpfe auf, obwohl
das Bewusstsein während des Anfalls nicht wiederkehrte.

In der anfallsfreien Zeit bestand eine linksseitige Hyperästhesie. Der Knabe war übrigens von weibischer Erscheinung
und von Mädchenspielzeug umgeben. Ich verordnete Tonica,
Hydrotherapie und Trennung von seinen Eltern, die ihn allzu
sehr verwöhnten. Die Heilung liess nicht länger als drei Monate
auf sich warten. Dieses Kind erlag drei Jahre später unglücklicherweise einer Pericarditis nach Scarlatina, die nervösen
Zufälle waren aber ausgeblieben.

Unter allen bekannt gewordenen Beobachtungen von
Hysterie im Knabenalter ist vielleicht die von Bourneville
und d'Olier zu Bicêtre gemachte[1] die bemerkenswertheste,
sowohl wegen der Sorgfalt, mit der alle Einzelheiten des Falles

---

[1] Bourneville et d'Olier: Recherches cliniques et thérapeutiques sur
l'épilepsie, l'hystérie et l'idiotie, 1881, pag. 30.

studirt wurden, als auch wegen der ungewöhnlich scharfen
Ausprägung der Symptome. Diese Beobachtung liefert ein
Beispiel von Hysteroepilepsie, grosser Hysterie im strengsten Sinne
des Wortes. Es handelt sich bei ihr um einen 13jährigen Knaben
aus einer Familie, in der sich mehrere epileptische Idioten
und ein Kind mit entarteten Neigungen finden. Der in Rede
stehende Kranke ist im Gegentheil von sanftem Charakter
und geistig geweckt; in der anfallsfreien Zeit kann man bei
ihm linksseitige Hemianästhesie mit Amblyopie, und drei
hysterogene Zonen (am Vorderkopf, in der linken Leistengrube
und in der Lendengegend) constatiren. Der Punkt am Vorderkopf ist der empfindlichste; der leiseste Stoss, die schwächste
Reibung ruft von dort aus einen Anfall hervor, und selbst die
Schulkameraden des Kranken, die dieses Geheimniss heraus-
gefunden haben, machen sich oft das boshafte Vergnügen,
ihn durch dieses einfache Mittel in Krämpfe verfallen zu lassen;
ein starker Druck auf diese Zone behebt den Anfall übrigens
mit gleicher Leichtigkeit. Die Anfälle sind ganz regelrechter
Natur; zuerst kommt eine epileptoide Periode, darauf die
grossen Bewegungen, darunter die Stellung des „Gewölbes",
dann folgt die Phase der ausdruckvollen, leidenschaftlichen
Stellungen und Geberden mit heftigem Schreien. Vom November
1879 bis December 1880 kamen nicht weniger als 582 Anfälle
vor, ohne dass Epilepsie hinzutrat, und ohne dass sich trotz
der häufigen Wiederholung der Anfälle eine bleibende intellectuelle Schwäche einstellte.

Der Fall des Knaben, den ich Ihnen nun zeigen will,
ist weniger vollständig, weniger regelrecht, minder reich, wenn
ich so sagen darf, an ausgeprägten Symptomen. Er gehört eher
zur kleinen als zur grossen Hysterie, doch halte ich ihn darum
für nicht minder interessant, zumal mit Rücksicht auf die Verhältnisse, unter denen sich die Krankheit entwickelt hat.

Es ist dies ein 13jähriger Judenknabe aus Südrussland;
seine Eltern geniessen beide einer guten Gesundheit, der Vater
ist zwar nervös und leicht erregbar, bietet aber nichts recht
Ausgesprochenes. Sie sehen das Kind in der Uniform des
Gymnasiums, welches er seit drei Jahren zu * * in Südrussland besucht. Er hat viel studirt, ist von intelligentem Aussehen, lebhaftem Blick, aber klein und sehr bleich. Seit einem
Jahre klagt er bereits über Kopfschmerzen, aber erst vor fünf
Monaten (im Januar) ist der Kopfschmerz sehr heftig geworden,
kehrt alle Abende gegen 5 Uhr wieder und leitet einen Anfall
von Convulsionen ein.

Die Diagnose wurde, wie es scheint, nicht mit Sicherheit
gestellt. Man soll von einem organischen Leiden gesprochen

und eine sehr düstere Prognose gegeben haben. Der Vater, der sein Kind unmässig liebt, hat mit ihm die Reise nach Paris unternommen, und ihn vor 14 Tagen zu uns gebracht, bei uns die Heilung suchend, die er in seinem Vaterlande nicht finden konnte. Wir konnten ihn schon nach der ersten Untersuchung beruhigen. Das Leiden ist kein ernstes; nicht nur, dass das Kind am Leben bleiben wird, man kann, ohne zu befürchten, von der Zukunft Lügen gestraft zu werden, seine völlige Genesung versprechen.

Wenn wir, von den anderen Verhältnissen des Falles absehend, nur in Betracht ziehen, dass dieses jugendliche Individuum an hartnäckig wiederkehrendem Kopfschmerz mit einer Zone erhöhter Empfindlichkeit am Scheitel leidet, und dass der Anfall seit fünf Monaten sich immer zur gleichen Stunde einstellt, so muss sich uns bereits die Vermuthung, dass es sich um Hysterie handle, aufdrängen, und diese Vermuthung wird durch eine eingehendere Untersuchung zur Gewissheit erhoben. Man kann in der That in der anfallsfreien Zeit constatiren, dass auf der rechten Seite Analgesie gegen Stich, Kälte und Faradisation besteht, und dass auch Geschmack, Geruch und Gehör auf dieser Seite abgeschwächt sind. Der Knabe klagt, dass er mit dem rechten Auge nicht deutlich sieht, und eine kunstgerechte Untersuchung des Gesichtsfeldes weist eine besonders rechts ausgesprochene Einengung nach (Fig. 17), auch erkennt er mit diesem Auge keine andere Farbe als Roth. Ueberdies hat er hyperästhetische Stellen am Schädel und am Scheitel (die hysterogene Zone). Gegen 4 1/2 oder 5 Uhr (gegen 6 1/2 Uhr in Russland) steigert sich der Kopfschmerz und macht ihm die Empfindung einer offenen Wunde, dann folgt Klingen in den Ohren; die Empfindung des Globus hystericus hat er nicht, wohl aber ein Gefühl von Zusammenschnürung um die Brust.

Wir unterbrechen seinen Anfall gewöhnlich durch Chloroformirung. Wenn er sich selbst überlassen ist, legt er sich auf die linke Seite, das Haupt auf ein kleines Kissen, das er immer bei sich trägt, schluchzt und krümmt sich zusammen. Die oberen und unteren Extremitäten sind in Beugung, er steckt den Kopf zwischen beide Hände und wirft sich in eine Art von Emprosthotonus; man kann ihn dann, als ob er aus einem Stücke wäre, aufheben. Das dauert drei bis vier Minuten, dann erschlaffen die Glieder, die Augen füllen sich mit Thränen und alles ist vorüber; kein Lachen oder Weinen, kein Delirium. Es ist von Interesse, das Benehmen des Vaters zu beobachten, wenn die Zeit des Anfalles herannaht. Er sieht auf seine Uhr, die nach der Zeit seines Vaterlandes gerichtet ist; gegen 6 Uhr fragt er seinen Sohn, ob er leide, und wenn dieser bejaht, ist er um ihn mit einer Sorgfalt beschäftigt, die

ohne Zweifel achtenswerth ist, aber ebenso sicher dazu
beiträgt, die Krankheit zu nähren und in ihrer Regelmässigkeit zu unterhalten.

Fig. 17.

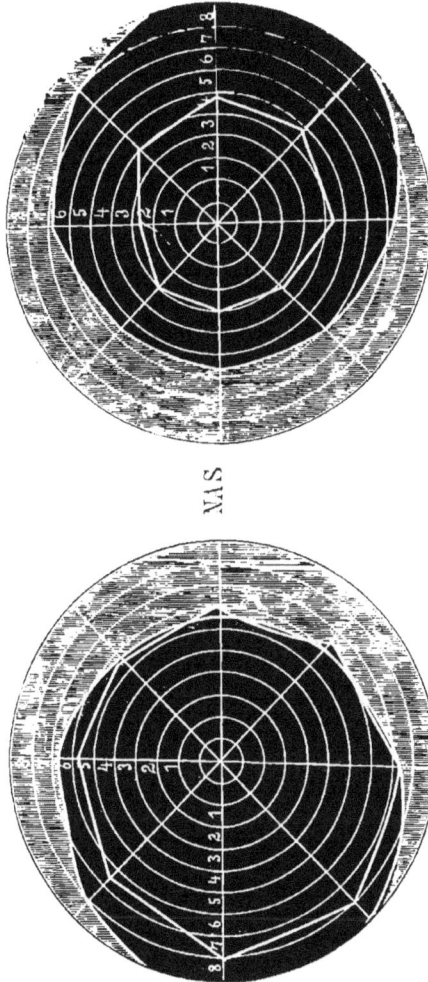

Beiderseitige, rechts stärkere Gesichtsfeldeinengung bei dem Knaben B..

Es ist nach den vorhergehenden Erörterungen nicht nothwendig, sich auf eine Differentialdiagnose einzulassen. Es wäre
überflüssig, diesen Fall noch mit den typischeren Fällen, von denen

ich früher gesprochen habe, zu vergleichen und die Analogien hervorzuheben, aus denen sich ergiebt, dass sie alle in dieselbe Reihe gehören. Es ist Hysterie und weiter nichts als Hysterie; der Gedanke irgend einer intracraniellen organischen Läsion muss mit aller Entschiedenheit abgewiesen werden. Demzufolge ist die Prognose verhältnissmässig günstig im Allgemeinen, und durchaus günstig in diesem Falle zu stellen. Der Ausgang ist unzweifelhaft, weil, nach meinen Beobachtungen wenigstens, die Hysterie bei Knaben sich weit weniger hartnäckig zeigt als bei jungen Mädchen.

Ich werde verordnen: 1. die Isolirung des Kindes, um es der zärtlichen Besorgniss des Vaters zu entziehen, welche nur zur Steigerung des nervösen Zustandes Anlass giebt; oder wenigstens vom Vater mehr Ruhe und Selbstbeherrschung verlangen; 2. kräftigende Medicamente; 3. die Anwendung der statischen Elektricität und der Hydrotherapie, welche nach meiner Ueberzeugung Wunder wirken wird. Ich hoffe, dass der Vater sich nicht weigern wird, diesen Vorschriften nachzukommen, und dass er dann in wenigen Monaten seinen Sohn als völlig genesen an das Gymnasium von * * * wird zurückbringen können.[1]

---

[1] Der Kranke wurde zuerst jeden zweiten Tag der statischen Elektricität und täglich den Einwirkungen hydrotherapeutischer Proceduren unterzogen, während er gleichzeitig eine allgemein stärkende Behandlung genoss. Der Vater aber wollte nichts davon wissen, sich von seinem Sohne zu trennen und gab sich jeden Tag zur bestimmten Stunde der Erwartung des Anfalles hin, welcher auch niemals zögerte, sich genau so wie vor Beginn dieser unzulänglichen Behandlung einzustellen. Nachdem so ein Monat, ohne einen Erfolg zu bringen, abgelaufen war, entschloss er sich endlich, das Kind in eine Heilanstalt zu bringen. Aber er schlich während eines grossen Theiles des Tages um das Haus umher und befragte alle Leute, die von dort herauskamen, wie sich sein Sohn befinde. Dieser wusste davon und fühlte sich daher nicht wirklich vom Vater getrennt. Mehrere Wochen verstrichen so, ohne dass sich etwas geändert hätte. Der verzweifelte Vater wollte auf die Behandlung verzichten, und nur mit grosser Mühe brachte man ihn dahin, einzusehen, dass er bis dahin nur eine scheinbare Isolirung zugelassen hätte, dass die Behandlung darum eine unvollkommene geblieben sei, und dass er sich in allem Ernst entfernen müsse, damit der Sohn nicht mehr zweifeln könne, dass er wirklich allein gelassen sei und das Haus nur nach seiner Heilung verlassen werde. Es geschah endlich, und die weitere Folge zeigte klar den therapeutischen Werth der wirklichen Isolirung für solche Fälle. Nach vier oder fünf Tagen waren die Anfälle bereits modificirt, weniger regelmässig und weniger heftig; nach 14 Tagen war von Anfällen keine Rede mehr. Dann verschwand die hysterogene Zone am Vorderkopf, und als der kleine Kranke etwa einen Monat nach Beginn der eigentlichen Cur entlassen wurde, war vom ganzen Zustand nichts mehr übrig als ein Rest der Amblyopie.   Ch. F.

Siebente Vorlesung.

Ueber zwei Fälle von hysterischer Contractur traumatischen Ursprungs.

Ueber larvirte Hysterie ohne Krampfanfälle. — Permanente spastische Contractur aus traumatischer Ursache. — Zwei Beobachtungen, davon eine beim Manne, die andere beim Weibe. — Erblichkeit. — Die Ulnarklauenhand, Studium derselben durch elektrische Reizung und durch Verwerthung der neuro-musculären Erregbarkeitssteigerung.

Meine Herren! In der heutigen Vorlesung, welche für uns ein neues Schuljahr eröffnet, will ich Ihre Aufmerksamkeit für zwei klinische Fälle in Anspruch nehmen, die sich uns vor Kurzem zur Beobachtung dargeboten haben und einigen unter Ihnen bereits bekannt geworden sind. Diese beiden Fälle scheinen mir würdig, Sie für eine Weile zu beschäftigen; sie zeigen übrigens eine so merkwürdige Uebereinstimmung in ihren Charakteren, als ob sie nach derselben Form gegossen wären. Auf jeden Fall muss es erlaubt sein, sie in Beziehung zu einander zu bringen.

In der That können uns beide als Beispiele für eine abnorme Form der Hysterie dienen, welche durch den Mangel von Krampfanfällen ausgezeichnet ist. Beiden ist ausserdem eine andere Eigenthümlichkeit gemeinsam, nämlich das Vorhandensein einer spastischen, auf eine Hand beschränkten Contractur, die sich allem Anscheine nach unter dem Einflusse äusserer Reize entwickelt hat.

Ich will hinzufügen, dass nur der eine Fall, wie sonst die Regel ist, ein weibliches Individuum betrifft, der andere dagegen sich auf einen Mann bezieht, ein Verhältniss, welches unstreitig unser Interesse verdient.

Um es kurz zu wiederholen, bei dem Studium dieser zwei Kranken verschiedenen Geschlechts, die ich in eine Art von

Parallele zu bringen beabsichtige, sind es vor Allem zwei
Punkte, die ich besonders hervorheben möchte: die Existenz
einer larvirten, ihres sozusagen classischen Merkmals, nämlich
der Krampfanfälle, ermangelnden Hysterie, und die permanente
spastische Contractur in Folge traumatischer Einwirkung.

1. Nach dieser Einleitung will ich gleich mit der Untersuchung des einen dieser Fälle beginnen.

Es handelt sich, wie Sie sehen, um ein 16jähriges Mädchen von zarter Erscheinung. Ihr Gesichtsausdruck ist ein
ziemlich ruhiger und bietet nichts Auffälliges dar. Wir finden
sie nicht, wie die meisten anderen Kranken dieser Gruppe,
mit grellen Farben geschmückt; sie gehört auch wirklich nicht
zu dem nach Aufsehen und Erregung bedürftigen Typus; aber
beiläufig gesagt, sind solche stille Hysterische gerade nicht
immer die gefügigsten.

Einige Verhältnisse aus der Anamnese der Kranken verdienen Berücksichtigung. Sie ist jetzt Waise, im Alter von
11 Jahren wurde sie nach dem Tode ihrer Mutter, der durch
Lungenphthise herbeigeführt worden war, in ein von geist-
lichen Schwestern geleitetes Haus aufgenommen. Wichtiger
für uns ist, dass ihr Vater im Irrenhaus zu Orléans nach
dreijährigem Aufenthalte starb. Die Krankheit, wegen welcher
er in das Asyl gebracht wurde, scheint die progressive Paralyse gewesen sein, wie man aus der Angabe schliessen kann,
dass er mehrere Anfälle von Krämpfen gehabt habe, in deren
Folge er gelähmt und schwachsinnig wurde. Einer der Brüder
der Kranken, der sich in einem Versorgungshaus befindet, ist
nahezu idiotisch.

Diese Thatsachen sind darum einer besonderen Erwähnung
werth, weil die erbliche neuropathische Anlage, wie Ihnen
bekannt ist, in der Aetiologie der Hysterie den ersten Rang
einnimmt.

Nach Briquet kann man sich in 30 Fällen unter 100 auf
diese Ursache berufen, und zwar soll es sich dabei, nach der
von Prosper Lucas vorgeschlagenen Nomenclatur, bald um eine
homonyme Heredität, Vererbung der gleichen Erkrankungsform, handeln, so dass eine hysterische Mutter eine hysterische
Tochter gebärt, bald um eine hérédité de transformation,
Vererbung mit Umwandlung der Erkrankung, also z. B. wenn die
Eltern einer Hysterischen an einer anderen nervösen Affection,
an Wahnsinn, Epilepsie u. dgl. gelitten haben.

Aus der eigenen Vorgeschichte des Kranken ist nichts
Besonderes hervorzuheben, abgesehen von einer schweren, drei
Monate lang dauernden Bronchitis. Das Fehlen aller convulsiven
Aeusserungen von Hysterie, sowohl gegenwärtig als in der

Vergangenheit, ist mit Sicherheit festgestellt. Vom hysterischen Globus, von Krämpfen, Anfällen u. dgl. scheint unsere Kranke nicht einmal etwas zu wissen.

Was ihren moralischen Zustand betrifft, so sind die Auskünfte, welche die Oberin des Ordens, in dem sie gelebt hat, über sie giebt, sehr wenig aufklärend: „Sie liebt ihre Freiheit ausserordentlich; ihre Reden und ihr Gemüth sind nicht gut," das ist alles. Wir wissen noch nicht, was hinter dieser echt klösterlichen Geheimthuerei steckt, aber vielleicht werden wir es bald erfahren.

Ich komme nun zur Hauptsache, zur Difformität der Hand; diese stellt nämlich eine wirkliche Klumphand dar, die ich als eine hysterische bezeichnen möchte (Fig. 18). Ich will Ihnen gleich sagen, unter welchen Verhältnissen sich diese Difformität

Fig. 18.

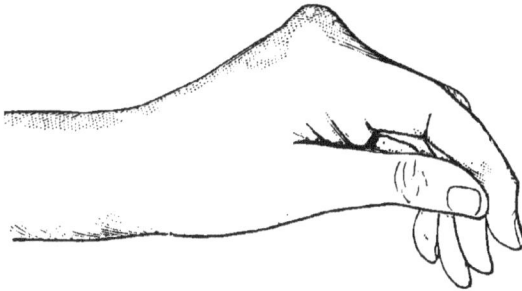

Hysterische Contractur der linken Hand. Zeichnung von P. Richer.

entwickelt hat. Vorläufig mache ich Sie nur auf Eines aufmerksam: Der Zustand besteht seit einem Jahre; während dieser Zeit ist keine Unterbrechung, kein Nachlass gekommen, wenn Sie von einer Periode von zwei Monaten absehen wollen, in der sich die Difformität unter dem Einflusse einer ärztlichen Behandlung besserte.

Das Handgelenk ist frei, ebenso die anderen Gelenke der oberen Extremität, die Difformität ist also auf die Hand beschränkt. Die ersten Phalangen sind gegen die Mittelhand gebeugt, die anderen zeigen nur einen mässigen Grad von Flexion. Die so als Ganzes gebeugten Finger sind enge gegeneinander gepresst und bilden eine Art von Kegel, dessen Spitze den Enden der letzten Phalangen entspricht. Der Daumen ist stark adducirt und gegen den Zeigefinger gedrängt.

Man kann sich leicht überzeugen, dass die einzige Ursache dieser abnormen Handstellung in der Muskelrigidität liegt und

dass Gelenke und Bänder nicht afficirt sind. Sie brauchen nur
den Versuch zu machen, diese Stellung zu beheben, um sich
davon zu überzeugen. Wir hätten uns durch Chloroformirung
einen entscheidenden Beweis verschaffen können, aber wir
haben besorgt, möglicherweise eine Störung des Zustandes
herbeizuführen, die Sie verhindern könnte, die Difformität mit
Ihren eigenen Augen zu studiren.

Wir finden hier übrigens die Merkmale der spastischen
Contractur wieder. Wenn in der That hauptsächlich die
Beuger betheiligt sind und den Sinn der Stellungsveränderung
bestimmen, so sind doch auch die Streckmuskeln ergriffen,
denn es ist ebenso schwer, die Beugung weiter zu treiben, als
sie in Streckung zu verwandeln. Auf diesen Charakter der spastischen Contractur, die gleichzeitige Thätigkeit der antagoni-
stischen Muskeln, will ich später zurückkommen.

Lassen sie mich nebenbei einige andere Eigenthümlichkeiten
hervorheben. Die so missstaltete Hand ist kälter als die andere
und zeigt eine ziemlich deutliche bläuliche Verfärbung, was
offenbar eine Störung der vasomotorischen Innervation andeutet.
Es besteht eine Atrophie oder vielmehr nur leichte Abmagerung,
nicht nur an der Hand, sondern auch an den anderen Abschnitten der Extremität. Vorderarm und Oberarm haben etwa
einen Centimeter weniger im Umfang als die entsprechenden
Theile der anderen Seite. Es handelt sich aber nicht um echte
Muskelatrophie, sondern blos um Muskelschwund in Folge
langer Unthätigkeit. Wir finden überdies eine Herabsetzung
der allgemeinen und speciellen Sensibilität der ganzen Körperhälfte auf der Seite der Difformität.

Beachten Sie wohl, dass wir eine permanente Contractur
im strengsten Sinne des Wortes vor uns haben, die Tag und
Nacht besteht und selbst im Schlafe nicht nachlässt. Von letzterem
Umstand kann man sich leicht überzeugen, da die Kranke,
Dank ihrer Unempfindlichkeit auf dieser Seite, durch die Unter-
suchung im Schlafe nicht aufgeweckt wird. Demnach darf
man auch jeden Verdacht auf absichtliche Täuschung von der
Hand weisen.

Vielleicht wird es, ehe wir weiter gehen, nicht ohne
Interesse sein, uns in einige Details über den anatomischen
Mechanismus dieser Contractur einzulassen.

Welches sind die Muskeln, die bei der Hervorbringung
dieser abnormen Stellung zunächst in Betracht kommen? In
erster Linie die M. interossei, denn diese Muskeln haben, wie
Duchenne (de Boulogne) gezeigt hat, die Wirkung, die erste
Phalange zu beugen, und die interossei palmares nähern überdies die Finger einer imaginären Linie, welche in der Längs-

achse des Mittelfingers liegt, und pressen sie gegeneinander.
Aber die Interossei sind nicht allein im Spiel, denn es sind
auch die beiden letzten Phalangen gebeugt, was auf Rechnung
des tiefen und oberflächlichen Fingerbeugers kommt.

Ausser dem N. ulnaris, der die Interossei innervirt, ist
also noch der N. medianus betheiligt, unter dessen Einfluss
die Flexoren stehen. Die Theilnahme des Medianus verräth
sich übrigens auch durch die Stellung des Daumens. Sie sehen,
dass der Daumen nicht blos adducirt, sondern gleichzeitig
opponirt ist; er ist nach innen gewendet, aber der Nagel sieht
nach vorne, und nicht gerade nach aussen wie bei der einfachen
Adduction. Die Adduction des Daumens wird vom M. adductor,
einem echten Interosseus des ersten Spatiums, besorgt, welcher
vom Ulnaris abhängt; die andere Bewegung wird vom M. opponens besorgt, den der Medianus innervirt.

Mit Bezug auf den Mechanismus der Difformität an dieser
Hand, wollen wir uns aber nicht auf blosse Behauptungen
beschränken. Wir sind mittelst der localisirten Anwendung
der Elektricität, der Methode von Duchenne (de Boulogne),
im Stande, die Verhältnisse, von denen wir eben gesprochen
haben, experimentell hervorzubringen. Dieses Verfahren mag bei
normalen Personen wegen der Schmerzen, welche die Faradisation macht, seine Schwierigkeiten haben; solche Schwierigkeiten fallen aber bei den anästhetischen Hysterischen weg,
welche sich für diese Art von Untersuchungen empfehlen,
weil sie dabei keinen Schmerz empfinden.

Ich stelle Ihnen hier die Kranke Bl.... vor, eine Hystero-
epileptische mit linksseitiger Hemianästhesie. Nach innen von
der Sehne des M. ulnaris internus haben wir einen schwarzen
Punkt angebracht, der uns die geeignetste Stelle für die elektrische Erregung des Ulnarnerven am Handgelenke angiebt.
Wie Sie sehen, erzeugt die Faradisation von dort aus eine
partielle Ulnarklauenhand, welche an die bei unserer Kranken
erinnert, und bei der nur die M. interossei und der M. adductor
des Daumens in Action kommen. Wenn wir dagegen den Nerven
in seiner Rinne am Ellbogen reizen, erzeugen wir die totale
Ulnarklaue mit Beugung der beiden letzten Finger, welche
Bewegung von der Zusammenziehung der Ulnarpartien des
tiefen Fingerbeugers abhängt.

Noch leichter kann man die gleichen Erscheinungen bei
Individuen studiren, die man in den Zustand der hypnotischen
Lethargie versetzen kann. Wir machen uns dabei die neuro-
musculäre Erregbarkeitssteigerung, die bei diesen Personen platz-
gegriffen hat, zu Nutze, um dieselben Bewegungen hervorzurufen, indem wir, ohne die Elektricität anzuwenden, den Nerven

6*

durch irgend einen harten Körper, z. B. einen Stab, erregen.
Dieses Verfahren hat den Vortheil, dass es bleibende Stellungen liefert, wie Sie es an dieser Kranken sehen. Durch
einen einfachen Druck auf den Ulnarnerven im Bereich
des Handgelenkes erzeugen wir bei ihr die Interosseistellung,
oder wenn wir die Höhe des Ellbogens wählen, die totale
Ulnarklauenhand. Wir stellen jetzt wieder die Interosseistellung
her und können genau die Difformität wie bei unserer ersten
Kranken erzeugen, wenn wir noch den Opponens des Daumens
in der Hohlhand erregen. Ich mache Sie darauf aufmerksam,
dass die in Beugung contracturirte Hand dieser übererregbaren
Person alle Eigenschaften der spastischen Contractur zeigt;
die Stellung ist eine starre, Beuger und Strecker sind beide
daran betheiligt, es geht also offenbar im Rückenmark etwas
vor sich; aber dies ist ein Punkt, den wir später wieder aufnehmen werden.

Lassen Sie uns nach dieser etwas langen Abschweifung
zu unserer Kranken zurückkehren.

Wir haben festgestellt, dass es sich um eine spastische
Contractur handelt; es fällt uns jetzt der Beweis zu, dass
diese den Namen einer hysterischen verdient, also die verhältnissmässig günstige Prognose der Symptome dieser Reihe
theilt; mit anderen Worten, dass man erwarten darf, sie werde
trotz ihrer Hartnäckigkeit und langen Dauer einer geeigneten
Behandlung weichen.

Diese Diagnose kann sich stützen: 1. auf die hochgradige
Ausbildung der Contractur, welche nur selten erreicht wird,
wenn ihr eine organische Läsion, eine sklerotische Veränderung
in den Seitensträngen des Rückenmarkes zu Grunde liegt;
2. auf ihr Verharren bei Tag und Nacht in absolut gleichem
Masse. Bei Hemiplegischen lässt die Contractur im Schlaf
theilweise nach. Endlich 3. kommt den Verhältnissen, unter
denen sich diese fehlerhafte Stellung entwickelt hat, eine grosse
Bedeutung für die Beurtheilung zu. Vor mehr als einem Jahr,
am 2. November 1881, zog sich die Kranke, als sie eine
Fensterscheibe zerschlug, am Handrücken im Bereich des zweiten
Mittelhandknochens eine geringfügige Verletzung zu, die im
Verlaufe von 4 oder 5 Tagen überhäutet war. An dieses leichte
Trauma schloss sich die Contractur an, ein Verhältniss von
grosser Bedeutung. Sie trat ferner mit einem Schlage und
ohne Schmerz ein, und besteht endlich fort, nachdem die
Wunde längst geheilt ist. Allerdings kann man auch bei
einem Individuum mit organischer Läsion (absteigende Skle-
rose cerebralen oder spinalen Ursprunges) einen ähnlichen
Unfall im Gefolge eines Traumas auftreten sehen, aber dann

ist der Eintritt der Contractur kein plötzlicher, es besteht
nicht dasselbe Missverhältniss zwischen der Geringfügigkeit
der Verletzung und der Stärke der Contractur, und diese
zeigt auch nicht eine solche Hartnäckigkeit, nachdem die
periphere Reizung einmal beseitigt ist.

Diese Disposition zur Contractur bei den Hysterischen, diese
Art von Contracturdiathese, möchte ich sagen, welche auf einen
minimalen traumatischen Einfluss hin zur Wirkung kommt,
äussert sich bei manchen Personen in sehr auffälliger Weise.
Ich habe seit Langem beobachtet, dass manche Hysterische
nach einer heftigen Bewegung, z. B. wenn sie einen Stein
geworfen haben, mit steifem Arme stehen bleiben. Wir können
dieselbe Erscheinung an der Kranken M . . . ., die Sie hier
sehen, hervorrufen. Ich drücke den Fuss mit einer raschen
und kräftigen Bewegung herab und habe damit einen Klump-
fuss erzeugt, der nur einer lange Zeit angewandten Massage
weichen wird. Beachten Sie wohl, dass diese Contractur, im
wachen Zustande erzeugt, denselben Charakter von Intensität
zeigt, wie die in Folge der neuro-musculären Erregbarkeitssteigerung im hypnotischen Schlafe hervorgerufenen.

Um wieder auf unseren Fall zurückzukommen, so ersehen
Sie schon aus dieser Reihe von Erwägungen, dass die uns vorliegende Affection als eine hysterische aufzufassen ist. Diese
bereits so gut gegründete Vermuthung wird sich aber in Gewissheit umwandeln, wenn wir durch eine aufmerksamere
Untersuchung neue Charaktere erweisen, welche geeignet sind,
die Natur des uns beschäftigenden Zustandes zur vollsten
Klarheit zu bringen.

Wenn bei unserer Kranken auch die Anfälle fehlen, so
bietet sie uns doch eine Anzahl von nervösen Symptomen,
welche ebensoviel für die Hysterie charakteristische Stigmata
darstellen. In der That besteht bei ihr linksseitige Ovarie,
und eine linksseitige Hemianalgesie, welche nicht nur die
Hand, sondern auch die beiden Extremitäten, Rumpf und Kopf
betrifft; die Kranke reagirt in keiner Weise auf Faradisation
der Haut. Es besteht ausserdem eine sensorielle Hemianästhesie,
und die Affection der Sinnesorgane wird von der Affection der
Hautpartien, welche sie bedecken, begleitet.[1] Dieses letztere
Verhältniss hat auf unserer Klinik bereits eine eingehende
Würdigung erfahren, und ist, was speciell den Gehörssinn bei
unserer Kranken betrifft, durch Mr. Walton, einen Arzt, der

---

[1] Ch. Féré, Sur quelques phénomènes observés du côté de l'oeil chez
les hystéro-épileptiques, soit en dehors de l'attaque soit pendant l'attaque.
(Soc. de biologie, 1881, et Arch. de Neurologie, 1882, t. III, pag. 281.)

gegenwärtig unsere Visite mitmacht, erwiesen worden.[1] In
gleicher Weise sind Geruch und Geschmack beeinträchtigt und
auch der Gesichtssinn ist ergriffen; es besteht eine Einengung

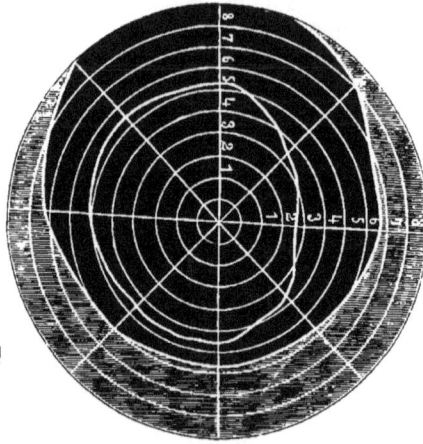

Fig. 19.

NAS

Einengung des Gesichtsfeldes.

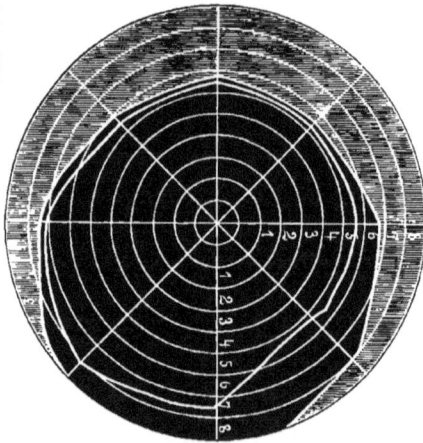

des Gesichtsfeldes für die Licht- und Farbenwahrnehmung
(Fig. 19) mit Verschiebung der Grenze für Roth nach aussen,
und überdies eine Herabsetzung der Sehschärfe auf ein Sechstel
der Norm.

[1] G. L. Walton, Deafness in hysterical hemiannesthesia. (Brain, XX, 1883.)

Wir finden also bei dieser Kranken alle Symptome der hysterischen Hemianästhesie mit Ovarie wieder. Diese sensiblen Störungen könnten nur von einer Herderkrankung im Bereich des Carrefour sensitif oder vom chronischen Alkoholismus oder Bleiintoxication abhängen. Da wir aber bei unserer Kranken kein anderes Anzeichen finden, was für diese Affectionen spricht, so müssen wir folgern, dass alle krankhaften Erscheinungen, die sie zeigt, Hysterie sind und weiter nichts als Hysterie. Und nun sehen Sie, wie das auf den ersten Blick Unregelmässige und Seltsame des Bildes sich auf diesem Wege doch wieder dem classischen Typus unterordnet.

Da die Zeit vorgerückt ist, wollen wir die Fortsetzung dieser Studie auf das nächste Mal verschieben.

Achte Vorlesung.

Ueber zwei Fälle von hysterischer Contractur traumatischen Ursprungs.

(Fortsetzung.)

Prüfung auf Simulation bei Katalepsie und Contracturen. — Die Hysterie beim Manne, Häufigkeit derselben, Einfluss der Heredität, reifes Alter. — Abortive Formen. — Contractur traumatischen Ursprungs.

Meine Herren! Wie Sie sich erinnern, hatte ich mir in der vorigen Vorlesung zur Aufgabe gemacht, zwei Fälle in vergleichende Betrachtung zu ziehen, die sich unserer Beobachtung gleichzeitig dargeboten haben, und in denen beiden es sich um eine Contractur hysterischen Charakters handelte. Diese Contractur war in Folge einer traumatischen Einwirkung aufgetreten, und zwar durch Verwundung mit einem Glassplitter in dem einen, durch oberflächliche Verbrennung in dem anderen Falle. Die beiden Fälle, sagte ich Ihnen, zeigen die merkwürdigste Uebereinstimmung, obwohl der erste ein junges Mädchen von 16 Jahren, der zweite einen kräftigen Mann, einen 35jährigen Schmied, der verheiratet und Familienvater ist, betrifft.

Dem jungen Mädchen haben wir bereits eine eingehende Untersuchung gewidmet. Was den Mann betrifft, den Sie das vorige Mal nicht zu Gesichte bekommen haben, so muss ich erwähnen, dass er uns von Herrn Debove, auf dessen Abtheilung zu Bicêtre er sich befand, überlassen wurde. Ich habe die gebotene Gelegenheit, diesen Mann vor Ihnen einer gründlichen Untersuchung zu unterziehen, mit Eifer ergriffen und fühle mich umsomehr dazu veranlasst, da es sich unstreitig um einen seltenen, im höchsten Grade interessanten Kranken handelt, der also wohl werth ist, Ihre Aufmerksamkeit für eine Weile auf sich zu ziehen.

Bevor wir aber an diese neue Arbeit gehen, wird es, glaube ich, angezeigt sein, an den Fall des jungen Mädchens, welcher uns das vorige Mal beschäftigt hat, noch einige Ausführungen anzuknüpfen.

Sie wissen, meine Herren, dass der Kliniker jedes Mal, wenn er vor einer Hysterischen steht, sich die Möglichkeit der Simulation vor Augen halten soll, sei es in dem Sinne, dass die Kranken vorhandene krankhafte Erscheinungen übertreiben, oder dass sie aus ihrer eigenen Phantasie eine vorgebliche Symptomatologie erschaffen. Es ist ja allgemein bekannt, dass das Bedürfniss, zu belügen und zu täuschen, manchmal ohne bestimmten Zweck in einer Art von uneigennütziger Pflege dieser Kunst, andere Male in der Absicht, Aufsehen zu machen, Mitleid zu erregen u. s. w., bei den Hysterischen ein weit verbreitetes ist. Auf jedem Schritt begegnen wir in der Klinik der Neurose diesem Factor, und er ist es, der ein gewisses zweifelhaftes Licht auf die Arbeiten, welche die Hysterie behandeln, fallen lässt.

Aber sollte es heutzutage, nachdem das Krankheitsbild der Hysterie so oft untersucht und nach allen Richtungen durchwühlt worden ist, wirklich so schwer sein, die reelle Symptomatologie von der erfundenen, geheuchelten zu sondern, wie uns Manche glauben machen möchten? Nein, meine Herren, das ist nicht der Fall, und um mich für diese Frage nicht auf unbestimmte allgemeine Behauptungen zu beschränken, will ich Ihnen ein concretes Beispiel vorbringen, eines unter den vielen, die ich wählen könnte, und eines, das uns schon im Vorjahre beschäftigt hat.

Ich meine die Katalepsie, die man bei Hysterischen hervorrufen kann. Die Frage stellt sich nun so: Kann dieser Zustand so weit simulirt werden, dass ein in diesen Dingen erfahrener Kliniker sich täuschen lassen muss?

Man glaubt gewöhnlich, die Länge der Zeit, während welcher ein kataleptisches Individuum in der ihm gegebenen Stellung, etwa mit horizontal ausgestrecktem Arm, verharrt, müsse allein hinreichen, jeden Verdacht auf Simulation auszuschliessen. Das ist aber nach unseren Erfahrungen nicht richtig. Nach 10 bis 15 Minuten fängt der Arm der Kataleptischen an herabzusinken, und nach 20 oder 25 Minuten hat er, der Schwere folgend, die verticale Stellung eingenommen. Ein kräftiger Mann, der diese Stellung vorsätzlich einhält, könnte es ungefähr ebensolange durchführen. Wir müssen also das unterscheidende Merkmal andersworin suchen.

Wir wollen sowohl beim Simulanten als bei der Kataleptischen folgende Anordnungen treffen: 1. eine Marey'sche Trommel am ausgestreckten Arm anbringen, welche uns die geringsten Schwankungen der Extremität verzeichnet; 2. einen Pneumo-

graphen an der Brust befestigen, um die Curve der Respirationsbewegungen zu erhalten. Dann ergiebt sich Folgendes: a) Bei
der Kataleptischen zeichnet die mit der Marey'schen Trommel
am Arm verbundene Feder eine vollkommen gleichmässige
gerade Linie auf den rotirenden Cylinder; beim Simulanten
dagegen ist diese Linie zuerst gerade, knickt sich dann und
zeigt am Ende des Versuchs in Reihen angeordnete Schwingungen. b) Noch charakteristischer sind die Curven, welche
der Pneumograph liefert. Bei der Kataleptischen bleibt die
Respiration bis zu Ende stets regelmässig, oberflächlich und
langsam, während beim Simulanten die Curve eine Zusammensetzung aus zwei gut gesonderten Stücken zeigt. Zu Anfang ist
die Respiration gleichfalls gleichmässig und normal, dann tritt,
entsprechend den Schwankungen der Extremität, welche von
der Ermüdung herrühren, eine Unregelmässigkeit im Rhythmus
und im Umfang der Respirationsbewegungen ein, und es kommt
zu jenen tiefen und beschleunigten Athemzügen, welche das
Phänomen der körperlichen Anstrengung begleiten.[1]

Um es kurz zu wiederholen, die Kataleptische kennt
keine Ermüdung, der Muskel lässt, ohne dass eine Willens-
anstrengung in's Spiel gekommen, nach. Der Simulant aber
verräth sich bei der gleichen Versuchsanordnung sowohl durch
die Curve der Extremität, welche die Muskelermüdung, als
durch die Curve der Respiration, welche die Anstrengung
anzeigt, die er macht, um die Zeichen der Ermüdung zu
verdecken.

Wir haben uns in den letzten Tagen einer ähnlichen Anordnung bedient, um die Contractur bei unserer jungen Kranken
einer Prüfung zu unterziehen. Der Arm ruht auf einer Tisch-
platte in der Weise, wie es Fig. 20 zeigt. Die Hand ist durch
eine Binde an den Tisch sicher fixirt. Eine kleine Binde, die
um den Daumen geht, hängt von einem Faden herab, der um
zwei Rollen geschlungen ist und eine Wagschale trägt, in der
sich ein Kilogewicht befindet (Fig. 20). Der Versuch dauerte
etwa eine halbe Stunde; während dieser Zeit hob sich der
Daumen allmählich und löste sich immer mehr vom Zeigefinger
los. Nach dem Versuch ging er sofort in seine frühere Lage
zurück und zeigte sich, ohne Spur von Ermüdung, ebenso fest
an den Zeigefinger gepresst wie vorhin.

Während der ganzen Zeit des Versuches verzeichnete der
auf der Brust angebrachte Pneumograph jede respiratorische
Bewegung. Die Curve wies nach, dass die Respiration von
Anfang bis zu Ende sich gleich geblieben war, immer regel-

---

[1] Vergl. Seite 14 u. ff.

mässig, wenig tief und normal. Es war auch keine Andeutung von jener Aenderung der Respiration da, welche die Muskelanstrengung begleitet (Fig. 21, *A* und *B*).

Des Vergleiches wegen haben wir nun einen unserer Externes, einen jungen kräftigen Mann, unter dieselben Versuchsbedingungen versetzt und liessen ihn seiner linken Hand vorsätzlich jene eigenthümliche Stellung geben, welche die in Contractur befindliche Hand unserer jungen Kranken einhält. Der Daumen, welcher zu Anfang des Versuches gegen den Zeigefinger gepresst war, wurde während der gleichen Zeit, also

Fig. 20.

Versuchsanordnung zur Prüfung der Echtheit der hysterischen Contractur.

eine halbe Stunde lang, demselben continuirlichen Zuge ausgesetzt; er gab allmählich nach und entfernte sich vom Zeigefinger trotz des Widerstandes, welchen die Versuchsperson dieser Bewegung entgegensetzte. Soweit fanden wir also nichts, was das Verhalten der Kranken von dem des Simulanten scharf unterscheiden würde; der Gegensatz trat erst in den Respirationscurven hervor. Die Athmung war bei unserem Simulanten zu Anfang, das heisst in den ersten Minuten, gleichmässig und normal, aber bald trat die Störung auf, die Inspirationen waren verlängert, durch tiefe Senkungen angezeigt und zwischen langen Plateaus der Curve eingeschlossen. Die Anstrengung war eben unverkennbar (Fig. 21, *C* und *D*).

Ein Experiment dieser Art würde uns also gestatten, den Betrug zu erkennen, wenn wir es mit einem solchen zu thun hätten. In dem Studium der Respirationscurve besitzen wir ein Mittel, ihn zu entlarven.

Fig. 21.

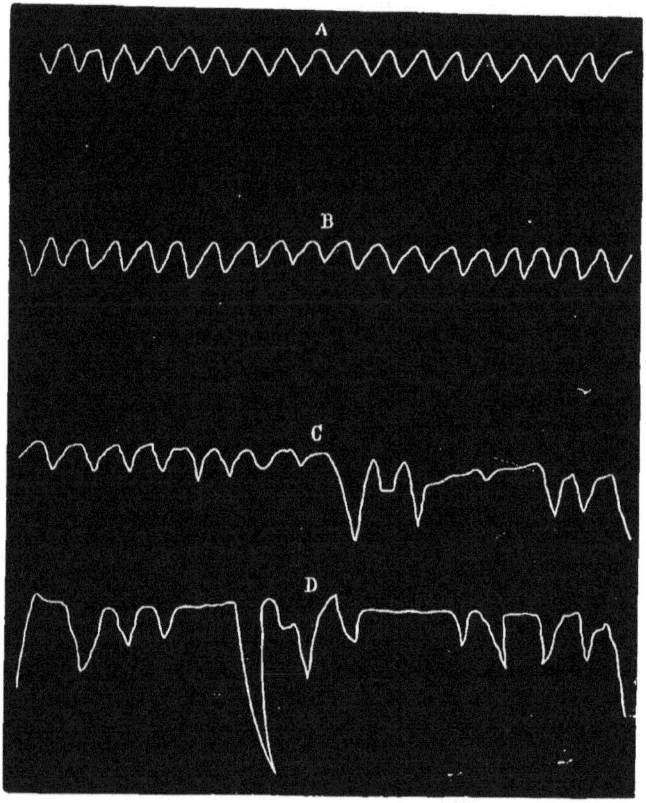

A und B stellen die Athembewegungen der Hysterischen, C und D die des Simulanten dar.

Man kann wirklich bei klinischen Studien über Hysterie nicht leicht an Vorsichtsmassregeln zu viel thun; aber der Versuch, dem wir unsere Kranke unterzogen haben, war doch gewissermassen von Ueberfluss, denn wir hatten schon vorher zahlreiche und zur Ueberzeugung genügende Beweise für die Echtheit ihres Leidens gesammelt. Ich glaube es nachdrücklich genug betont und Ihnen unzweifelhaft gemacht zu

haben, dass die Erscheinungen, welche wir in der vorhergehenden Vorlesung in gemeinsamer Untersuchung constatiren
konnten, den Werth echter pathologischer Symptome haben,
bei denen von einer Absichtlichkeit der Kranken auch nicht
die Rede sein kann. Ich will Sie auch gleich darauf gefasst
machen, dass wir alle Bemerkungen, die wir aus Anlass dieser
Contractur bei unserer jungen Kranken gemacht haben, Punkt
für Punkt auf das männliche Individuum zu übertragen gedenken,
das wir jetzt besonders in's Auge fassen wollen. [1]

Es wird nicht überflüssig sein, wenn ich Ihnen als Einleitung einige Worte über das Auftreten der hysterischen
Neurose beim männlichen Geschlecht sage. Die Hysterie kommt
also auch beim Manne vor? Ja, unstreitig und sie ist da sogar
häufiger, als man zunächst zu glauben geneigt ist. Das Thema
der männlichen Hysterie ist bei den Aerzten in diesen letzten
Jahren zu einer gewissen Beliebtheit gelangt; so sind z. B.
nicht weniger als fünf Inauguraldissertationen, die sich mit
diesem Gegenstande speciell beschäftigen, der medicinischen
Facultät von Paris in den Jahren 1875—1880 vorgelegt worden.
Schon Briquet hatte in seinem schönen Buche die Behauptung aufgestellt, dass man auf 20 hysterische Frauen in Paris
wenigstens einen Mann findet, der von der nämlichen Affection
befallen ist. Diese Zahl scheint mir, wie ich gestehe, ein
wenig übertrieben. Doch ist zu erwähnen, dass Klein, der
Verfasser einer der Thesen, von denen ich eben sprach, der
auf Olier's Anregung gearbeitet hat, aus den verschiedenen
Berichten 77 Fällen von männlicher Hysterie zusammenstellen
konnte. Drei Fälle, die er selbst hinzufügt, ergeben die statt-
liche Zahl von 80 Fällen, woraus man zum mindesten schliessen
darf, dass die Hysterie beim Manne eigentlich keine so seltene
Affection ist.

Eine andere Thatsache, welche aus der nämlichen Arbeit
erhellt, ist, dass die Hysterie sich beim Manne in der Regel
auf Grund erblicher Belassung entwickelt. Dies Verhältniss
fand sich unter 30 Fällen 23mal vor, und zwar handelt es
sich dabei um Heredität von der Mutterseite und in der gleichen
Krankheitsform, so dass die Hysterie der Mutter häufig die
Hysterie beim Sohn zur Folge hat.

Aus der Vergleichung dieser Beobachtungen ergiebt sich
noch ein anderes Resultat, nämlich dass die hysterischen Zu-

---

[1] Die Kranke wurde zu wiederholten Malen der Einwirkung des
Magneten unterworfen, wobei die Contractur endlich schwand. In seiner
Vorlesung vom 12. Januar 1883 konnte Charcot die Kranke als von ihrer
Difformität vollkommen geheilt vorstellen. Sie zeigte aber noch die oben
beschriebenen bleibenden Stigmata der Hysterie.   Ch. F.

Fälle beim männlichen Geschlecht am häufigsten im reifen Alter, nach 14 Jahren auftreten, zumeist im Alter von 20 bis 30, gelegentlich noch später. Dies stimmt ganz mit den Angaben überein, die Reynolds nach Beobachtungen in London gemacht hat. Allerdings kann man die männliche Hysterie auch bei Kindern vor der Pubertät, im Alter von 5—14 Jahren, sehen, aber die Hysterie der Erwachsenen ist bei weitem die häufigere. Ganz besonders erwähnenswerth ist aber, dass die von der hysterischen Neurose befallenen erwachsenen Männer durchaus nichts Weibisches an sich haben; es sind im Gegentheil, wenigstens in einer guten Zahl von Fällen, robuste Individuen mit allen Charakteren ihres Geschlechts, Militärspersonen, Arbeiter, die verheiratet und Familienväter sind, kurz Männer, die man, wenn man nicht darauf vorbereitet ist, nur mit dem grössten Erstaunen von einer Affection befallen findet, welche Viele als ausschliesslich dem weiblichen Geschlechte zukommend betrachten.

Ich will endlich noch hinzufügen, dass die Neurose beim Manne wie beim Weibe in ihren abortiven Formen, gleichsam mit verwischten Zügen auftreten kann. Es steht aber andererseits vollkommen fest, dass sie auch beim Manne alle jene Charaktere zeigen kann, welche das Krankheitsbild der Hysteroepilepsie, der grossen Hysterie, ausmachen. Ich habe Ihnen voriges Jahr einige Beobachtungen angeführt, welche vorzüglich geeignet waren, die Thatsächlichkeit dieser Behauptung zu erweisen. Für jetzt will ich mich, von den bei beiden Geschlechtern analogen psychischen Veränderungen ganz absehend, auf die Hervorhebung folgender Punkte beschränken.

1. Die sensorielle und sensitive Hemianästhesie, — dieses Stigma, welches für den hysterischen Status ein fast untrügliches Zeichen abgiebt, wenn man nur Sorge trägt, gewisse Affectionen (Kapselherde, chronischen Alkoholismus und Bleiintoxication), deren Folge sie mitunter ist, auszuschliessen — die hysterische Hemianästhesie also kommt beim Manne in der gleichen Weise vor wie bei der Frau. Jedes einzelne Detail derselben, die Einschränkung des Gesichtsfeldes für die Lichtempfindung, und die relative Verschiebung der Gesichtsfeldgrenzen für die Farbenwahrnehmungen nicht ausgeschlossen, können Sie in entsprechenden Fällen beim Manne wiederfinden. Ich habe Ihnen ein Beispiel dieser Art bereits vorgestellt.

2. Die Ovarie, eines der häufigeren Symptome der weiblichen Hysterie, fehlt beim Manne, doch kann, wenigstens in einigen Fällen, wenn der Hode im Leistencanal zurückgeblieben ist, Reizung, Druck auf diesen Hoden den Anfall hervorrufen oder unterdrücken.

3. Abgesehen von der Ovarie finden wir beim Manne die hysterogenen Punkte mit all ihren Eigenthümlichkeiten wieder. Es sind aber bei ihm der Vorderkopf, eine der seitlichen Brust- oder Bauchgegenden und besonders die linke Weiche bevorzugt.

4. Die Reihenfolge der Phasen des grossen hystero-epilep- tischen Anfalles ist beim Manne die nämliche wie beim Weibe. (Vergleiche unter anderen die Fälle von Bourneville und d'Olier und von Fabre [in Marseille], von den vier oder fünf Fällen, die ich selbst beobachtet habe, ganz abgesehen.)

5. Die paraplegische oder hemiplegische Form der Läh- mung, mit Steigerung oder, im Gegentheil, mit Aufhebung der Sehnenreflexe, kommt gelegentlich beim Manne zur Beob- achtung. Man kann sagen, dass sie viel häufiger ist als die hysterische Contractur, von der man nur wenig Beispiele zu kennen scheint.

Sie dürfen aber nicht erwarten, bei einem männlichen Individuum so leicht diesen ganzen grossen Complex hyste- rischer Symptome vereinigt zu finden. Die hysterische Neurose kann sich beim Manne — und dies ist ohne Zweifel ein häufiges Vorkommniss — in ihrer Abortivform, ihrer bedeut- samen classischen Charaktere entkleidet einstellen. Der Kranke, mit dem wir uns nun beschäftigen wollen, ist gerade von dieser Art, und doch hoffe ich Sie zu überzeugen, dass es sich trotz des Fehlens dieser grossen Kennzeichen um Hysterie, und um weiter nichts als Hysterie handelt.

Unser Kranker ist ein 34jähriger Schmied, Vater von vier Kindern, ziemlich kräftig gebaut, ohne irgend einen weibischen Zug in seinem Wesen. Ich muss geradezu sagen, dass wir weder in seiner persönlichen noch in seiner Familiengeschichte etwas gefunden haben, was auf neuropasthische Belastung deutet, auch keine Gemüthsbewegung, die man als die Veranlassung der gegenwärtigen Krankheit beschuldigen könnte, kurz nichts, wenn nicht einer traumatischen Einwirkung, einer Verbren- nung diese Rolle zukommt. Am 26. Juni des letzten Jahres hatte eine weissglühende Eisenstange seinen linken Vorder- arm und Hand gestreift. Die Verbrennung, obgleich nur eine oberflächliche, brauchte sechs Wochen zu ihrer Heilung; heute finden wir ihre Spur noch in einer rothviolett gefärbten, 3 bis 4 cm breiten und 10 bis 12 cm langen Hautpartie am unteren Theil des Vorderarmes und am Handrücken. Wie es scheint, war die Aufregung des Kranken über diesen Unfall nicht sehr gross. Andererseits folgte die Contractur nicht unmittelbar auf die Einwirkung des Traumas; diese entwickelte sich auch all- mählich, was sehr merkwürdig und für eine hysterische Con- tractur aus traumatischer Ursache ein geradezu ausnahmsweises

Verhalten ist. Der Kranke erzählt uns, dass einige Tage nach dem Unfall ihm der Arm schwer und die Finger wie eingeschlafen, nur mit Mühe zu bewegen. waren. Was aber die Contractur betrifft, so ist sie, ohne Dazwischenkunft einer neuen Veranlassung, erst sieben Wochen später aufgetreten.

Am 25. August empfand er Schmerz im Arm und konnte nicht schlafen. Tags darauf zeigte seine Hand die für die Interosseikralle charakteristische Gestalt, der Daumen war noch frei. Am nächsten Tag kam die Beugung der Finger hinzu, endlich legte sich der Daumen an die anderen Finger an, und während dieser verschiedenen Fortschritte der Contractur bildete sich allmählich eine Beugung im Handgelenk und eine Pronation des Vorderarmes heraus.

Fig. 22.

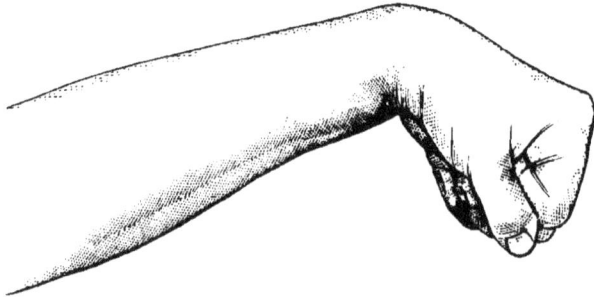

Contractur der linken Hand. Zeichnung von P. Richer.

Wir wollen ein wenig tiefer in die Analyse dieser merkwürdigen Difformität der Hand eingehen. Sie ist die Folge der permanenten Contractur gewisser Muskeln, einer Contractur, die so stark ist, dass sie jedem Versuche, sie zu lösen, trotzt, und die seit drei Monaten, nicht nur Tag für Tag, sondern auch, worauf ich besonders Gewicht lege, die Nächte hindurch angehalten hat. Schulter und Oberarm sind unbetheiligt, der Vorderarm ist etwas pronirt. Die Hand ist palmarwärts gebeugt, die vier Finger sind derart flectirt, dass sich ihre Nägel in den Handteller eingraben. Die Finger sind gewaltsam aneinander gepresst, und der Daumen selbst gegen die Aussenfläche der zweiten Phalange vom Zeigefinger gedrängt (Fig. 22).

Hier zeigt nun die einfachste physiologische Analyse, dass an der Herbeiführung dieser Stellung vor Allem der N. medianus betheiligt sein muss, weil er die Beuger des Handgelenkes und den tiefen wie den oberflächlichen Fingerbeuger versorgt. Aber auch der N. ulnaris kommt in Betracht, denn die Adduction der Finger beweist die Thätigkeit der M. interossei. Endlich sind noch, wie bei jeder spastischen Contractur, die Strecker in Anspruch genommen.

Beachten Sie wohl, dass in dieser Haltung der Hand die Ballung der Faust, die, wie ich betonen will, eine sehr kraftvolle ist, sich mit einer ebenfalls sehr starken Flexion im Handgelenk vereinigt findet. Sie erkennen darin eine im höchsten Grad gezwungene Haltung, eine Haltung, die auch für kurze Zeit nur sehr schwer durchzuführen ist.

Ich will Sie hier an eine scharfsinnige Bemerkung von Duchenne erinnern. Sie wissen, dass in der Hand die Strecker der Finger und die des Handgelenks in einem gewissen Antagonismus zu einander stehen. Wenn man die Hand als Ganzes so weit als möglich streckt und dann auch die Finger zu strecken sucht, geschieht es leicht, dass diese sich beugen. Die Extension im Handgelenk hat nämlich die Nebenwirkung, die Strecker der Finger zu verkürzen und sie daher in für ihre Thätigkeit ungünstige Verhältnisse zu bringen, während dagegen die Wirkung der gespannten Fingerbeuger begünstigt wird. Wenn Sie andererseits im Handgelenk beugen, wird aus einem analogen Grunde die vollständige Extension der Finger erleichtert.

Betrachten wir jetzt die gleichzeitige Thätigkeit der Beuger der Hand und der Fingerbeuger. Auch hier besteht eine Art von Antagonismus: Wenn man z. B., wie bei der Drohung, die Finger kraftvoll beugen und zur Faust ballen will, ist die Hand extendirt, weil die Thätigkeit der Extensoren der Hand die der Fingerbeuger begünstigt. Wenn man dagegen bei fast geschlossener Hand eine kräftige Beugung im Handgelenk ausführt, bemerkt man, dass die Beugung der Finger nachlässt, und dass diese eine sehr deutliche Neigung, sich zu strecken, zeigen; nur mit grösster Anstrengung kann man die Finger bei dieser Stellung der Hand gebeugt erhalten. Nun, das ist eine Thatsache, wohl geeignet, meine Herren, den Verdacht einer Simulation in unserem Falle zu beseitigen. Ich bezweifle, dass eine willensstarke Person nur durch einige Stunden, geschweige denn durch Tage, die wahrhaft pathologische Handstellung unseres Kranken ohne Schwanken und ohne Unterbrechung nachahmen könnte, und gewiss kann man sich nicht vorstellen, dass es Jemand auch während des Schlafes thun kann. Bei unserem Kranken aber besteht diese Handstellung während des Schlafes, wie Debove constatirt hat, und wie auch wir uns zu verschiedenen Malen überzeugen konnten. Wir beabsichtigen übrigens, unseren Kranken der

Prüfung mittelst des Pneumographen zu unterziehen und erwarten, dass wir bei ihm zu demselben Resultat gelangen werden, wie bei dem jungen Mädchen, das Sie gesehen haben.[1]

Ich hoffe, Sie gestehen mir bereits zu, dass es sich in unserem Falle um eine wirklich krankhafte und nicht um eine simulirte Stellung handelt, um ein echtes Symptom und nicht um ein vorgebliches, das der Kranke durch eine Anstrengung seines Willens erheuchelt. Es liegt mir noch der Beweis ob, dass wir es hier, ebenso wie bei dem Mädchen, mit Hysterie zu thun haben. Ich habe schon erwähnt, dass es sich um eine abortive Form der Neurose handelt. Der Kranke hat nie Anfälle gehabt, bietet keine hysterische Vorgeschichte und keine erwähnenswerthe psychische Veränderung. Wenn wir uns aber auf die Untersuchung beziehen, die Debove am 1. October angestellt hat, und auf unsere eigenen, eine Woche später gemachten Beobachtungen, so finden wir Folgendes: 1. Eine Abstumpfung des Schmerzgefühls auf der linken Seite; Stiche rufen dort keinen Schmerz, sondern blos Berührungsempfindung hervor; Kälte wird auf der ganzen Seite weniger intensiv empfunden; 2. eine sehr deutliche Abschwächung des Geruchs, Geschmacks und Gehörs ebenfalls auf der linken Seite. Wir haben ferner eine kunstgerechte Prüfung des Gesichtsfeldes angestellt und gefunden, dass es auf beiden Seiten, besonders aber auf der linken, eingeengt ist; die Gesichtsfelder für die einzelnen Farben sind in entsprechender Weise eingeschränkt, aber die concentrischen Kreise, welche das Gesichtsfeld einer jeden Farbe darstellen, haben ihre relative Grösse und Lage bewahrt; also keine Verschiebung der Farbengrenzen, auch keine Achromatopsie oder Dyschromatopsie (Fig. 23); 3. von hysterogenen Zonen fehlt jede Spur.

Wir dürfen also, bei dem Mangel einer jeden Andeutung für das Bestehen einer Herderkrankung in der inneren Kapsel, oder des chronischen Alkoholismus und der Bleiintoxication, ferner mit Rücksicht auf die Existenz einer Contractur, einer Difformität der Hand, welche an und für sich schon den Stempel des hysterischen Ursprungs trägt — wir dürfen den Schluss ziehen, sage ich, dass alle Erscheinungen, die wir an unserem Kranken beobachten konnten, wie ich's Ihnen vorhergesagt habe, der Hysterie und nur der Hysterie angehören. Dieselben zeigen eine wirklich schlagende Ueberein-

---

[1] Der Versuch wurde unter denselben Verhältnissen wie bei dem Mädchen angestellt und ergab das Nämliche. Wir wollen hinzufügen, dass wir in der Chloroformnarkose nur eine unvollkommene Lösung der Contractur erreicht haben, doch war die vollkommene Lösung Herrn Debove in Bicêtre schon vorher gelungen.   Ch. F.

stimmung mit den Krankheitssymptomen jenes jungen Mädchens, welches wir unmittelbar vorher untersucht haben.

Ich habe Ihnen den Zustand unseres Kranken vom 7. October geschildert. Seither ist unter dem Einfluss eines thera-

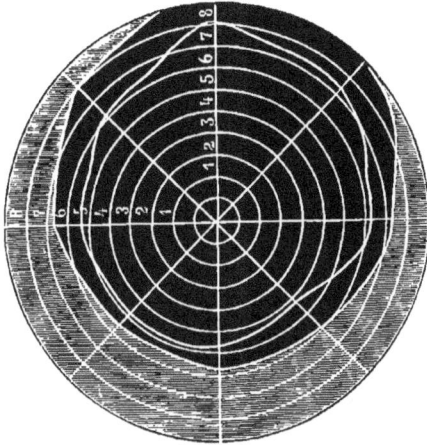

Fig. 23.

NAS

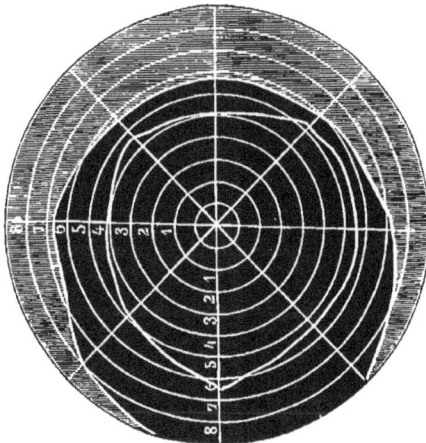

peutischen Agens eine leichte Veränderung eingetreten. In Folge der Einwirkung eines Magneten auf die Seite der Contractur ist die Empfindlichkeit, ohne dass sich ein Transfert auf die rechte Seite eingestellt hätte, am Rumpf, Kopf und

7*

Oberarm wiedergekehrt, aber nicht am Handgelenk und an der
Hand. Mittlerweile hatte der Kranke, der seine besonderen
Gründe hatte, eine allzurasche Heilung nicht zu wünschen, seine
Entlassung genommen. Er ist nun vor einigen Tagen wiedergekehrt; eine neue Application des Magneten hat zur Folge
gehabt, dass die Unempfindlichkeit der linken Hand verschwand,
und dass in der Hand der anderen Seite eine Vertaubung und
die Andeutung einer Rigidität auftrat. Debove ist nicht weiter
gegangen, um nicht den Zustand allzusehr zu verändern, von dem
ich Sie, wie er wusste, durch den Augenschein überzeugen wollte.

Heute besteht nur noch die Contractur bei unserem
Kranken, die Hemianästhesie ist vollkommen geschwunden; in
dem in Contractur befindlichen Glied macht sich eine peinliche
Empfindung von Krampf geltend, die mitunter den Schlaf des
Kranken stört. Wir haben also jetzt einen im hohen Grade rudimentären Fall vor uns; aber wenn ich mich in meiner Erwartung nicht sehr täusche, ist Ihnen über die hysterische Natur
desselben auch nicht der Schatten eines Zweifels geblieben. [1]

---

[1] Wiederholte Anwendungen des Magneten haben zu keinem anderen
Resultat geführt, als die Empfindlichkeit in dem contracturirten Gliede herzustellen. Der Kranke wurde aber darauf von äusserst heftigen Schmerzen
befallen, welche den Vorderarm und die Hand einnahmen und theils von
dem Einbohren der Nägel in die Haut, theils von der Contractur selbst her-
rührten, denn die Beugemuskeln erwiesen sich als sehr schmerzempfindlich.
(Diese spontanen Schmerzen waren, obwohl in geringerer Intensität, schon
zur Zeit, als der Kranke noch anästhetisch war, bemerkt worden.) Da der
Kranke mit Ungestüm nach chirurgischer Hilfe verlangte und sich lieber
einer Amputation unterziehen, als seine Schmerzen länger ertragen wollte,
entschloss sich Charcot, die Dehnung des Nerven, welchem die Hauptrolle
bei dieser Difformität zufällt, des N. medianus, vornehmen zu lassen. Schon
zur Zeit, als der Kranke auf der Abtheilung von Debove war, hatte Herr
Gillette, der Chirurg von Bicêtre, diese Operation vorgeschlagen; sie wurde
am 26. December 1882 von Herrn Terrillon, dem Chirurgen der Salpêtrière, ausgeführt. Der N. medianus wurde am oberen Theil des Oberarmes
blossgelegt, auf eine Hohlsonde gehoben und zu zwei verschiedenen Malen
in einer Strecke von ungefähr 8 Centimeter seiner natürlichen Lage gedehnt.
Als der Kranke aus der Chloroformnarkose erwachte, empfand er im Vorderarm und in der Hand Ameisenlaufen von Schmerz begleitet, die Contractur
schien fortzubestehen. Nach einem drei- oder vierstündigen Schlaf erwachte
er dann schmerzfrei, die Contractur war fast vollkommen verschwunden,
doch konnte er die Finger nicht gehörig strecken. Der Zustand hat sich
seither ein wenig gebessert, doch ist die Streckung der ersten Phalangen
noch immer nicht ganz gut möglich, was von einer Schrumpfung fibröser
Gebilde herzurühren scheint. Uebrigens ist an Stelle der Contractur eine
Parese der zuerst befallenen Muskeln getreten. Charcot hat den Kranken
in der Vorlesung vom 12. Januar 1882 als geheilt vorgestellt, und ausser
auf diese Schrumpfung der fibrösen Gewebe, welche man mitunter nach
langdauernden hysterischen Contracturen beobachtet, auf eine eigenthümliche
Glätte der Haut an den Fingerspitzen, besonders am Endglied des spindel-
förmig verschmälerten Zeigefingers, aufmerksam gemacht.　Ch. F.

Neunte Vorlesung.

Ein Beispiel von Entwickelung einer Spinalaffection nach Contusion des N. ischiadicus.

Contusion in der linken Gesässgegend. — Permanente und aussetzende Schmerzen. — Frühzeitiges Eintreten einer motorischen Schwäche. — Muskelatrophie. — Störungen des Harnlassens, der Defäcation und der sexuellen Functionen. — Bleibende Atrophie der vom N. ischiadicus und N. glutaeus inferior versorgten Muskeln linkerseits. — Elektrische Untersuchung. — Parese und Atrophie der Glutäalmuskeln rechterseits.

Meine Herren! Der Kranke, den ich Ihnen jetzt vorstellen und zum Gegenstand der heutigen Vorlesung machen will, zeigt uns ein nach meiner Meinung sehr bemerkenswerthes Beispiel von Entwickelung einer organischen Spinalaffection in Folge eines Traumas, welches nicht auf das Mark selbst, sondern auf einen peripheren Nerven eingewirkt hat.

Ich weiss wohl, dass in der medicinischen Literatur eine gewisse Anzahl von Fällen aufgezeichnet ist, welche darthun sollen, dass gewisse Verletzungen der Extremitäten oder der Nervenstämme auf das spinale Centralorgan zurückwirken, und dort mehr oder weniger tief gehende Veränderungen hervorrufen können. Aber unser Fall scheint mir in weit höherem Grade als alle anderen die Bedingungen der Einfachheit und Unzweideutigkeit zu erfüllen, von denen die Beweiskraft solcher Fälle abhängt. Die Darstellung, welche ich nun gleich beginnen will, wird Sie davon, wie ich hoffe, vollkommen überzeugen.

Es handelt sich um einen 40jährigen Mann, der, wie Sie sehen, ziemlich kräftig entwickelt und gut gebaut ist. Er ist Vater zweier Kinder.

A. Ich muss vorausschicken, dass wir in der Vorgeschichte des Kranken keinen Umstand auffinden können, dem eine Betheiligung am Zustandekommen der Spinalaffection, an

welcher er jetzt leidet, oder der ischiadischen Schmerzen, an
denen er früher gelitten hat, zuzuschreiben wäre. Allerdings
hat er von seinem 27. bis zu seinem 36. Jahr, während er als
Bierführer thätig war, häufige Excesse in Baccho begangen;
er war selbst vom Delirium tremens befallen und hat durch
einige Zeit das charakteristische Zittern der Hände dargeboten.
Aber er hat sich seit vier Jahren in dieser Hinsicht sehr gebessert und führt, seitdem er das Gewerbe eines Tischlers
ausübt, ein mässiges Leben. Er scheint niemals Syphilis gehabt
zu haben; sicher ist, dass er niemals eine Gonorrhöe gehabt
hat, niemals ein feuchtes Zimmer bewohnt, niemals einer
besonders heftigen Kältewirkung ausgesetzt war und auch nie
an Rheumatismus gelitten hat.

    B. Die uns interessirende Krankheit hat sich unter fol-
genden Verhältnissen entwickelt. Am 28. December 1881 traf
ihn in der Werkstätte, in der er arbeitet, ein heftiger Stoss
von einem 3·3 m langen Balken mit quadratischer Endfläche
von ungefähr 10 cm Seite, mit dem ein anderer Arbeiter auf
einer Hobelbank eine rasche Verschiebung im Sinne seiner
langen Achse vornahm, in die linke Hinterbacke. Er glaubt
noch genau die Stelle angeben zu können, die vom Stoss
betroffen wurde, und bezeichnet als solche einen Punkt zwischen
dem Sitzbein und grossen Trochanter, einige Centimeter oberhalb des unteren Randes des Glutaeus maximus. Noch heute
ruft der Druck auf diesen Punkt eine schmerzhafte Empfindung hervor. Ich will als einen ziemlich bemerkenswerthen
Umstand hervorheben, dass weder am Tage dieses Unfalls
noch an den nächsten Tagen sich eine Ecchymosirung oder
Schwellung in der Gegend der Hinterbacke zeigte.

    Werfen Sie einen Blick auf die anatomische Tafel, die
ich Ihnen hier vorzeige; Sie werden sofort erkennen, dass die
vom Stoss getroffene Stelle genau der Lage des N. ischiadicus und glutaeus inferior (grand et petit sciatique) kurz
nach deren Austritt aus der Incisura ischiadica entspricht. Die
beiden Nervenstämme konnten und mussten also in Einem
vom Stoss betroffen werden.

    Obwohl Traumen der Gesässgegend gar nicht so selten
sind,[1] ist es doch bemerkenswerth, dass Contusionen des
N. ischiadicus nicht zu den häufigen Vorkommnissen gehören. Es bedarf eben besonderer Bedingungen für das Zustandekommen dieser Contusion. Diese Bedingungen sind verwirklicht, wenn der Stoss z. B. mit dem Ende eines Balkens,

---

[1] Vergl. über diesen Gegenstand einen interessanten Aufsatz von
Dr. Bouilly in den Arch. gén. de médecine, 1880, tom. II, pag. 655.

einer Deichsel, eines Fliutenkolbens oder mit einer Möbelecke
erfolgt; dann kann der Nerv zwischen dem harten Körper
von aussen und der Knochenfläche, von der er nur durch die
M. gemelli und den M. quadratus femoris getrennt ist, gleichsam
eingeklemmt werden. Dagegen bleibt er bei Sturz auf das
Gesäss zumeist verschont, wenn man auf eine durchwegs glatte
Fläche fällt.

Wie Sie sehen, waren in unserem Falle die Bedingungen
für eine auf den Ischiadicus beschränkte Contusion gegeben
und es liegt gar kein Anhaltspunkt vor zu glauben, dass das
Hüftgelenk in irgend einer Weise in Mitleidenschaft gezogen
worden ist.

Es ist nun wichtig festzustellen, worin bei dieser ausschliesslich auf den Ischiadicus beschränkten Affection die ersten
krankhaften Symptome bestanden haben. Aus dem folgenden
Theile der Darstellung werden Sie ersehen, dass diese Symptome,
abgesehen vom plötzlichen und heftigen Einsetzen der Krankheit, durchaus mit denen der gemeinen Ischias nervosa, des
Malum Cotugni, übereinstimmten.

Der Stoss war heftig genug gewesen, um den Kranken
zu Boden zu werfen; als er sich gleich darauf erhob, war der
Schmerz längs des Verlaufs des N. ischiadicus und seiner
Aeste bereits ausgebildet. Wir können in diesem Schmerz, der
seither durch einen Zeitraum von drei Monaten unablässig angehalten hat, zwei Elemente unterscheiden: a) einen permanenten
Schmerz, der sich längs des Nervenverlaufs und besonders an
einzelnen Punkten localisirt, und durch Druck auf diese Punkte
gesteigert wird. Von diesen Punkten heben wir bei unserem
Kranken folgende hervor: 1. einen in der oberen Hälfte des
Oberschenkels, am unteren Rand des grossen Gesässmuskels,
zwischen Sitzbein und grossem Trochanter; 2. einen Peroneal-
punkt entsprechend der Stelle, wo der N. peroneus sich um
das Köpfchen der Fibula herumschlingt; 3. einen Punkt am
äusseren Knöchel, und 4. einen anderen am Fussrücken. Auf
zweien dieser Punkte sind Blasenpflaster angelegt worden,
deren Spuren Sie noch erkennen. Diese permanenten Schmerzen
waren von einem ebenfalls continuirlichen, übrigens sehr peinlichen Gefühl von Ameisenlaufen im Fuss und Unterschenkel
begleitet.

b) Neben diesem continuirlichen Schmerz bestanden noch
aussetzende Schmerzen in Form von plötzlich auftretenden,
heftigen, blitzartig durchfahrenden Empfindungen, welche eine
Verbindung, sozusagen, zwischen den fixen Schmerzpunkten
herstellten. Diese schmerzhaften Entladungen waren in sehr
deutlicher Weise von klonischen Stössen begleitet, durch welche

der Oberschenkel energisch gegen das Becken gebeugt wurde.
Wenn wir noch hinzufügen, dass bei unserem Kranken die
continuirlichen wie die aussetzenden Schmerzen, die Prickel-
empfindungen und Zuckungen besonders des Nachts heftig
waren, und sich in der Bettwärme so sehr steigerten, dass der
Kranke die Gewohnheit angenommen hatte, die Nächte auf
einem Stuhl sitzend zuzubringen, so haben wir ein klinisches
Gemälde entworfen, das vollkommen auf einen Fall von spontaner Ischias, rheumatischer oder anderer Natur, passen könnte.

Schon in den ersten Wochen nach dem Unfall äusserte
sich ein gewisser Grad von motorischer Lähmung in der linken
unteren Extremität durch eine beträchtliche Erschwerung des
Gehens und Aufrechtstehens. Man konnte dieselbe nicht ganz
auf die Furcht des Kranken vor einer Steigerung seiner
Schmerzen zurückführen, denn diese Leistungsunfähigkeit
bestand auch zu Zeiten, wenn die Schmerzen gelinder waren.
Als endlich ungefähr drei Monate nach dem Unfall die
Schmerzen fast gänzlich aufgehört hatten, trat die Bewegungsstörung sehr auffällig hervor, denn während eines weiteren
Monats war es dem Kranken unmöglich, sich stehend im
Gleichgewicht zu erhalten, wenn er sich nicht an die umgebenden Gegenstände stützen durfte. Kaum konnte er nach
Verlauf eines neuen, des fünften Monats seit seinem Unfall,
einige Schritte im Zimmer machen, indem er einen Stuhl vor
sich herschob, und erst nach Ablauf von sechs Monaten konnte
er es zuwege bringen, ohne sich anzuhalten oder mit Hilfe
eines Stockes, eine Viertel- oder halbe Stunde lang herumzugehen. Doch ermüdete er dabei sehr, und auch heute ist
er nicht weiter gekommen.

Eine solche motorische Schwäche einer Extremität im
Gefolge einer Ischias ist, wie Sie wissen, besonders wenn die
Neuralgie sehr heftig war, nichts Seltenes. Wie aber Bonnefin
und Landouzy betont haben, pflegt sie dann von einer
mehr oder minder auffälligen Abnahme der Muskelmassen des
Gliedes begleitet zu sein. Nun sicherlich bestand auch bei
unserem Kranken zu jener Zeit eine solche Atrophie, obwohl
er selbst sie nicht bemerkt hat. Ich will Ihnen gleich sagen,
worauf sich diese Behauptung stützt.

Wie Ihnen bekannt ist, kann man diese functionelle
Schwäche und Muskelatrophie bei der gewöhnlichen Ischias
nicht auf Rechnung der längeren Unthätigkeit setzen. Denn
nach Beobachtungen von Landouzy tritt dieselbe sehr frühzeitig (in einem Falle nach 14 Tagen) nach dem Beginn der
ersten Schmerzen und selbst in solchen Fällen auf, in denen
die Extremität überhaupt niemals zu agiren aufgehört hat.

Die Theorie, welche man gewöhnlich lehrt, um diese Ernährungsstörung der Muskeln bei der gemeinen Ischias zu erklären, lautet, wie Sie wissen, folgendermassen: Die Reizung, die in den erkrankten centripetalen Nervenfasern ihren Sitz hat, soll auf dem Wege der hinteren Wurzeln gewissermassen in's spinale Centralorgan aufsteigen und dort die Nervenzellen der Vorderhörner in den entsprechenden Höhen ergreifen, welche also secundär erkranken. Die leichte oder schwere, organische oder blos functionelle Läsion, welcher die letzteren anheimfallen, soll nun zur Folge haben, ihren trophischen Einfluss — für immer oder nur zeitweilig — aufzuheben. Daher werden die Muskeln, zu denen sich die aus diesen zelligen Elementen entspringenden centrifugalen Fasern begeben, ihrerseits von einer Ernährungsstörung ergriffen, die mehr oder weniger rasch vorübergehen, aber auch eine endgiltige sein kann. Einer der stärksten Beweise, die man zu Gunsten der Betheiligung des Centralorgans bei diesem Hergang herbeiziehen kann, liegt darin, dass die Atrophie häufig Muskeln befällt, welche nicht mehr in das Bereich des an Neuralgie erkrankten Nerven gehören, so z. B. tritt in Fällen, in denen sich der Schmerz ausschliesslich auf den N. ischiadicus beschränkt hatte, die Atrophie nicht nur in den Muskeln auf, welche dieser Nerv versorgt, sondern auch im mittleren und kleinen Gesässmuskel, die vom N. glutaeus superior, welcher direct aus den ersten Sacralwurzeln stammt, innervirt werden.

Wie immer dem sein mag, so lehrt doch die alltägliche Erfahrung, dass bei der gewöhnlichen spontanen Ischias die functionelle Schwäche und Muskelatrophie, welche sich neben den Schmerzen geltend machen, die letzteren nicht lange überdauern. Das scheint aber nicht für die traumatische Ischias zu gelten, wenigstens wenn man sich den von Seeligmüller publicirten Fall einer Ischias in Folge einer schweren Entbindung, bei der die Anwendung der Zange nothwendig wurde, vor Augen hält. In diesem Falle folgte auf die Neuralgie eine atrophische Lähmung der Wadenmuskeln, welche allen Heilversuchen Trotz bot. Wir werden gleich sehen, dass ebensoschwere und auf eine grosse Anzahl von Muskeln verbreitete Ernährungsstörungen unseren Fall auszeichnen.

Jetzt müssen wir aber eine Reihe von Erscheinungen besprechen, die sich bei unserem Kranken drei Monate nach dem Trauma, welches den Ausgangspunkt des ganzen Leidens bildet, eingestellt haben, und welche die Betheiligung des spinalen Centralorgans in voller Klarheit hervortreten lassen.

Am 15. März also, als die Schmerzen nachzulassen begannen, war die Lähmung im Gegentheil auf ihrer Höhe angelangt; eine schmerzhafte Empfindung von Einschnürung war in der Lendengegend auf beiden Seiten aufgetreten und hielt durch einige Tage an. Zwei oder drei Tage später war das Vermögen, willkürlich Harn zu lassen, aufgehoben; am Tage darauf ging der Harn unwillkürlich tropfenweise ab, ohne dass der Kranke das Bedürfniss zu uriniren empfand. Er liess sich daher in das Hospital Necker auf die Abtheilung von Prof. Guyon aufnehmen, wo man ihn sondirte und feststellte, dass keine Strictur und keine Prostataschwellung vorlag, wie auch alle späteren Untersuchungen bestätigt haben. Seit dieser Zeit war der Kranke genöthigt, sich zwei oder drei Mal im Tag den Katheter einzuführen; so oft er dies unterliess, trat unwillkürliches Harnträufeln ein. Heute hat sich sein Zustand in dieser Hinsicht etwas gebessert. Er kann manchmal, obwohl nicht ohne Schwierigkeit, willkürlich Harn lassen; ist aber doch zumeist, wie in jener früheren Zeit, zur regelmässigen Anwendung des Katheters genöthigt.

Sie werden nicht umhin können, für diese anhaltende Incontinentia urinae eine Erklärung im Centralorgan zu suchen. Die Läsion, die dort besteht, können wir selbst bis zu einem gewissen Grade localisiren. Wir müssen an die Region denken, in welche die Experimentalforschung (Goltz, Budge) das Centrum für die Blasenreflexe verlegt, und diese befindet sich im unteren Ende der Lendenanschwellung, entsprechend dem Abgang der vier letzten Sacralwurzeln.

Sie wissen auch, dass die Versuche, welche ich eben erwähnt habe, in dieselbe Region das Centrum für die Reflexe des Mastdarms und für die Reflexe, die der Erection und Ejaculation vorstehen, verlegen. In der That zeigt die Krankengeschichte unseres Falles, dass auch diese beiden Centren in Mitleidenschaft gezogen waren. Am nämlichen Tage, an dem die Harnincontinenz auftrat, machte sich ein Unvermögen, den Stuhl zurückzuhalten, geltend, welches noch heute in einem gewissen Masse besteht. Endlich muss ich anführen, dass seit jener Zeit die Erectionen ausgeblieben sind und sich noch immer nicht hergestellt haben.

Ich wiederhole, diese Reihe von Symptomen ist es, welche unzweideutig auf das Bestehen einer Läsion im Rückenmarke hinweist, und man kann behaupten, dass es sich um keine nur dynamische Läsion handelt, sondern um eine materielle, anatomische Veränderung, wahrscheinlich entzündlicher Natur, mit einem Wort um eine Myelitis.

Eine gründliche Untersuchung des Zustandes der unteren Extremitäten bei unserem Kranken wird uns übrigens neue und sehr gewichtige Argumente zur Stütze unserer Behauptung in die Hand geben.

Der Kranke ist am 8. November in dem Zustand, in dem Sie ihn gegenwärtig sehen, in die Salpêtrière eingetreten. Er bedient sich beim Gehen gewöhnlich eines Stockes, den er in der rechten Hand hält. Er kann zwar auch, wenn er auf diese Unterstützung verzichtet, ungefähr eine halbe Stunde herumgehen, aber dann wird die Ermüdung, besonders des linken Beins, so gross, dass er unwiderstehlich gezwungen ist, Halt zu machen. Es ist bemerkenswerth, dass der Kranke einzig und allein über sein linkes Bein klagt, während doch auch das rechte, wie wir gleich sehen werden, eine ziemlich bedeutende Beeinträchtigung erfahren hat.

Die Untersuchung des linken Beines ergiebt Folgendes: Diese Extremität hat im Vergleich mit der rechten in allen ihren Theilen ein wenig an Umfang abgenommen. Der Unterschied zu Gunsten der entsprechenden Partien der rechten Seite beträgt, wie die Messung zeigt, einige Centimeter.

Der linke Unterschenkel und Fuss sind kalt anzufühlen, ihre Haut durch fleckige Röthung marmorirt, der Fuss ist ausserdem leicht ödematös. Dieser Zustand erinnert einigermassen an das, was man in gewissen Fällen von Kinderlähmung alten Datums sieht. Die Sensibilität, besonders die Empfindlichkeit gegen elektrische Reize ist fast in der ganzen Ausdehnung des linken Beines abgestumpft. Die Hautreflexe sind beiderseits normal.

Der Kniereflex ist rechts gesteigert, links normal. Wenn man bei sitzender Stellung des Kranken auf die linke Patellarsehne klopft, tritt ein beachtenswerthes Phänomen ein, welches vielleicht auch auf das Ergiffensein des Rückenmarkes hindeutet. Man sieht nämlich, wie bei jedem Schlage der rechte Oberschenkel durch eine sehr deutliche Adductionsbewegung der Mittellinie genähert wird.

Prüfen wir jetzt die Leistungsfähigkeit des linken Beines. Beginnen wir mit den Muskeln, welche vom Lumbalplexus versorgt werden; diese Muskeln haben ihre normale Kraft bewahrt. So ist 1. im Bereich des Cruralnerven die Beugung des Oberschenkels gegen das Becken, welche vom Iliopsoas ausgeführt wird, in ihrer normalen Stärke erhalten, auch die Streckung vermittelst des M. quadriceps ist unbeeinträchtigt; 2. im Bereich des N. obturatorius, welcher die Adductoren versorgt, ist die Kraft der Bewegung gleichfalls ungeschwächt.

Es ist nun leicht zu zeigen, dass im Gegentheile die vom N. ischiadicus und glutaeus inferior versorgten Muskeln — diese beiden Nervenstämme wurden gleichzeitig von der Contusion betroffen — grösstentheils eine schwere Beeinträchtigung erfahren haben: 1. Der M. glutaeus maximus ist weich und schlaff. Wie Sie wissen, kommt dieser Muskel beim aufrechten

Stehen nach Duchenne nicht sehr in Betracht; seine Wirkung
äussert sich vielmehr, wenn es sich um Bewegungen handelt,
die eine energische Muskelanstrengung erfordern, z. B. wenn
man auf einen Sessel steigt. Sie sehen auch, dass es unserem
Kranken unmöglich ist, diese Verrichtung ohne Stütze auszuführen, besonders wenn er es mit dem linken Bein thun soll.
2. Die Muskeln an der Rückseite des Oberschenkels, die
Beuger des Kniegelenks und 3. die Muskeln, welche die Plantar-
und Dorsalflexion des Fusses ausführen, sind ebenfalls hochgradig geschwächt. Es ist dem Kranken z. B. unmöglich, sich
auf der Fussspitze stehend zu erhalten.

Alle oder fast alle Muskeln also, welche vom N. ischiadicus
und vom N. glutaeus inferior versorgt werden, sind schwer geschädigt. Eine solche motorische Störung könnte man, streng
genommen, durch die Annahme einer Verletzung in den motorischen Nervenfasern unterhalb der Contusionsstelle und in Folge
der Contusion selbst erklären. Aber diese Erklärung wird un-
zulässig, sobald man in Betracht zieht, dass auf derselben, der
linken, Seite auch der mittlere und kleine Gesässmuskel in Mitleidenschaft gezogen sind, denn diese Muskeln werden vom N.
glutaeus superior innervirt, welcher seinerseits direct aus den
ersten Zweigen des Sacralgeflechtes hervorgeht.

Man weiss, hauptsächlich durch die Untersuchungen von
Duchenne, dass die Wirkung dieser Muskeln darin besteht,
beim Gehen und beim Stehen das Becken derart zu fixiren,
dass es sich nicht nach rechts oder nach links neigt, je nachdem der Muskel der linken, oder im anderen Falle, der rechten
Seite in Thätigkeit tritt.

Wenn wir unseren Kranken im Stehen betrachten, fällt uns
schon auf, dass der Darmbeinkamm auf der rechten Seite in
einer tieferen Ebene liegt, als der Horizontalebene durch den
Darmbeinkamm der linken Seite entspricht. Das Becken ist also
nach rechts geneigt, und mit dieser Neigung des Beckens nach
rechts hängt das Tieferstehen des grossen Trochanters und
der Glutäalfalte rechterseits zusammen. Dazu kommt noch,
dass die rechte Schulter tiefer steht als die linke, und dass
die Wirbelsäule gleichfalls eine leichte Neigung nach rechts
zeigt. Aus dieser Neigung des Beckens nach rechts können
wir bereits die Insufficienz des mittleren und kleinen Gesässmuskels der linken Seite muthmassen, da die Function dieser
Muskeln darin bestehen sollte, den linken Darmbeinkamm
herabzuziehen, bis er in gleicher Höhe mit dem rechten steht.
Aber diese fragliche Insufficienz verräth sich noch offenkundiger, wenn der Kranke den rechten Fuss vom Boden
abhebt, wie um das zweite Tempo des Ganges auszuführen.

Dann sehen Sie, dass sich das Becken und der Trochanter
auf der rechten Seite noch mehr als vorhin senken. Unter
normalen Verhältnissen sollte sich das Becken im Moment,
wo sich der rechte Fuss vom Boden abhebt, um das zweite
Tempo des Ganges auszuführen, vielmehr in Folge der Thätigkeit des linken mittleren Gesässmuskels ein wenig nach rechts
heben und nach links senken, wovon hier gerade das Gegentheil geschieht.

Wenn der Kranke geht, verräth sich diese Insufficienz
des mittleren Gesässmuskels bei jedem Schritt durch eine
sehr deutliche Senkung des Darmbeindornes und des grossen
Trochanters der rechten Seite, und daraus ergiebt sich für
das Becken eine Reihe von sehr auffälligen und wahrhaft
charakteristischen Schwankungen von grossem Umfange.

Der mittlere und kleine Gesässmuskel der linken Seite
sind also erkrankt und in hohem Grade geschwächt. Diese
Muskeln werden vom N. glutaeus superior versorgt, dessen
Ursprung von dem des N. ischiadieus und glutaeus inferior
ganz gesondert ist. Die Theilnahme des N. glutaeus superior
kann man sich aber nur so erklären, dass man eine Erkrankung
des Rückenmarkes zu Hilfe nimmt.

Schon die Lähmung der Sphincteren der Blase und der
Mastdarm, wie die Unterdrückung der Genitalreflexe hatte
diese Läsion des Rückenmarkes erwiesen. Dieselbe wird aber
in noch unzweifelhafterer Weise durch die Ergebnisse einer
sorgfältigen Untersuchung des rechten Beins sichergestellt,
da wir an dem letzteren eine erhebliche Schwäche der
Glutalmuskeln und der Mehrzahl der Muskeln des Unterschenkels finden.

Die Parese der Muskeln der rechten Seite ist wie die der
linken von einer Atrophie begleitet, welche sich in einer leicht
merklichen, aber besonders links auffälligen Volumsabnahme
äussert.

Wir wollen bei dieser, nun schon seit sechs Monaten
bestehenden, Atrophie ein wenig verweilen. Die Frage, die sich
uns aufdrängt, und die, wie Sie sehen werden, nicht nur
theoretisch, sondern auch praktisch vom höchsten Interesse
ist, lautet wie folgt: Handelt es sich um eine einfache Atrophie,
das heisst ohne tiefere Ernährungsstörung der Fasern, oder
handelt es sich im Gegentheil um eine degenerative Atrophie,
eine Atrophie, die mit einer tief gehenden Veränderung,
einer Degeneration der musculären Elemente zusammenhängt?
Sie begreifen, dass an die Lösung dieser Frage auch in
gewissem Masse die Prognose gebunden ist, denn die einfache
Atrophie weicht gewöhnlich der Anwendung der geeigneten

therapeutischen Methoden, während gegen die degenerative Atrophie die Behandlung nichts auszurichten vermag. Besitzen wir also ein Mittel, welches uns gestattet, in der Klinik diese Unterscheidung zu treffen? Darauf muss die Antwort lauten: Ja, dieses Mittel besteht in der kunstgerechten Ausführung der elektrischen Untersuchung. Um eine vollständige zu sein, muss diese Untersuchung für beide Stromarten nacheinander, für den faradischen wie den galvanischen, vorgenommen werden.

Was die galvanische Untersuchung (mit dem constanten Strom) anbelangt, will ich Ihnen in's Gedächtnis rufen, dass man dabei den einen der Pole, den man den indifferenten nennt, an der Brust anbringt, während der andere, differente Pol auf den zu prüfenden Nerven oder Muskel aufgesetzt wird. Zum differenten Pol kann man nach Belieben den positiven (die Anode An) oder den negativen (die Kathode Ka) wählen. Wie Sie wissen, erhält man unter normalen Verhältnissen nur bei der Schliessung (S) oder bei der Oeffnung des Stromes (O) eine Muskelzuckung. Um nun im Zustande der Norm eine Zuckung (Z) mit einem möglichst schwachen Strom, nehmen wir an bei 20 Elementen, zu erzielen, muss man den negativen Pol Ka. zum differenten nehmen, und die Zuckung tritt dann im Moment der Stromschliessung ein, was man in der Zeichensprache der Elektrophysiologie folgendermassen ausdrückt: Ka SZ. Um eine Contraction mit dem anderen Pole, dem positiven An, zu erhalten, muss man die Anzahl der Elemente vermehren, etwa von 10 auf 15. Diese Thatsache drückt man dann in unserer Schreibweise so aus: Ka SZ > An SZ, und wir haben in ihr einen Theil dessen, was man die normale Zuckungsformel heisst. Wenn man bei der Untersuchung eines Muskels findet, dass An SZ bei einer Elementenzahl eintritt, die noch nicht hinreicht, um Ka SZ hervorzurufen, so dass also An SZ > Ka SZ ist, so spricht man von Umkehrung der normalen Formel, und diese gehört bereits der Entartungsreaction an, in anderen Worten, die Reaction, die man so erhält, entspricht einer mehr oder weniger tiefen Veränderung des Muskelgewebes.

Wir wollen gleich daran gehen, diese Kenntnisse für das Studium des Ernährungszustandes der atrophirten Muskeln bei unserem Kranken zu verwerthen. Wir müssen nur noch angeben, worin sich für die Elektrodiagnostik die einfache und die degenerative Atrophie der Muskeln kundgiebt.

1. Bei der einfachen Atrophie ist die faradische und galvanische Erregbarkeit quantitativ herabgesetzt, das heisst, man braucht, um eine Zuckung zu erzielen, einen stärkeren Strom

als im Zustande der Norm; aber die Reihenfolge der Reactionen ist die nämliche, es giebt keine Veränderung der Formel und Ka SZ bleibt > An SZ. Solche einfache Atrophien kommen z. B. nach langer Muskeluntthätigkeit oder noch bei gewissen functionellen Spinalerkrankungen im Gefolge von Gelenksleiden vor.

2. Die degenerative Atrophie ist Gegenstand einer sorgfältigen Experimentaluntersuchung bei Thieren, denen man periphere Nerven durchschnitten hatte, gewesen. Aus den Versuchen von Erb und Ziemssen geht hervor, dass im Allgemeinen das Fehlen der faradischen Erregbarkeit, bei Fortbestehen der überdies modificirten galvanischen Erregbarkeit, einen schweren Zustand anzeigt, bei dem jedoch Wiederherstellung nicht ausgeschlossen ist; dass aber Fehlen der faradischen wie der galvanischen Erregbarkeit eine äusserst bedenkliche Veränderung, eine degenerative Modification des Muskels oder Nerven verräth, welche kaum mehr rückgängig gemacht werden kann.

In der menschlichen Pathologie, meine Herren, findet man solche schwere Veränderungen der elektrischen Reactionen, die einer ernsten Ernährungsstörung der Muskeln entsprechen, bei den Affectionen peripherer Nerven (Durchschneidungen, traumatische Verletzungen u. s. w.), aber auch bei Krankheiten des Rückenmarkes, wenn die Localisation der Erkrankung eine derartige ist, dass die zelligen Elemente, die sogenannten motorischen Nervenzellen, zerstört oder in ihrer Structur tief verändert sind, so z. B. bei der Kinderlähmung nach dem Stadium reparationis und auch bei der diffusen centralen Myelitis.

Wenden wir diese Ergebnisse jetzt auf den Fall unseres Kranken an. Die Untersuchung der verschiedenen, in ihrer Function und Ernährung beeinträchtigten Muskeln führt zu folgenden Resultaten:

1. Der N. cruralis ist auf beiden Seiten für den faradischen und galvanischen Strom erregbar. Die Adductoren und der Quadriceps femoris reagiren normal auf beide Stromarten.

2. Im Gebiet des Plexus sacralis finden wir rechterseits normales elektrisches Verhalten. Linkerseits ist der M. glutaeus medius faradisch und galvanisch unerregbar, was so viel sagen will, als dass die Functionsstörung dieses Muskels von einer organischen Läsion abhängt, und dass daher die dadurch bedingte Erschwerung des Aufrechtstehens, die Neigung des Beckens und des Rumpfes nach der rechten Seite, wenn der rechte Fuss sich vom Boden abhebt, wahrscheinlich als unheilbare Gebrechen fortbestehen werden.

3. Was wir vom M. glutaeus medius gesagt haben, können wir für den maximus wiederholen, aber diesmal für die Muskeln

beider Seiten. Diese vom N. glutaeus inferior versorgten
Muskeln ziehen sich weder auf faradische noch auf galvanische
Reizung zusammen. Es liegt hier also eine, besonders links
ausgesprochene Entartungsreaction vor, und es bleibt keine
Hoffnung, dass sich die Function dieser Muskeln wieder-
herstellen werde.

4. Was das Ausbreitungsgebiet des N. ischiadicus selbst
anbelangt, so will ich mich darauf beschränken, das auf die
M. gastrocnemii und auf die Beuger des Unterschenkels gegen
den Oberschenkel Bezügliche anzuführen. Links ist die Wirkung
der Faradisation gleich Null, die Galvanisation erzeugt nur
eine schwache und träge Zusammenziehung. Rechts besteht
ebenfalls Entartungsreaction, aber in geringerem Grade (An S Z
= Ka S Z), es bleibt noch Hoffnung auf Wiederherstellung unter
dem Einflusse geeigneter elektrotherapeutischer Massnahmen.
Das Gleiche gilt für die Gastrocnemii; die Beugung des Unterschenkels wie die Plantarflexion des Fusses werden sich ohne
Zweifel wieder herstellen.

Die elektrische Untersuchung der Muskeln liefert uns also,
wie Sie sehen, Anhaltspunkte für die Prognose, und gestattet
uns gleichzeitig, die Intensität der spinalen Affection bis zu
einem gewissen Grade zu schätzen. Diese nimmt nach allen
Verhältnissen des Falles die untere Lendengegend ein und hat
wahrscheinlich ihren hauptsächlichen Sitz in der centralen
grauen Substanz. Es liegt kein Grund vor, anzunehmen, dass
die weissen Vorder- und Hinterstränge mit ergriffen seien. In
der grauen Substanz können die Hinterhörner nicht erheblich
geschädigt sein, denn es besteht keine Störung der Sensibilität.
Sicherlich sind aber die Vorderhörner in der Gegend, welche
dem Abgang der Wurzeln des Lumbargeflechtes entspricht,
erkrankt. Es handelt sich dort um eine wenig tief gehende,
vielleicht nur dynamische Läsion der Nervenzellen; dieselben
mögen sich in dem Zustand von erhöhter Erregbarkeit befinden,
für den ich den Namen Strychninismus vorgeschlagen habe,
und der uns die Steigerung der Sehnenreflexe, besonders auf
der rechten Seite, erklären würde. Aber in der Höhe des
Abgangs der Wurzeln zum Sacralgeflecht ist die Veränderung
der Nervenzellen eine ernstere; eine Anzahl derselben ist tief
modificirt oder zerstört, und dadurch ist die so hochgradige
Affection der Glutäalmuskeln bedingt.

Die Spinalaffection, um die es sich hier handelt, welche,
soweit man nach dem Gang der krankhaften Symptome
schliessen kann, in Folge des Traumas entstanden ist, hat
keine Neigung zum Weitergreifen. Der Process der Zerstörung
ist seit Langem abgeschlossen. Man könnte sagen, dass es sich

um eine erloschene Krankheit handelt, die vielleicht sogar an
den Stellen, wo die nervösen Elemente nicht gänzlich unter-
gegangen sind, eine gewisse Tendenz zum Rückgang zeigt.

Die Behandlung muss hauptsächlich darin bestehen, diese
Tendenz zur Wiederherstellung der erkrankten Elemente zu
unterstützen. Man wird dem Kranken die anstrengende Bewegung der unteren Extremitäten, welche sein Beruf mit sich
bringt, auf lange Zeit hinaus verbieten. Man weiss ja, dass
alte und erloschene Spinalleiden sozusagen wieder angefacht
werden, wenn das der erkrankten Partie des Centralorgans
entsprechende Glied in ausgiebiger Weise gebraucht wird.
Was die Therapie betrifft, so hat sie sich hauptsächlich mit
dem Ernährungszustand der erkrankten Muskeln zu beschäftigen.
Ich rathe zur Anwendung einer elektrischen, faradischen und
galvanischen Cur, empfehle Abreibungen, Massage und endlich
die Hydrotherapie, deren Einfluss nicht nur auf die allgemeine, sondern auch auf die locale Ernährung unstreitig ein
höchst beachtenswerther ist.

Zehnte Vorlesung.

I. Ein Fall von doppelseitiger Ischias bei Wirbelkrebs.
II. Ueber Pachymeningitis cervicalis.

I. Doppelseitige Ischias, Verhältnisse, unter denen dieses Leiden auftreten kann: Diabetes, gewisse Formen von Myelo-meningitis, Compression beider Nervenstämme in den Zwischenwirbellöchern. — Die Pseudoneuralgien bei Krebs der Wirbelsäule. — II. Pachymeningitis cervicalis hypertrophica, pseudo-neuralgisches, paralytisches und spastisches Stadium. — Ein bemerkenswerther Fall, Ausheilung mit Verkürzung der Beugemuskeln der Unterschenkel, endgiltige Wiederherstellung durch chirurgische Eingriffe.

I.

Meine Herren! Die erste Kranke, welche ich Ihnen in der heutigen Vorlesung zeigen will, wird uns für eine Weile zum Thema der symptomatischen Ischias zurückführen, welches uns in den beiden letzten Zusammenkünften beschäftigt hat. Die praktische Wichtigkeit des Gegenstandes, die Ihnen gewiss nicht entgangen sein wird, mag es rechtfertigen, dass wir uns in weitere Erörterungen über denselben einlassen wollen.

Es handelt sich um die 61jährige Taglöhnerin D . . . ., aus deren Anamnese über ihre Familie und ihre eigene Person nichts Bemerkenswerthes hervorzuheben ist. Vor etwa fünfzehn Jahren soll sie einen Schlag auf die rechte Brust erlitten haben, und 5 Jahre später begann sich ein Tumor in dieser Gegend zu entwickeln, welcher exulcerirte, so dass sich die Kranke vor 18 Monaten zu einer Operation entschliessen musste. Aber schon im folgenden Monate trat eine Recidive ein, so dass man im Verlauf von fünf bis sechs Monaten die Operation viermal wiederholte. Der Tumor kam aber immer wieder, endlich wurde auch die linke Brust ergriffen, und die Kranke fand in der Salpêtrière Aufnahme in der Abtheilung für Unheilbare, und zwar in dem für Krebsleiden ausschliesslich bestimmten Saale. Ueber die Thüre dieses Krankenzimmers könnte man die Inschrift setzen, welche man bei Dante an den Pforten der Hölle liest! Unsere Kunst ist, wie Sie wissen, leider machtlos gegen diese schrecklichen Erkrankungen.

Ich will mich nicht dabei aufhalten, Ihnen die unförmliche und indurirte Narbe und die zerstreuten Krebsknoten in der Brust dieser Kranken zu beschreiben. Der Fall interessirt uns nach einer anderen Richtung.

Seit vier Monaten ist das Leiden der Kranken in ein neues Stadium getreten, der Allgemeinzustand hat sich verschlechtert, der Appetit hat abgenommen, sie ist abgemagert. Was unsere Aufmerksamkeit aber hauptsächlich in Anspruch nimmt, ist Folgendes: Bald darauf, vor etwa drei Monaten, sind Schmerzen in der Lumbosacralgegend aufgetreten, welche sich nur äussern, wenn sich die Kranke in aufrechter Stellung befindet, herumgeht oder im Bette Bewegungen macht, dagegen in der Ruhe sistiren. Dieser Einfluss des Stehens und Gehens auf die Aeusserung der Schmerzen ist sehr bemerkenswerth und kann mit zur Begründung der Diagnose dienen.

Diese Schmerzen haben sich nicht auf einen Punkt beschränkt, sondern bald die ganze linke untere Extremität ergriffen und sich längs des Verlaufs des N. ischiadicus erstreckt, wo sie jetzt ohne Unterbrechung anhalten. Sie werden aber immer noch bedeutend verstärkt, wenn die Kranke eine Bewegung macht, oder aufrecht zu stehen und herumzugehen versucht.

Es dauerte nicht lange, bis auch der rechte Ischiadicus ergriffen wurde. Gegenwärtig liegt eine doppelseitige Ischias vor, der Schmerz besteht auf beiden Seiten, in der Hinterbacke, am Kopf der Fibula und auf dem Fussrücken, er wird durch Druck auf diese Punkte gesteigert, und ist besonders auf der linken Seite von grosser Heftigkeit.

Die Kranke klagt ferner über Schmerzen in beiden Leistenbeugen; es besteht also gleichzeitig eine doppelseitige Neuralgie des Cruralnerven.

Obwohl sonst die Ischias keine sehr heftige ist, steigern sich die Schmerzen doch beim aufrechten Stehen zu solcher Intensität, dass das Gehen dadurch ganz unmöglich gemacht wird. Es ist dabei ein Missverhältniss zwischen der, in der Ruhe fast aufgehobenen, spontanen Schmerzhaftigkeit und den Schmerzen, welche durch Bewegungen hervorgerufen werden, zu verzeichnen, das man bei der gemeinen ischiadischen Neuralgie durchaus nicht beobachten kann. Doch können wir kein Symptom finden, welches für eine spinale Läsion sprechen würde. Im Bette werden alle Flexions- und Extensionsbewegungen kraftvoll ausgeführt, die Reflexe sind nicht ge-

8*

steigert, es besteht keine Störung der Blasen- und Mastdarm-
functionen.

Eine andere Thatsache endlich, welche über das Krankheitsbild einer gewöhnlichen Ischias hinausgeht, liegt darin,
dass man durch Druck oder Percussion des Kreuzbeines und
der Lendenwirbelsäule einen heftigen Schmerz hervorrufen
kann, welcher ebenfalls stärker ausfällt, wenn die Kranke
aufrecht steht, zu gehen versucht, oder in ihrem Bette Bewegungen macht.

Was ist nun die Bedeutung dieser dem Verlaufe beider
Ischiadici folgenden Schmerzen? Handelt es sich nur um eine
zufällige Complication des Brustkrebses, um ein an sich unbedeu-
tendes Leiden? Nein, die Bedeutung dieser Schmerzen ist eine
ganz andere.

Beachten Sie zuerst, dass die Ischias doppelseitig ist, und
erinnern Sie sich, dass alle Kliniker um die Wette die bilate-
rale Ischias für verdächtig erklären, das heisst dieselbe als
eine symptomatische Neuralgie auffassen, welche auf ein mehr
oder minder ernstes Primärleiden hinweist. Damit soll aber
nicht in Abrede gestellt werden, dass auch die einseitige
Ischias gelegentlich eine symptomatische sein kann.

Für unseren Fall dürfen wir auf Grund der zahlreichen
angeführten Abweichungen vom Krankheitsbilde der gemeinen
Ischias annehmen, dass es sich vielmehr um eine symptomatische
Ischias handelt. Worin hätten wir aber deren Ursache zu suchen?

Mustern wir einmal die hauptsächlichsten Affectionen,
welche zu einer doppelseitigen Ischias führen können:

a) Beim Diabetes kann man nicht selten sehr verschieden-
artige nervöse Störungen beobachten,[1] unter denen besonders
hervorzuheben sind: partielle Hyperästhesien, blitzähnliche
Schmerzen, auf die ich zuerst aufmerksam gemacht habe und
die seither zu verschiedenen Malen wieder beschrieben worden
sind,[2] und symmetrische Neuralgien,[3] die mit Vorliebe den
N. ischiadicus befallen. Aber der Diabetes kommt bei unserem
Falle nicht in Betracht, denn die zu wiederholten Malen angestellte Untersuchung des Harnes hat keine Spur von Zucker
ergeben.

b) Bei manchen spinalen Affectionen kommt ebenfalls Schmerz
längs des Ischiadicus, und zwar auf beiden Seiten vor. Aber
die Schmerzen bei der Tabes dorsualis zeigen gewisse Eigen-

---

[1] Bernard et Féré, Les troubles nerveux observés chez les diabétiques. Arch. de neurologie, Tom. IV, 1883, pag. 336.
[2] Raymond, Gaz. méd. de Paris 1881, pag. 627.
[3] Worms, Bull. de l'Acad. de méd., 2me série, Tom. IX. — Drasche,
Diabetische Neuralgien. Wiener med. Woch. 1882.

thümlichkeiten, die in unserem Falle fehlen. Bei myelo-
meningitischen Affectionen würden wir Paralyse oder Parese
der Extremitäten und der Sphincteren und andere spinale
Symptome finden, die wir hier gleichfalls vermissen.

c) Wenn also das Rückenmark und seine Hüllen auszuschliessen sind, so müssen wir die peripheren Nerven selbst
in Betracht ziehen. Welche Processe können am ehesten durch
Compression des Sacralgeflechtes eine doppelseitige Ischias
hervorrufen? Zunächst müssen wir an einen Tumor in der
Beckenhöhle denken, aber die Untersuchung des Abdomens,
des Rectums, der Blase hat keinen Anhaltspunkt dafür
ergeben. Wir müssen die Ursache des Leidens an anderer
Stelle, in der Lendenwirbelsäule und im Kreuzbein suchen.
Dort ist es zu einer krebsigen Infiltration gekommen, und
in Folge dieser Knochenerkrankung zu einer Compression der
Nerven in den Intervertebrallöchern, der die Schmerzen längs
der N. crurales und ischiadici zuzuschreiben sind. Die physiologische Seite des Gegenstandes bietet dem Verständniss weiter
keine Schwierigkeiten; ich will nur noch einige pathologisch-
anatomische Ausführungen anknüpfen. Mein Lehrer Cazalis
hat vor langer Zeit darauf aufmerksam gemacht, dass nichts
gewöhnlicher ist als die Entwickelung von secundärem Carcinom
in den Wirbelkörpern, wenn es sich um den Scirrhus handelt, und
wenn das Neugebilde primär in der Brustdrüse aufgetreten ist.
Wenn diese Metastasen eine geringe Ausdehnung haben und
sich auf die Wirbelkörper beschränken, machen sie keine
Symptome, aber sie können auch den Wirbel in seiner ganzen
Masse ergreifen und sich dann erweichen, mitunter auch die
Gelenksfortsätze und die Seitentheile, welche die Intervertebrallöcher bilden, mehr oder weniger vollständig zerstören,
dann sinkt der ganze Wirbel ein, die Intervertebrallöcher werden
verengt und die Nerven comprimirt, während das Rückenmark und die Hüllen intact bleiben. Die Folgeerscheinungen
dieses Einsinkens der Wirbel und Compression der Nerven
können sich, je nach den besonderen Verhältnissen des Falles,
an den Nerven des Armgeflechts, den Intercostalnerven, an
den Lumbar- oder Sacralnerven bemerkbar machen, und zwar
häufig nur auf einer, mitunter aber auf beiden Seiten.

Die Annahme einer solcher Läsion in unserem Falle
erklärt 1. die Doppelseitigkeit der Ischias, 2. die Theilnahme
des N. cruralis, 3. die Steigerung der Schmerzen beim Stehen
und Gehen des Kranken, sowie die Empfindlichkeit bei Druck
und Erschütterung der Lumbar- und Sacralgegend der Wirbelsäule. Auf die düstere Prognose, die aus dieser Annahme folgt,
brauche ich nicht besonders aufmerksam zu machen.

Ehe wir diesen Fall verlassen, möchte ich mir erlauben, Ihnen einige klinische Bemerkungen über den Krebs der Wirbelsäule vorzubringen.

1. Derselbe ist selten primär, gewöhnlich eine secundäre Aeusserung der allgemeinen Erkrankung. Er schliesst sich häufig an den Krebs der Brustdrüse, besonders an den Scirrhus derselben an, welcher unter der Form einer einfachen, vom Kranken nicht beachteten Einziehung der Haut auftreten kann; doch sind es nicht ausschliesslich die Tumoren der Brustdrüse, zu denen sich der Wirbelkrebs hinzugesellt, man kann ihn ebenso bei Magencarcinom und noch unter anderen Verhältnissen beobachten.

2. Wenn sich ein Carcinom entwickelt hat, das z. B. in der Brust sitzt, so darf man bei Vorhandensein einer doppelseitigen Ischias nicht operiren, denn es ist bereits zur Bildung von Metastasen gekommen.

3. Wenn es sich um eine hartnäckige und heftige Neuralgie bei einem Individuum im Carcinomalter handelt, soll man sich immer durch diese beiden Charaktere der Hartnäckigkeit und der Heftigkeit bestimmen lassen, die Brustdrüse, den Magen, den Uterus u. s. w. auf Carcinom zu untersuchen.

4. Die gewöhnlichste klinische Kundgebung des Wirbelkrebses sind die pseudo-neuralgischen Schmerzen; man darf aber nicht vergessen, dass sich derselbe auch auf andere Weise verrathen kann. So kann es, wenn ein Wirbelkörper befallen ist, dazu kommen, dass eine Krebswucherung sich in den Wirbelcanal vordrängt und das Rückenmark selbst comprimirt, dann entwickelt sich eine spastische Paraplegie, welche in keinem wesentlichen Punkte von der beim Pott'schen Uebel oder bei Tumorenbildung im Wirbelcanal abweicht. Wenn nicht die Nerven selbst ergriffen sind, bleiben dabei in der Regel die pseudo-neuralgischen Schmerzen aus.

II.

Die zweite Kranke, die ich Ihnen heute vorstelle, zeigt uns ein Beispiel der als Pachymeningitis cervicalis hypertrophica beschriebenen Erkrankung. Das Interesse des Falles ist ein zweifaches, erstens weil die Kranke geheilt ist, und zweitens weil die Heilung durch chirurgische Eingriffe zu einer vollständigen gemacht werden konnte. Gerade auf diesen einen Punkt, das hilfreiche Eingreifen der Chirurgie in einem Falle einer spontan entstandenen Spinalaffection, möchte ich Ihre Aufmerksamkeit besonders lenken.

Gestatten Sie mir aber zunächst, Ihnen mit wenigen Worten die klinischen und anatomischen Charaktere der Krankheit in's Gedächtniss zu rufen, wie ich sie in einer Mittheilung an die Société de Biologie 1878 kurz geschildert, und Joffroy später (1873) in seiner These ausführlicher dargestellt hat.

Die Veränderungen, welche die Nekroskopie aufdeckt, sind von verhältnissmässig grober Art. Sie wurden in früherer Zeit als Hypertrophie des Rückenmarks aufgefasst, und dieses zeigt, so lange es von den Membranen bedeckt ist, in der That bei der Autopsie eine 5—6 cm lange Anschwellung und füllt den Wirbelcanal fast vollständig aus. Es handelt sich aber durchaus nicht um Hypertrophie des Rückenmarkes, die krankhaften Veränderungen bestehen vielmehr: 1. in einer chronischen Entzündung der Dura mater, welche sich mitunter auch verdickt zeigt, 2. in einer Veränderung der durch die entzündete Dura ziehenden Nervenwurzeln, welche ihrerseits selbst in höherem oder geringerem Grade gereizt sind; 3. kann das Rückenmark selbst in einem gewissen Masse von chronischer Entzündung ergriffen sein; was aber für gewöhnlich vorherrscht, ist die Compression, und diese führt zu einer absteigenden Degeneration des Pyramidenbündels, welche man bis in die unterste Region des Lendenmarks verfolgen kann.

Diese pathologisch-anatomische Skizze wird bei all ihrer Knappheit hinreichen, uns eine physiologische Erklärung für das Krankheitsbild zu geben, dessen Entwickelung ich Ihnen nun in ihren wichtigsten Stadien vorführen will.

Stellen wir voran, dass es sich um eine sozusagen zufällige Erkrankung des Nervensystems handelt, die oft eine Zurückführung auf die Wirkung von Feuchtigkeit und Kälte zu gestatten scheint. Familie und Erblichkeit kommen dabei nicht, wie etwa bei der Tabes, in Betracht, und man darf sich nicht wundern, dass sich die Krankheit nicht durch eine systematische Läsion charakterisirt.

Vom Standpunkt der Symptomatologie kann man drei Perioden unterscheiden:

Die erste, neuralgische oder pseudoneuralgische Periode äussert sich durch unerträglich heftige Schmerzen, die continuirlich anhalten, sich gelegentlich steigern und im Nacken und Hinterkopf localisirt sind; auch durch ein Gefühl von Zusammenschnürung um die obere Brustapertur. Diese Phänomene bleiben durch vier, fünf oder sechs Monate bestehen, dann mässigen sich die Schmerzen. Die Ursache derselben ist die Affection der Hüllen, oder vielmehr der Nerven, welche diese Hüllen durchsetzen, das Rückenmark ist dabei nicht betheiligt.

Die zweite oder paralytische Periode ist durch die motorische Lähmung der oberen Extremitäten gekennzeichnet. Diese Paraplegia cervicalis ist von Muskelatrophie begleitet, welche sich bei einer methodischen elektrischen Untersuchung für einige Muskeln als einfache, für andere als degenerative Atrophie herausstellt. Als eine interessante Eigenthümlichkeit dieser atrophischen Lähmung ist anzuführen, dass sie hauptsächlich die vom Medianus und Ulnaris innervirten Muskeln des Armes befällt, während die vom N. radialis versorgten Theile verhältnissmässig verschont bleiben. Aus dem Ueberwiegen der letzteren Muskeln ergiebt sich dann eine eigenthümliche Missstaltung der Hand, eine Radialkralle, welche wir als „Predigerhand" bezeichnen. Woran liegt dies? Entspringen die Nervenfasern, welche sich zum Radialis begeben, vielleicht höher oder tiefer als die, welche den Medianus und Ulnaris bilden, und werden sie darum von der Erkrankung in geringerem Masse ergriffen?

Dritte Periode. Mitunter macht nun die Krankheit auf der eben beschriebenen Stufe Halt und geht dann entweder in völlige Genesung aus, oder es bleiben nicht mehr rückgängig zu machende atrophische Veränderungen der Muskeln. Zumeist ist aber auch das Rückenmark durch die an den Meningen abgelagerten Entzündungsproducte in höherem oder geringerem Grade comprimirt worden, oder der entzündliche Process hat auf dasselbe übergegriffen, es kommt zu einer transversalen Myelitis mit secundärer Degeneration, und dann haben wir das Bild einer spastischen Paraplegie mit Betheiligung der Blase und des Mastdarms.

Die Paralyse der unteren Extremitäten ist, wie gesagt, keine atrophische Lähmung, wie sie an den oberen besteht; sie rührt ja nicht von einer Erkrankung der Wurzeln oder Vorderhörner, sondern von der degenerativen Veränderung in den Pyramidensträngen her. Durch diese kommt nicht eine atrophische, sondern eine spastische Paraplegie zu Stande. Beachten Sie dabei, dass sich eine sehr ausgeprägte Flexion in den unteren Extremitäten herausbildet, wie es bei den Compressionslähmungen vorwiegend der Fall ist.

Wir sind nun in den Stand gesetzt, den uns vorliegenden Fall zu beurtheilen, und finden, dass er, von einigen Punkten untergeordneter Bedeutung abgesehen, ein regelrechter, classischer ist. Ich will Ihnen in zwei Worten die Geschichte unserer Kranken geben. Sie ist im Alter von 33 Jahren in Folge eines mehrjährigen Aufenthaltes in einer kalten und feuchten Wohnung erkrankt. Die Schmerzperiode dauerte sechs Monate; die Schmerzen sassen nicht nur in den oberen Extremitäten, sondern auch im Thorax; es war also das Dorsalmark der

Sitz der Erkrankung. Die Lähmungssymptome der zweiten
Periode traten zuerst an den oberen Extremitäten auf, bald
darauf kam angeblich die Reihe an die unteren Extremitäten.
Soviel ist aber sicher, dass durch länger als ein Jahr eine
atrophische Paralyse der oberen Extremitäten mit Radial-
krallenhand und eine spastische Paralyse der unteren Extremitäten bestand; letztere waren in so hochgradiger Flexion,
dass die Sohlen die Hinterbacken berührten. Nach Verlauf
eines Jahres trat, entweder unter dem Einfluss der Behandlung,
die hauptsächlich in der Anbringung von Points de feu über
der Wirbelsäule bestand, oder spontan ein allmähliches Zurück-
gehen der paralytischen und atrophischen Symptome an den
oberen Extremitäten ein. Die Beweglichkeit dieser Glieder
kehrte für die Schulter, den Ober- und Vorderarm wieder, die
Muskeln nahmen an Masse zu, die Krallenhand glich sich auf
der rechten Seite langsam aus. Damit hielt die Besserung an
den unteren Extremitäten gleichen Schritt; die Steigerung der
Sehnenreflexe verschwand, die Muskelrigidität oder besser Contractur liess nach und die Beweglichkeit stellte sich für die
meisten Gelenke, jedoch mit Ausnahme der Kniegelenke,
wieder her.

Zu dieser Zeit war das Knie nicht mehr wie früher im
spitzen, sondern im stumpfen Winkel gebeugt; diese Beugung
hing auch nicht mehr von einer Contractur ab, denn man
konnte im Gelenke ausgiebige Flexionsbewegungen und auch
Extensionen von geringem Umfang ausführen. Wollte man eine
gewisse Grenze von Extension überschreiten, so fühlte man
ein gewissermassen mechanisches Hinderniss, das in der Fossa
poplitea zu sitzen schien. Wir vermutheten, dass dieses Hinderniss in der Verkürzung der Beugesehnen und auch in der
Verdickung, Verhärtung und Verschrumpfung der periarticulären Gewebe bestehe.

Jedenfalls war eine vollständige Extension unmöglich, und
damit war ein fast unüberwindliches Hinderniss für das Stehen
und Gehen gegeben.

Man durfte sich der Hoffnung hingeben, dass eine geeignete
chirurgische Operation der unteren Extremität den normalen
Umfang der Extensionsbewegung wiedergeben könnte; denn
ich hatte schon in gewissen Fällen von Rigidität in Folge von
fibröser Schrumpfung, die sich im Verlaufe einer Paraplegie
beim Pott'schen Uebel herausgebildet hatte, gute Erfolge von
einer Durchschneidung der fibrösen Stränge oder der ver-
kürzten Sehnen gesehen.

Ich zog also meinen Collegen Prof. Terrillon zu Rathe,
der meiner Meinung beistimmte und sich bereit erklärte, die

Operation zu unternehmen; die Kranke wurde auf seine Abtheilung transferirt, und ist von dort aus vor Kurzem entlassen worden. Ich lese Ihnen hier die Mittheilung von Prof. Terrillon vor, in welcher enthalten ist, was mit der Kranken auf seiner Abtheilung Bemerkenswerthes vorging.

Zustand bei der Aufnahme. Die Unterschenkel sind halb gebeugt, die Haut um das Knie und noch am unteren Ende des Oberschenkels glänzend, glatt und mit den tiefen Theilen verwachsen. Wenn man zu extendiren versucht, bringt man nur eine sehr beschränkte Bewegung zu Stande und fühlt deutlich in der Kniekehle die harten und vorspringenden Sehnen der M. semimembranosus, semitendinosus und des M. biceps. Es besteht in dieser Gegend eine beträchtliche Verdichtung des fibrösen Gewebes, welches eine harte, schlecht abgegrenzte Masse bildet und das hauptsächlichste Hinderniss für die Geraderichtung des Gliedes abzugeben scheint. Die Kniescheibe ist an die Condylen angedrückt und durch die fibröse Induration um sie herum fixirt.

Nach der Art, wie die beschränkten, im Knie noch möglichen Bewegungen ausgeführt werden und nach der äusseren Untersuchung darf man es fast als gewiss annehmen, dass keine Verwachsung im Gelenk vorliegt, und dass die Unmöglichkeit der Streckung nur auf die Veränderungen des peripheren fibrösen Gewebes zurückzuführen ist.

4. Juli. In der Chloroformnarkose werden die oben bezeichneten Sehnen in der Kniekehle durchschnitten. Gleichzeitig wird ein leichter Versuch, das Bein gerade zu richten, unternommen, aber davon abgestanden, weil trotz der Sehnendurchschneidung sich noch ein beträchtlicher, von der fibrösen Masse in der Kniekehle herrührender Widerstand kundgiebt. Wattaverband.

20. Juli. Chloroformnarkose. Kraftvolle Versuche, die forcirte Extension zu erzielen, wobei unter Krachen das hinten befindliche fibröse Gewebe einreisst. Man geht nicht bis zur völligen Streckung, um die wahrscheinlich in fibröses Gewebe eingebettete Arteria poplitea nicht zu beschädigen. Das rechte Bein ist nun mehr gestreckt als das linke. Beide Beine werden darauf in wattirten Rinnen befestigt, welche bis zum oberen Ende der Oberschenkel hinaufreichen.

30. Juli. Neue Extensionsversuche, darauf sofortige Anlegung des Apparates. Nachdem dieser am 15. August abgenommen worden, kann die Kranke sich aufrecht stehend erhalten und auch ein wenig herumgehen. Seither war der Fortschritt in ihrem Zustand ein beständiger.[1]

Ich komme nun zur Schlussbetrachtung und will nur einige der neuen Erfahrungen hervorheben, welche sich aus dem eben behandelten Falle ergeben: 1. Die Pachymeningitis cervicalis hypertrophica ist keine unheilbare Krankheit; die Paraplegie, welche sie hervorruft, kann, selbst wenn sie sehr stark ausgebildet, von langer Dauer und von Beugung des Unterschenkels gegen den Oberschenkel begleitet ist, in Genesung übergehen. 2. Aber, ebenso wie beim Pott'schen

---

[1] Durch mehrere Monate blieb der Gang ein sehr beschwerlicher wegen der Schwäche der so lange unthätig gewesenen Muskeln. Unter dem Einflusse einer methodischen elektrischen Behandlung hat sich deren Leistungsfähigkeit allmählich gehoben und heute (4. Mai 1883) kann die Kranke in den Höfen der Salpêtrière herumgehen und ohne grosse Ermüdung fast einen Kilometer zurücklegen.   Ch. F.

Uebel und vielleicht noch in anderen Fällen von Compressions-lähmung, hat hier das lange Verharren der unteren Extremität in Flexionsstellung mitunter eine Verdichtung und Schrumpfung des periarticulären Gewebes um das Knie und in der Knie-kehle zur Folge, welche noch dann, wenn das spinale Leiden geschwunden ist, sich der Streckung des Gelenkes widersetzt. 3. In diesem Falle ist chirurgische Hilfe erforderlich. Diese kann allein den Kranken von einer Complication befreien, welche noch das letzte Hinderniss für das Gehen und Stehen darstellt.

Eilfte Vorlesung.

Ueber einen Fall von Wortblindheit. [1]

Begriffsbestimmung der Aphasie. — Wortblindheit (Cécité verbale). — Charaktere des beobachteten Falles: Plötzliches Einsetzen der Krankheit, vorübergehende rechtsseitige Hemiplegie und motorische Aphasie, Hemianopsie, unvollständige Alexie. — Bedeutung der Bewegungsvorstellungen für das Verständniss des Gelesenen.

Meine Herren! Ich beabsichtige in dieser wie in mehreren folgenden Vorlesungen einige klinische Studien über Aphasie in Gemeinschaft mit Ihnen zu unternehmen, und glaube Sie durch diese Ankündigung darauf vorbereitet zu haben, dass wir dabei auf Schwierigkeiten von mehr als einer Art stossen werden.

Der Terminus „Aphasie", im weitesten Sinne verstanden, umfasst, wie Sie wissen, alle die verschiedenartigen und oft so feinen Veränderungen, welche die dem Menschen eigene Fähigkeit, seine Gedanken durch Zeichen auszudrücken (die

---

[1] Die beiden Vorlesungen über Wortblindheit, die hier folgen, sind die ersten einer im Progrès médical 1884 veröffentlichten Reihe, in welcher die verschiedenen Formen von Aphasie an typischen Beispielen erörtert werden. In die vorliegende Sammlung hat Charcot jedoch nur die Vorlesungen über Wortblindheit unverändert aufnehmen lassen, die übrigen für eine später vorzunehmende Umarbeitung zurückgelegt. Wer sich über den Inhalt der hier ausgelassenen Vorlesungen unterrichten will, der ist auf eine Analyse in der Revue in der Médecine in der unter Charcot's Leitung gearbeitete These von Bernard (De l'aphasie et de ses diverses formes, Paris 1885) zu verweisen. Eine italienische Uebersetzung der im Progrès médical enthaltenen Vorlesungen über Aphasie hat G. Rumma (Differenti forme d' afasia, Milano 1884) gegeben. — Den wichtigsten Gesichtspunkt der Charcot'schen Aphasielehre findet man am Schlusse der dreizehnten Vorlesung dieser deutschen Ausgabe.

Anmerkung des Uebersetzers.

Facultas signatrix von Kant), unter pathologischen Verhältnissen erfahren kann.

Es ist kaum nothwendig hervorzuheben, dass diese Fähigkeit oder diese Fähigkeiten, welche uns die Verständigung mit unseresgleichen ermöglichen, den höchsten Leistungen unseres centralen Nervensystems angereiht werden müssen. Denn wenn sie auch, strenge genommen, nicht zu dem eigentlichen Grundbestand unserer Intelligenz gehören, so sind sie doch, wie aus den Fällen, in welchen diese Fähigkeiten zerrüttet sind, hervorgeht, von entschiedenster Bedeutung für die Bethätigung derselben.

Sie entnehmen schon daraus, dass wir nur durch die umsichtigste Analyse, bei welcher wir sozusagen auf Schritt und Tritt Begriffe, die der Psychophysiologie angehören, zur Hife nehmen müssen, hoffen dürfen, uns auf diesem schwer zugänglichen Gebiete zurechtzufinden.

Die Verhältnisse scheinen aber unser Unternehmen in der That zu begünstigen. Der Zufall hat gegenwärtig auf unserer Klinik mehrere Fälle von wirklich erstaunlicher Reinheit und Einfachheit vereinigt, welche uns gestatten werden, die fundamentalen Typen des Symptomcomplexes der Aphasie fast frei von aller Vermengung oder Complication, also in Bedingungen, die der physiologischen Zergliederung ungewöhnlich günstig sind, zu studiren.

Wir wollen uns heute mit der klinischen Darstellung des einen dieser Fälle beschäftigen, und die Erörterungen, für welche wir so das Material gewinnen, auf eine spätere Vorlesung aufschieben.

Wenn ich mich nicht sehr täusche, bietet der uns vorliegende Fall eines der schönsten Beispiele für jene Form der Aphasie, welche in letzterer Zeit von einigen Autoren als besondere Abart unter dem Namen Wortblindheit (Kussmaul) behandelt worden ist.

Ich unterlasse es für den Augenblick, festzusetzen, was man unter diesem Namen zu verstehen hat; es wird übrigens zur Genüge aus der Beschreibung, die ich nun beginne, hervorgehen.

Herr H. P . . . ., 35 Jahre alt, ist Eigenthümer einer Kram- und Wirkwaarenhandlung in T . . . . . Er ist seit vier Jahren Leiter dieses Geschäftes, vorher war er erster Commis in einem Hause derselben Art. Seine Bildung ist eine gewöhnliche, denn die Erziehung, die er empfangen, hat ihn frühzeitig auf sein Gewerbe hingewiesen. Sein Eintritt in's Spital geschah auf unsere Empfehlung, weil er dort eine eingehendere Untersuchung und entsprechendere Behandlung erwartete. Er ist mehrere Monate lang in unserer Beobachtung verblieben und hat sich als ein intelligenter und thätiger Mann gezeigt, der ziemlich correct spricht und schreibt. Da er sein Geschäft selbst leitet, muss er viel reden und täglich eine grosse Anzahl von Briefen (12—15) schreiben. In seinen freien Stunden pflegte er häufig Romane und Zeitungsartikel zu lesen. Er las sehr rasch, hatte aber die Gewohnheit, dabei die Lippen zu bewegen und die Worte, die er las, mit leiser Stimme nachzusprechen. Die Ehe, die er vor 10 Jahren eingegangen, ist kinderlos geblieben.

Was die Heredität betrifft, so finden wir in seiner Familie keine neuropathische Belastung; sein Vater ist noch am Leben und bei guter Gesundheit, seine Mutter an einer Herz- oder Lungenkrankheit verstorben.

Auch seine eigene Vorgeschichte bietet nichts Besonderes. Er hat den Feldzug von 1870 in der Ostarmee mitgemacht, wobei er viel Strapazen überstanden, ohne krank zu werden. Er hat niemals an Gelenksrheumatismus gelitten, weder vor noch nach seinem Krankheitszufall Herzklopfen gehabt. Schliessen wir gleich daran, dass sein Puls regelmässig ist (80), sein Herz von normaler Grösse, keine Geräusche wahrzunehmen. Das einzige Leiden, welches Erwähnung verdient, ist eine drei bis vier Mal im Monat wiederkehrende Migraine, welche bis in's 15. Lebensjahr zurückreicht. Dieselbe ist mitunter stark genug, um ihn zu nöthigen, sich für eine oder zwei Stunden zu Bett zu legen. Die Anfälle, welche sich auch nach seiner Erkrankung eingestellt haben, zeigen folgende Eigenthümlichkeiten: a) Ehe der Kopfschmerz allgemein wird, nimmt er gewöhnlich die Gegend der rechten Stirnhälfte etwas ober dem Augenbrauenbogen ein; b) Störungen des Sehens scheinen dabei zu fehlen, der Kranke weiss weder von vorübergehender Hemianopsie noch vom Flimmerskotom zu berichten; c) es besteht auch kein Symptom der complicirten Migraine ophthalmique, kein Ameisenlaufen in den Armen oder Händen, keine zeitweilige Aphasie; d) endlich folgt auf die Migraine niemals Erbrechen.

Darauf beschränkt sich also, was uns die Anamnese von vorausgegangenen Erkrankungen bietet. Wir finden nichts, was in Beziehung zum gegenwärtigen Leiden gebracht werden kann, wenn nicht etwa die Migraine. Diesen Punkt wollen wir späterhin besonders berücksichtigen.

Uebergehen wir jetzt zur Geschichte der gegenwärtigen Krankheit.

Am 9. October des letzten Jahres, als Patient an einer Fuchsjagd theilnahm, erblickt er plötzlich im Grase halb ver-

steckt ein Thier, das er für den Fuchs hält, feuert und
trifft es. Zum Unglück war es aber kein Fuchs, sondern der
Hund eines Freundes, der diesem sehr lieb war. Der Eigen-
thümer beklagt und beweint sein Thier, und P. zeigt sich
sowohl durch den Tod des Hundes als durch die Trauer seines
Freundes sehr erschüttert. Er verbleibt zwar bei der Jagd,
aber er hat seine Munterkeit eingebüsst, isst wenig und ungern.
Nach dem Imbiss wird die Jagd wieder aufgenommen, ein
Hase läuft vorbei und P. legt auf ihn an, aber in demselben
Moment stürzt er nieder und war, wie er versichert, auf
der rechten Seite gelähmt. Einige Minuten später verlor er die
Besinnung.

Für das, was nach dem Unfall geschah, hat er nur eine
unklare Erinnerung bewahrt. Er weiss, dass man ihn auf den
Bahnhof brachte, um ihn nach T. zurückzuführen, hat aber
alles Gedächtniss für die Reise verloren, die ungefähr eine
Stunde dauerte. Auf dem Bahnhof von T., den er erkannte,
kam er für einen Augenblick zu sich, um gleich wieder von
neuem besinnungslos zu werden. Er weiss nur nach der
späteren Mittheilung seiner Umgebung zu erzählen, dass er
sofort zu Bette gebracht wurde und die ganze Nacht hindurch schlief.

Als er am Morgen des 10. Octobers erwachte, war er an
der rechten oberen und unteren Extremität vollkommen gelähmt, diese Glieder fielen ganz schlaff herab. Er stammelte
beim Sprechen und verwechselte die Worte. Wie seine Frau
erzählt, habe er gesagt: „Ich habe eine Hand in der Sonne"
(Paraphasie). Er erkannte zwar Personen und Gegenstände,
wusste sie aber nicht mit Namen zu bezeichnen, und fand
selbst den Namen seiner Frau nicht mehr. Ob er eine Verziehung des Gesichts und Abweichung der Zunge, ob er Störungen der Sensibilität gezeigt hat, ist jetzt nicht mehr möglich festzustellen.

Nach Verlauf von vier Tagen (am 14. October) begann
er die gelähmten Glieder soweit zu bewegen, dass er vom
Bette aufstehen konnte. Nach seiner Versicherung war
ihm der Arm verhältnissmässig freier geworden als das
Bein, das er etwa noch einen Monat lang beim Gehen nach-
schleppte.

Am 28. October trat eine wichtige Wendung ein.
P. empfand zu der Zeit keine Schwierigkeit mehr beim
Sprechen, nur sagte er noch von Zeit zu Zeit ein Wort für
ein Anderes. Die Hand war so gut geworden, dass er ganz
leserlich schreiben konnte. Er wollte nun einen geschäftlichen
Auftrag ertheilen, nahm eine Feder zur Hand und schrieb.

Dann glaubte er etwas vergessen zu haben, verlangt seinen
Brief zurück, um ihn zu vervollständigen, will ihn wieder
lesen -- und nun trat der Zustand, auf den ich Ihre Aufmerksamkeit lenken will, in seiner ganzen Merkwürdigkeit zu
Tage: Er hatte zwar schreiben können, aber es war
ihm unmöglich, seine eigene Schrift zu lesen.

Wir haben da also einen Kranken, der plötzlich aphasisch,
oder vielmehr paraphasisch, und auf der rechten Seite hemiplegisch wird. Nach einigen Tagen schwinden Aphasie und
Hemiplegie, der Kranke kann schreiben, leserlich genug
schreiben, um einen Auftrag zu geben; wenn er aber über-
lesen will, was er selbst geschrieben hat, so ist er es nicht
im Stande.

Seine Handschrift war zu jener Zeit ungefähr die gleiche
wie 14 Tage später, also drei Wochen nach der Erkrankung;
ich zeige Ihnen hier ein Muster, das aus dieser Zeit stammt.
Es ist sehr interessant, diesen vom 1. November datirten, an
die Mutter des Kranken gerichteten Brief mit einem anderen,
am 22. November 1880, also drei Jahre früher, geschriebenen
zu vergleichen. Der erstere unterscheidet sich von dem zweiten
nur durch eine leichte Veränderung der Handschrift — die
Schriftzüge stehen mehr senkrecht und haben mehr den
Charakter einer Kinderschrift — und durch einige orthographische Fehler, welche besonders in der Vernachlässigung der
s und x am Ende der Worte und in der Auslassung eines
Wortes (chez) bestehen. In den 4, 5 und 6 Monate später
geschriebenen Briefen sind diese Fehler verschwunden, und
die Handschrift hat ihren normalen Charakter wieder angenommen.

Zu derselben Zeit machte er die Wahrnehmung, dass er
Gedrucktes ebensowenig und sogar noch weniger lesen könne
als Geschriebenes.

Hier reiht sich ein in manchen Beziehungen interessanter
Zwischenfall ein, den ich aber nur im Vorbeigehen erwähnen
will, weil er doch in keinem directen Zusammenhang mit den
Symptomen, die wir hauptsächlich würdigen wollen, zu stehen
scheint. 14 Tage nach der Erkrankung (am 24. October)
empfand er einen heftigen lancinirenden Schmerz im rechten
Ohr, der ungefähr zwei Tage anhielt, darauf ein continuirliches
Pfeifen, das sich verstärkte, wenn man zu ihm sprach, oder
wenn er unter dem Einfluss einer Gemüthsbewegung stand.

Bedeutsamer ist vielleicht ein anderer Umstand, der
eigentlich auch nicht in den Rahmen der Sprachstörungen
gehört. Etwa am 9. November, ungefähr einen Monat nach
dem Krankheitszufall, wollte er versuchen, Billard zu spielen.

Er ist rechtshändig, seine rechte Hand konnte die Queue ganz gut halten, aber er bemerkte sofort, dass er nicht spielen könne, und dieses Unvermögen rührte daher, dass sein Gesichtsfeld auf der rechten Seite so weit eingeengt war, dass er nur die Hälfte des grünen Tuches und die Hälfte der Kugel sah und die Kugeln aus den Augen verlor, sobald sie in die rechte Hälfte des Gesichtsfeldes eintraten. Hier finden wir in der Geschichte unseres Kranken zum ersten Male die rechtsseitige laterale Hemianopsie erwähnt, welche wir seither regelmässig verfolgt haben, denn sie besteht noch heute, obwohl in geminderten Grade.

Um es kurz zusammenzufassen, als der Kranke am 3. März 1883 in unsere Consultation kam, bestand keine Lähmung und keine motorische Aphasie mehr, er konnte geläufig und ordentlich schreiben, aber es war ihm unmöglich, Druck oder Geschriebenes zu lesen, und er war mit einer rechtsseitigen Hemianopsie behaftet.

Wir müssen nun den Zustand, in dem sich der Kranke befand, als er sich uns zum ersten Male vorstellte, eingehender würdigen. Wir sahen einen jungen Mann von lebhaftem, intelligentem Blick, sicherer Haltung und freiem Geberdenspiel, der durchaus nicht den sonst den Aphasischen eigenen, verlegenen und etwas stumpfsinnigen Eindruck machte. Aufgefordert uns seine Geschichte selbst zu erzählen, wobei seine damals mitanwesende Frau ihn bestätigte, erledigte er sich dieser Aufgabe ohne alle Schwierigkeit, ohne dass wir ein Zögern in seinem Vortrag, eine Vertauschung der Worte — besonders kein Stammeln — wahrnehmen konnten. Wir überzeugten uns dann, dass er in der That nicht lesen könne, obwohl er geläufig schrieb.

Ehe wir uns in eine ausführliche Behandlung dieses letzten Punktes einlassen, wollen wir noch die folgenden zur Zeit des Eintrittes in's Spital constatirten Verhältnisse hervorheben: Es besteht keine Assymmetrie im Gesicht, keine Abweichung der Zunge, keine Spur von Lähmung der Extremitäten. Der Gang ist frei, er kann sich sowohl auf dem einen als auf dem anderen Fusse stehend erhalten. Seine Kraft am Dynamometer beträgt

am 3. März: für die rechte Hand 60 *kg*
„ „ linke „ 50 „
am 5. April: für die rechte Hand 75 „
„ „ linke „ 59 „

Ferner lässt sich keine Störung der Tastempfindung, des Schmerz- und Muskelgefühls nachweisen, er schätzt Gewichte und Temperaturen in normaler Weise. Geschmack, Geruch und

Gehör sind nicht beeinträchtigt, nur der Gesichtssinn ist, wie
wir gleich hören werden, afficirt. Die Schnenreflexe sind auf
beiden Seiten normal.

Das Bestehen einer rechtsseitigen lateralen Hemianopsie
lässt sich durch die oberflächlichste Prüfung erkennen. Mit
Hilfe einer kunstgerechten Untersuchung des Gesichtssinnes und
durch den Augenspiegel erhalten wir folgende bestimmtere
Aufschlüsse: 1. Das Bild des Augenhintergrundes ist nicht
verändert; 2. die rechtsseitige laterale homonyme Hemianopsie
zeigt eine scharfe Begrenzung durch eine vollkommen verticale
Linie, welche durch den Fixationspunkt geht; es handelt sich
also um eine typische Ausprägung des Bildes, wie man sie
bei Erkrankungen des Tractus opticus anzutreffen pflegt;
3. im freien Theil des Gesichtsfeldes ist die Sehschärfe nicht
herabgesetzt, und 4. die Farbenwahrnehmung in keiner Weise
gestört.

Wir wollen nun unsere volle Aufmerksamkeit darauf lenken,
wie sich unser Kranker bei den Verrichtungen des Lesens
und des Schreibens verhält.

Ich will voranstellen, dass er keine Störung in den Bewegungen der Zunge und der Lippen, in der Articulation der
Worte zeigt, ebensowenig eine merkliche Abnahme seiner
Intelligenz. Nur die Fähigkeit, sich durch Zeichen auszudrücken,
hat gelitten. Ausser der Unmöglichkeit oder grossen Schwierigkeit zu lesen finden wir noch bei ihm, dass er eine gewisse Zahl
von Hauptwörtern und Eigennamen vergessen hat. Die Namen
der Personen, die ihn umgeben, hat er zwar wiedergefunden,
aber die Namen der Strassen von Paris, durch welche er
sonst zu gehen pflegte, fehlen ihm noch. Er hat zwar die
Gesichtsvorstellung, das visuelle Gedächtniss dieser Strassen,
und wenn er sie passirt, erkennt er die Wege, die er einschlagen muss, und die Häuser, bei denen er Halt zu machen
beabsichtigt; aber da er diese Strassennamen nicht lesen kann
und sie übrigens zum grössten Theil vergessen hat, getraut
er sich nicht mehr allein auszugehen. Die Gegenstände des
gewöhnlichen Lebens, die man ihm zeigt, erkennt er sehr
wohl und nennt sie auch mit Namen.

Was nun das Lesen und Schreiben betrifft, so will ich
Ihnen hier das Ergebniss der Untersuchungen mittheilen, die
wir fast täglich mit ihm angestellt haben. Sein Zustand ist
heute wesentlich gebessert; wir müssen daher zwei Perioden
unterscheiden, die eine vom 3. bis zum 30. März, die andere
vom 1. bis 15. April.

Er schreibt seinen Namen und Adresse, einen langen Satz
und selbst einen langen Brief ohne Zaudern, ohne bemerkens-

werthe orthographische Fehler und ohne Worte auszulassen. „Ich schreibe," sagte er, „als ob ich die Augen geschlossen hätte, ich lese nicht, was ich schreibe." In der That schreibt er, wenn man ihn die Augen schliessen lässt, ebensogut wie vorher.

Er schreibt seinen Namen nieder, und man verlangt dann, dass er ihn lese. „Ich weiss wohl," sagte er, „dass es mein Name ist, den ich da geschrieben habe, aber ich kann ihn nicht lesen." Er schreibt den Namen unseres Spitales auf ein Blatt Papier, ich das Gleiche auf ein anderes, welches ich ihm dann zum Lesen reiche. Er kann's zuerst nicht, dann giebt er sich Mühe, und wir bemerken, wie er bei dieser schweren Arbeit jedem einzelnen Buchstaben des Wortes mit der Spitze seines Zeigefingers nachfährt. Dann bringt er es endlich zu Stande und liest „Salpêtrière". Man schreibt ihm die Adresse eines seiner Freunde „rue d' Aboukir" auf, er zieht die Buchstaben, die das Wort zusammensetzen, mit dem Finger in der Luft nach, und sagt dann nach einigen Augenblicken: „das heisst rue d'Aboukir, die Adresse meines Freundes".

Die Alexie ist also, wie Sie sehen, keine vollständige, wenn es sich um Handschrift handelt. Das Lesen fällt ihm nur ausserordentlich schwer und wird ihm nur ermöglicht, wenn er die Bewegungsvorstellungen, welche man von der Hand bei der Schreibthätigkeit erhält, zur Hilfe nimmt. Offenbar tritt dabei der Muskelsinn in's Spiel; nur die von ihm gelieferten Vorstellungen gestatten es dem Kranken, die ganz unbestimmten Eindrücke, welche ihm das Gesicht liefert, richtig zu deuten.

Nun gebe man ihm eine Seite Druck. Er sagt sofort: „Ich lese Gedrucktes schlechter als Geschriebenes, weil ich mir bei der Schrift leicht den Buchstaben mit der rechten Hand zum Verständniss bringen kann, während das für die gedruckten Lettern viel schwieriger ist." In der That hatte er sich nie, wie etwa ein Buchstabenmaler es thun würde, geübt Drucklettern mit der Hand nachzuzeichnen. Wenn man ihm eine gedruckte Zeile vorlegt, braucht er acht Minuten, um sie zu entziffern, während ihn dieselbe Zeile in Cursivschrift nur drei Minuten in Anspruch nimmt. Dabei bemerkt man immer, dass er beim Lesen die Zeichen in der Luft mit der rechten Hand nachmacht; wenn man ihn die Hände auf den Rücken geben und dann lesen heisst, sieht man ihn die Buchstaben mit dem Zeigefinger auf dem Daumennagel nachziehen. Wenn er Gedrucktes lesen soll, nimmt er gerne die Feder zur Hand und macht mit derselben Schreibversuche, die ihm seine Aufgabe erleichtern.

9*

Vom 5. März an haben wir ihm jeden Tag eine Lese-
aufgabe gegeben, die er, ohne dabei zu schreiben, aber mit
Hilfe der Nachzeichnung in der Luft las. Unter dem Einflusse
unserer Behandlung machte er täglich Fortschritte, und Sie
sehen aus der folgenden Zusammenstellung, wie regelmässig
die Fortschritte zunahmen:

Am 21. März brauchte er 1 Minute 43 Secunden für eine Zeile,

„	23.	„	„	„	1	„	53	„	„	„	„
„	24.	„	„	„	2	„	14	„	„	„	„
„	25.	„	„	„	1	„	36	„	„	„	„
„	26.	„	„	„	1	„	47	„	„	„	„
„	27.	„	„	„	1	„	20	„	„	„	„
„	28.	„	„	„	1	„	36	„	„	„	„
„	31.	„	„	„	1	„	21	„	„	„	„
„	1. April	„	„	1		„	20	„	„	„	„
„	2.	„	„	„	—	„	40	„	„	„	„
„	3.	„	„	„	—	„	37	„	„	„	„
„	4.	„	„	„	—	„	35	„	„	„	„
„	7.	„	„	„	—	„	38	„	„	„	„
„	8.	„	„	„	—	„	36	„	„	„	„
„	10.	„	„	„	—	„	35	„	„ .	„	„
„	12.	„	„	„	—	„	27	„	„	„	„

Nach Elektrisirung des Sympathicus am Halse:

Am 13. April brauchte er 31 Secunden für eine Zeile,

„	14.	„	„	„	30	„	„	„	„
„	15.	„	„	„	39	„	„	„	„
„	16.	„	„	„	25	„	„	„	„

Um die Bedeutung der durch Bewegung gewonnenen Vor-
stellungen für das Erkennen der Schriftzeichen zu würdigen,
lässt man den Kranken die Augen schliessen, giebt ihm eine
Feder in die Hand, und indem man seiner Hand passive
Bewegungen ertheilt, lässt man sie auf ein Papier die Worte
„Tours, Paris" schreiben. Sofort spricht er die Worte aus.
Dasselbe ist der Fall, wenn man mit seiner Hand ohne Feder
in die Luft geschrieben hat.

In Bezug auf das Lesen des Kranken kann man noch
folgende Beobachtungen machen. Wenn er Gedrucktes liest,
bewegt er die Lippen nicht, spricht auch nicht dabei mit
leiser Stimme, wie es seine Gewohnheit in gesunden Zeiten war.
Er begnügt sich damit, die Buchstaben, die er mit dem Auge
schlecht erkennt, niederzuschreiben oder ihnen mit dem Finger
nachzufahren. Er kennt alle Buchstaben des Alphabets mit Ausnahme von q, r, s, t und besonders von x, y und z, und es ist
merkwürdig, dass er diese drei letzten Buchstaben, die er nicht

erkennt und nicht erräth, wenn sie für sich allein dastehen, doch mit Leichtigkeit niederschreibt, wennn sie in einem Wort enthalten sind. So z. B. schreibt er die Worte „Xavier, Yvan, Zebra" rasch nieder. Das Lesen fällt ihm schwerer, wenn er nüchtern ist, als wenn er gegessen hat. Nach 15 bis 20 Minuten fühlt er sich vom Lesen sehr ermüdet. Wenn man ihn um den Inhalt dessen befragt, was er soeben mit grosser Anstrengung gelesen hat, so erinnert er sich nur an sehr wenig Einzelheiten, ausgenommen, es seien Zahlen darunter gewesen. So besinnt er sich nur dunkel, dass in dem Zeitungs-artikel, den er gestern gelesen, die Rede von einer Statue der Republik gewesen sei, und dass diese kolossal werden solle, aber er erinnert sich sehr bestimmt an die Zahlen von 100.000 und 200.000 Francs, die in dem Journal erwähnt sind. Doch hat er seither auch in dieser Hinsicht Fortschritte gemacht.

Er kennt die Ziffern sehr gut, sieht sie gut, kann addiren und ziemlich gu multipliciren, doch macht er Fehler, wenn die Multiplication etwas weitläufig ist.

Wenn ihm die Bedeutung eines Wortes bekannt ist, liest er es viel schneller, als wenn ihm dieses fremd ist.

So braucht er für das Wort:

Republik . . . . 4—5 Secunden,
Independence . . . . . 1 Minute,
Pterigoidiens . . . . . 4 Minuten.

Er pflegt oft zu sagen: „Wenn ich zu lesen beginne, auch jetzt noch, wo ich schon Fortschritte gemacht habe, ist es mir immer, als ob ich's zum ersten Male thun würde."

Während er sich so durch täglich wiederholte Anstren-gung eine neue Erziehung zu schaffen versucht, geht gleich-zeitig und im gleichen Masse die Hemianopsie allmählich zurück.

Um es kurz zusammenzufassen, wir sehen, dass bei diesem Kranken die vom Gesichtssinn beim Lesen gelieferten Vor-stellungen zu unbestimmt und daher unzureichend sind, um das Verständniss des Textes zu gestatten. Darin besteht seine Wortblindheit. Wenn er lesen kann, so ist's mit Hilfe eines Kunstgriffes. Nur die Reihe von Bewegungen, welche man zur graphischen Reproduction eines Buchstabens oder eines Wortes verwendet, ist bei ihm im Stande, die klare Erinnerung an diese Buchstaben, an dieses Wort zu wecken. Man kann den Zustand mit einem Schlagwort so be-zeichnen: Er liest nur, indem er schreibt.

Als Gegenstück zeige ich Ihnen heute einen anderen Aphasischen, der ganz und gar unfähig ist, auch nur ein

Wort hervorzubringen, und der alles hört, alles versteht, alles Gelesene mit Leichtigkeit erkennt, geläufig schreibt und vollkommen versteht, was er schreibt und was er liest.

Aus der Zusammenstellung dieser beiden Kranken können Sie ersehen, wie grundverschieden von einander die einzelnen Formen der Aphasie sind, wenn sie sich, was allerdings nur ausnahmsweise vorkommt, ganz frei von allen Complicationen zeigen.

Zwölfte Vorlesung.

Ueber einen Fall von Wortblindheit.

(Fortsetzung.)

Geschichte der Wortblindheit: G e n d r i n, T r o u s s e a u, K u s s m a u l, M a g n a n etc. — Analyse von 16 klinischen Beobachtungen. — Fälle mit Sectionsbefund. — Localisation. — Häufigkeit der Hemianopsie dabei. — Bemerkungen über die Natur und den vermuthlichen Sitz der Läsion, von welcher die Hemianopsie und die Wortblindheit abhängen.

Meine Herren! sie erinnern Sich, dass ich Ihnen in der letzten Vorlesung einen Fall von theilweiser Aufhebung des Sprachvermögens im weitesten Sinne vorgestellt habe. Unser Kranker, dessen Sehschärfe in den linken Hälften der Gesichtsfelder beider Augen keine Verringerung erfahren hatte, hatte die grösste Schwierigkeit, die Worte, die er deutlich sah, zu erkennen, während er seinen Gedanken durch die Schrift correct und geläufig Ausdruck geben konnte. Ich sagte Ihnen, dass das Leiden, um welches es sich in diesem Falle handelt, vor Kurzem als eine besondere Unterart der Aphasie aufgestellt und unter dem Namen der Wortblindheit (Cécité verbale, Cécité des mots) beschrieben worden sei. Der Name rührt von K u s s m a u l her, einem der Bahnbrecher in dem hierzulande noch wenig gepflegten Studium dieser Erkrankungsform. Ich fügte Ihnen hinzu, dass unser Fall vor der Mehrzahl ähnlicher, die zur Veröffentlichung gelangt sind, voraus zu haben scheint, dass sich das Phänomen der Wortblindheit in ihm in grösserer Reinheit und fast frei von allen Complicationen darstellt.

Ich glaube, das Interesse, welches sich an unseren Fall knüpft, kann nur gesteigert werden, wenn ich einige andere Beobachtungen, die derselben Gruppe angehören, aus den verschiedenen Publicationen, in denen sie zerstreut sind, sammle, um sie ihm an die Seite zu stellen.

Die Geschichte der Worttaubheit scheint nicht weit zurück-
zureichen. Es ist, wie ich meine, Prof. Kussmaul,[1] der sie
im Jahre 1877 zuerst als besondere Krankheitsform beschrieben
hat. Von Wernicke[2] rührt dagegen die erste Beschreibung
einer anderen Form von Aphasie her, über die ich Ihnen
auch nächstens einige Bemerkungen zu machen gedenke, und
die von Wernicke den Namen „sensorielle Aphasie" erhalten
hat, während sie Kussmaul in seinem Lehrbuch als Worttaubheit, surdité des mots, aufführt.

Sie dürfen aber nicht glauben, dass die Wortblindheit erst
zu dieser Zeit zur Beobachtung gekommen ist. Ich will Ihnen
nur bemerken, dass Gendrin[3] in seiner nun schon 40 Jahre
alten Médecine pratique von Kranken spricht, „welche nicht
im Stande sind zu lesen, welche aber in Folge einer Art von
Erinnerung an die Fingerbewegungen, deren Ausführung für
das Niederschreiben der Worte erforderlich ist, sehr wohl
schreiben können. Steht der Buchstabe einmal auf dem Papier,
so vermögen sie ihn nicht wieder zu erkennen".

Auch eine Beobachtung, welche Trousseau[4] in einem
seiner klinischen Vorträge erwähnt, gehört hierher: „Sie sehen
hier, sagt dieser grosse Beobachter, einen Kranken, der nicht
mehr lesen kann, obwohl er ausgezeichnet spricht. Er kann
den Titel einer Zeitung nicht enträthseln, er kann die Silben
nicht mehr zu Worten zusammenstellen, und doch ist er
nicht amblyopisch, er ist im Stande, eine Stecknadel von der
Erde aufzuheben. Das Merkwürdigste ist aber, dass dieser
Mensch nicht lesen kann, was er selbst ganz richtig geschrieben hat."

Der betreffende Kranke war, wie unserer, einige Tage
lang hemiplegisch und aphasisch gewesen.

Ich muss aber wiederholen, dass Kussmaul das Verdienst
gebührt, gezeigt zu haben, dass die Wortblindheit gewissermassen in klinischer Selbstständigkeit auftreten kann, und dass
sie dann als pathologische Störung einer besonderen Function
aufzufassen ist, welche man, wie wir anderswo ausführen
werden, das visuelle Gedächtniss der Sprachzeichen
benennen kann.

[1] Kussmaul, Die Störungen der Sprache, Leipzig 1877.
[2] Wernicke, Der aphasische Symptomencomplex, Breslau 1874. —
Ueber den wissenschaftlichen Standpunkt in der Psychiatrie, Kassel 1880. —
Lehrbuch der Gehirnkrankheiten, Kassel 1881, Bd. I, pag. 206. — Fortschritte der Medicin, Bd. I, 1883.
[3] Gendrin, Traité philosophique de médecine pratique, pag. 432,
Tom. I, 1838.
[4] Peter, De l'aphasie d'après les leçons cliniques du prof. Trousseau.
(In Arch. gén. de méd., 1865.)

Die Ansichten Kussmaul's sind in Frankreich nicht ohne
Widerspruch aufgenommen worden, sie haben selbst eine sehr
scharfe Kritik durch Mathieu[1] und Dreyfus-Brisac[2] erfahren. Dagegen hat sich Magnan in seinen Vorträgen im
Irrenhaus von St Anne zustimmend über sie geäussert, und
eine seiner Schülerinnen, Mlle Skwortzoff,[3] hat in ihrer These
der Wortblindheit ein besonderes Capitel gewidmet, welches
die klinische Darstellung von zwölf Beobachtungen enthält,
darunter eine der Verfasserin selbst und zwei Prof. Magnan
angehörig.

Seit der Veröffentlichung dieser Arbeit sind noch fünf
neue Fälle hinzugekommen, drei mit Sectionsbefund, von denen
wir später handeln werden, und zwei sehr genau beobachtete,
in denen nur die klinische Seite des Gegenstandes berück-
sichtigt ist. Die eine derselben rührt von Armaignac,[4] die
andere von Bertholle[5] her, der für diese Störung den Namen
Asyllabie vorschlägt.

Das vergleichende Studium dieser eben erwähnten 16 Beobachtungen ergiebt einige nicht uninteressante Aufschlüsse über
die klinischen Charaktere der Wortblindheit:

1. Der Beginn der Affection ist in der Regel ein plötzlicher, und es pflegt zu Anfang ein gewisser Grad von rechtsseitiger Hemiplegie vorhanden zu sein, welche aber, wie bei
unserem Kranken, bald verschwindet. Sehr häufig ist zu Anfang
auch ein gewisser Grad von motorischer Aphasie zu beobachten, welche aber später allmählich zurückgeht und in
einigen Fällen die Wortblindheit als einzige Störung übrig
lässt. Alle diese Verhältnisse treffen, wie Sie sehen, für unseren
Kranken zu. Es ist aber wichtig zu bemerken, dass mitunter
die Wortblindheit von Anfang an isolirt auftritt, ohne mit
Hemiplegie complicirt zu sein. (Fälle von Armaignac und
Guéneau de Mussy.[6])

2. Störungen des Gesichts werden in einer gewissen Zahl
von Fällen flüchtig erwähnt; eine Hemianopsie, wie bei unserem
Kranken, finden wir nur in einer einzigen Beobachtung, die
Prof. Westphal[7] angehört.

[1] Mathieu, Archives gén. de méd., 1879, 1881.
[2] Dreyfus-Brisac, De la surdité et de la cécité verbales. (Gazette
hebdomadaire de méd. et de chir., 1881, p. 477.)
[3] Skwortzoff, De la cécité et de la surdité de mots dans l'aphasie.
Thèse de Paris, 1881.
[4] Armaignac, Revue clinique de Sud-Ouest, 1882.
[5] Bertholle, Asyllabie ou amnésie partielle et isolée de la lecture.
(Gaz. hebd. de méd. et de chir., 1881, pag. 280.)
[6] Guéneau de Mussy, Recueil d'ophthalmologie, 1879, pag. 129.
[7] Westphal, Zeitschrift für Ethnologie, 1874, 4. Mai, pag. 94.

3. Dieselbe Beobachtung Westphal's enthält noch eine andere für uns interessante Thatsache. Sie erinnern sich, dass unser Kranker, wenn er sich anstrengte, Druck oder Schrift zu lesen, die Buchstaben und Worte in der That niederschrieb oder sich begnügte, sie mit Hilfe des Zeigefingers seiner rechten Hand in der Luft nachzuziehen. Wir haben daraus ersehen, dass die Vorstellungen, welche ihm aus diesen Fingerbewegungen erwachsen, unentbehrlich sind, um den undeutlichen Vorstellungen, welche ihm der Gesichtssinn liefert, die nöthige Bestimmtheit und Brauchbarkeit zu geben. Der Kranke kann, mit anderen Worten, nur dann lesen, wenn er dabei schreibt. Dieselbe Thatsache finden wir nun in der Westphal'schen und auch in einer Beobachtung von Mlle Skwortzoff hervorgehoben.

4. Wie Sie sich erinnern, haben wir jene instinctiven Fingerbewegungen, die dem Verständniss des Gelesenen zu Hilfe kommen, für die Behandlung ausgenützt. Unser Kranker bekam täglich die Aufgabe, eine gewisse Anzahl von Zeilen zu lesen, wobei er sich jener instinctiven Fingerbewegungen bediente, um die Erinnerungsbilder des Gesichtssinns gewissermassen neu zu beleben, und wir haben gesehen, dass er in der letzten Zeit darin grosse Fortschritte gemacht hat. In der Beobachtung von Mlle Skwortzoff konnte die auf der rechten Seite hemiplegische Kranke gewiss nur sehr unvollkommene Bewegungsvorstellungen von den Fingern ihrer rechten Hand bekommen; Mlle Skwortzoff nahm auf den Rath von Magnan ihre Zuflucht zu einer anderen Methode. Der Kranken wurden grosse im Relief ausgeführte Buchstaben vorgelegt, welche sie durch das Getaste erkennen lernte, und nachdem sie darin weit genug gekommen war, wies man sie an, gleichzeitig mit den Augen zu lesen, während sie die Tastwahrnehmungen an den Reliefbuchstaben zu Hilfe nahm. Doch auch mit Hilfe dieses Verfahrens brachte es die Kranke im Verlauf einiger Monate nur dahin, ganz kurze Worte zu lesen.

5. Ich wende mich jetzt zu den Fällen mit Sectionsbefund, welche drei an der Zahl sind, einer von Déjerine,[1] einer von Chauffard[2] und der dritte von Heilly und Chantemesse.[3] Die klinische Seite dieser Fälle lässt leider viel zu wünschen übrig; die Wortblindheit ist in ihnen allen in hohem Grade mit Worttaubheit complicirt. Aber doch stimmen diese drei Beobachtungen — sofern ich nicht irre, die einzigen,

---

[1] Skwortzoff, l. c., pag. 52.
[2] Chauffard, Révue de médecine, Tom. I, 1881, pag. 393.
[3] D'Heilly et Chantemesse, Progrès médical, 1883.

auf welche man einen Versuch der anatomischen Localisation
stützen kann — in einem Punkte vollkommen überein: in
allen ist nämlich der hauptsächliche Sitz der Erkrankung im
unteren Scheitelläppchen mit oder ohne Betheiligung des
Gyrus angularis (lobule du pli courbe) und der ersten
Schläfenwindung.

Von einer solchen Läsion im unteren Scheitellappen mit
oder ohne Betheiligung des Gyrus angularis müssten wir also
auch die Wortblindheit, die wir bei unserem Kranken beobachten, ableiten. Ich bitte Sie aber wohl zu beachten, dass
wir diese Localisation nur mit allem möglichen Rückhalt annehmen und uns damit begnügen, sie bei dem gegenwärtigen
Zustand der Wissenschaft für wahrscheinlich zu erklären.

Diese Localisation könnte uns übrigens bis zu einem gewissen Grade das Vorhandensein eines Symptoms verständlich
machen, welches in der Krankengeschichte unseres Falles eine
grosse Rolle spielt. Ich meine das Symptom der Hemianopsie,
das wir mit grosser Sorgfalt festgestellt haben. Es handelt
sich, wie Sie wissen, um eine homonyme laterale rechtsseitige
Hemianopsie. Ohne mich nun gegenwärtig in eine förmliche
Erörterung über die Frage der cerebralen Hemianopsie einlassen zu wollen, eine Frage, zu deren angemessenen Behandlung es langer Ausführungen bedürfte, will ich mich heute
auf die Bemerkung beschränken, dass eine gewisse Anzahl
von Beobachtungen, vielleicht sieben oder acht, vorliegt, welche
unwiderleglich darzuthun scheinen, dass Läsion gewisser Partien der Hirnrinde das Phänomen der lateralen Hemianopsie
zur Folge haben kann.[1] Aus denselben Beobachtungen scheint
nun auch hervorzugehen, dass bei der cerebralen Hemianopsie
corticalen Ursprungs fast constant die Läsion in ungefähr derselben Gegend sitzt, welche wir eben als Sitz der krankhaften
Veränderung, von der die Wortblindheit abhängt, bezeichnet
haben. Es wird Ihnen aufgefallen sein, dass wir in dieser Darstellung von den Angaben der Thierexperimente über die Sehsphäre absehen.[2] Wir sind dazu genöthigt, weil im Augenblicke alle Autoren, die sich mit dieser Frage beschäftigt haben,
im Hader mit einander sind. Nehmen wir übrigens an, man

---

[1] Ch. Féré, Contribution à l'étude des troubles fonctionnels de la
vision par lésions cérébrales (amblyopie croisée et hémianopsie) 1882.
[2] Halten wir daran fest, dass wenn zwei Arten von Gehirnläsionen,
die centralen oder Rindenläsionen, und die peripheren oder Läsionen der
Tractus optici, homonyme Hemianopsie hervorrufen können, doch eine
Läsion des Carrefour sensitif, wie Charcot gezeigt hat, immer gekreuzte
Amblyopie hervorruft. (Leçons sur la localisation dans les maladies du
cerveau et de la moelle épinière, 1876, pag. 114.)   Ch. F.

wäre über den Ort der Sehsphäre bei Thieren, selbst den Affen eingeschlossen, einig geworden, so stünde noch immer der Beweis aus, dass diese Ergebnisse wirklich auf den Menschen übertragen werden dürfen. Wie immer es sich damit verhalten mag, jedenfalls könnte das über die cerebrale Hemianopsie beim Menschen vorhandene Material von Thatsachen uns verständlich machen, warum in unserem Falle die Wortblindheit mit der lateralen Hemianopsie zusammentrifft. Die gleiche Erklärung würde auch für den Westphal'schen Fall Geltung haben, aber Sie merken sofort, welcher Schwierigkeit wir dabei begegnen: Wenn die Wortblindheit und die cerebrale Hemianopsie an dieselbe Region im Gehirn, nämlich an das untere Scheitelläppchen geknüpft sind, so müsste die eine eigentlich jedesmal die klinische Begleiterin der anderen sein. Das findet nun nicht statt; man kann Fälle von cerebraler Hemianopsie ohne Wortblindheit und Fälle von Wortblindheit ohne Hemianopsie aufführen.

Wir wollen noch bemerken, dass das Symptom der Hemianopsie, wenn es nicht so ausgeprägt ist wie bei unserem Kranken, z. B. in Fällen, wo die Grenze des Gesichtsfelddefectes mehr oder weniger abseits vom Fixationspunkt liegt, ganz unauffällig bleiben kann, so lange man nicht in regelrechter Weise darnach sucht. Ob dieser Annahme ein Werth zukommt, müssen spätere Beobachtungen lehren. Der untere Scheitellappen ist übrigens gross genug, um für beide Functionen Raum zu bieten, ohne dass diese örtlich zusammenzufallen brauchten.

Ich kann Ihnen im Vorbeigehen berichten, dass — sei es nun spontan oder unter dem Einfluss der Behandlung — die Hemianopsie unseres Kranken in demselben Masse, wie sich die Wortblindheit besserte, bemerkenswerthe Veränderungen erkennen liess. Zu Beginn stimmte sie ganz mit dem classischen Typus der Hemianopsie, wie sie durch Läsion eines Tractus opticus erzeugt wird, überein, denn der Defect schnitt scharf mit einer durch den Fixationspunkt gehenden Verticalen ab (Fig. 24). Heute haben sich die Verhältnisse geändert. Die Trennungslinie des Defects scheint sich immer mehr vom Fixationspunkt zu entfernen und die Ausdehnung des Gesichtsfeldes nimmt dem entsprechend allmählich zu (Fig. 24, 25, 26). Eine Besserung dieser Art ist ein seltenes Ereigniss und kommt bei Hemianopsie in Folge Läsion des Tractus opticus nur ausnahmsweise vor; vielleicht haben wir darin einen der klinischen Charaktere der cerebralen Hemianopsie zu suchen.

Es erübrigt mir endlich noch, mit Ihnen zu untersuchen, worin die krankhafte Veränderung besteht, welche der Hemianopsie und Wortblindheit bei unserem Kranken zu Grunde liegt und durch welchen Mechanismus sie zu Stande gekommen ist. Auch hierin werden wir Ihnen nichts als mehr oder weniger

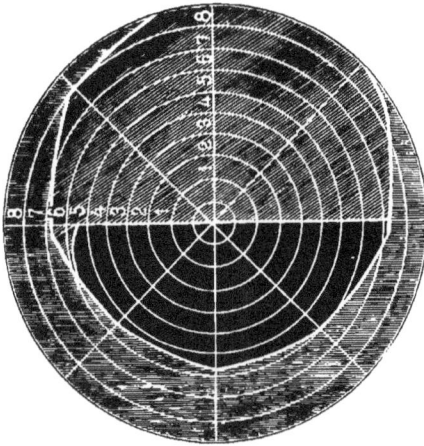

Fig. 24.

NAS

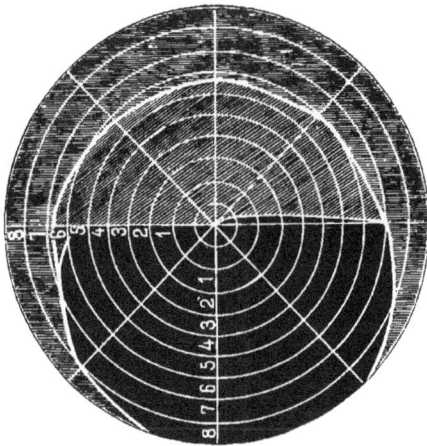

wahrscheinliche Hypothesen zu bieten haben; man muss sich aber klar machen, dass eben auf dem Gebiete der pathologischen Physiologie des Gehirns auch heutzutage noch Hypothesen oft das Einzige sind, worüber wir verfügen.

Ich brauche Ihnen nicht in's Gedächtniss zurückzurufen, dass die Arteria fossae Sylvii, die ich ohne Bedenken zur Erklärung herbeiziehe, ebensowohl die Aeste für die Broca'sche

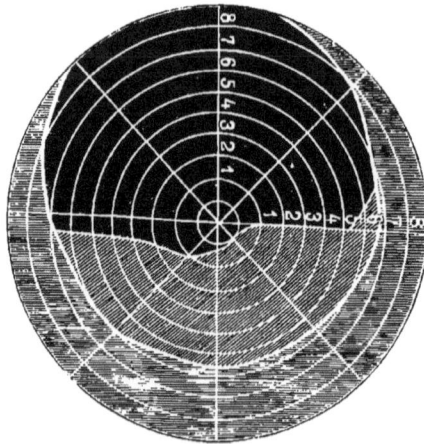

Fig. 25.

NAS

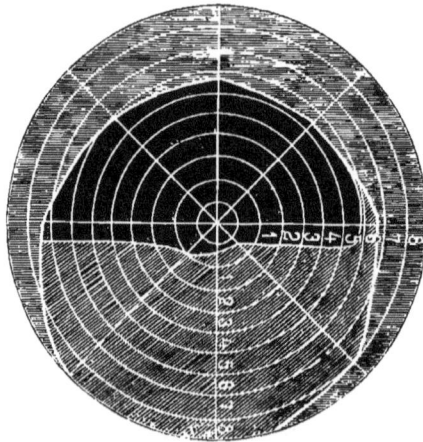

Windung, den Sitz der Läsion bei der Aphasie, als auch für die Gegenden abgiebt, auf deren Erkrankung wir, wie es scheint, die Wortblindheit und die Hemianopsie beziehen müssen. Eine Erkrankung dieser arteriellen Aeste haben wir als die Ursache

anzusehen, von welcher mehr oder minder tiefgehende Alte-
rationen des cerebralen Gewebes bedingt worden sind. Aber
worin besteht diese Gefässerkrankung? Handelt es sich um

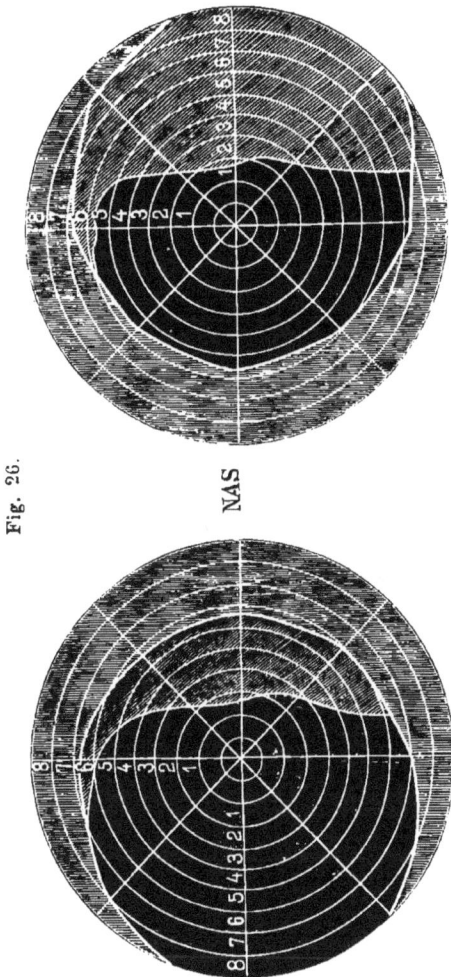

Fig. 26.

NAS

einen Gefässkrampf, um Thrombose oder Embolie? Beachten
Sie wohl, dass sich dies nicht bestimmt entscheiden lässt. Der
Umstand, dass häufige und intensive Migrainanfälle voraus-
gegangen sind, würde vielleicht im Anschluss an die Theorie

von Latham gestatten, ein prädisponirendes Moment in wiederholten Gefässkrämpfen im Gebiete der sylvischen Arterie zu suchen. Es scheint in der That, dass wiederholte Gefässkrämpfe im Laufe der Zeit mitunter zur Folge haben, tiefgreifende Veränderungen in den Gefässwänden herbeizuführen; wir sehen wenigstens, dass bei der Migraine ophthalmique die anfänglich vorübergehenden Phänomene der Hemianopsie oder der Aphasie sich gelegentlich in mehr oder minder bleibende Zustände umwandeln können. Wir haben aber nicht feststellen können, dass die Migraine, an welcher unser Kranker gelitten hat, wirklich eine Migraine ophthalmique war. Die Annahmen einer Thrombose in Folge von Arteritis oder einer Embolie können ihrerseits nur mit Vorbehalt zugelassen werden, die erste wegen des Alters des Kranken, die zweite, weil keine Spur einer organischen Herzaffection aufzufinden ist.

Ich will mich daher nur auf folgende Bemerkungen beschränken: Wahrscheinlich war zu Anfang der Stamm der sylvischen Arterie obliterirt, dies würde erklären, warum der Kranke in der ersten Zeit aphasisch, amnestisch und überdies an beiden Extremitäten der rechten Körperhälfte gelähmt war. Aber im Gebiete der drei ersten Aeste der Arterie hat sich die Circulation wieder hergestellt, und darum sind die Hemiplegie und die Aphasie selbst wieder geschwunden. Im Gebiete des Parietalastes blieb dagegen die Ischaemie bestehen, und daher hat das Nervengewebe in dieser Gegend mehr oder wenig tiefgreifende Veränderungen erlitten, von denen die nun seit fast sechs Monaten anhaltenden Phänomene der Hemianopsie und Wortblindheit abhängen. Bei alledem scheint die Läsion, welches ihre Natur sonst sein mag, keine der Rückbildung ganz und gar unfähige zu sein; wir haben ja gesehen, dass unter dem Einfluss eines sehr einfachen Heilverfahrens die aufgehobene Function sich täglich mehr wiederherzustellen strebt. Wenn diese Besserung, wie wir zu hoffen allen Grund haben, weiterhin fortschreitet, dürfen wir unseren Kranken dazu beglückwünschen, denn aus den bisher veröffentlichten Fällen konnte man schliessen, dass die Wortblindheit, wenn sie einmal aufgetreten ist, nicht mehr zurückgeht, sondern als unheilbares Gebrechen bestehen bleibt.

Dreizehnte Vorlesung.

Ueber einen Fall von plötzlichem Verlust der visuellen Erinnerungsbilder für Sprachzeichen und Objecte (Gestalt und Farbe derselben).

Die angebliche Einheit des Gedächtnisses. — Unabhängigkeit der einzelnen partiellen Erinnerungsvermögen von einander. — Ein Fall von hoher Entwicklung des visuellen Gedächtnisses. — Familienanlage. — Plötzlicher Verlust des „inneren Sehens". — Die dadurch hervorgerufene Veränderung des Kranken. — Ersatz durch das auditive und musculäre Erinerungsvermögen. — Die vier Bestandtheile der completen Vorstellung „Wort". — Individuelle Verschiedenheiten.

Meine Herren! In seinem beachtenswerthen Buche „Ueber die Erkrankungen des Gedächtnisses" hat Herr Th. Ribot[1] mit aller Schärfe hervorgehoben, dass die zuerst von Gall[2] aufgestellte Unterscheidung partieller Erinnerungsvermögen heutzutage eine allgemein anerkannte physiologische Lehre geworden ist, und er macht bei dieser Gelegenheit darauf aufmerksam, dass schon Gratiolet[3] erkannt hatte, wie jedem Sinne ein ihm zugehöriges Gedächtniss entspreche, und dass man in der intellectuellen Anlage, wie in der körperlichen, Temperamente unterscheiden könne, welche durch die überwiegende Bedeutung dieser oder jener Art von Sinnenempfindungen für den gewohnheitsmässigen Mechanismus des geistigen Geschehens bestimmt werden.

„Die Schulmethode in der Psychologie," fügt Ribot hinzu, „ist mit ihrer Darstellung des Gedächtnisses als einer Einheit so vollkommen durchgedrungen, dass die Existenz der particllen Erinnerungsvermögen in völlige Vergessenheit gerieth

---

[1] Les maladies de la mémoire. Paris 1881, pag. 111, 112.
[2] Fonctions du cerveau, Tom. I.
[3] Anatomie comparée, Tom. II, pag. 460.

Charcot, Neue Vorlesungen etc.   10

oder als eine Anomalie aufgefasst wurde." Aber in der Psychologie hat, wie in allen anderen Erfahrungswissenschaften, die Erfahrung das letzte und entscheidende Wort zu reden. Dies ist nun geschehen und es hat sich gezeigt, „dass in letzter Analyse thatsächlich nur specielle, oder wie einige Autoren sich ausdrücken, locale Erinnerungsvermögen bestehen bleiben".

Wenn es nun richtig ist, dass im Zustande der Norm „die verschiedenen Arten des Gedächtnisses einigermassen unabhängig von einander sind, so begreift man leicht — wir lassen Ribot fortfahren — dass in krankhaften Zuständen die eine Art verloren gehen kann, während die anderen ungeschädigt bleiben. Für diese Thatsache dürfen wir keine weitere Erklärung verlangen; sie muss uns jetzt selbstverständlich erscheinen, da sie sich aus der Natur des Gedächtnisses selbst ableitet."

Der Fall, den ich Ihnen, meine Herren, heute vorstellen will, scheint mir sehr merkwürdig und im hohen Grade geeignet zu sein, Ihnen die pathologische Thatsache, dass eine dieser Arten des Gedächtnisses für sich allein verloren gehen kann, neuerdings in hellem Lichte zu zeigen.

Es handelt sich in diesem Falle um den Verlust der visuellen Erinnerungsbilder der Gegenstände (vision mentale des objets, Mental imagery nach Galton[1]), sowohl was deren Gestalt als deren Farbe betrifft, und dieses Ereigniss ist plötzlich bei einem Individuum eingetreten, welches, wie Sie sehen werden, selbst heute noch, nachdem es einer seiner glänzendsten Fähigkeiten beraubt ist, sich einer grossen intellectuellen Leistungsfähigkeit erfreut. Da seine Krankengeschichte nach mehr als einer Richtung Interesse bietet, will ich mir erlauben, Ihnen dieselbe ausführlich mitzutheilen.

Herr X . . ., Kaufmann in A . . ., in Wien geboren, ist ein sehr gebildeter Mann, der Deutsch, Französisch und Spanisch ebenso wie die alten classischen Sprachen vollkommen beherrscht. Bis zum Beginne jenes Leidens, welches ihn zu uns hierher geführt hat, pflegte er Homer vom Blatte weg zu lesen. Das erste Buch der Ilias kannte er so genau, dass er ohne Zögern jede Stelle hersagte, deren ersten Vers man vor ihm citirt hatte. Er war mit Virgil und Horaz sehr vertraut, und verstand auch von der modernen griechischen Sprache genug, um in ihr eine kaufmännische Correspondenz zu führen.

Sein Vater, Professor der orientalischen Sprachen in L . . . ., besitzt ebenfalls ein ausserordentliches Gedächtniss. Das Gleiche

---

[1] Francis Galton, Inquiries into human Faculty; mental Imagery, pag. 83, London 1883.

gilt für seinen Bruder, der Professor der Rechtswissenschaft
in W .. ist, und eine seiner Schwestern, eine als Malerin
geschätzte Dame. Sein eigener, erst sieben Jahre alter Sohn
zeichnet sich bereits durch eine detaillirte Kenntniss geschicht-
licher Daten aus.

Herr X. erfreute sich noch vor einem Jahre gleichfalls
eines hervorragenden Gedächtnisses, welches wie bei seinem
Vater und bei seinem Sohn, hauptsächlich ein visuelles war.
Sein „geistiges Gesicht" gab ihm, wie er versichert, die Vorstellung von den Zügen der ihm bekannten Personen, von der
Gestalt und Farbe der Gegenstände, so oft und so bald er sich
an dasselbe wandte, mit solcher Schärfe und Lebhaftigkeit, wie
sie sonst nur den Sinneseindrücken selbst zukommen.

Wenn er eine Zahl oder eine Thatsache aus seiner um-
fangreichen und in mehreren Sprachen geführten Correspondenz
bedurfte, so brauchte er sich nur an die Briefe selbst zu erinnern, und diese tauchten sofort in seinem Gedächtniss in
ihrem genauen Wortlaut, mit den kleinsten Details, Unregel-
mässigkeiten und Streichungen in ihrer Abfassung auf.

Er hatte es, als er noch die Schule besuchte, niemals nöthig,
eine Aufgabe — oder in späterer Zeit eine Stelle aus einem seiner
Lieblingsschriftsteller — auswendig zu lernen. Zwei- oder drei-
maliges Durchlesen reichte hin, um die betreffende Seite mit
ihren Zeilen und Buchstaben in sein Gedächtniss einzuschreiben,
und er sagte das Stück dann her, indem er im Geiste von
der Seite ablas, welche sich ihm, so oft er wollte, in aller
Deutlichkeit vorstellte.

Wenn er eine Addition ausführen wollte, brauchte er nur
die vor ihm ausgebreiteten Reihen von Ziffern, auch wenn es
die des Hauptbuches waren, zu durchlaufen und zog dann die
Summe, ohne zu zögern, mit einem Schlage und ohne, wie man
gewöhnlich pflegt, Stelle für Stelle einzeln zusammenzuzählen.
Ebenso machte er es in den anderen Rechnungsarten.

Er konnte sich nicht an eine Stelle aus einem Theater-
stück, dass er aufführen gesehen hatte, erinnern, ohne dass
ihm gleichzeitig alle Einzelheiten der Ausstattung, das Spiel
der Schauspieler und der ganze Theatersaal selbst vor Augen
kamen.

Herr X. hat viele Reisen gemacht. Er liebte es, die
Gegenden und Aussichten, die ihm gefallen hatten, zu skizziren
und zeichnete ziemlich gut. Seine Erinnerung bot ihm, so
oft er es wollte, die getreue Wiedergabe der gesehenen
Landschaften.

Wenn er einer Unterhaltung, einer Aeusserung, eines gegebenen Versprechens gedachte, erschien ihm der Ort der

10*

Unterredung, die Gesichtszüge seines Gesellschafters, kurz
die ganze Scene mit allen ihren Nebenumständen, von denen
er sich nur einen in die Erinnerung zurückrufen wollte.

Das Gedächtniss für Gehörseindrücke war bei Herrn X.
immer mangelhaft oder hat wenigstens immer eine untergeordnete Rolle gespielt. Auch hat er, unter Anderem, niemals
Geschmack an der Musik gefunden.

Vor anderthalb Jahren erwuchsen ihm schwere Sorgen
durch eine bedeutende Schuld, deren Bezahlung ihm zweifelhaft erschien. Er verlor Schlaf und Esslust. Die Ereignisse
rechtfertigten zwar seine Befürchtungen nicht, aber die Aufregung war so heftig gewesen, dass sie sich nicht, wie er
hoffte, legen wollte. Mit einem Male merkte Herr X. zu seiner
grossen Ueberraschung, dass etwas Neues mit ihm vorgegangen
sei, und der Gegensatz seines nunmehrigen Zustandes zu
seinem früheren Wesen hatte zunächst die Folge, ihn tief zu
verstören. Einen Augenblick glaubte er sich von einer Geistesstörung bedroht, so fremdartig und verwandelt erschien ihm
Alles um ihn her. Er wurde nervös, aufgeregt und reizbar.
Endlich wurde ihm klar, dass er blos das visuelle Gedächtniss
für die Formen und Farben der Gegenstände gänzlich verloren
habe, und diese Aufklärung hatte zur Folge, ihn über seinen
Geisteszustand zu beruhigen. Er überzeugte sich ausserdem
allmählich, dass er durch andere Mittel und mit Hilfe anderer
Arten des Gedächtnisses fortfahren könne, seine geschäftlichen
Angelegenheiten in befriedigender Weise fortzuführen. Heute
hat er sich in diese neue Lage bereits gefunden.

Es wird uns nicht schwer werden darzulegen, worin die
Veränderung, welche Herrn X. betroffen hat, besteht.

Jedesmal wenn Herr X. nach A . . . zurückkehrt, welchen
Ort er Geschäfte wegen häufig zu verlassen pflegt, glaubt er in
eine unbekannte Stadt zu kommen und besieht mit Erstaunen
die Strassen, Häuser und Monumente, wie damals, als er zum
ersten Male dort ankam. Paris, das er ebenso oft zu besuchen
pflegte, macht ihm nun den nämlichen Eindruck. Die Erinnerung
kehrt jedoch allmählich wieder, und er bringt es endlich so weit,
ohne Mühe seinen Weg durch das Gewirre von Strassen zu
finden. Man verlange von ihm eine Beschreibung des Haupt-
platzes von A . . ., seiner Arcaden, seines Denkmals: „Ich
weiss wohl, dass das alles existirt," sagt er, „aber ich kann
mir nichts davon vorstellen und wüsste Ihnen nichts darüber
zu sagen." Er hat früher die Rhede von A . . . zu wiederholten Malen gezeichnet; heute versucht er es erfolglos, deren
hauptsächliche Umrisse wiederzugeben; sie sind ihm ganz und
gar entfallen!

Aufgefordert ein Minaret zu zeichnen, bedenkt er sich zuerst, und nachdem er versichert, er wisse, dass das ein hoher viereckiger Thurm sei, zieht er auf dem Papier vier Linien, zwei längere, gleich grosse, verticale und zwei horizontale. Die obere Horizontale verbindet die beiden oberen Enden der verticalen Linien, und die untere ist nach beiden Seiten hin abfallend und verlängert, um den Boden darzustellen. Es ist eine sehr kümmerliche Zeichnung. „Wenn Sie verlangen, dass ich ein Gewölbe zeichne, so werde ich's fertig bringen," sagt er, „denn ich erinnere mich sehr wohl, dass ein Rundbogen ein Halbkreis ist, und dass ein Spitzbogen durch zwei Bogenstücke gebildet wird, die sich im spitzen Winkel treffen. Aber wenn ich diese Dinge in Wirklichkeit sehe, weiss ich nicht, was sie sind."

Das Profil eines menschlichen Kopfes, welches Herr X. auf unsere Aufforderung zeichnet, könnte die Arbeit eines kleinen Kindes sein. Dabei gesteht er, sich bei der Zeichnung nach den Formen der ihn umgebenden Personen gerichtet zu haben. Ein unförmliches Gekritzel soll den Baum vorstellen, den zu zeichnen er gebeten wurde: „Ich habe wirklich gar keine Ahnung, wie man das macht," betheuert er.

Es ist ihm ganz unmöglich, sich die Züge seiner Frau und seiner Kinder in die Erinnerung zu rufen. Er erkennt sie auch zuerst ebensowenig wie die Rhede und die Strassen von A . . ., und selbst, wenn ihm dies bei ihrer Gegenwart gelungen ist, glaubt er, neue Züge und Eigenthümlichkeiten in ihren Physiognomien zu finden.

Für seine eigene Gestalt hat er nicht mehr Erinnerung bewahrt. Kürzlich merkte er in einer öffentlichen Gallerie, dass er einer Person den Weg versperre, beeilte sich seine Entschuldigung anzubringen, und fand, dass es nur sein eigenes, von einem Spiegel reflectirtes Bild war.

Während unserer Unterhaltungen hat sich Herr X. zu wiederholten Malen lebhaft über den Verlust des Farbengedächtnisses beklagt, der ihn mehr als alles Andere zu bekümmern scheint. „Ich bin vollkommen überzeugt, dass meine Frau schwarze Haare hat. Aber es ist mir ebenso unmöglich, diese Farbe in meiner Erinnerung heraufzubeschwören, wie mir ihre Gestalt und Gesichtzüge vorzustellen."

Diese visuelle Amnesie erstreckt sich übrigens ebensowohl auf die Dinge aus seiner Kindheit, wie auf die allerjüngsten Wahrnehmungen. Herr X. hat keine Gesichtsvorstellung mehr von seinem väterlichen Hause. Diese Erinnerung war ihm früher recht vertraut, und er pflegte sie oft hervorzurufen.

Die Untersuchung des Auges ist ganz ergebnisslos gewesen.
Herr X. besitzt eine ziemlich hohe Myopie von —7 D. Hier
theile ich Ihnen übrigens das Resultat der Untersuchung des
Gesichtssinnes mit, welche Herr Parinaud im ophthalmo-
logischen Cabinet der Klinik mit ganz besonderer Sorgfalt
angestellt hat: Weder eine Erkrankung der Augen, noch eine
objectiv wahrnehmbare Functionsstörung derselben, wenn man
von einer leichten Abstumpfung des Farbensinnes, welche alle
Farben in gleicher Weise betrifft, absieht.

Fügen wir hinzu, dass kein leibliches Symptom diesem
Untergang des visuellen Erinnerungsvermögens bei unserem
Kranken vorhergegangen ist oder denselben begleitet hat.

Herr X. muss gegenwärtig, wie so ziemlich alle Welt,
sein Copirbuch öffnen, um sich in den Briefen daselbst die
Aufklärungen zu holen, die er braucht, und er muss wie Jedermann darin blättern, ehe er den gesuchten Ort findet.

Er erinnert sich nur noch an einige der ersten Verse aus
der Ilias, und die Lectüre von Homer, Virgil und Horaz ist
ihm nur gleichsam mit Tappen und Tasten möglich.

Die Ziffern, die er addirt, spricht er mit halblauter Stimme
aus und führt seine Rechenoperationen durch, indem er sie
in mehrere kleinere Partialrechnungen zerlegt.

Wenn er einer Unterhaltung gedenkt, wenn er sich eine
vor ihm gehaltene Rede in die Erinnerung rufen will, hat er
jetzt die deutliche Empfindung, dass er das auditive Erinnerungsvermögen befragen muss, was ihm nicht leicht wird.
Wenn er sich der Worte wieder erinnert hat, so
glaubt er sie in den Ohren klingen zu hören, und dies
ist für ihn eine ganz neue Empfindung. Es kostet ihn eine
grosse Höranstrengung, wenn er durch die Schrift zwei Zeilen
wiedergeben soll, die wir ihn in einer Zeitung lesen lassen.
Beim Lesen führt er mit seinen Lippen Bewegungen aus,
die ihm wohl bewusst sind. Seitdem er das Gedächtniss
für die Gesichtsvorstellungen verloren hat, muss er eben die
innere Sprache und die Articulationsbewegungen der
Zunge und der Lippen zu Hilfe nehmen, um zu verstehen,
was er liest.

Herr X. hat übrigens den ganzen, neuen, Mechanismus
seines Gedächtnisses selbst in treffender Weise zergliedert,
und die verschiedenen Bemerkungen, die wir über ihn machen,
haben sich ihm zum grössten Theil selbst aufgedrängt.

Seit der grossen Veränderung, die mit ihm vorgegangen
ist, muss Herr X., um etwas, z. B. eine Reihe von Sätzen,
auswendig zu lernen, dieselben mehrmals mit lauter Stimme
lesen, um so sein Gehör zu beeinflussen, und wenn er später

das Erlernte hersagt, hat er sehr deutlich die Empfindung des inneren Hörens, die dem Aussprechen der Worte vorhergeht, welche Empfindung er früher nicht gekannt hat.

Herr X. spricht das Französische sehr richtig und geläufig. Er erklärt uns jedoch, dass er nicht mehr im Französischen denken kann, und dass er nur spricht, indem er seine Gedanken aus dem Spanischen oder Deutschen in's Französische übersetzt. Diese beiden Sprachen waren die ersten, die er in seiner Kindheit erlernt hat.

Ein ganz interessantes Detail ist, dass Herr X. auch in seinen Träumen nicht mehr wie früher Gesichtsbilder von Gegenständen hat. Nur die Gesichtsvorstellungen von Worten sind ihm geblieben, und zwar gehören diese fast ausschliesslich der spanischen Sprache an.

Ausser dem Verlust der Gesichtsvorstellungen der Gegenstände zeigt unser Kranker ein gewisses Mass von Wortblindheit. So lässt er, aufgefordert das deutsche und das griechische Alphabet niederzuschreiben, in letzterem z. B. mehrere Buchstaben aus: Θ, σ, ς, ζ, φ, ψ, χ. Wenn man ihm diese Buchstaben geschrieben vorlegt, erkennt er sie nur, nachdem er sie selbst nachgezeichnet hat, und selbst dann erst nach langem Schwanken, wenn er sie miteinander vergleicht. Man dictirt ihm nun griechische Worte, in denen die betreffenden Buchstaben enthalten sind. Wenn er sie versteht, schreibt er sie richtig und unbedenklich nieder, während er doch genöthigt ist, dieselben Worte zuerst selbst nachzuschreiben, falls eine andere Person sie niederschreibt und ihm zum Lesen vorlegt. Man ersieht daraus, dass er einer Nachhilfe der Hand bedarf, um das Fehlen der Gesichtsvorstellungen der Worte, das er für gewisse Sprachen in einem mässigen Grade zeigt, auszugleichen.

Jedoch sind die dem Muskelsinn angehörigen Vorstellungen, die durch die Bewegungen der Hand beim Schreibgeschäfte geliefert werden, bei ihm von keiner besonderen Stärke.

Wenn man ihn die Augen schliessen lässt und dann seiner Hand die Bewegungen mittheilt, die sie z. B. beim Schreiben des Wortes „Wien" auszuführen hat, ist er nicht im Stande, das Wort zu erkennen, das er so passiv geschrieben hat, und muss, um es zu erkennen, es erst sehen und lesen.

Die folgende, vom Kranken selbst auf mein Ersuchen verfasste Schilderung wird die Beobachtung, die uns jetzt beschäftigt, in mehreren Punkten vervollständigen helfen und wird die zeitweilige Verwirrung und die bleibende Schädigung, welche der Kranke in Folge des Verlustes der Erinnerungsbilder des Gesichtssinnes erfahren hat, Ihnen noch klarer vor Augen führen.

„Ich beeile mich, Ihren Brief zu beantworten und bitte Sie, meine unvollkommene Kenntniss der französischen Sprache gütigst zu entschuldigen, die es mir einigermassen schwer macht, Ihnen die erlangte Auskunft mit der nöthigen Klarheit zu geben."

„Wie ich Ihnen bereits erzählt habe, besass ich in hohem Grade die Fähigkeit, mir die Personen, die mich interessirten, die Farben und Gegenstände aller Art, kurz alles, was auf das Auge wirkt, im Geiste vorzustellen."

„Gestatten Sie mir die Bemerkung, dass ich von dieser Fähigkeit bei meinen Studien Gebrauch zu machen pflegte. Wenn ich etwas auswendig lernen wollte, brauchte ich es nur zu lesen, und wenn ich dann die Augen schloss, sah ich die Buchstaben in's einzelnste ausgeführt deutlich vor Augen; dasselbe galt für die Gesichtszüge von Personen, für die Städte und Länder, die ich auf meinen langen Reisen besucht hatte, und wie ich schon oben gesagt habe, für alles, was meine Augen wahrgenommen hatten."

„Dieses innere Sehen ist mir mit einem Schlage ganz verloren gegangen. Noch heute kann ich mir mit dem besten Willen nicht die Züge meiner Frau, meiner Kinder oder das Bild irgend eines Gegenstandes, dessen ich mich täglich bediene, im Geiste vorstellen. Sie werden nun leicht verstehen, wie dieser völlige Verlust des inneren Sehens alle meine Eindrücke von Grund aus umgestalten musste."

„Da ich mir gar nichts Sichtbares vorstellen kann und das abstracte Gedächtniss vollkommen bewahrt habe, empfinde ich täglich neue Verwunderung, wenn ich Dinge erblicke, die mir seit langer Zeit vertraut sein sollten. Da meine Empfindungen oder vielmehr meine Sinneseindrücke von einer unendlichen Fremdartigkeit sind, scheint es mir, als ob eine gänzliche Umwandlung mit meiner Person vorgegangen sei, und natürlich hat sich auch mein Charakter in merklicher Weise verändert. Ich war früher leicht beweglich, enthusiastisch und besass eine üppige Phantasie, heute bin ich ruhig, kühl, und meine Phantasie kann mich nicht mehr irre leiten."

„Da mir der Sinn der inneren Vorstellung abhanden gekommen ist, haben sich auch meine Träume entsprechend verändert. Ich träume nur mehr von Reden, während ich früher in Bildern des Gesichtssinnes träumte."

„Gestatten Sie mir, Ihnen eine noch schlagendere Erläuterung meines Zustandes in einem Beispiel zu geben. Wenn Sie von mir verlangen, dass ich mir die Thürme von Notre-Dame, einen grasenden Hammel und ein Schiff in Bedrängniss auf offener See vorstellen soll, so muss ich Ihnen antworten, dass,

obwohl ich diese drei verschiedenen Dinge sehr gut zu unterscheiden weiss und auch weiss, um was es sich dabei handelt,
dieselben doch für mich mit Bezug auf das innere Sehen gar
keinen Sinn haben"

„Eine merkwürdige Folge des Verlustes dieser geistigen
Fähigkeit ist, wie ich schon erwähnt habe, die Veränderung
meines Charakters und meiner Gefühle. Ich bin jetzt für einen
Kummer oder einen moralischen Schmerz viel weniger em-
pfänglich. Ich will Ihnen als Beispiel anführen, dass ich unlängst
über den Tod eines meiner Verwandten, mit dem mich eine
aufrichtige Freundschaft verband, weit weniger betrübt war,
als ich gewesen wäre, hätte ich mir noch im inneren Sehen
die Züge dieses Verwandten und die Stadien der Krankheit,
die er durchgemacht hat, vorstellen können, und vor Allem,
wenn ich noch im Geiste die Aeusserungen des Schmerzes
sehen könnte, welche dieser vorzeitige Tod bei den Mitgliedern
meiner Familie hervorrufen muss."

„Ich weiss nicht, ob ich gut beschreibe, was ich empfinde;
aber ich kann Ihnen versichern, dass das innere Sehen, was
mir jetzt abgeht, bei mir in einer ungewöhnlichen Weise entwickelt war. Dieselbe Fähigkeit besitzen noch jetzt mein Bruder,
der Professor an der juridischen Facultät in X., mein Vater,
ein der wissenschaftlichen Welt wohlbekannter Orientalist, und
eine meiner Schwestern, deren Talent als Malerin ziemlich
geschätzt wird."

„Zum Schlusse bitte ich Sie, davon Kenntniss zu nehmen,
dass ich jetzt genöthigt bin, mir die Dinge, die ich im Gedächtniss behalten will, laut vorzusagen, während ich sie früher
nur durch das Gesicht für die Erinnerung abzubilden brauchte."

„Paris, am 11. Juli 1883."

An den Fall des Herrn X. könnte ich einen anderen anreihen, in dem es sich um einen 56jährigen Maler handelt,
der vor einigen Monaten zu seinem grossen Kummer bemerkte,
dass er die Fähigkeit verloren habe, sich die Dinge im Geiste
sinnlich vorzustellen. Auch hier war keine anderweitige
krankhafte Erscheinung aufgetreten. Dieser Maler kann nur
noch copiren, und auch bei dieser Arbeit ist er genöthigt, sich
sein Modell beständig vor Augen zu halten und es auch nicht
einen Augenblick aus dem Gesichte zu lassen.

Die Beobachtung des Herrn X. bedarf keines weiteren
Commentars; ich will mich in Bezug auf diesen Fall mit einigen
ganz kurzen Bemerkungen begnügen.

Wie Sie gehört haben, beruhte das ausserordentliche Gedächtniss, dessen sich Herr X. noch vor 18 Monaten erfreute,
hauptsächlich auf der bei ihm in hohem Grade entwickelten

Fähigkeit, das Gesehene im Geiste mit aller Treue zu repro-
duciren. Er gehörte also in dieser Hinsicht zu jener Classe
von Individuen, die, wie Galton[1] ausführt, jedes der Worte,
das sie aussprechen, gewissermassen im Geiste ablesen, als ob
sie es in Wirklichkeit gedruckt vor sich sehen würden, die
daher, wenn es sich darum handelt, einen Gedanken durch
Sprachzeichen auszudrücken, das visuelle Wortbild und nicht
das Klangbild in sich erwecken, und bei denen die Gesichtsvorstellung der Objecte eine solche sinnliche Lebhaftigkeit
erlangt, dass sie manchmal im Stande sind, das in ihrem Geist
vorhandene Bild gewissermassen auf's Papier zu projiciren
und es daselbst durch die Zeichnung zu fixiren. Eine solche
Höhe der Entwickelung dieser Fähigkeit scheint nach Galton
als Familienanlage vorzukommen, und in der That findet sie
sich auch beim Vater, Bruder und bei der Schwester unseres
Kranken in hohem Grade.

Es ist sehr merkwürdig, dass der so vollständige Verlust
des inneren Sehens, der es Herrn X. unmöglich macht, sich
Gegenstände und Gesichter sinnlich vorzustellen — so dass
ihm Dinge und Physiognomien, die er oft und oft gesehen hat,
immer wie neu erscheinen, dass er nicht mehr aus der Erinnerung zeichnen kann u. dgl. — das Vermögen, sich durch die
Sprache auszudrücken, bei ihm so wenig geschädigt hat. Die
optischen Erinnerungsbilder der Sprachzeichen fehlen ihm ja
im Ganzen genommen ebenso wie die der Gegenstände, Landschaften, menschlichen Gesichter u. s. w. Wir müssen aber
dabei bedenken, dass Herr X. von dem Moment an, da er
den Verlust des visuellen Erinnerungsvermögens erkannte,
gleichsam instinctiv dazu getrieben wurde, sein bis dahin, wie
es scheint, sehr vernachlässigtes auditives Gedächtniss zu
pflegen. Wenn er früher eine Reihe von Sätzen auswendig
lernen wollte, genügte es ihm, sie ein oder zwei Mal über-
schaut zu haben; gegenwärtig ist er, um dasselbe zu erreichen,
genöthigt, die Sätze mehrmals mit lauter Stimme zu lesen,
und wenn er daran geht, das Erlernte herzusagen, hat er sehr
deutlich die ihm ganz neue Empfindung des inneren Hörens,
welches der Wortbildung vorausgeht. Das will also besagen,
dass er seit dem Verlust der visuellen Erinnerungsbilder für
die Sprachzeichen gelernt hat, die Klangbilder in sich zu
wecken, oder in anderen Worten, dass das Klangbild des
Wortes ihm jetzt das Gesichtsbild desselben ersetzt. Wir
haben darin ein neues Beispiel jener „Stellvertretung" vor
uns, die in der Lehre von der Aphasie, wie sie heute auf-

---

[1] Loc. cit. pag. 96, 99.

gefasst wird, eine so grosse Rolle spielt, und die ich in meinen
Vorlesungen über Aphasie so nachdrücklich betont habe.[1]

Um Ihnen einen kurzen Auszug aus den damals vorgebrachten Erörterungen zu geben, will ich blos wiederholen,
dass die klinische Zergliederung geeigneter Fälle zur Ansicht
führt, dass jenes als amnestische Aphasie bezeichnete Symptombild, ganz im Gegensatz zur ziemlich allgemein herrschenden
Anschauung, keine Einheit darstellt. Das Wort ist in Wirklichkeit ein complexes Gebilde, in dem man wenigstens bei
gebildeten Individuen vier hauptsächliche Elemente unterscheiden kann, nämlich: das auditive Erinnerungsbild, das
visuelle Erinnerungsbild, und zwei motorische Elemente, das
heisst solche, die vom Muskelsinne herstammen, nämlich: das
Bewegungsbild der Articulation und das Bewegungsbild der
Schrift. Das erste ist durch die Einübung der zur Wortbildung nöthigen Zungen- und Lippenbewegungen, das andere
durch die Einübung der zum Schreiben erforderlichen Hand-
und Fingerbewegungen erworben worden. Es ist hier andererseits die Bemerkung am Platze, dass die amnestische Aphasie
auditiver oder visueller Natur gewissermassen die ersten
Andeutungen jener Affectionen darstellt, welche, wenn sie
auf's höchste ausgebildet sind, den Namen Worttaubheit und
Wortblindheit tragen. So z. B. wird man, wenn die Vorstellung des Wortes erhalten ist, aber dabei die Unfähigkeit
besteht, das Klangbild oder Gesichtsbild zu wecken, welches
der Vorstellung entsprechen sollte, von auditiver amne-
stischer Aphasie in dem einen, und von visueller amne-
stischer Aphasie in dem anderen Falle sprechen. Wenn
aber die Worte, die man geschrieben sieht, oder die an das
Ohr schlagen, nicht mehr verstanden werden, spricht man
von Wortblindheit, respective Worttaubheit. Man könnte nach
demselben Princip von einer musculären amnestischen
Aphasie reden, die übrigens je nach den Verhältnissen des
Falles mehr oder weniger ausgeprägt sein kann, wenn die
Bewegungsbilder, sei es der Articulation oder der Schrift, entfallen sind. Man darf endlich nicht darauf vergessen, dass in
Bezug auf den Mechanismus der Worterinnerung ziemlich ein-
greifende individuelle Verschiedenheiten zu bestehen scheinen.
Die Einen, vielleicht die überwiegende Mehrzahl, nehmen, wenn
es sich darum handelt, einen Gedanken durch das entsprechende Zeichen auszudrücken, ausschliesslich das Klangbild in Anspruch, Andere das Gesichtsbild, und Andere wieder
bedienen sich dabei direct eines der beiden Bewegungsbilder.

---

[1] Vergl. Note zur Elften Vorlesung.

Diese drei grossen Typen schliessen natürlich das Vorkommen von Misch- und Uebergangsformen nicht aus.

Wenn man der Bequemlichkeit halber die Repräsentanten dieser grossen Typen kurzweg als visuelle, auditive und motorische Sprecher bezeichnen wollte, wäre unser Kranker Herr X. ein Visueller in bester Form. Man sollte darnach vermuthen, dass die Unterdrückung oder wenigstens Abschwächung des inneren Sehens der Sprachzeichen bei ihm nothwendig zu schweren Störungen des sprachlichen Gedankenausdruckes hätte führen müssen. Aber hier kommt das Phänomen der Stellvertretung in Betracht, von dem oben die Rede war. Dank dem Fortbestehen des auditiven und motorischen Elementes in der Wortvorstellung, ist es bei Herrn X. zu einer so vollkommenen Ausgleichung gekommen, dass sich der Defect thatsächlich nur durch feine, kaum merkliche Nuancen verräth, und dass die Sprachfunction sich im Ganzen und Grossen fast wie unter normalen Verhältnissen vollzieht. Dagegen scheint das Fehlen des visuellen Elementes für das Gedankenspiel eine schwere, kaum mehr auszugleichende Schädigung abzugeben.

Auf jeden Fall darf man nicht mehr verkennen, dass die mögliche, und in einer Anzahl von uns heute bekannten Fällen erfolgte, Aufhebung einer ganzen Gruppe von Erinnerungsbildern, eines ganzen Erinnerungsvermögens, ohne dass die anderen Arten des Gedächtnisses dabei leiden, eine fundamentale Thatsache in der Pathologie und Physiologie des Gehirnes ist. Man muss mit Nothwendigkeit daraus folgern, dass diese verschiedenen Erinnerungsvermögen in ganz bestimmten Gegenden des Gehirnes ihren Sitz haben, und in dieser Thatsache einen neuen Beweis dafür erblicken, dass, wie aus anderen Erfahrungen hervorgeht, die Hemisphären des grossen Gehirns aus einer Anzahl von gesonderten Organen bestehen, deren jedes eine eigene Function besitzt, während es durch die innigsten Beziehungen mit den anderen verknüpft ist. Wir können sagen, dass dieser letzte Satz heute bereits allgemeine Anerkennung gefunden hat, und zwar nicht nur bei denen, welche die Verrichtungen des Gehirns im Laboratorium, an Thieren untersuchen, sondern auch bei allen Forschern, welche mit Hilfe der anatomisch-klinischen Methode diese Functionen beim Menschen studiren.

Vierzehnte Vorlesung.

Versuch einer neuen Classification der Krankheitsbilder der progressiven Muskelatrophie.

Rechtfertigung des Unternehmens. — Die frühere Eintheilung Charcot's. — Die Gruppe der protopathischen spinalen Amyotrophien, als Typus Duchenne-Aran zusammengefasst, enthielt eine Anzahl von Formen, welche nun ausgeschieden werden müssen. — Häufigkeit und Mannigfaltigkeit der primären Myopathien. — Die Paralysis pseudo-hypertrophica. — Die juvenile Form der Muskelatrophie von Erb. — Die hereditäre Form von Leyden. — Die infantile Form von Duchenne. — Uebergangsformen, welche gestatten, die einzelnen Unterarten der primären Myopathie in enge Beziehung zu einander zu bringen. — Neue Eintheilung der Amyotrophien. 1. spinale : *a*) amyotrophische Lateralsklerose, *b*) Typus Duchenne-Aran; 2. die primäre Myopathie mit ihren Unterarten.

Meine Herren! Der Zufall, von dem ja die Zusammensetzung unseres klinischen Materials abhängt, hat gegenwärtig auf unserer Klinik eine Reihe von interessanten Fällen zusammengeführt, welche als Repräsentanten für die sehr verschiedenen Erscheinungsformen dienen können, unter denen die progressive Muskelatrophie sich dem Beobachter zeigt. Ich habe die Absicht, diese günstige Gelegenheit zu benützen, um diese Fälle zum Anlass einiger Bemerkungen über die Frage der Muskelatrophie, oder besser der Muskelatrophien, zu machen.

Diese Frage ist seit einigen Jahren unverkennbar in ein neues und bedeutungsvolles Stadium getreten. Die nosographische Classification der progressiven Muskelatrophien bedarf heute einer kritischen Ueberprüfung auf Grund neuer Beweismittel, und zum Theil sogar eines völlig neuen Aufbaues auf anderem Boden. Ich werde Ihnen heute wenig mehr als einen ersten Versuch, eine Skizze dieses beabsichtigten Neubaues geben können, und behalte mir vor, Ihnen bei einer hoffentlich nahen Gelegenheit einen ausführlicheren und in seinen Einzelheiten besser vollendeten Plan vorzulegen.

Die Verhältnisse sind auf dem Gebiete der progressiven Amyotrophie verwickelter, als wir uns anfangs vorgestellt

hatten. Werfen wir einen kurzen Rückblick auf meine eigene
Lehren vor 10 Jahren. Die durchaus klinische Bezeichnung:
progressive Muskelatrophie, sagte ich damals, bezieht sich
auf verschiedene, nur durch äusserliche, oberflächliche Merkmale vereinigte Affectionen, denen allen Eines gemeinsam ist,
nämlich die spinale Ursache, mit anderen Worten, die Abhängigkeit von einer Erkrankung des Rückenmarkes und im
Besonderen der Vorderhörner der grauen Substanz. Doch sei
guter Grund vorhanden, fügte ich hinzu, in dieser Gruppe
wenigstens zwei Hauptunterabtheilungen anzunehmen, nämlich:
1. Die deuteropathischen spinalen Amyotrophien, bei denen
die Erkrankung der grauen Substanz das Secundäre ist, und
2. die protopathischen spinalen Amyotrophien, in denen
die Erkrankung der grauen Substanz das Einzige ist, oder
wenigstens das primäre, fundamentale Verhältniss darstellt.

In der ersten Gruppe, der deuteropathischen Amyotrophie, haben wir die folgende Unterscheidung aufgestellt.
Zunächst kommen die Fälle, in denen die Erkrankung der
grauen Substanz eine sozusagen zufällige, nebenher gehende
ist. Dahin gehören die Atrophie bei diffusen Myelitiden, bei
der Sklerose in zerstreuten Herden, bei Neubildungen des
Rückenmarks, bei der Tabes u. dgl. Für unsere Zwecke
können wir diese Classe von spinalen Amyotrophien, die man
im Allgemeinen mit Leichtigkeit auf die entsprechenden Krankheiten zurückführen kann, bei Seite lassen. An zweiter Stelle
stehen jene Fälle, in denen eine Erkrankung der weissen
Stränge das Primäre ist, woran sich aber jedesmal mit Nothwendigkeit die Erkrankung der grauen Substanz schliesst. Es
sind hier die Pyramidenstränge, die als die ersten erkranken,
später kommt dann die Reihe an die Vorderhörner, deren
Mitleidenschaft nothwendigerweise erfordert wird. Wenn die
Krankheit zu ihrer vollen Entwickelung gelangt ist, haben wir
die gewöhnliche Erscheinung der Muskelatrophie vor uns, zu
der noch das spastische Element hinzukommt, was zu ihrer
Charakteristik genügt. Diese Gruppe ist nosologisch abgeschlossen; es giebt nichts hinzuzuthun und nichts wegzu-
nehmen.

Was die andere grosse Gruppe der spinalen Amyotrophien
betrifft, so habe ich für sie die klinische Bezeichnung „Progressive Muskelatrophie vom Typus Duchenne-Aran" vorgeschlagen. Die Erkrankung der grauen motorischen Kerne
im Rückenmark oder in der Oblongata ist hier der einzige oder
wenigstens der primäre Process. Wenn die weissen Rücken-
markstränge mit leiden, so geschieht dies doch nur in neben-
sächlicher und mehr zufälliger Weise. Vom anatomischen

Standpunkt würde diese Gruppe den Namen „protopathische spinale Amyotrophie" oder vielleicht noch besser „chronische Poliomyelitis anterior" verdienen.

Man muss nun zugeben, dass die Zusammensetzung dieser Gruppe eine weniger gleichartige ist als die der ersten. Sie ist es auch, welche heute in Frage steht, welche man von Grund aus zu erschüttern versucht, und gegen welche eigentlich die Angriffe der Kritik, die oft das Richtige treffen, abzielen. Es gilt in der That, in dieser Gruppe Umgestaltungen vorzunehmen und berechtigte Ausscheidungen zu machen.

Nicht etwa, dass die nach dieser Richtung unternommenen Versuche die Existenz des nosographischen Typus von Duchenne-Aran selbst in Abrede stellen wollen. Es ist vielmehr gewiss, dass eine Art von progressiver Muskelatrophie, die anatomisch durch die isolirte Erkrankung der Vorderhörner der grauen Substanz im Rückenmark und klinisch durch die Amyotrophie charakterisirt ist, wirklich vorkommt. Es lässt sich nicht bezweifeln, dass man Fälle finden kann, in denen die Erkrankung nach dem 20. Jahre beginnt, zuerst die oberen Extremitäten, die Hände und specieller den Daumen- und den Kleinfingerballen ergreift und von dort aus sich gegen den Rumpftheil der Extremität ausbreitet. Diese Fälle sind ferner durch fibrilläre Zuckungen ausgezeichnet, und einige der atrophirten Muskeln zeigen Entartungsreaction. Von der amyotrophischen Lateralsklerose unterscheiden sie sich klinisch durch den Umstand, dass die Mitleidenschaft der Oblongata, obwohl möglich, doch viel seltener ist als bei letzterer Erkrankung, und hauptsächlich durch das vollständige Fehlen des spastischen Elementes und späterhin der Contractur. Diese Gruppe von Amyotrophien war früher eine sehr grosse; die Zahl der Fälle, die sie enthält, schrumpft aber immer mehr zusammen, seitdem man unter dem Einfluss neuer und eingehenderer Untersuchungen eine gewisse Anzahl von gut charakterisirten Formen, wie ich es für die amyotrophische Lateralsklerose gethan habe, von ihr abtrennt. Ihr vor noch kurzer Zeit so ausgedehntes Gebiet verengt sich also immer mehr in dem Masse, als man die fremdartigen Bestandtheile, die sie unrechtmässig in sich aufgenommen hatte, aus ihr ausscheidet. Es handelt sich uns nun gerade darum, zu wissen, was mit jenen Fällen geschehen ist oder geschehen soll, welche durch die neueren Untersuchungen tagtäglich vom Typus Duchenne-Aran losgelöst werden. Welche neue Art sollen sie uns repräsentiren; in welcher nosographischen Gruppirung werden wir sie vorfinden, oder in welche Gruppen können wir sie bringen?

Meine Herren! Neben der Amyotrophie aus spinaler Ursache besteht eine grosse und täglich anwachsende Classe, bei der die progressive, mehr oder minder allgemeine Muskelerkrankung sieh als unabhängig von jeder Erkrankung der Nerveneentren oder der peripheren Nerven erweist, bei denen es sich also um eine protopathische Erkrankung der Muskeln, eine primäre Myopathie handelt. Als Beispiel dieser Art von Erkrankung kann man die Paralysis pseudo-hypertrophica oder paralysie myosclérique von Duchenne de Boulogne anführen. Eulenburg und Cohnheim haben im Jahre 1866, ich selbst 1871, für diese Krankheit naehgewiesen, dass die Muskelerkrankung ganz unabhängig von jeder Läsion des Rüekenmarkes und der Nerven ist. Und ich darf bei dieser Gelegenheit daran erinnern, wie lebhaft ich zu jener Zeit gegen die damals herrschende Sueht aufgetreten bin, alle progressiven Muskelaffeetionen an Erkrankungen des Nervensystems zu knüpfen. Es giebt auch primäre Myopathien, sagte ich damals, und alle späteren Beobachtungen haben mir Recht gegeben. Es scheint ausserdem aus den letzteren hervorzugehen, dass die primären Myopathien weit zahlreicher und mannigfaeher in ihrem klinischen Auftreten sind, als man zu Anfang gemuthmasst hatte.

Die erwähnte Form der Myopathie aber, die Paralysis pseudo-hypertrophiea, entfernt sieh, so wie sie aus den Händen von Duchenne (de Boulogne), dieses grossen Künstlers der neuro-pathologischen Beschreibung, hervorgegangen ist, dureh ihre klinisehen Merkmale in solehem Masse von den spinalen progressiven Myopathien, dass man sie selten in der Klinik aneinander gereiht hat. So ist z. B. die Paralysis pseudo-hypertrophica eine Krankheit des Kindesalters. Nach 20 Jahren tritt sie nicht mehr auf. Man merkt hierbei zuerst, dass das Kind beim Gehen ungeschickt wird, dass es leichter als andere Kinder des gleiehen Alters ermüdet. Nach der Beschreibung von Duchenne sind es nur die unteren Extremitäten, die zuerst ergriffen werden. Später können die oberen Extremitäten an die Reihe kommen, aber die Hände bleiben gewöhnlieh versehont, sei die Erkrankung noeh so hochgradig. Endlich zeigen die erkrankten Muskeln, oder wenigstens ein guter Theil von ihnen, eine Volumszunahme, eine ungeheure Massenentwickelung, so dass eine Extremität oder ein Absehnitt derselben herculisehe Formen gewinnt. Anatomisch ist diese Hypertrophie durch Veränderungen des interstitiellen Gewebes ausgezeichnet, welche man bei den spinalen Amyotrophien niemals in solehem Grade findet. Ferner ist als eine der Duchenne-Aran'sehen Krankheit fremde Eigenthümlichkeit

anzuführen, dass bei der Entwickelung der Pseudohypertrophie der Muskeln die Erblichkeit eine grosse Rolle spielt.
Man findet oft in der nämlichen Familie mehrere Kinder
gleichzeitig von ihr befallen, während auch die Eltern und
Seitenverwandten an derselben Affection leiden können.

Ich zeige Ihnen hier den 19jährigen Gai . . . . . Die Krankheit, an der er leidet, und die bei ihm die klinischen Zeichen
der Paralysie myosclérosique von Duchenne bietet, hat
während seiner Kindheit begonnen. Betrachten Sie die kolos-
sale Stärke, die athletische Entwickelung seiner Wadenmuskeln.
Sie zeigen im Ruhestand eine beträchtliche Vermehrung ihrer
Consistenz, und wenn sie sich contrahirt haben, sind sie hart
wie Stein anzufühlen. Die Tricepsmuskeln der Oberschenkel
sind dick, während ihrer Contraction knollig verspringend.
Wenn Sie aber den Widerstand, den diese Organe leisten
können, prüfen, finden Sie trotz deren herculischen Formen
keine entsprechende Kraft. Es besteht vielmehr eine wirkliche
functionelle Schwäche, nicht eine paralytische Schwäche, das
heisst nicht nervösen Ursprungs, sondern eine Kraftverminderung, welche wahrscheinlich dem Grade von Veränderung des
Muskelgewebes mehr oder weniger genau proportional ist. Neben
dieser Hypertrophie wird Ihnen bei unserem Kranken eine
deutliche Abnahme der Masse und besonders der Kraft an
den oberen Extremitäten, specieller an den Muskeln der Oberarme auffallen. Dies ist auch der einzige Berührungspunkt,
den die myosklerotische Paralyse mit der progressiven Amyotrophie aus spinaler Ursache zeigt, und wegen dessen man,
obwohl sie deutlich von einander geschieden sind, in Gefahr
kommen könnte, sie zu verwechseln.

Es giebt noch eine andere Art von Muskelatrophie ohne
nervöse Erkrankung, welche im Kindes- oder Jünglingsalter
auftritt. Sie ist kürzlich von Prof. Erb (in Heidelberg) unter
dem Namen „juvenile Form der progressiven Muskelatrophie"
beschrieben worden und wird von ihm mit Recht als etwas
von den bisher beschriebenen spinalen Formen ganz Ver-
schiedenes betrachtet. [1] Vielleicht, dass die in Rede stehende
Form nicht ganz neu ist; aber die Beschreibung bringt jedenfalls neue Thatsachen oder wenigstens solche, die vorher nicht
nach ihrem vollen Werth gewürdigt worden waren. Wie Erb
übrigens selbst hervorhebt, zeigt diese Krankheit wichtige
Uebereinstimmungen mit der Paralysis pseudo-hypertrophica.
Sie tritt gewöhnlich um das 20. Lebensjahr, seltener in der

---

[1] W. Erb. Ueber die juvenile Form der progressiven Muskelatrophie etc.
(Deutsches Archiv für klinische Medicin, 1884.)

Kindheit auf. Sie kann mitunter, trotz ihres gewöhnlich progressiven Verlaufs, zeitweilige Stillstände machen, die vielleicht
auf Rechnung der Therapie zu setzen sind; kurz sie lässt die
Kranken am Leben und hindert sie nicht, Kinder zu zeugen,
welche in der Regel wie sie an Amyotrophien leiden. Zuerst
befallen werden bei ihr die oberen Extremitäten, besonders
die Oberarme und die Muskeln des Schultergürtels, niemals
zuerst die Kleinfinger- und Daumenballen. Später kann die
Reihe zu erkranken an die unteren Extremitäten kommen,
wobei die Waden, wie bei Paralysis pseudo-hypertrophica,
gewöhnlich von der Atrophie verschont bleiben. Dabei scheint
in der That die Atrophie das charakteristische Verhältniss zu
sein; Hypertrophie ist selten, obwohl sie von Erb einige Male
in den Deltamuskeln, dem M. triceps des Oberschenkels und in
der Wade constatirt werden konnte. Diese Volumsabnahme der
Muskeln könnte dazu verleiten, die Erb'sche Form mit der
Duchenne-Aran'schen Krankheit zu verwechseln; und in
der That, wenn man die Fälle durchsieht, die Duchenne in
seinem „Traité de l'électrisation localisée" zusammengestellt hat,
findet man eine gewisse Zahl darunter, welche nach Erb's
eigener Bemerkung ganz gut zur juvenilen Form gezählt werden
können. Aber diese letztere unterscheidet sich doch von der
progressiven Muskelatrophie aus spinaler Ursache durch eine
ganze Reihe von Charakteren. Als solche sind unter anderen
anzuführen: die Art des ersten Auftretens, das bei der juvenilen Form niemals die Hände (Kleinfinger- und Daumenballen) betrifft; das Fehlen der fibrillären Zuckungen in den
atrophirten Muskeln, die Ergebnisse der elektrischen Untersuchung, welche niemals für Entartungsreaction sprechen; das
Alter, das von der Krankheit befallen wird, immer unter
20 Jahren; und endlich vom anatomischen Standpunkt aus
die völlige Abwesenheit einer jeden Läsion des Rückenmarkes.

Die von Erb beschriebene juvenile Form sondert sich
also scharf von den Amyotrophien aus spinaler Ursache. Aber
lässt sie sich ebensogut von der Paralysis pseudo-hypertrophica trennen? Ich glaube es nicht und trete hiermit der Ansicht bei, welche Erb, obwohl nicht ohne Rückhalt, in jenem
Aufsatz ausgesprochen hat, der, wie ich glaube, überhaupt ein
helles Licht auf die uns vorliegende Frage wirft. Anscheinende
Hypertrophie im einen, Atrophie im anderen Falle; das ist
der ganze Unterschied zwischen beiden Formen. Und ich
meine, man darf nicht verkennen, dass dieser Unterschied
kein massgebender ist. Wenn wir genauer zusehen, entdecken
wir, dass die Hypertrophie keinen wesentlichen Charakterzug

der als Paralysis pseudo-hypertrophica bezeichneten Affection darstellt. Ich bin in der Lage, Ihnen einen Fall vorzuführen, der gewissermassen eine Vermittlung zwischen der juvenilen Form mit Amyotrophie einerseits, und der Paralysis pseudo-hypertrophica andererseits bildet.

Bei dem jugendlichen Kranken Lang . . . ., den ich Ihnen hier zeige, ist die Functionsherabsetzung das in die Augen fallende Verhältniss; was die Veränderung der Muskelmasse im höheren oder geringeren Grade betrifft, so fehlt sie hier gänzlich, wie mir mein Assistent Herr Marie, dem diese Eigenthümlichkeit aufgefallen war, gezeigt hat. Dieser Fall stellt also gleichsam, wenn wir von der Functionsstörung der Muskeln ausgehen, die juvenile Form Erb's weniger der Atrophie und die Paralysis pseudo-hypertrophica weniger der Hypertrophie dar. Es scheint mir nichts gegen die Annahme zu sprechen, dass die Veränderung des Muskelgewebes, welche die nächste Ursache der Muskelschwäche ist, auftreten kann, ohne von einer Veränderung des Muskelvolumens begleitet zu sein. Bei Lang . . . ., der gegenwärtig 11 Jahre alt ist, haben sich die ersten Zeichen der Krankheit in der Kindheit geäussert. Der kleine Patient zeigt heute die Lordose und den für Pseudohypertrophie charakteristischen Gang. Wenn man ihn sich in Rückenlage auf dem Boden ausstrecken heisst, kann er sich nicht anders erheben, als indem er seine Hände auf seine Knie auflegt und dann entlang seiner Oberschenkel emporklimmt, bis er in die aufrechte Stellung gekommen ist, ganz wie die Kranken dieser Art zu thun pflegen.

Betrachten Sie nun seine Muskelmassen, Sie finden nirgends Atrophie oder Hypertrophie. Ich will nicht behaupten, dass dieses Kind sehr gut entwickelte Muskeln habe, aber es liegt doch keine augenfällige Veränderung der Massenentwickelung der Muskeln vor. Das einzige bei ihm ausgeprägte klinische Verhältniss ist also die Kraftverminderung der, was die Masse betrifft, anscheinend normalen Musculatur.

Wo sollen wir diesen Fall unterbringen? In der juvenilen Form von Erb oder in der Paralysis pseudo-hypertrophica von Duchenne? Ich glaube, meine Herren, er passt weder recht in die eine noch in die andere Kategorie. Es scheint sich, kurz gesagt, hier nicht um verschiedene Krankheitsspecies, sondern blos um Varietäten zu handeln, welche verschiedene Arten der Ausbildung einer und derselben Affection, nämlich der progressiven, primären Myopathie, darstellen.

Damit hätten wir schon eine gewisse Anzahl von Fällen, welche man, wie Sie sehen, aus dem Typus Duchenne-Aran ausscheiden kann. Aber wir sind nicht zu Ende; ich will Ihnen noch zwei andere Formen von Muskelatrophie zeigen, welche früher in den zu weiten Rahmen der Duchenne-Aran'schen Krankheit mit einbezogen waren, und welche wir jetzt von derselben sondern können, um sie dorthin zu stellen, wo eigentlich ihr Platz ist, nämlich unter die primären Myopathien.

Betrachten Sie hier dieses 24jährige Mädchen, Dall . . . ., welches von Amyotrophie der unteren Extremitäten oder genauer der Unterschenkel befallen ist. Diese Atrophie ist sehr hochgradig; die Kranke kann kaum ohne Stütze einhergehen, und wenn man ihren Gang mit Aufmerksamkeit beobachtet, findet man, dass er ganz eigenthümlich ist. In Folge der Schwäche der Unterschenkelmuskeln fällt nämlich die Fussspitze herab, wenn die Kranke beim Gehen ihr Bein erhebt, um einen Schritt nach vorwärts zu thun. Wenn sie also nicht die Fussspitze am Boden schleifen lassen will, muss sie im Knie über das gewöhnliche Mass beugen und ahmt so den Gang der Pferde nach, wenn sie im Trab gehen. Ganz dasselbe geschieht in allen Fällen, wenn die Muskeln, welche die Dorsalflexion des Fusses besorgen, gelähmt sind, z. B. bei der alkoholischen Paralyse, wie ich Ihnen jüngst zu zeigen Gelegenheit hatte. Die Krankheit ist in unserem Falle im Alter von 14 Jahren, und zwar zuerst an den unteren Extremitäten aufgetreten, die oberen wurden später im Alter von 20 Jahren ergriffen. Heute kann man ausser einer leichten Kraftabnahme an den oberen Extremitäten noch einen mässigen Grad von Atrophie an den Händen constatiren; dieselben erscheinen in Folge der Massenabnahme der Kleinfinger- und Daumenballen an den Palmarflächen abgeflacht.

Ich möchte diesen Fall, obwohl hier nichts von einem Einflusse der Heredität zu erkennen ist, und die Kranke weder Brüder noch Schwestern hat, die an derselben Affection leiden, auf die von Prof. Leyden als hereditäre Form der progressiven Muskelatrophie beschriebene Krankheit beziehen, zu deren Charakteren der Beginn in den unteren Extremitäten gehören soll. Es scheint mir überdies, dass diese Form nicht wesentlich von der juvenilen Form Erb's abweicht, und dass sie wahrscheinlich wie letztere unter den primären progressiven Myopathien ohne Spinalerkrankung ihren Platz finden wird.

Das wären nun schon drei klinische Formen, nämlich die Paralysis pseudo-hypertrophica, die juvenile Form von Erb und die hereditäre von Leyden, welche, obwohl in einigen Merkmalen von einander abweichend, doch im Grunde genommen identisch sein könnten.

Gehen wir nun zu einer anderen Form über, welche Duchenne (de Boulogne) als Repräsentantin einer Varietät der progressiven Muskelatrophie beschrieben, und der er den Namen „infantile Form der progressiven Muskelatrophie" gegeben hat. Sie scheint selten zu sein, denn sie findet sich in den classischen Abhandlungen nicht erwähnt. Duchenne sagt in seinem Traité de l'Electrisation localisée, dass er ungefähr 20 Fälle beobachtet hat, und man findet auch in der Revue photographique des hôpitaux mehrere von Duchenne selbst angefertigte Photographien, welche die Gesichtszüge von Kranken, die an dieser Affection leiden, wiedergeben. Hier beginnt die Krankheit, nach der Beschreibung von Duchenne, zuerst im Gesichte, und zwar besonders am M. orbicularis des Mundes. Die Lippen sind nach aussen umgestülpt, was eine Mundbildung ergiebt, welche lebhaft an Scrophulose erinnert. Die Glieder werden erst in der Folge ergriffen, und zwar zuerst die Arme, dann folgt der Rumpf. Endlich ist es wichtig zu bemerken, dass diese infantile Form hereditär ist, und dass man in einer und derselben Familie Eltern trifft, die an dieser Atrophie leiden, und die Kinder erzeugen, welche, Brüder und Schwestern, von derselben Amyotrophie, mit Beginne im Gesicht, befallen werden. Man würde nun nach allem Vorgehenden natürlich meinen, dass die Amyotrophie in diesen Fällen von einer spinalen Läsion abhängt, wie beim Typus Duchenne-Aran, von dem diese Fälle nach Duchenne selbst nur eine Varietät darstellen. Aber diese Vermuthung erweist sich als schlecht begründet. Landouzy und Déjerine haben im vorigen Jahr der Académie des Sciences eine Arbeit über typische Fälle der infantilen progressiven Muskelatrophie von Duchenne vorgelegt, und in einem dieser Fälle hat die Autopsie gezeigt, dass weder im Rückenmark noch in den peripheren Nerven eine Erkrankung aufzufinden war. Also sind auch diese Fälle primäre Myopathien.

Ich kann Ihnen eine Kranke zeigen, bei der Sie das fragliche, von Duchenne entworfene Bild in der Mehrzahl seiner Züge getreulich wiederfinden können. Frl. Lar...., gegenwärtig 16 Jahre alt, ist in der Consultation externe zur Untersuchung gekommen und wurde von Herrn Marie, dem die interessanten Symptome, welche sie bietet, auffielen, auf die Klinik aufgenommen. Die Krankheit ist bei ihr im zartesten Kindesalter aufgetreten und hat sich zuerst durch eine völlige, besonders beim Lachen und Weinen hervortretende Unbeweglichkeit der Oberlippe kundgegeben. Sie hat niemals pfeifen können, und wenn man sie diese Action versuchen lässt, bemerkt man, dass die Oberlippe, die sich nicht contrahirt, dabei wie ein schlaffes Segel schlottert. Ebenso zeigt sie eine gewisse Erschwerung der Wortbildung, einige Buchstaben werden

besonders undeutlich ausgesprochen, und sie spricht überhaupt,
als ob sie Brei im Munde hätte. Diese Lähmung des M. orbicularis oris verleiht dem Gesicht einen ganz eigenthümlichen
Ausdruck; die Lippen sind dick, nach aussen umgestülpt und ein
wenig rüsselartig vorgestreckt, was an die Mundbildung bei
Scrophulösen erinnert. Aber ausserdem ist bei unserer Kranken,
was Duchenne, wie ich glaube, übersehen hat, der obere
Facialis ergriffen. Die kleine Patientin kann die Stirne nicht
runzeln, die Augenbrauen nicht hinaufziehen, sie schläft gewöhnlich mit halbgeöffneten Lidspalten, und im Wachen reicht die
kräftigste Zusammenziehung der M. orbiculares der Lider nicht
hin, um eine vollständige Bedeckung der Augen herbeizuführen;
es bleibt immer noch zwischen den freien Lidrändern eine
Spalte von mehreren Millimetern Breite, durch die man den
Augapfel sieht. Diese Erscheinung ist an ihr schon im zartesten
Kindesalter bemerkt worden. Im Alter von 14 Jahren kam
die Reihe zu erkranken an die oberen Extremitäten, es bildete
sich bald eine Atrophie derselben heraus, und was wir jetzt
an ihnen sehen, stimmt vollkommen mit der Beschreibung
Erb's von seiner juvenilen Form überein. Am Oberarm ist
die Atrophie der Muskeln eine sehr beträchtliche, der Widerstand sowohl gegen die Beugung als gegen die Streckung aufgehoben. Da die Kranke ihren Arm nicht durch eine normale
Contraction der Heber des Gliedes erheben kann, wie sie es
z. B. braucht, wenn sie sich schneuzen will, so muss sie denselben durch eine heftige Bewegung vom Rumpf abziehen und
in die Höhe schleudern, und diese Bewegung ist so charakteristisch, dass sie sofort in die Augen fällt. Beim Gange,
welcher den typischen Charakter der Paralysis pseudo-hypertrophica hat, die Lordose mit einbegriffen, hängen die Arme
unthätig und schlenkernd zu den Seiten des Rumpfes herab.
Ich will Ihnen sofort den Vater dieses jungen Mädchens
vorstellen, der 44 Jahre alt ist und an derselben Affection
leidet. Sie sehen, wie überraschend die Uebereinstimmung bei
Vater und Tochter ist. Auch bei ihm finden Sie die Atrophie
des Gesichtes und der oberen Extremitäten, auch bei ihm hat
sich, ebensowenig wie bei seiner Tochter, niemals die geringste
Andeutung von Hypertrophie der Muskeln gezeigt. Er kann
die Stirne nicht runzeln, der Lidschluss ist immer ein mangel-
hafter; er kann nicht pfeifen, und wenn er es versucht, zieht
sich der M. orbicularis des Mundes ungleichmässig zusammen
und es bildet sich im Bereich der Oberlippe gleichsam ein
Knoten an der rechten Lippenhälfte, an dem einzigen Punkte,
wo die Contraction zu Stande kommt. Die Handmuskeln finden
wir bei ihm wie bei seiner Tochter vollkommen ungeschädigt.

Nebenbei wollen wir erwähnen, dass in diesen beiden Fällen die Muskeln der Zunge und die beim Schlingaet in Betracht kommenden ganz verschont sind, kurz dass man hier keines jener bulbären Symptome vorfindet, welche bei der progressiven Muskelatrophie aus spinaler Ursache gelegentlich zu beobachten sind.

Das ist gewiss eine seltsame Form, meine Herren! Der Beginn im Gesichte ist eigenthümlich genug. Aber sollen wir darin ein speeifisches Merkmal sehen, welches uns bestimmen könnte, eine besondere Art aufzustellen? Ich glaube, nein. Sehen Sie einmal von der Betheiligung der Gesichtsmuskeln ab, und Sie haben bei diesen Kranken das Bild der juvenilen Form von Erb. Es ist daher sehr wahrscheinlich, dass zwischen beiden Formen sehr zahlreiche Berührungspunkte — um nicht mehr zu sagen — bestehen, und dass sie daher beide der Paralysis pseudo-hypertrophica anzunähern sind. Dieser Satz würde wenigstens theilweise bewiesen werden, wenn man einerseits Fälle finden würde, in denen die Erkrankung an den Extremitäten einsetzt (juvenile Form) und das Gesicht erst später in Mitleidenschaft gezogen wird, und andererseits Fälle, in denen mehrere Glieder derselben Familie die Charaktere der Varietäten, die wir eben beschrieben haben, entweder vereinigt, oder auf die einzelnen Personen vertheilt, darbieten. Nun, solche Fälle sind bekannt geworden. Es giebt in der Literatur einen Fall von Remak,[1] in dem der Beginn der Krankheit der gewöhnlichen juvenilen Form entsprach, das heisst, die oberen Extremitäten wurden zuerst ergriffen, während viel später, im Alter von 29 Jahren, die Betheiligung der Gesichtsmuskeln hinzukam. Andererseits hat F. Zimmerlin[2] die Beobachtung einer Familie veröffentlicht, in der zwei Kinder die juvenile Form von Erb mit Beginn an den oberen Extremitäten zeigten, während das dritte von der im Gesicht beginnenden Form, begleitet von Pseudohypertrophie der unteren Extremitäten, befallen war.

Demzufolge wäre der Beginn im Gesichte oder schlechtweg die Betheiligung der Gesichtsmuskeln nicht als charakteristisch für eine besondere Art, sondern nur für eine Varietät aufzufassen. Wenn wir also diesen vermittelnden Fällen Rechnung tragen, würden die verschiedenen und anscheinend so sehr von einander abweichenden Formen, die wir aufgezählt haben, doch zu einer einzigen Gruppe zusammentreten, welche allein den Inhalt der Art bilden würde. Wenn sich das wirklich so

[1] Mendel's Centralblatt 1884, Nr. 15.
[2] Mendel's Centralblatt 1885, Nr. 3.

verhält, so liegen die Verhältnisse viel weniger verwickelt, als es auf den ersten Blick den Anschein hatte, und man kann jetzt die progressiven Amyotrophien einfach in zwei grosse Classen theilen, etwa in folgender Weise:

Die erste Classe ist durch die spinalen Amyotrophien gebildet, welche als Gattungen enthalten: 1. die amyotrophische Lateralsklerose; 2. die progressive Muskelatrophie vom Typus Duchenne-Aran; letztere aber wohlverstanden auf ihre reinste Erscheinung beschränkt und aller fremden Bestandtheile, welche nicht ihr, sondern der nächsten Gruppe angehören, entledigt.

Die zweite Classe besteht aus den primären progressiven Amyotrophien und umfasst, aber nur mit dem Werth von Unterarten: 1. die Paralysis pseudo-hypertrophica; 2. die juvenile Form der progressiven Muskelatrophie von Erb; 3. die infantile Form der progressiven Muskelatrophie von Duchenne (de Boulogne); 4. jene Uebergangsformen, in denen, wie ich Ihnen an einem solchen Falle zeigen konnte, die Muskelschwäche das Bild beherrscht und im Grossen und Ganzen weder Atrophie noch Hypertrophie auftritt; und endlich 5. die hereditäre Form der progressiven Muskelatrophie von Leyden mit Beginn an den unteren Extremitäten. Die gemischten oder vermittelnden Fälle, welche man beobachtet, gestatten diese verschiedenen Formen einander zu nähern, und selbst sie zu Einem zu vereinigen. Vielleicht wäre es selbst in den Fällen von Erb einer besonders auf die Muskeln der Augen und des Mundes gerichteten Untersuchung geglückt, einige der Merkmale der infantilen Form von Duchenne aufzufinden. In der That bestehen bei allen unseren Kranken, selbst bei dem, der weder Hypertrophie noch Atrophie zeigt, Störungen in der Beweglichkeit der Gesichtsmuskeln; aber in den leichten Fällen sind diese Störungen nicht auffällig; man muss sie suchen, um sie zu entdecken. Wir haben in diesem Augenblicke zwei andere Kranke in Beobachtung, die wir Ihnen nicht zeigen können, beide typische Vertreter der von Duchenne (de Boulogne) beschriebenen infantilen Form. Beide, Vater und Sohn, sind in der nämlichen Weise erkrankt, und bei beiden wäre die Betheiligung der Kreismuskeln der Lippen und der Lider wahrscheinlich unserer Aufmerksamkeit entgangen, wenn wir nicht mit Sorgfalt danach gesucht hätten. Der Sohn ist ein Beispiel jener oben erwähnten Uebergangsformen. Es besteht bei ihm eine sehr deutliche Muskelschwäche an den oberen Extremitäten ohne Atrophie und Hypertrophie, während die Tricepsmuskeln des Oberschenkels beiderseits massiger und härter sind als der Norm entspricht.

Auf diese Weise, meine Herren, würden all diese, dem
Anscheine nach so verschiedenen Varietäten miteinander ver-
schmolzen zur Bildung einer einzigen und einheitlichen Krankheitsform, der primären progressiven Myopathie.

Dies, meine Herren, ist die Lehre, die ich mir heute vor
Ihnen flüchtig zu entwerfen vorgesetzt hatte. Sie verdient es
gewiss, in ausführlicher Entwickelung mit Bezugnahme auf die
ganze Reihe von Beweisstücken, welche eine Frage von dieser
Bedeutung fordert, erörtert zu werden, und dieser Aufgabe
hoffe ich später einmal genügen zu können.

Fünfzehnte Vorlesung.

___

Ueber Zittern, choreaartige Bewegungen und rhythmische Chorea.

I. Das Zittern der multiplen Sklerose. — Charaktere des Tremors der Parkinson'schen Krankheit. — Die graphische Darstellung desselben. — Tremor senilis; hysterischer Tremor. — II. Die Gruppe der rapiden Zitterbewegungen. — III. Die choreatischen Bewegungen, Unregelmässigkeit derselben, Störung der Bewegungsrichtung. — Chorea minor, posthemiplegische Chorea und Athetose. — IV. Die rhythmische Chorea, ihr Charakter, ihre Beziehung zur Hysterie.

Meine Herren! Im Anschluss an die Fälle von multipler Sklerose, die ich Ihnen in früheren Vorlesungen gezeigt habe, will ich heute die verschiedenen Formen des Zitterns, jene unwillkürlichen Bewegungen, mit denen man das nahezu pathognomische Zittern der multiplen Sklerose verwechseln kann, besprechen. Ich habe bereits früher die besonderen Eigenthümlichkeiten des Zitterns bei dieser letzteren Erkrankung gewürdigt und nachgewiesen, dass es nur aus Anlass intendirter Bewegungen von einer gewissen Amplitude auftritt (Intentionszittern, Tremblement intentionnel), und dass es aufhört, wenn die Kranken sich in vollkommener Ruhe, z. B. in Bettlage befinden. Wenn sie dagegen sitzen, sind die Muskeln des Halses und Rumpfes in Thätigkeit, um die aufrechte Haltung des Kopfes zu ermöglichen, und dann stellen sich Oscillationen des Kopfes und Rumpfes ein, während die Glieder in Ruhe bleiben. Wollen Sie das Phänomen nur an einer Extremität hervorrufen, so heissen Sie den Kranken ein Glas oder einen Löffel zum Munde führen. Diese Verrichtung erfordert eine willkürliche Bewegung von ziemlich grossem Umfang und stellt somit die für das Auftreten des Zitterphänomens erforderliche Bedingung her, denn letzteres kommt gewöhnlich bei Bewegungen von kleiner Amplitude, z. B. beim Einfädeln, Nähen u. s. w. nicht zu Stande. Im Moment, da der Kranke das Glas ergreift, sind die Schwin-

gungen der Hand wenig auffällig, sie steigern sich aber allmählich und erreichen ihren Höhepunkt im Augenblicke, wenn
sich das Glas dem Munde nähert. Diese Eigenthümlichkeit
des Zitterns bei der Sklerose in zerstreuten Herden lässt sich
mit Hilfe registrirender Apparate sehr deutlich in einer Curve
darstellen.

Der mit 1 bezeichnete Theil der Figur zeigt Ihnen das
Intentionszittern bei der multiplen Sklerose. Die horizontale
Linie AB entspricht dem Zustand der Ruhe, der Punkt B
bezeichnet den Moment, in dem die intendirte Bewegung
beginnt; BC giebt dann die Dauer dieser Bewegungen, während
welcher die Zitterbewegung sich als ein vielfach gebrochener
Zug aufzeichnet, dessen einzelne Stücke um so länger werden,
je mehr man sich vom Punkte B entfernt.

Dies ist das Zittern bei der Sklerose in zerstreuten Herden.
Ich habe die Methode des Contrastes gewählt, um die ihm
zukommenden, so eigenthümlichen Charaktere auffälliger hervortreten zu lassen, mit anderen Worten, ich habe diesem
Zittern andere Arten von Zitterbewegungen gegenübergestellt,
welche ganz anderen Krankheiten angehören, obwohl mehrere
derselben bis auf die jüngste Zeit mit der multiplen Sklerose
zusammengeworfen worden sind.

Beginnen wir mit der Schüttellähmung. Wie bei der
multiplen Sklerose besteht das Zittern der Parkinson'schen
Krankheit in rhythmischen Schwankungen, die aber von
kleinem Umfang und kurzer Dauer sind. Sie können sich von
diesen Eigenschaften an dem Kranken überzeugen, den ich
Ihnen hier vorstelle. Beachten Sie, dass die Hand und die
Finger, jedes für sich, in Zittern begriffen sind, aber prägen
Sie Ihrem Gedächtniss besonders die ganz eigenthümliche
Haltung der Hand ein. Die einzelnen Phalangen sind gegeneinander gestreckt, aber die Finger sind als Ganzes gegen die
Mittelhand gebeugt. Der Daumen steht in Adduction und
stemmt sich mit seiner Pulpa gegen den Zeigefinger, so dass
die Gestalt einer Hand, welche eine Schreibfeder hält, nach-
geahmt wird, und die Bewegungen, welche alle diese Theile
erschüttern, erinnern manchmal an die Bewegungen, die man
macht, wenn man ein Papierkügelchen zwischen den Fingern
rollt oder Brot zerkrümelt. Dieses Zittern ist continuirlich und
zeigt sich, was ein wichtiges Merkmal ist, unabhängig von
jeder intendirten Bewegung. Wenn Sie den Kranken ein Glas
zum Munde führen heissen, werden Sie vielleicht sehen können,
dass das Zittern an Amplitude zunimmt, aber niemals finden
Sie jene Schwankungen in grossen Bögen, welche für die
multiple Sklerose so charakteristisch sind. Auch diese Eigen-

schaft tritt sehr deutlich an den Curven hervor, die man mit
Hilfe des Registrirapparates erhält. Der mit 2 bezeichnete Theil
unserer Figur stellt das Zittern bei der Paralysis agitans dar.
Man sieht sofort auf den ersten Blick, wie sehr sich die beiden
Curven in der Strecke *B C* von einander unterscheiden. *A B* sei
wie oben die in der Ruhe gezeichnete Linie, welche mit kleinen,
vom continuirlichen Zittern herrührenden Wellen besetzt ist.
Beim Punkt *B* beginnt die gewollte Bewegung. Von diesem
Punkt an sind die Stücke der gebrochenen Linie *x y z* ein
wenig länger und unregelmässiger als in der Ruhe, sie bleiben
aber weit hinter denen bei der multiplen Sklerose zurück.

Fig. 27.

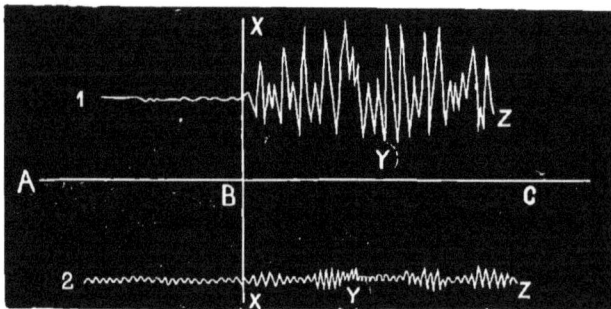

Halbschematische Wiedergabe der beiden im Text erwähnten Curven.

Wollen Sie sich auch in die Erinnerung zurückrufen, dass
bei der Paralysis agitans das Zittern gewöhnlich nicht den
Kopf ergreift, und wenn dieser an den unwillkürlichen Bewegungen theilzunehmen scheint, so ist es nur, weil ihm die
Stösse mitgetheilt werden.

Die Zitterbewegungen der multiplen Sklerose und der
Parkinson'schen Krankheit sind Oscillationen von einer geringen Frequenz, im Mittel vier bis fünf in der Secunde. Derselbe Charakter der Langsamkeit in den Schwingungen findet
sich bei einer anderen Art von Zittern, dem sogenannten
senilen Tremor wieder. Ich zeige Ihnen hier zwei Frauen, die
an diesem Zittern leiden. Bei der einen, der gegenwärtig
73jährigen La . . . ., hat die Krankheit im Alter von 60 Jahren
am Zeigefinger der linken Hand in Folge eines Traumas begonnen; bei der zweiten, der 80jährigen Les . . . ., ist sie vor

14 Jahren während der Belagerung von Paris in Folge einer heftigen Gemüthsbewegung ausgebrochen. Bei diesen Frauen zittern Hand und Finger wie bei der Parkinson'schen Krankheit jedes für sich. Der Kopf aber erhält Stösse auf eigene Rechnung, und diese ohne Regelmässigkeit einander folgenden Bewegungen in verticaler und horizontaler Richtung, während welcher die Kranke mit Geberden Ja oder Nein auszudrücken scheint, sind für das Verhalten des Kopfes beim sogenannten senilen Tremor vollkommen charakteristisch.

Bevor ich zur Classe der raschen Zitterbewegungen übergehe, will ich Ihnen eine Art von Tremor erwähnen, welche die Mitte zwischen beiden hält, nämlich den hysterischen Tremor. Wir haben gegenwärtig auf unseren Krankenzimmern zwei Männer, welche denselben zeigen; bei dem einen ist die Anzahl der Wellen fünf, beim anderen sieben in der Secunde. Ich führe diese Art von Zittern heute nur im Vorbeigehen an, weil ich vorhabe, sie ein anderes Mal in eingehenderer Weise zu behandeln. Vorläufig soll dieselbe eine in Bezug auf die Frequenz der Stösse intermediäre Stellung zwischen der ersten und zweiten Gruppe einnehmen.

In dieser zweiten Gruppe wollen wir die Zitterbewegungen mit frequenten, raschen Stössen, die man auch als vibratorische bezeichnet, unterbringen. Die Anzahl der Stösse in der Secunde beträgt hier acht bis neun, und darin ist auch anscheinend der einzige Unterschied gegen die erste Gruppe gelegen. Wir rechnen dazu: 1. den Alkoholtremor, 2. das mercurielle Zittern, 3. das Zittern bei der progressiven Paralyse, und endlich 4. das Zittern beim Morbus Basedowii. Eine Unterscheidung zwischen den drei ersten und der letzten Art des Zitterns kann man noch auf Grund der Thatsache machen, dass bei jenen dreien die Finger jeder für sich zittern, während dieses selbstständige Erzittern der Finger im letzten Falle nicht besteht. Man kann diese Eigenthümlichkeit leicht mit Hilfe der graphischen Methode feststellen, wie dies Herr Marie gethan hat. Wenn man in der Hand eines solchen Kranken eine Kautschukbirne anbringt, die durch einen Schlauch mit der Marey'schen Trommel eines Registrirapparates verbunden ist, bekommt man im Falle, dass die Finger einzeln zittern, eine sehr stark gewellte Curve, während im entgegengesetzten Falle, bei der Basedow'schen Krankheit, sich eine gerade oder wenigstens nur durch sehr kleine Wellen unterbrochene Linie ergiebt.

Neben diesen Zitterbewegungen, das heisst diesen Erschütterungen in rhythmischen Schwankungen, giebt es eine andere Classe von unwillkürlichen Bewegungen, welche mit der multiplen Sklerose verwechselt werden können und auch

wirklich verwechselt worden sind. Ich meine die Chorea oder
besser die choreaartigen Bewegungen im Allgemeinen. Bei
diesen handelt es sich nicht mehr um periodische Stösse,
sondern um Muskelactionen von grossem Umfang und sinn-
loser, widerspruchsvoller Natur. Diese Muskelactionen zeigen
keinerlei Rhythmus und entbehren jeder Bedeutung, das heisst
sie ahmen keine mimische Bewegung und keine Verrichtung
nach. Wie die früher erwähnten bestehen sie zur Zeit der
Ruhe und steigern sich während der intendirten Thätigkeit,
aber dann stören diese widerspruchsvollen Geberden die allgemeine Richtung der Bewegung und lenken sie von ihrem
Ziel ab, während diese allgemeine Richtung der Bewegung bei
der multiplen Sklerose und den anderen, eben erwähnten Arten
des Tremors zwar durch die Stösse, die das Glied erschüttern,
unterbrochen wird, aber doch als Resultante erhalten bleibt.
Und doch, meine Herren, besteht trotz dieses fundamentalen
Unterschiedes eine gewisse äusserliche Aehnlichkeit zwischen
den choreatischen Bewegungen und denen bei der multiplen
Sklerose, welche es verschuldet hat, dass hervorragende Aerzte die
multiple Sklerose lange Zeit als eine Art von Chorea auffassen
konnten. Duchenne (de Boulogne), der das Symptomenbild der Herdsklerose sehr wohl erkannt hatte, dem aber deren
pathologisch-anatomische Grundlage unbekannt war, nannte
sie „choreaartige Lähmung" (Paralysie choreiforme). Ich will
Ihnen darum einige Bemerkungen über diese Arten von Chorea
mittheilen.

Da haben wir zunächst die gewöhnliche, sogenannte rheumatische, Chorea minor, die man auch Sydenham'sche Chorea
nennen könnte, und die man nicht mit dem wirklichen Veits-
tanz, der grossen, epidemischen, Chorea major, zusammen-
werfen darf. Sie befällt vorzugsweise, wie Sie wissen,
Kinder von fünf bis vierzehn Jahren, seltener Erwachsene und
Greise. Sie erinnern sich gewiss an die kleine Flon . . . ., die
ich Ihnen als ein Beispiel für die gewöhnliche Chorea vorgestellt habe. Bei diesem jungen Mädchen ist die Krankheit
heute im Rückgang begriffen; die einzelnen unwillkürlichen
Bewegungen sind durch ziemlich lange Ruhepausen von einander
getrennt. Aber sei es unter dem Einfluss einer Aufregung,
z. B. der ärztlichen Untersuchung, sei es spontan, treten immer
noch in der linken oberen Extremität kleine, mehr oder minder
deutliche Stösse auf. Die Kranke schleudert ihre Hand heftig
gegen ihren Körper oder reibt sie zu wiederholten Malen an
ihrem Oberschenkel in abwechselnden Supinations- und Pro-
nationsbewegungen. Bei ihr wird ausnahmsweise der Krampf
nicht durch den Willensact gesteigert, und wenn Sie sie ein

Glas oder einen Löffel zum Munde führen heissen, wird die
Richtung der Bewegung fast gar nicht gestört und das Ziel
mit ziemlicher Sicherheit erreicht, was bei der Chorea durchaus
nicht immer der Fall ist. Auch in der linken Gesichtshälfte
treten solche unwillkürliche Bewegungen auf, und das Mienenspiel
zeigt darum ziemlich lebhafte, grimassenartige Veränderungen.

In die nämliche Gruppe der incoordinirten choreaartigen
Bewegungen müssen wir auch die prä- oder posthemiplegische
Chorea aufnehmen. Die Bewegungen sind hier in der That
von ganz derselben Art, der einzige wesentliche Unterschied
liegt in der Pathogenie, da diese Affection an cerebrale Erkrankungen von gewisser Localisation gebunden ist.

Das Gleiche gilt für die Athetose und Hemiathetose,
welche bei einer natürlichen Classification der posthemi-
plegischen Chorea und Hemichorea angereiht werden müssen.
Bei der Athetose giebt es gar keine Pausen und die Bewegungen ermangeln jeder Coordination. Ich will mich nicht dabei
aufhalten, Ihnen die Verkrümmungen der Finger, deren ab-
wechselnde Beugung und Streckung zu beschreiben; ich habe
Ihnen ja schon Fälle von Athetose gezeigt. Ich will Ihnen nur
den einen wichtigen Unterschied von der Chorea hervorheben,
der darin besteht, dass die Bewegungen der Athetose viel
weniger heftig, viel gemächlicher sind als bei letzterer Affection — man wird eher an das Spiel der Fangarme bei einem
Polypen erinnert — und dass sie sich auf die Finger und das
Handgelenk, auf die grossen Zehen und die Füsse beschränken,
obwohl man auch hier gelegentlich Bewegungen der Gesichtsmuskeln und des Platysmas beobachten kann. Der Kranke
kann nichts in der Hand halten, nichts zum Munde führen;
geben Sie ihm irgend einen Gegenstand in die Hände, er lässt
ihn gleich fallen. In Fällen von doppelseitiger Athetose
kommt manchmal eine grobe Aehnlichkeit mit dem Tremor
der disseminirten Sklerose zu Stande.

Dies ist also der Inhalt unserer beiden ersten Gruppen
der unwillkürlichen Zitterbewegungen. Ich will Ihnen jetzt
von einer Affection sprechen, welche unsere dritte Gruppe
einnimmt. Sie führt gleichfalls den Namen Chorea, obwohl
sie, wie Sie sehen werden, sehr beträchtlich von der Chorea
Sydenham's und den verwandten Affectionen abweicht. Wir
kommen damit ein wenig weit von der Herdsklerose ab, aber
ich habe gefürchtet, durch längeres Zögern die Gelegenheit zu
verlieren, Ihnen eine gewisse Anzahl von Fällen vorzustellen,
die man nicht oft beisammen zu finden das Glück hat,
denn es handelt sich hier um eine im Ganzen ziemlich seltene
Krankheit.

Bei der rhythmischen Chorea also (Chorée rhythmée) finden wir weder wie bei den Zitterbewegungen Stösse oder Schwingungen, noch wie bei der gewöhnlichen Chorea sinn- und absichtslose Geberden. Die Krankheit ist zwar auch durch unwillkürliche, zwangsweise erfolgende Bewegungen charak- terisirt, aber diese sind sehr verwickelter und coordinirter Natur, und was besonders beachtenswerth ist, sie halten einen bestimmten Rhythmus ein, sie sind tactmässig. Es fehlt also hier, wie Sie sehen, das eben betonte Merkmal der chorea- tischen Bewegungen, die Unregelmässigkeit, gänzlich. Man kann diese Bewegungen auch systematische heissen, weil sie nach einem gewissen Plan geordnet zu sein scheinen. Sie ahmen z. B.: 1. gewisse Ausdrucksbewegungen nach, wie die des Tanzes, besonders Charaktertänze (Chorea saltatoria); oder 2. gewisse professionelle Verrichtungen, wie die Bewegungen beim Rudern oder Schmieden (Chorea malleatoria). Mit einem Wort, es handelt sich immer um eine mehr oder minder getreue Nach- bildung logischer, gewollter, beabsichtigter Handlungen.

Die in Rede stehende Krankheit scheint zumeist an Hysterie geknüpft oder hysterischen Ursprungs zu sein, obwohl sie in manchen Fällen selbstständig und unabhängig von allen ge- wöhnlich für Hysterie charakteristischen Symptomen vorkommt. Sie werden übrigens gleich selbst entnehmen können, auf welche Weise ein Uebergang des einen Zustandes in den anderen zu Stande kommt, denn ich will, ohne mich weiter auf allgemeine Darlegungen einzulassen, Ihnen jetzt der Reihe nach drei Kranke vorführen, welche die Symptome der rhyth- mischen Chorea in verschiedenen Abstufungen zeigen.

Die eine derselben, Flor . . . ., kennen Sie bereits. Aber Sie haben sie nur flüchtig gesehen, und sie verdient wohl eine gründlichere Untersuchung. Sie ist seit sechs Monaten in unserer Behandlung, und ich habe sie schon im vorigen Jahre zum Gegenstand einer Vorlesung genommen. Wie Sie daraus entnehmen können, handelt es sich um ein hartnäckiges Leiden, von dem man die Kranken nur schwer befreien kann. Diese Frau ist 26 Jahre alt, war zweimal verheiratet, das erste Mal zu 18, das zweite Mal zu 20 Jahren und hat drei Kinder gehabt. Sie ist etwas reizbar von Gemüth, ihr Mann ist ein Arbeiter, ein braver Mann im Ganzen, der aber häufig durch seine tollen Streiche zu lebhaften Zwistigkeiten in der Ehe Anlass giebt.

Weder in ihrer eigenen Vorgeschichte noch in der ihrer Familie ist etwas Bemerkenswerthes aufzufinden. Vor drei Jahren, nach ihrem letzten Wochenbett, begann die Kranke an folgenden Symptomen zu leiden: Nach der Hauptmahlzeit ver- spürte sie häufig eine Art von Aufblähung und ein Pulsiren in der Magengegend, dann hatte sie im Halse die Empfindung einer Kugel. Darauf verfiel sie in eine Art von Verdauungsmattigkeit, der ganze Körper war ihr wie eingeschlafen, und ein krampfhaftes Weinen beschloss diese Anfälle. Auch Blutspucken und Bluthusten (nervöse Hämorrhagien nach Parrot) soll sie zu jener Zeit gehabt haben. Endlich will ich hinzufügen, dass sie damals eine, übrigens sehr leichte, rechtsseitige Hemianästhesie darbot, die jetzt auf die linke Seite gewandert ist; Einengung des Gesichtsfeldes und Störungen der anderen Sinne fehlten. Ovarie war zu keiner Zeit bei ihr vorhanden. Sie erkennen, meine Herren, die Stigmata der grossen Neurose, die zwar heute fast völlig geschwunden sind, deren Bestehen in der Vergangenheit uns aber gestattet, die hysterische Natur oder wenigstens den hysterischen Ursprung des Leidens, von dem die Kranke gegenwärtig befallen ist, zu behaupten.

Das Auftreten der Anfälle von rhythmischen Bewegungen reicht bis zum 15. Mai 1884, also in's letzte Jahr, zurück. Dieselbe brachen zum ersten Male in Folge einer häuslichen Scene aus, die während ihrer Menstruationszeit vorkam, und schlossen sich an einen jener Zustände an, in welche sie gewöhnlich nach der Mahlzeit zu verfallen pflegte. Später setzte sich die Chorea bei ihr fest, und die Anfälle traten zu jeder Stunde, die Zeit des Schlafes ausgenommen, auf. Sie dauerten eine bis anderthalb Stunden, waren zuerst nur durch kurze Pausen von einander getrennt, rückten später aber mehr auseinander, und heute kommen sie nur mehr selten spontan. Wir haben die Bemerkung gemacht, dass man sie durch gewisse Eingriffe jedesmal mit Sicherheit hervorrufen kann. Die Besserung, die sich in letzter Zeit bei der Kranken gezeigt hat, möchte ich auf Rechnung der statischen Elektricität schreiben; wenigstens ist die Hemianästhesie gewiss nur in Folge dieser Behandlung zuerst gewandert und dann geschwunden. Aber die Kranke ist ohne Zweifel von einer völligen Heilung noch weit entfernt. Ich erinnere mich an eine junge Polin, die an Anfällen von Hämmerbewegungen des Armes litt, welche mehrmals im Tage auftraten und ein bis zwei Stunden dauerten. Der Zustand bestand bei ihr schon seit sieben Jahren, und ich weiss nicht, ob sie gegenwärtig geheilt ist; übrigens will ich Ihnen sogleich eine Kranke vorstellen, bei der die Anfälle seit 30 Jahren bestehen.

Der gegenwärtige Zustand der Flor .... ist folgender: Ich sagte Ihnen schon, dass es bei ihr spontane und provocirte Anfälle giebt. Die ersteren kommen in der Regel nach der Mahlzeit, gleichsam als ein Nachklang jener früheren, gewöhnlichen Anfälle. Die Kranke verspürt dabei einen Schmerz und

ein Klopfen in der Magengrube sowie eine Art von Betäubung.
Dann fängt der rechte Arm an sich zu rühren, und bald folgt
der linke Arm wie die unteren Extremitäten nach. Sie sehen
dann eine Reihe von sehr mannigfaltigen und complicirten
Bewegungen vor sich, in denen Sie den Charakter des Rhythmischen, des Tactmässigen und die Nachahmung gewisser ab-
sichtsvoller und zweckmässiger Handlungen, wie ich's in meiner
allgemeinen Darstellung erwähnt habe, leicht erkennen. Wenn
der Anfall spontan eintritt, scheint er nur durch ein Zittern
des rechten Augenlides eingeleitet zu werden.

Künstlich erzeugen kann man die Anfälle, wenn man am
rechten Arm zieht oder, wie ich's jetzt vor Ihnen thue, auf eine
der beiden Patellarsehnen mit dem Hammer schlägt. Im Falle, dass
die Erregung den Arm betroffen hat, beginnt dieser Arm sich
sofort in Bewegung zu setzen und wird von raschen, rhythmischen Bewegungen, die den Eindruck machen, als ob die
Kranke Eier rühren wolle, ergriffen. Dann beugt sie die Finger,
legt die Fingerbeeren gegen den Daumen zusammen und macht,
indem sie den Arm erhebt, die Geberden eines Redners, der
einen Beweis vorträgt. Von Zeit zu Zeit führt der Arm als
Ganzes Kreisschwenkungen von grossem Umfang aus. Auch
die Beine gerathen ihrerseits in Unruhe, und wenn die Kranke
aufrecht steht und gehalten wird, tanzt sie, abwechselnd auf
dem oder dem anderen Fuss stehend, und führt geradezu eine
Nachahmung einer Bourrée oder eines Zigeunertanzes auf.
Während der ganzen Dauer des Anfalls bewahrt sie ein un-
gestörtes Bewusstsein; ja, wenn man neben ihr steht und sie im
Begriff ist, eine jener weit ausgreifenden Bewegungen auszuführen,
bei welchen sie eine Person in der Nähe empfindlich treffen
könnte, pflegt sie, was sehr merkwürdig ist, zur Vorsicht aufzufordern, ehe sie noch die Geste begonnen hat. Diese Thatsache hat deshalb ein besonderes psycho-physiologisches Interesse, weil sie zu beweisen scheint, dass jeder Bewegung ein
Vorstellungsbild derselben vorhergeht, durch welches die Kranke
erfährt, was nun geschehen wird. Sie können die Kranke
während des Anfalls ausfragen; sie sagt Ihnen dann, dass sie
nicht leidet, nur sehr ermüdet und von heftigem Herzklopfen
belästigt ist. Von Zeit zu Zeit hält sie inne, ruht einen Augenblick aus, Sie halten den Anfall für beendigt; aber siehe da,
er fängt gleich wieder an und alle Phasen wiederholen sich.
Die Gesammtdauer eines solchen Anfalls schwankt zwischen
einer und zwei Stunden. Man bringt sie dann zu Bette und alles
ist vorüber; wenn sie aufsteht, ist sie blos ein wenig ermüdet.

Sie werden nun eine andere Kranke sehen, bei welcher
wir durch einen Eingriff derselben Art einen ganz ähnlichen
Anfall erzeugen können.

Es ist die Frau Namens Deb .., bei welcher die Chorea nun
schon seit mehr als 30 Jahren besteht. Nur hat sich die Krankheit in der letzten Zeit insoferne ein wenig gebessert, als die
spontanen Anfälle ausserordentlich selten geworden sind; man
bekommt nur mehr mit Absicht hervorgerufene zu Gesichte.
Die Kranke ist gegenwärtig 67 Jahre alt, die Menopause ist
vor langer Zeit eingetreten, ohne, wie man hätte erwarten
können, das Aufhören der Anfälle mit sich zu bringen, ein
Verhalten, welches ich Ihnen durch zahlreiche Beispiele aus
der Casuistik der Hysterie belegen könnte. Bei unserer Kranken
sind übrigens alle permanenten Symptome der Hysterie geschwunden, es sind nur noch eine gesteigerte Erregbarkeit des
Gemüthes und diese Anfälle von rhythmischer Chorea übrig. Die
Anfälle ruft man wie bei unserer ersten Kranken mit Leichtigkeit hervor, wenn man am Arme zieht oder auf die Patellarsehne schlägt.

Ehe ich aber einen solchen Anfall hervorrufe, will ich
Ihnen die Geschichte dieser Kranken im Auszuge erzählen.
Der Beginn der Erkrankung reicht bis in ihr 36. Lebensjahr
zurück. Sie fuhr damals im Wagen mit ihrem Mann und
stürzte mitsammt Pferd und Wagen in einen Abgrund. In
Folge des heftigen Schreckens, den sie zu überstehen hatte,
verlor sie durch drei Stunden das Bewusstsein, dann brachen
Krämpfe, ein grosser hysterischer Anfall, aus, es folgte eine
Contractur der rechtsseitigen Extremitäten, und der Anfall
schloss mit Bellen. Erst einige Wochen später traten die Anfälle rhythmischer Chorea auf, wie sie heute bestehen, nur
dass sie zu jener Zeit heftiger und von längerer Dauer waren.

Betrachten Sie jetzt die Kranke! Es bedarf unseres Eingriffes nicht; die Aufregung darüber, dass sie sich im Hörsaale
vor so viel Leuten befindet, erspart uns die Mühe, etwas zum Ausbruche des Anfalls hinzuzuthun. Sie sehen in einer ersten Phase
den Arm rhythmische Schläge ausführen, die sogenannten Hämmerbewegungen; dabei hält die Kranke die Augen geschlossen.
Dann folgt eine Periode von tonischen Krämpfen und Verdrehungen der Arme und des Kopfes, die an partielle Epilepsie
erinnern. Es ist dies wahrscheinlich eine Andeutung des convulsiven hysterischen Anfalls. Endlich erscheinen tactmässige
Bewegungen des Kopfes nach rechts und links, rapide Bewegungen, die sich jeder Deutung entziehen, denn ich frage mich
vergebens, welcher physiologischen Bewegung sie entsprechen
könnten. Gleichzeitig stösst die Kranke eine Art von Geschrei
oder vielmehr Gesang aus, etwas wie eine modulirte Klage
und immer das Nämliche. Hier finden wir den Charakter der
Coordination, der scheinbaren Anlehnung an ein Vorbild wieder,

12*

welcher der rhythmischen Chorea eigen ist. Der Anfall kommt vor unseren Augen von selbst zu Ende; die Kranke hat während seiner ganzen Dauer nicht einen Augenblick das Bewusstsein verloren.

Sie ersehen aus diesem Beispiel, dass die rhythmische Chorea in manchen Fällen die Bedeutung eines schweren Leidens hat; nicht etwa, weil sie das Leben bedrohen würde, sondern weil sie sehr lange Zeit dauern und ein ungemein störendes Gebrechen werden kann. Die unglücklichen Kranken sind gehindert, sich einer Beschäftigung hinzugeben, und wegen des Grauens, das diese Anfälle erregen, und des Abscheus, dessen Gegenstand sie sich fühlen, gezwungen, sich von der Welt abzuschliessen.

Glücklicherweise, meine Herren, liegen die Verhältnisse bei der Chorea rhythmica nicht immer so düster, und ich kann Ihnen als Gegenstück zu den beiden ersten Kranken eine dritte zeigen, bei welcher die tactmässigen choreatischen Bewegungen nur im rudimentären Zustand, sozusagen im Keime, entwickelt sind. Sie treten auch in diesem Falle wie in beiden anderen sowohl spontan als in Folge eines absichtlichen Eingriffs auf, sind hier aber immer mit Symptomen der gewöhnlichen convulsiven Hysterie untermengt. Mit einem Wort, die Chorea rhythmica, welche sich bei dieser dritten Kranken in Hämmerbewegungen äussert, ist eine Theilerscheinung des hysterischen Anfalls und löst sich nicht als selbstständiges Leiden von demselben ab.

Die Kranke, Namens Bac..., 29 Jahre alt, Näherin, befindet sich seit 6. Januar 1885 auf der Klinik. In ihrer eigenen Vorgeschichte wie in der ihrer Familie findet sich keine Andeutung einer neuropathischen Anlage. Im Alter von 22 Jahren erfuhr sie eine heftige schmerzliche Erregung durch den Tod eines ihrer Eltern und bekam damals echte hysterische Anfälle, in denen schon die gegenwärtig beobachteten choreatischen Bewegungen auftraten. Von 1878 bis 1884 hatte sie nur vier oder fünf Anfälle, jedesmal in Folge einer Aufregung. Ich erwähne nebenbei, dass sie mehrmals an blenorrhagischen Gelenksentzündungen im rechten Handgelenk und linken Knie gelitten hat, da diese Affectionen zur Wiederkehr des gegenwärtigen Leidens in einer näheren oder entfernteren Beziehung stehen können. Es besteht bei ihr keine Störung der Sinnesthätigkeit oder der Hautempfindung bis auf eine leichte Abstumpfung der Temperaturempfindung auf der linken Seite; rechts findet man einen Ovarialpunkt, so dass Ovarie und Hemianästhesie, wie man dies gelegentlich sieht, gekreuzt zu einander sind.

Wenn die Anfälle spontan kommen, werden sie durch ein
Gefühl von Unbehaglichkeit im Epigastrium und durch Herzklopfen eingeleitet; mitunter stellt sich eine ganz deutliche
Empfindung von Globus hystericus ein. Eine Aura cephalica
war nie vorhanden. Man kann die Anfälle übrigens auslösen,
wenn man am linken Arm zieht und ihn gleichzeitig schüttelt,
wie um die choreatischen Hämmerbewegungen nachzuahmen.
Dann beginnt zuerst der linke Arm zu hämmern, der rechte
folgt ihm bald nach, aber gleichzeitig wird der ganze Körper
steif; der Kopf und die unteren Extremitäten bleiben unbeweglich. Von Zeit zu Zeit gerathen die letzteren in's Zittern,
die Augen bleiben geschlossen oder die Lider schlagen.
Gelegentlich macht die Kranke eine Andeutung eines „Gewölbes" (arc de cercle), das die Gleichförmigkeit des Anfalls
unterbricht. Druck auf den Ovarialpunkt schneidet den Anfall
ab, und dann bleibt die Kranke einen Augenblick ohne sprechen
und die Zunge bewegen zu können.

In diesem Falle ist der hysterische Ursprung des Leidens
noch viel deutlicher ersichtlich als bei unseren zwei ersten
Kranken. Die rhythmische Chorea hat sich sozusagen nicht
selbstständig gemacht. Der Fall ist auch in Folge dessen, wie
ich hoffe, ein gelinderer. Sehen wir von den Hämmerbewegungen ab, so handelt es sich bei dieser Frau, alles zusammen
genommen, um ziemlich gewöhnliche Anfälle, die eher der
kleinen als der grossen Hysterie angehören, die nur selten
und in Folge von Aufregungen auftreten. Man darf die Hoffnung aussprechen, dass diese Anfälle dem Einflusse einer geeigneten Therapie weichen werden, und mit ihnen die Symptome
der rhythmischen Chorea, welche sie zu begleiten pflegen.

Sechzehnte Vorlesung.

Spiritismus und Hysterie.

Meine Herren! Es ist unbestreitbar, dass alles, was das Gemüth lebhaft ergreift und die Einbildungskraft mächtig anregt, das Auftreten der Hysterie bei dazu beanlagten Individuen in ganz besonderer Weise fördert. Vielleicht der wirksamste unter diesen Einflüssen, die man als Traumen für die normale Geistesthätigkeit bezeichnen kann, ist aber der Glaube an das Uebernatürliche und Wunderbare, wie er durch überschwängliche religiöse Uebungen, oder in einem damit verwandten Ideenkreis durch den Spiritismus und dessen Hantirungen genährt und auf die Spitze getrieben wird. Um Sie daran zu erinnern, wie oft sich diese Wirkung des Wunderglaubens in auffälligster Weise geltend gemacht hat, brauche ich vielleicht nur einige zu dauernder Berühmtheit gelangte Fälle zu erwähnen: aus längst vergangener Zeit die „Besessene von Louviers",[1] deren Phantasie vor ihrer Besessenheit durch das allnächtliche Erscheinen eines „bösen Geistes" in dem Hause, welches sie bewohnte, in beständiger Aufregung erhalten worden war, oder aus unseren Tagen jene Epidemie von Hysterie, von welcher sechs Kinder derselben Familie in der Bretagne befallen wurden, nachdem man ihren Geist

---

[1] Procès-verbal fait pour délivrer une fille possédée par le malin esprit à Louviers (1591). Bureaux du Progrès Médical; Bibliothèque diabolique, 1883.

mit Schauergeschichten, in denen Zauberer und Gespenster die
Hauptrollen spielten, übersättigt hatte. [1]

Eine solche kleine Epidemie haben wir unlängst zu beobachten Gelegenheit gehabt. Die Hauptpersonen des Ereignisses
befinden sich gegenwärtig in unserer Behandlung in der Salpêtrière, und es scheint mir, dass dieser Fall sowohl wegen seines
Anlasses als auch wegen der Beweisstücke, die er für die
Kenntniss der Hysterie bei Kindern und besonders bei Knaben
liefert, einer eingehenden Berichterstattung werth ist.

Ein Militärgefängniss ist der Ort, an dem sich, was ich
nun erzählen werde, abgespielt hat. Das Leben in einem
solchen Gefängniss muss kein besonders angenehmes sein, und
in Folge der in einer solchen Anstalt nöthigen Einschränkung
müssen auch die Wohnungen der leitenden Officiere die Düster-
heit und Traurigkeit des Ortes theilen. Die Wohnung, welche
Herr X., Lieutenant-adjoint, einnimmt, liegt im dritten Stockwerk und ist durch eine finstere Stiege zugänglich; die Zimmer
selbst sind dunkel, denn die Fenster, die auf einen allerdings
geräumigen Hof gehen, sind alle sehr schmal, hoch über dem
Fussboden angebracht und lassen nur wenig Licht einfallen.
Herr X., der seit 3½ Jahren in der Anstalt wohnt, ist gegenwärtig 43 Jahre alt, er scheint mir ein ziemlich intelligenter
Mann zu sein, obwohl er in der militärischen Carrière äusserst
langsam vorgerückt ist; wir wollen übrigens bald näher auf
seinen Geisteszustand eingehen. Er erfreut sich einer guten
körperlichen Gesundheit und bietet wenig Pathologisches in
seiner Vorgeschichte; doch wollen wir bemerken, dass er im
Alter von 13 Jahren von einer Krankheit befallen wurde,
welche mit Fieber einsetzte, und in deren Folge er durch
sechs Monate an Delirien litt.

Seine Frau, 36 Jahre alt und seit 1879 verheiratet, ist
von entschieden nervöser Disposition, lebhaft, ungeduldig und
sehr erregbar, doch hat sie niemals an Krampfanfällen gelitten.
Anders ihre Mutter, die im März 1884, 72 Jahre alt, an einer
cerebrospinalen Erkrankung verstorben ist. Diese war zwei
bis drei Mal alljährlich Krampfanfällen unterworfen, welche man
deutlich als hysterische bestimmen kann. Bemerken wir noch,
dass der Vater von Frau X. ein offenkundiger Rheumatiker
war. Herr und Frau X. haben vier Kinder gehabt, von denen
nur drei leben, das vierte ist, wahrscheinlich an Abzehrung,
im Alter von 2½ Jahren gestorben. Das älteste der über-

[1] Les possédés de Plödran par le Dr Baratoux, in Progrès Médical,
N° 28, 1881, pag. 550.

lebenden Kinder ist ein Mädchen, Julie, 13½ Jahre alt; sie ist
vor der Zeit mit 7½ Monaten geboren und hat sich, bei der
Saugflasche aufgezogen, lange Zeit nur kümmerlich entwickelt.
Seit drei Jahren befindet sie sich in einer Mädchenpension in
der Nähe des Gefängnisses in ganzer Pflege. Sie hat sich von
frühester Jugend an sehr nervös erwiesen, zu Hause wie in
der Pension war sie unfolgsam, unverträglich und durch jede
Kleinigkeit zum Lachen oder zum Weinen zu bringen. 1883 trat
bei ihr die erste Menstruation ein, die von heftigen Unter-
leibsschmerzen begleitet war; die weiteren Regeln sind ausgeblieben. Sie pflegt alle Jahre ihre Ferien bei den Eltern
im Gefängniss zuzubringen; wir wollen aber hervorheben, dass
sie niemals einen Krampfanfall mitangesehen hat.

Der jüngere der beiden Knaben, Franz, 11 Jahre alt, ist
bleich und anämisch wie seine Schwester. Mit 14 Monaten litt
er an Convulsionen und im Alter von zwei Jahren an rheumatischen Schmerzen in den Gelenken der unteren Extremitäten,
Knie- und Fussgelenken. Diese Schmerzen sind seither zu
verschiedenen Malen wieder aufgetreten und sind stark genug,
um ihn bettlägerig zu machen. Er besucht tagsüber eine Pension in der Nähe der Strafanstalt und kommt alle Abende zu
seinen Eltern zurück, um zu Hause zu schlafen.

Der ältere Bruder, der zwölfjährige Jacques, ebenfalls
anämisch, führt dieselbe Lebensweise. Er leidet seit mehreren
Jahren an verschiedenartigen Zuckungen, besonders um den Mund.

Im Monat August des letzten Jahres fand sich in Folge
der Ferien die ganze Familie vereinigt; Vater und Mutter
lagen ihren gewöhnlichen Beschäftigungen ob, die Kinder
spielten miteinander in dem Hof des Hauses, fast immer allein,
denn in den anderen Officiersfamilien giebt es nur ein erst
vierjähriges Kind. Das Leben im Innern einer solchen Strafanstalt muss recht eintönig sein, wie ich schon gesagt habe;
nichts als die alltäglichen Geschäfte, Zerstreuungen giebt es
nicht. Um in diese Eintönigkeit etwas Abwechslung zu bringen,
hatten sich besonders die Frauen der Officiere schon seit
mehr als einem Jahr mit grossem Interesse an spiritistischen
Sitzungen betheiligt, welche eine ihrer Freundinnen jeden
zweiten Tag veranstaltete. Sie fanden sogar viel Geschmack
an dieser Unterhaltung, und der Spiritismus zählte begeisterte
Anhänger unter ihnen. Herr und Frau X. waren ganz besonders
eifrig; die letztere betrieb überdies auch ausserhalb der
Sitzungen leidenschaftlich die Lectüre von Büchern, welche
geheime Wissenschaften behandeln, und bedachte sich nicht,
dieselben auch der Tochter in die Hand zu geben. Was
Herrn X. betrifft, so hatte ihn der Spiritismus zuerst sehr

kalt gelassen; seit März 1883 unterliess er es aber keinen
Freitag, den Tisch zu drehen, weil ihm dieser eines schönen
Tages zugesagt hatte, ihm an einem Freitag „mediumistische"
Kräfte zu schenken, mit Hilfe deren er den Geist seiner Mutter
heraufbeschwören könnte. So kam es, dass das Mädchen Julie
schon während der Pfingstferien einer spiritistischen Sitzung
beiwohnen konnte, von der sie übrigens in keiner Weise beeinflusst wurde. Am 19. August auf Ferien zurückgekommen,
hatte sie schon an mehreren Zusammenkünften theilgenommen,
bei denen ihre Rolle blos darin bestand, die Hände auf den
Tisch zu legen, als am 29. August, Freitag, ihr Vater einen
neuen Versuch unternahm, um zu erfahren, ob seine Zeit als
Medium noch nicht gekommen sei. Er befragte den Tisch und
dieser antwortete, anstatt, wie er gehofft hatte, ihn zu nennen:
Julie wird das Medium sein. Der ganze Freitag wurde nun
einer fast ununterbrochenen Sitzung gewidmet. Am nächsten
Tag trat die Gesellschaft um 9 Uhr Morgens wieder zusammen,
man „citirte" verschiedene Personen, und gegen 3 Uhr Nach-
mittags ertheilte der Tisch Julie den Befehl, zu schreiben.
Diese ergriff einen Bleistift, aber im selben Augenblick wurden
ihre Arme steif und ihr Blick starr. Der Vater schüttete ihr
erschreckt ein Glas Wasser in's Gesicht, worauf sie zu sich
kam, und die Mutter verbot ihr in Ahnung der Gefahr, wieder
den Tisch zu drehen. Das passte der Nachbarin aber nicht,
die mit ihrer Freundin, der Anstifterin dieser Sitzungen, zugegen war. Begierig, den Geist einer gewissen Person, der
ihr, wie es scheint, „verschwistert" war, zu befragen, nahm
sie Julie mit sich, als sie fortging, und die Sitzung fing in
ihrer Wohnung von neuem an. Gegen 7 Uhr begann der
Tisch zu klopfen, der Geist stellte sich ein, und Julie bat ihn,
seinen Namen zu schreiben. In ihrer Eigenschaft als Medium
und vom Geist inspirirt, ergriff sie sofort selbst unter Zittern
den Stift und schrieb mit krampfhafter Hand „Paul Denis" und
dazu einen Schnörkel. Die Handschrift war, wie es scheint,
die eines Mannes, auch waren das P und das D so seltsam ge-
formt, dass das Mädchen sie seither nie mehr nachahmen
konnte. Kaum hatte sie die Schriftzüge fertig gebracht, als die
Hand, mit der sie geschrieben hatte, in Krampf gerieth. Dann
richtete sich das Mädchen gerade, stiess einen gellenden Schrei
aus und lief im Delirium durch das ganze Haus, unarticulirte
Schreie ausstossend; bald darauf wälzte sie sich auf dem Boden
und verfiel in hysterische Zuckungen, unter denen besonders die
Phase des Clownismus ausgeprägt war. Am nächsten und an den
folgenden Tagen kamen die Anfälle in grosser Zahl, 20 bis 30
im Tag, wieder. So dauerte das bis zum 15. November; Julie

hatte immer noch ihre Anfälle, und die Anwendung verschiedener Mittel, besonders der Hydrotherapie, besserte nichts daran.

Einige Tage vorher war Franz, der jüngere der beiden Knaben, der ebenso wie sein Bruder an den spiritistischen Bemühungen stets lebhaften Antheil genommen hatte, von Gelenksschmerzen befallen worden, mit denen er noch zu Bette lag. Am 15. October richtete er sich plötzlich im Bette auf, schrie, dass er Löwen und Wölfe sehe, dann stand er auf, schlug an die Thüren, sah seinen Vater todt vor sich, wollte Räuber, die er zu finden glaubte, mit einem Säbel todtschlagen, wälzte sich auf dem Boden, kroch auf dem Bauch, kurz, zeigte die Phase der leidenschaftlichen Stellungen und Geberden in schönster Ausbildung. Zwei Tage später zeigte Jacques eine Steigerung seiner gewöhnlichen Gesichtszuckungen und rief, als er seine Mutter weinen sah, aus: „Wenn du weinst, werde ich mich tödten." Endlich traten bei ihm Anfälle von kurzem Delirium auf, in dem er Kaubewegungen machte, unzusammenhängende Worte ausstiess, Räuber und Mörder sah, die er angreifen wollte. Am 9. December brachten die verzweifelten Eltern, nachdem jede Behandlung erfolglos geblieben war, ihre Kinder in die Salpêtrière. Die Nothwendigkeit, wenigstens die Kinder von einander zu trennen, hatte sich immer klarer herausgestellt, denn, wenn eines in einen Anfall verfiel, beeilten sich die anderen sofort, es ihm nachzuthun.

Das Mädchen, Julie, dessen Vorgeschichte wir bereits kennen, ist $13\frac{1}{2}$ Jahre alt, für dies Alter kräftig gebaut und sehr entwickelt, obwohl die Regeln sich nur einmal im Jahre 1883 gezeigt haben und seither nicht wieder erschienen sind; im Widerspruch zur Auskunft, welche die Mutter über sie gegeben hat, scheint sie von ruhiger und sanfter Gemüthsart zu sein. Sie hat in den ersten Tagen nach ihrem Eintritt wie in der nächstfolgenden Zeit mehrere Anfälle gehabt, die im Allgemeinen durch folgende Charaktere ausgezeichnet waren: Ganz plötzlich, nur manchmal nach einer sehr kurzen und wechselnden Aura wirft sie sich nach rückwärts, die Arme vom Rumpfe abgezogen, die Hände pronirt und die Finger stark gebeugt. Dann folgen häufig einmalige oder mehrmalige Andeutungen einer Bogenstellung (arc de cercle) besonders nach der einen Seite, und endlich zeigt sich die clonische Phase, ausgezeichnet durch Ueberschlagungen des Körpers nach vorne oder nach hinten; der Kopf nähert sich dabei dem Becken, oder es werden im Gegentheil die oberen Extremitäten in die Luft geworfen und zappeln hin und her, während der Kopf gegen die Kissen gestemmt bleibt. Während des Anfalls stösst Julie einige gröhlende Laute aus, lacht,

spricht aber nic. Anfälle wie die eben beschriebenen folgen
mehrere rasch aufeinander, so dass das Ganze ziemlich lange,
dreiviertel Stunden, eine und selbst anderthalb Stunden dauert.
Man kann die Anfälle nach Belieben abschneiden oder hervorrufen, wenn man auf einen der hysterogenen Punkte drückt,
welche die Kranke zeigt. Julie besitzt nämlich permanente
Stigmata der Hysterie; obzwar sie weder Hautanästhesie noch
Ovarie zeigt, finden sich doch bei ihr zahlreiche hysterogene
Zonen, und zwar, einander auf beiden Seiten entsprechend, am
Busen, an der äusseren Partie der Leiste, an der Wade und
am äusseren Knöchel, und an der inneren Seite des Ellbogen-
gelenks rechts. Die von Herrn Parinaud ausgeführte Untersuchung der Augen ergiebt ganz charakteristische Verhältnisse;
es besteht eine sehr deutliche Einengung des Gesichtsfeldes
für das rechte Auge; überdies ist der Kreis für die Rothempfindung nicht nur ausserhalb dessen für die Blauempfindung
gelegen, sondern geht auch beträchtlich über die Grenze der
Wahrnehmung für weisses Licht hinaus. Dieselben Phänomene
bestehen auch links, aber in abgeschwächtem Grade. Die
anderen Sinne sind intact.

Der elfjährige Franz, der jüngere der beiden Knaben,
zeigt ausser den Anfällen, die wir gleich beschreiben werden,
ebenfalls permanente Stigmata. Am Tage nach seinem Eintritt
konnte man an ihm einen anästhetischen Bezirk auffinden, der
das ganze Gesicht einschloss; dieser Bezirk ist übrigens wandel-
bar, denn in den nächsten Tagen war die Unempfindlichkeit
auf die mittlere Gegend der Nase und der Stirne beschränkt.
Der übrige Theil der allgemeinen Decke ist sehr merklich
hyperästhetisch. Alle Specialsinne sind beeinträchtigt; der Geschmack ist ganz aufgehoben, die Zunge völlig unempfindlich,
die Schlundreflexe sind unterdrückt, desgleichen der Geruch
und die Reflexe von der Nasenschleimhaut; der äussere Gehörgang ist unempfindlich, das Gehör sehr abgestumpft. Auch die
Untersuchung des Gesichtsfeldes ist sehr lehrreich; links besteht
eine sehr deutliche Einengung und der Kreis der Rothempfindung geht nicht nur über den der Blau-, sondern auch über
den der Weissempfindung hinaus. Rechts ist die Einengung
minder deutlich und es besteht keine relative Verschiebung
der Grenzen für die Farbenwahrnehmung. Franz hat alle Tage
ein bis fünf Anfälle, von denen einige bis zu zwei Stunden
dauern. Er zeigt in sehr schöner Weise die Aeusserungen der
kleinen und der grossen Hysterie. Die ersteren bestehen in
einer Contractur der Ringmuskeln der Augenlider, die fünf bis
sechs Minuten anhält, dabei ist das Bewusstsein nicht gestört;
oder das Kind schlägt mit der Hand, mit dem Fuss, stösst

einige unzusammenhängende Worte aus, und dann ist alles
vorüber. Zumeist aber sind die eben erwähnten Erscheinungen
nur die Vorläufer einer Reihe von charakteristischen, zu einem
Ganzen zusammengesetzten Anfällen. Das Kind wird dann an
Armen und Beinen steif, schliesst die Augen, nimmt ungefähr
die Stellung des „Gewölbes" (arc de cercle) an, wirft sich
später auf den Boden, kriecht auf dem Bauche, schlägt auf
den Boden, indem er Mörder! Hilfe! schreit, rauft und ver-
theidigt sich gegen imaginäre Wesen. Dann beginnt die tonische
Phase von neuem und der Anfall setzt sich so aus einer Reihe
von kleinen Anfällen mit Ueberspringen der einen und wechseln-
dem Vorwiegen der anderen Phänomene zusammen. Wenn man
ihm die Hand bei gespreizter Haltung der Finger zusammen-
drückt, kann man merkwürdigerweise den Anfall augenblicklich
unterbrechen; es gelingt übrigens nicht, ihn auf diese Weise
hervorzurufen, und die Haut dieses Körpertheils zeigt keine
Störung der Sensibilität.

Der zwölfjährige, wie sein Bruder und seine Schwester
bleiche und anämische Jacques ist am wenigsten intensiv von
den Dreien erkrankt, obwohl auch er ein oder zwei, mitunter
drei bis vier Anfälle im Tag hat. Aber ausserdem, dass er
keine permanenten Stigmata trägt, überwiegt die kleine Form
der Hysterie bei ihm auch sehr merklich über die grosse. Wie
wir wissen, hat er vor der Erkrankung an Gesichtskrampf gelitten. Diese Zuckungen werden nun zu Beginn des Anfalls
stärker; er schneidet Fratzen, die Lippencommissuren werden
nach aussen gezogen, er macht Kaubewegungen, schliesst die
Augen, spricht einige unzusammenhängende Worte aus, und
damit kann der Anfall zu Ende sein. Aber auch bei ihm kommt
es vor, dass nach diesen Phänomenen oder gleichzeitig mit
ihnen die Augen sich schliessen, der Körper steif wird und er
ein Gewölbe macht; darauf beginnt er zu laufen, geht auf und
ab, spricht laut mit sich selbst, schreit: Diebe! und wirft sich
endlich auf's Bett, womit der Anfall endet oder eine neue
Reihe von Anfällen beginnt, die selten länger als eine Viertelstunde dauert.

Dies ist der gegenwärtige Zustand der Kranken, dies sind
die Thatsachen, die wir beobachten konnten und die mir
wichtig genug erschienen sind, um sie zum Gegenstand der
heutigen Vorlesung zu machen.

Es handelt sich in der That nicht etwa um flüchtige
Aeusserungen der Hysterie bei diesen Kindern. Bei Julie besteht
die Krankheit nun schon seit vier Monaten, und wenn die
Isolirung ihre Anfälle wie die ihrer Brüder auch ein wenig
gemildert zu haben scheint, so bleibt es doch wahrscheinlich,

dass dieselben sich recht hartnäckig erweisen werden, denn man kann die drei Kinder nicht zusammenbringen, ohne dass sie nicht alle drei sofort in Krämpfe verfallen.

Die eingehende Schilderung dieser kleinen Hausepidemie, die ich Ihnen gegeben habe, scheint mir in hohem Grade lehrreich zu sein. Wir haben die Entstehung und Entwickelung der Krankheit in einer Familie von Nervösen und Arthritikern kennen gelernt, deren Glieder folglich zwei Diathesen verfallen sind, die, so häufig miteinander vereinigt, der Krankheit den günstigsten Boden bieten. Wir haben den Einfluss schätzen gelernt, den Lebensweise und Wohnungsbedingungen ausüben, wir haben endlich klar die Gefahr erkannt, welche abergläubische Handlungen und Gebräuche besonders für prädisponirte Personen, die leider am meisten zu ihnen hinneigen, mit sich bringen, die Gefahr der beständigen Ueberspannung des Geistes, in welche alle die verfallen, welche sich dem Spiritismus, dem Bemühen ergeben, das Wunderbare, dem der Sinn der Kinder ohnehin weit offen steht, in's Leben zu ziehen.

Siebzehnte Vorlesung.

Ueber die Zweckmässigkeit der Isolirung bei der Behandlung hysterischer Kranken.

Fortsetzung der Krankengeschichte der drei Kinder, welche in Folge spiritistischer Sitzungen erkrankt waren. — Trennung der Hysterischen von ihren Angehörigen. — Die nervöse Anorexie. — Geschichte eines Falles von Anorexie, in dem die Isolirung das Leben der Kranken rettete. — Anerkennung der therapeutischen Bedeutung der Isolirung in alten und in modernen Zeiten.

Meine Herren! Ich halte es für gut, Ihnen ehe ich auf den eigentlichen Gegenstand unserer heutigen Studien eingehe, einige Nachrichten über die drei Geschwister zu geben, die ich Ihnen am 19. December des vorigen Jahres vorgestellt habe. Ich habe nicht die Absicht, die ganze Geschichte dieser kleinen hysterischen Epidemie, welche sich unter dem Einfluss spiritistischer Uebungen entwickelt hat, hier von neuem zu erzählen; Sie finden dieselbe mit allen ihren Einzelheiten im Progrès médical vom 24. Januar, veröffentlicht von meinem letztjährigen Interne Herrn Dr. Gilles de la Tourette. Nur einige Punkte will ich hervorheben, welche geeignet sind, Ihnen den Zustand der Kinder zur Zeit der Vorstellung in die Erinnerung zu rufen, damit Sie besser im Stande sind, die Veränderungen zu beurtheilen, die sich bei ihnen unter dem Einfluss der von uns getroffenen Massnahmen und der eingeschlagenen Behandlung eingestellt haben.

Die Familie besteht, wie ich eben gesagt habe, aus drei Kindern, zwei Knaben und einem Mädchen. Sie erinnern sich, dass bei letzterer, gegenwärtig 13½ Jahre alt, die Krankheit am 20. August 1884 ausgebrochen ist, und zwar in Folge einer spiritistischen Sitzung, die von 9 Uhr Morgens bis 7 Uhr Abends fortgeführt wurde, und bei der Julie die bedeutungsvolle Rolle eines Mediums spielte. Zu Ende dieser Sitzung brachen bei ihr Krampfanfälle aus, welche sich 15- bis 20mal im Tag wiederholten, bis endlich, am 9. December 1884, die ganze Familie in die Salpêtrière aufgenommen wurde. Die beiden Brüder hatten nämlich dem bösen Beispiel, das ihnen die ältere Schwester gab, gefolgt, und am 15. November 1884, ungefähr sechs Wochen nach jener verhängnissvollen spiritistischen Sitzung, die übrigens keinen Eindruck auf ihn gemacht hatte, wurde der jüngere Knabe, der elfjährige Franz, von einem Anfall eines hysterischen Deliriums ergriffen, während er noch durch eine rheumatische Erkrankung an's Bett gefesselt war. Zwei Tage später, am 17. December, kam die Reihe an den älteren Knaben Jacques, der in Anfälle von Delirium mit Hallucinationen verfiel.

Von dieser Zeit ab konnten die Kinder sich nicht mehr im Hause treffen, ohne von Anfällen ergriffen zu werden. Die Schwester machte immer den Anfang, die Brüder folgten ihrem Beispiel, und das wiederholte sich mehrere Male im Tag. Die Lage war also unhaltbar geworden. Da geschah es denn auch, dass die Eltern unsere Hilfe in Anspruch nahmen und wir ihnen den Vorschlag machten, die Kinder auf unsere Klinik zu bringen, den sie annahmen.

I. Der Vorschlag, den ich den Eltern machte, ging aus einer Reihe therapeutischer Erwägungen hervor, die ich Ihnen jetzt auseinandersetzen will. Die Aufnahme der Kranken auf die Klinik ermöglichte uns, folgende drei Massregeln durchzuführen:

1. Die Entfernung der Kranken von dem Orte, an dem ihre Krankheit ausgebrochen war;

2. ihre Trennung von Vater und Mutter, welche selbst sehr nervös geworden waren, und deren Gegenwart nach meinen früheren und in diesem Punkte schon sehr alten Erfahrungen jeder Behandlung im Wege stehen musste;

3. die Trennung der Kinder von einander.

Das Mädchen wurde in der That in einem der Weiberzimmer unserer Klinik untergebracht, die beiden Knaben ihrerseits in dem einzigen Männerzimmer, das wir damals besassen. Die Trennung der drei Kranken von einander war also nicht vollständig durchgeführt, doch hatten wir wenigstens ihrem Zusammenleben in einem Raume ein Ende gemacht. Dies musste nach meinem Dafürhalten zur Grundvoraussetzung einer jeden Behandlung genommen werden. Die Eltern erklärten sich damit einverstanden, ihre Kinder nur mit meiner Erlaubniss zu sehen, und ich glaubte, ihnen versprechen zu können, dass sie dieselben nach wenigen Monaten völlig geheilt zurückbekommen werden.

Wenn das die moralische oder psychische Seite der Behandlung war, so hatten wir doch natürlicherweise auch eigentlich ärztliche Massnahmen in's Auge gefasst. Die Kinder, die man uns anvertraut hatte, waren alle drei bleich und anämisch; man musste ihnen also jene kräftigenden Mittel verabreichen, unter denen Amara und Eisenpräparate den ersten Rang einnehmen. Man konnte ferner anstreben, auf die rheumatische Diathese, die wenigstens bei dem einen sehr ausgesprochen war, zu wirken.

Was die Heilmittel betrifft, die sich direct gegen den hysterischen Status richten, so beabsichtigten wir, eine Behandlung mit statischer Elektricität einzuleiten, die uns täglich bei solchen Fällen grosse Dienste leistet, zumal da wir bei der noch nicht vollendeten Einrichtung der hydrotherapeutischen Anstalt in der Salpêtrière auf eine methodische Anwendung der Hydrotherapie verzichten mussten. Wir setzten aber keine Hoffnung auf die Verabreichung der Brompräparate, da uns die Erfahrung seit langer Zeit gelehrt hat, dass diese Classe von Medicamenten, welche sich in der Epilepsie fast immer, wenigstens bis zu einem gewissen Grade, wirksam erweist, in der Behandlung der Hysterie, auch in jenen Formen, welche sich der Epilepsie am meisten zu nähern scheinen, nämlich in der Hysteroepilepsie, völlig versagt. Ich spreche hier nicht vom Opium in hohen Dosen und den anderen krampfstillenden Mitteln; nicht dass ich ihre Anwendung verurtheile, aber es scheint mir ganz aussichtslos, sie in solchen Fällen zu geben.

II. Ich muss Ihnen aber gestehen, meine Herren, dass ich, wenn ich auch entschlossen war, alle im eigentlichen Sinne des Wortes therapeutischen Methoden in Anwendung zu ziehen, doch hauptsächlich auf die Isolirung, also auf die moralische Behandlung rechnete, wenngleich diese nothwendigerweise eine unvollkommene bleiben musste. Es war allerdings noch möglich, dass die Kinder einander in den Räumen des Spitals begegneten, und es ist auch häufig geschehen; die beiden Brüder wohnten überdies in demselben Krankensaal und konnten, ebenso wie die Schwester, in den gemeinschaftlichen Schlafräumen zu wiederholten Malen die convulsivischen hysterischen Anfälle zu Augen bekommen. Aber uns blieb eben keine Wahl, und es war doch nach meiner Ansicht besser für sie, unter diesen Verhältnissen zu leben als im väterlichen Haus zu bleiben, im beständigen Verkehr mit Vater und Mutter, und ihrer gegenseitigen Einwirkung auf einander jeden Augenblick ausgesetzt. Ich kann nicht nachdrücklich genug vor Ihnen betonen, welches Gewicht ich auf die Isolirung bei der

Behandlung der Hysterie lege, bei welcher Krankheit das psychische Element unstreitig in den meisten Fällen eine sehr beachtenswerthe, wenn nicht die Hauptrolle spielt. Seit 15 Jahren halte ich an diesem Satze fest, und alles, was ich seit 15 Jahren gesehen habe, und was ich täglich sehe, trägt dazu bei, mich in dieser Ansicht zu bestärken. Ich sage Ihnen, es ist nothwendig, die Kinder und die Erwachsenen von ihrem Vater und zumal von ihrer Mutter zu trennen, deren Einfluss, wie die Erfahrung zeigt, ein ganz besonders schädlicher ist. Die Erfahrung beweist dies, wiederhole ich, obwohl die Gründe dafür nicht immer leicht anzugeben sind, und man besonders vor den Müttern in Verlegenheit kommt, die nichts davon wissen wollen und in der Regel erst der äussersten Nothwendigkeit nachgeben.

In der Stadtpraxis wird eine Isolirung, wie ich sie hier im Auge habe, in solchen Fällen tagtäglich unter den günstigsten Verhältnissen durchgeführt. Seit 15 Jahren sind in Paris zahlreiche hydrotherapeutische Heilanstalten erstanden, welche solche Kranke mit vollem Erfolg in Behandlung nehmen, da sie zu diesem Zwecke eingerichtet sind. In der Provinz stehen einer Isolirung der Kranken grössere Schwierigkeiten entgegen, denn es fehlt zumeist an passend eingerichteten Heilanstalten. Man kann sich einen Ersatz dafür verschaffen, aber Sie begreifen leicht, dass dieser nothwendigerweise häufig mangelhaft sein muss.

Man vertraut die Kranken der Wartung fähiger und erfahrener Personen an; gewöhnlich sind es geistliche Schwestern, die durch lange Uebung für den Umgang mit solchen Kranken in der Regel sehr geschickt geworden sind. Eine wohlwollende aber feste Leitung, viel Ruhe und Geduld sind dabei die hauptsächlichsten Erfordernisse. Die Eltern werden consequent ferngehalten bis zum Tage, an dem sich eine merkliche Besserung zeigt. Man erlaubt dann den Kranken als Belohnung sie zu sehen, zuerst in langen Zwischenräumen, dann, im Masse als die Heilung fortschreitet, in immer kürzeren. Zeit und Hydrotherapie, von der internen Medication abgesehen, thun dann das Uebrige. Ich für meinen Theil habe die innerste Ueberzeugung, dass die beginnende Hysterie, besonders bei Kindern, und zumal bei Knaben, oft im Keime erstickt werden könnte, wenn sich die Eltern dazu bewegen liessen, von Anfang an energische Massregeln zu ergreifen und nicht zu warten, bis das Uebel Zeit hat, Wurzel zu fassen und zu erstarken, weil man es zu lange sich selbst überlassen hat.

III. Ich könnte Ihnen zahlreiche Beispiele anführen, in denen sich die Bedeutung der Isolirung für die Behandlung der Hysterie bei jugendlichen Personen — junge Mädchen miteinbegriffen — in der unzweideutigsten Weise gezeigt hat, um Ihnen dieses so merkwürdige Verhältniss recht eindrücklich vorzuführen. Da ich mich aber nicht auf lange Ausführungen einlassen kann, will ich mich auf folgende, nach meiner Meinung sehr charakteristische Erzählung beschränken.

Es handelte sich um ein junges, dreizehn- oder vierzehnjähriges Mädchen aus Angoulême, das seit fünf oder sechs Monaten sehr stark gewachsen war und seither hartnäckig verweigerte, Nahrung zu sich zu nehmen, obwohl bei ihr weder eine Schlingstörung noch ein Magenleiden bestand. Es war dies einer jener Fälle, die an die Hysterie angrenzen, aber nicht immer eigentlich zur Hysterie gehören. Lasègue in Frankreich und W. Gull in England haben unter dem Namen nervöse oder hysterische Anorexie eine ausgezeichnete Beschreibung von ihnen gegeben. Die Kranken essen nicht, sie wollen, sie können nicht essen, obwohl sich kein mechanisches Hinderniss für die Beförderung der Speisen in den Magen und kein Hinderniss für ihren Verbleib daselbst, wenn sie einmal eingeführt sind, findet. Mitunter, aber durchaus nicht immer, wie man geglaubt hat, ernähren sie sich heimlich, und obwohl die Eltern selbst diesem Betrug Vorschub zu leisten pflegen, indem sie die sonst von den Kranken bevorzugten Speisen so hinstellen, dass sich die Kranken ihrer unbemerkt bemächtigen können, bleibt doch die Ernährung eine ungenügende. Man wartet Wochen und Monate ab in der Hoffnung, dass sich das Verlangen nach Speise wieder regen werde, aber flehentliche Bitten wie Drohungen scheitern an ihrem Widerstande. Mit der Zeit bleibt die Abmagerung nicht aus und erreicht eine wirklich ausserordentliche Höhe; die Kranken sind ohne Uebertreibung nichts als lebende Skelette. Und was für Leben! Eine tiefe Stumpfheit hat die anfangs vorhandene unnatürliche Aufregung abgelöst, Gehen und Stehen sind seit langer Zeit unmöglich geworden, die Kranken sind an's Bett gebannt, in dem sie sich kaum zu bewegen vermögen, die Muskeln des Halses sind gelähmt, das Haupt rollt wie eine todte Masse auf den Kissen, die Glieder sind kalt und cyanotisch; man fragt sich erstaunt, wie bei einem solchen Verfall noch das Leben bestehen kann!

Die Eltern sind schon längst besorgt geworden; ihre Besorgniss erreicht jetzt den höchsten Grad, wenn es so weit gekommen ist, und zwar ganz mit Recht, denn das letale Ende droht in der That. Ich für meinen Theil kenne wenigstens vier Fälle, in denen es wirklich eingetreten ist.

Ungefähr so stand es auch mit der kleinen Kranken in Angoulême, als ich einen Brief vom Vater erhielt, der mir

ihren kläglichen Zustand schilderte und mich beschwor hinzukommen um das Kind zu sehen. „Meine Reise ist überflüssig,"
antwortete ich, „ich kann Ihnen, ohne die Kranke gesehen zu
haben, den entsprechenden Rath geben. Bringen Sie das Kind
nach Paris, lassen Sie es in diese oder jene unserer hydro-
therapeütischen Heilanstalten aufnehmen, verlassen Sie es dann
oder thun Sie doch so, dass es glaubt, Sie hätten die Haupt-
stadt wieder verlassen, benachrichtigen Sie mich dann davon
und — ich stehe für das Uebrige ein." Mein Brief blieb unbe-
antwortet.

Sechs Wochen später trat eines Morgens bei mir ein
College aus Angoulême ein, der mir ganz verstört die Nach-
richt brachte, die kleine Kranke, deren Arzt er gewesen sei,
befinde sich jetzt in Paris in einer der Anstalten, die ich namhaft
gemacht hatte, es gehe ihr übrigens immer schlechter und sie
habe wahrscheinlich nur noch einige Tage zu leben. Ich fragte
ihn, warum man mir nicht die Ankunft des Mädchens mitgetheilt
habe, und erhielt die Antwort, dass die Eltern es unterlassen
hätten, weil sie entschlossen wären, sich nicht von ihrem Kinde
zu trennen. Darauf bemerkte ich meinerseits, dass man die Hauptsache, die conditio sine qua non meines ärztlichen Rathes ausser
Acht gelassen habe, und dass ich daher jede Verantwortung
in dieser unglückseligen Angelegenheit ablehnen müsse. Doch
liess ich mich durch seine Bitten bewegen, in die betreffende
hydrotherapeutische Heilanstalt zu gehen, und dort sah ich
ein klägliches Schauspiel: Ein grosses Mädchen von 14 Jahren,
im letzten Stadium der Abzehrung und des Marasmus, in
Rückenlage, mit erloschener Stimme, kalten, lividen Extremitäten, herabsinkendem Kopfe, kurz das Bild, das ich Ihnen
vorhin entworfen habe, in grellster Ausführung. Es war wirklich
Grund genug zur grössten Besorgniss.

Ich nahm die Eltern auf die Seite, und nachdem ich eine
ernste Ermahnung an sie gerichtet hatte, erklärte ich, dass
nach meiner Meinung nur in einem Falle Aussicht auf Heilung
sei, nämlich wenn sie das Kind verlassen wollten oder sich
so stellten, als ob sie es verliessen, was auf dasselbe hinauskommen würde. Sie sollten ihm sagen, dass sie aus irgend
einem Grunde genöthigt wären sofort nach Angoulême ab-
zureisen; sie könnten mir, dem Arzt, die Schuld an ihrer
Abreise geben, daran läge nichts, wenn nur die Kranke von
ihrer Abreise überzeugt sei, und zwar müsse dies auf der
Stelle geschehen. Ihre Einwilligung war trotz aller meiner Vorstellungen
nur schwer zu erhalten. Besonders der Vater konnte nicht
begreifen, wie ein Arzt vom Vater verlangen könne, dass er

13*

sich im Momente der Gefahr von seinem Kind trennen solle.
Die Mutter sagte dasselbe. Aber die Ueberzeugung gab mir
Kräfte; ich muss wohl sehr beredt geworden sein, denn zuerst
gab die Mutter nach und dann auch der Vater, letzterer aber
mit grossem Aerger und wie ich glaube, nur mit geringem Vertrauen auf meinen Erfolg.

Die Isolirung war also erreicht, ihre Resultate zeigten sich
rasch und in wunderbarer Weise. Das Kind war mit der wartenden
Schwester und dem Arzt des Hauses allein geblieben, weinte
ein wenig, eine Stunde oder darüber, und zeigte sich weit
weniger verzweifelt, als man hätte erwarten sollen. Noch am
selben Abend willigte es trotz seines Widerstrebens ein, die
Hälfte eines kleinen Zwiebacks in Wein getränkt zu nehmen.
An den folgenden Tagen nahm es ein wenig Milch, Wein,
Suppe und etwas Fleisch zu sich: die Ernährung machte
Fortschritte, langsam aber beständig.

Nach 14 Tagen war die Nahrungsaufnahme verhältnissmässig befriedigend, mit der Körperzunahme kamen die Kräfte
wieder, so dass ich sie nach einem Monat im Lehnstuhl sitzend
und fähig fand, das Haupt vom Kissen zu erheben. Sie konnte
auch schon ein wenig gehen, man nahm jetzt die Hydrotherapie
zu Hilfe und nach zwei Monaten, vom Beginn der Behandlung
an gerechnet, durfte man sie fast als vollkommen geheilt betrachten; Kräfte, Appetit, Körperfülle liessen nicht mehr viel
zu wünschen übrig.

Als ich dann das Mädchen befragte, bekam ich folgendes
Geständniss zu hören: „So lange Papa und Mama mich nicht
verlassen haben, mit anderen Worten, so lange Sie nichts
durchgesetzt hatten — denn ich merkte wohl, dass Sie mich
einschliessen lassen wollten — glaubte ich, dass meine Krankheit nicht gefährlich sei, und da ich einen Ekel vor dem Essen
hatte, ass ich nicht. Aber als ich sah, dass Sie der Herr
geworden sind, bekam ich Furcht; ich habe trotz
meiner Abneigung zu essen versucht, und dann ist es allmählich
gegangen." Ich habe dem Kind für sein Geständniss, welches
mir, wie Sie sehen, geradezu eine Aufklärung brachte, gedankt.

IV. Ich könnte leicht weitere Beispiele anführen, die geeignet wären, Ihnen den günstigen Einfluss einer gut geleiteten
Isolirung in der Behandlung gewisser, nicht als Geistesstörung
aufgefasster nervöser Erkrankungen bei der Hysterie und
überdies noch ganz besonders bei der Neurasthenie in hellem
Lichte zu zeigen.

Was ich eben für die nervöse Anorexie ausgesprochen
habe, könnte ich nämlich in gleicher Weise für die meisten
Formen der hysterischen Neurose wiederholen. Es reicht

mir aber für den Augenblick hin, Ihre Aufmerksamkeit auf
diese Heilwirkung der Isolirung gelenkt zu haben; ich werde
ohne Zweifel noch oftmals Gelegenheit haben, auf diesen
Gegenstand im weitern Verlaufe dieser Vorlesungen zurückzukommen; alljährlich seit bald 15 Jahren spreche ich darüber,
und mehrere der Vorlesungen, die ich dem Gegenstande gewidmet habe, sind zur Veröffentlichung gelangt. Die Methode
hat übrigens bereits ihren Weg gemacht, denn ich finde, dass
ihre Wirksamkeit besonders in England, übrigens nicht minder
in Deutschland und Amerika, sehr gerühmt zu werden beginnt.
Ich darf auch deren Priorität für uns in Anspruch nehmen,
denn wir haben wenigstens, was die Behandlnng der Hysterie
und verwandter Affectionen betrifft, wenn ich mich nicht
sehr täusche, ein volles Anrecht darauf. In der Methode zur
Behandlung der Neurasthenie und gewisser Formen von
Hysterie,[1] welche Weir Mitchell in Amerika, Playfair
in England und Burkart[2] in Deutschland seit einigen Jahren
rühmend empfehlen, ist eigentlich die Isolirung der Kern-
punkt und die Hauptsache.

V. Ich merke aber, dass es Zeit ist, auf unsere jugendlichen Kranken zurückzukommen; ich wollte Ihnen ja zeigen, wie
sich ihr Zustand seit sechs Wochen verändert hat, seit der
Zeit, da die Behandlung eingeleitet wurde, bei welcher, nach
meinem Dafürhalten, die Isolirung die Hauptrolle spielt Wie
ich's vorher gesagt hatte, ist bei allen Dreien Besserung
eingetreten, und zwar zuerst bei den Knaben.

Der Jüngste, Franz, kann als geheilt betrachtet werden ;
er hat seit 14 Tagen keine Anfälle mehr gehabt, und ist gestern
nach Hause gegangen, seinem Vater zum Namenstage
zu gratuliren ; er hat diese Probe glänzend bestanden. Nicht
ganz das Gleiche kann man von seinem älteren Bruder Jacques

---

[1] Die Isolirung der Hysterischen wird seit lauger Zeit als das Wich-
tigste in ihrer Behandlung betrachtet. Wir wollen als Beweis nur das folgende
Citat anführen, das wir Jean Wier (1564) entlehnen: „Au reste, s'il y a
plusieurs ensorcellez ou démoniaques en vn lieu, comme ordinairement nous
voyons cela a venir es monastères, principalement de filles (comme estans les
commodes organes des tromperies de Satan) il faut auant toute chose, qu'elles
soyent separees, et que chacune d'elle soit ennoyce vers ses parens ou alliez:
afin que plus commodément elles puissent estre instruites et guéries, ayant
toutefois esgard au moyen selon la nécessité de chacune: à ce qu'on ne les
chausse toutes à une mesme forme, comme on dit communément." (Jean
Wier, Histoires, disputes et discours des illusions et impostures des diables etc.,
tom. II, pag. 173—174 édition Bourneville, Paris 1885.)
[2] R. Burkart, Zur Behandlung schwerer Formen der Hysterie und
Neurasthenie (Volkmann's Sammlung, 8. October 1884).

sagen, der übrigens als der letzte erkrankt ist. Die grossen Anfälle
haben bei ihm völlig aufgehört, sie sind aber durch kleine
Schwindelanfälle ersetzt worden, die in ihrer Erscheinung
Anfällen von epileptischem Schwindel ziemlich gleichen. Auch
diese werden seit 14 Tagen immer seltener; nichtsdestoweniger
hat er zu Hause, wohin er den jüngeren Bruder begleitete.
einen dieser kleinen Anfälle, die ich als petit mal hystérique
zu bezeichnen pflege, bekommen.

Das Mädchen hat an dieser kleinen Expedition nicht Theil
genommen; wir haben sie in der Salpêtrière zurückbehalten,
weil wir ihrer viel weniger sicher sind als ihrer Brüder. Sie
ist übrigens nicht geheilt, wenn auch ihre Anfälle täglich an
Zahl, Dauer und Heftigkeit abnehmen. Es wäre gewiss viel
rascher mit ihr gegangen, wenn sie nicht in einem Krankensaal unter allen Hysterischen wäre, deren grosse Anfälle sie
täglich mit ansieht. Da wir kein Isolirzimmer zur Verfügung
haben, konnten wir's nicht anders einrichten. Jedenfalls ist ihr
Zustand sehr gebessert, denn, was von entscheidender Bedeutung
ist, die Kinder sind zu wiederholten Malen alle drei im elektro-
therapeutischen Zimmer zusammengekommen, ohne dass ihnen
diese Begegnung einen Anfall verursacht hat.

Sie werden die Kinder gleich zu Gesichte bekommen, zuerst
die Knaben und später das Mädchen, denn ich bin des letzteren,
wie ich schon gesagt habe, nicht sicher und fürchte, dass der Anblick der Versammlung es aufregen und irgendwelche Zufälle
veranlassen könnte. Ich werde Ihnen dem entsprechend zuerst
an den Knaben, und dann am Mädchen zeigen, dass die hysterischen Stigmata, wie wir sie heissen, in gleicher Weise wie die
Anfälle von Krämpfen oder Delirien durch unsere Behandlung
beeinflusst worden sind. Ich lege Gewicht auf dieses Verhältniss,
denn ich glaube, dass man eine Hysterische nicht für geheilt
erklären darf, so lange diese Stigmata noch bestehen. Hier
ist also zuerst der kleine, 11jährige Franz, bei dem die Heilung
am weitesten vorgeschritten ist. Sie werden zuerst bemerken,
dass er weit besser aussieht. Die kräftigende Medication und die
Spitalsverpflegung, die übrigens gerade keine ideale ist, haben
ihm in dieser Hinsicht gut angeschlagen. Was die Stigmata
betrifft, so will ich Sie erinnern, dass sie bei ihm in einer
Anästhesie aller Empfindungsqualitäten bestanden, die wie
eine Maske über sein Gesicht und besonders über die Stirne
ausgebreitet war. Er hatte keine Geruchsempfindung, und
seiner Nasenschleimhaut machten Wohlgerüche ebenso wenig
Eindruck, wie Ammoniak oder Essigsäure; sein Gehör war
abgestumpft, man konnte ihm in den äusseren Gehörgang ein
Papierdütchen einführen, ohne dass sich eine Empfindlichkeit

regte. Die Tastempfindlichkeit der Zunge war ebenso wie
der Geschmack ganz verloren gegangen, man konnte schwefel-
saures Chinin oder Aloë auf seine Zunge bringen, ohne dass
er das Mindeste davon verspürte.

Bei dieser Gelegenheit will ich Ihnen erzählen, dass ich
vor ungefähr 14 Tagen diesen kleinen Kranken meinem hoch-
geschätzten Collegen Dr. Russel Reynolds aus London,
der sich vorübergehend in Paris aufhielt, vorstellte, in der
Absicht, diese Störungen des Geschmacks von ihm constatiren
zu lassen. Ich gestehe, dass ich sehr angenehm überrascht
war, als der Knabe seine Zunge mit einer schrecklichen
Grimasse zurückzog; ich ersah daraus, dass unsere Behandlung
Erfolg gehabt habe und dass unser Patient auf dem Wege
der Heilung sei. Diese ist auch, wenigstens was den Geschmack-
sinn betrifft, nicht ausgeblieben, wie Sie sich sofort selbst überzeugen sollen.

Auch der Gesichtssinn zeigte bei unserem Kranken, wie
Sie sich erinnern, ganz eigenthümliche Störungen, die — wenn
es auch richtig ist, dass sie nicht ausschliesslich der Hysterie angehören — sich doch so häufig bei ihr vorfinden, dass sie auf
eine grosse diagnostische Bedeutung Anspruch machen können.
Es bestand beiderseits eine sehr deutliche Einengung des Gesichtsfeldes; während aber auf der rechten Seite keine
relative Verschiebung der Grenzen für die Farbenempfindungen
zu constatiren war, lag auf der linken Seite die Rothgrenze
nicht nur ausserhalb der Blaugrenze, sondern ging auch über
den Kreis für die Empfindung des weissen Lichtes hinaus.
Eine neuerliche, von Herrn Parinaud vor zehn Tagen angestellte Untersuchung hat ergeben, dass alle diese Symptome
nun geschwunden und das Sehvermögen wieder normal geworden ist.

Ich habe Ihnen schon erwähnt, dass die Anfälle ganz
aufgehört haben, und will Sie nur daran erinnern, dass dieselben sehr häufig waren, im Mittel drei im Tag, was im
Ganzen 20—25 Anfälle für die Woche ergiebt.

Ich zeige Ihnen jetzt den kleinen, 12jährigen Jacques, den
älteren der beiden Knaben, der zuletzt von der Krankheit
ergriffen worden ist, und zwar in gelinderer Weise und ohne
dass sich an ihm permanente hysterische Stigmata vorfanden.
Die kleine Form des hysterischen Uebels überwog bei ihm
sehr merklich die grosse; nichtsdestoweniger hat er in sieben
Tagen 15 Anfälle gehabt. Seit den letzten 14 Tagen hat er
aber nur zweimal an solchen Schwindelanfällen gelitten, und
von diesen zweien ist der eine Anfall gestern unter den Ihnen
bereits bekannten Verhältnissen aufgetreten. Ich will bei dieser

Gelegenheit nochmals hervorheben, dass es sich hier um
weiter nichts als um eine Nachahmung des petit mal épilep-
tique oder des epileptischen Schwindels handelt. Nur die
Form, aber nicht das Wesen ist dabei epileptischer Natur,
und eigentlich sind das hysterische und das epileptische petit
mal zwei grundverschiedene Dinge.[1] Sie werden überdies die
Bemerkung machen können, dass der Allgemeinzustand des
Kindes, obwohl gebessert, doch nach verschiedenen Hinsichten
noch viel zu wünschen übrig lässt.

Und hier sehen Sie nun das Mädchen Julie, das älteste
der drei Kinder. Sie scheint mir seit einem Monat grösser geworden zu sein und sich entwickelt zu haben; ihr Allgemeinbefinden ist jedenfalls sehr viel befriedigender als vorhin. Was
ihre Hysterie anbelangt, so wollen Sie sich erinnern, dass sie
alle Tage im Mittel vier bis fünf Anfälle oder Reihen von Anfällen
hatte, die von einer halben bis zu anderthalb Stunden dauerten.
Seit 14 Tagen zeigen sich die Anfälle nur mehr zwei oder
drei Mal in der Woche, sie sind weniger heftig und dauern
nur kaum eine Viertelstunde. Sie erinnern sich ferner, dass wir
bei ihr sehr gut charakterisirte hysterogene Punkte gefunden
haben, die in symmetrischer Weise an der Brust, der äusseren
Partie der Weichengegend, der Wade, dem äusseren Knöchel
und überdies an der Innenseite des rechten Ellbogengelenkes
gelegen waren. Die Zonen an Brust, Waden und am rechten
Ellbogen sind heute geschwunden, es besteht wie vorhin keine
Ovarie, aber dafür kann man einige unregelmässig angeordnete
anästhetische Flecken auf der linken Seite constatiren. Die
hysterische Amblyopie, die bei ihr so deutlich war, ist seit
10 Tagen gewichen, endlich konnte sie, wie ich Ihnen schon
erzählt habe, ungestraft mit ihren Brüdern zusammentreffen,
ohne in einen Anfall zu verfallen.

So liegen die Verhältnisse jetzt, und wir haben allen
Grund zu hoffen, dass dieses kleine Familiendrama, oder
besser diese kleine Komödie, denn es war eigentlich nichts
Tragisches an der ganzen Geschichte, bald ihr Ende gefunden haben wird. In zehn Tagen wollen wir den älteren
Knaben nach Hause schicken; der jüngere verlässt uns heute,
und das Mädchen wollen wir noch eine Weile bei uns behalten.[2]

[1] Vergleiche über diesen Punkt: Bourneville et Regnard, Iconogr.
photogr. de la Salpêtrière, tom. I, pag. 49, und tom. II, pag. 202; ferner
Bourneville, Recherches clin. et thér. sur l'épilepsie, l'hysterie etc. Compte
rendu du service des enfants de Bicêtre pour 1883, pag. 100.
[2] Der jüngere Knabe ist heute (am Tage der Veröffentlichung der
Vorlesung) vollkommen geheilt; das Mädchen hat seit länger als 14 Tagen
nur einen, sehr leichten Anfall gehabt, und zwar während eines Besuches
ihrer Eltern in der Salpêtrière.

Ich gebe Ihnen die Lehre zu erwägen, welche die Geschichte dieser Kinder mit sich bringt. Ich glaube, dass man es mit Hilfe der auseinandergesetzten Mittel manchmal erreichen kann, die beginnende Hysterie, besonders bei Knaben, die infantile Hysterie, im Keime zu ersticken. Ich spreche im Augenblick nur von letzterer; wenn die Neurose sich einmal bei Erwachsenen durch lange Zeit festgesetzt hat, sind die Aussichten auf Heilung, so erheblich sie noch immer sind, doch viel ungewisser. Was unsere kleinen Patienten anbetrifft, so will ich hoffen, dass sie, trotz der bei ihnen so ausgesprochenen nervösen Prädisposition, jetzt doch auf lange Zeit hinaus, vielleicht auf immer, vor einem Ausbruch der Hysterie geschützt sein werden. Die Eltern, durch die Erfahrung belehrt, dürften sich von nun an gewiss von der Pflege des Spiritismus ferne halten. Da sie jetzt die schwache Seite ihrer Kinder kennen, werden sie sich hoffentlich bemühen, durch eine ebensowohl physische, als moralische und intellectuelle Gesundheitspflege die Wiederkehr ähnlicher Zufälle zu verhüten.

Achtzehnte Vorlesung.

Ueber sechs Fälle von männlicher Hysterie.

Die hysterische Neurose kommt beim männlichen Geschlechte häufig vor und zeigt die nämlichen Charaktere wie beim Weibe. — Sie entwickelt sich häufig auch bei nicht verweichlichten Personen im Anschluss an ein Trauma. — Railway-spine. — Bedeutung des psychischen Shocks. — Vorurtheile, welche die richtige Auffassung der männlichen Hysterie behindern. — Der rasche Wechsel und die Unbeständigkeit der Symptome sind keine allgemein giltigen Charaktere der Hysterie. — Ebensowenig die Wandelbarkeit der Stimmung und des psychischen Verhaltens der Kranken-Fälle von langjährigem, unverändertem Fortbestehen der hysterischen Stigmata bei Frauen. — I. Beobachtung: Heredität, wiederholte Traumen. — Symptome: Hemianästhesie, hysterogene Zonen, Auraempfindungen, psychische Depression. — Charakter der Anfälle. — Beobachtung II: Complication des Symptomcomplexes mit einem eigenthümlichen, für die neurasthenische Neurose charakteristischen Kopfschmerz. — Zungenbiss und unwillkürlicher Harnabgang. — Beobachtung III: Aehnlichkeit der Vorgeschichte in allen drei Fällen. — Hysterischer Tremor. — Beschreibung der Anfälle, in denen die Phase der „grands mouvements" besonders ausgebildet ist.

Meine Herren! Wir wollen uns heute mit der Hysterie beim Manne beschäftigen, oder, wie wir, um den Gegenstand schärfer zu umgrenzen, lieber sagen wollen, mit der männlichen Hysterie bei jugendlichen oder in der Blüte des Alters, in voller Reife stehenden Personen, also bei Männern von 20 bis 40 Jahren, und zwar werden wir jene schwere, sehr gut kenntliche Form besonders in's Auge fassen, welche der „grossen" Hysterie oder Hysteroepilepsie mit vermengten Anfällen bei Frauen entspricht. Wenn ich diesen Gegenstand, den ich hier schon oftmals berührt habe, heute neuerdings in Angriff nehme, so geschieht es, weil wir gegenwärtig auf unserer Klinik eine Reihe von solchen, wirklich merkwürdigen Kranken beisammen haben, die ich Ihnen vorführen und mit Ihnen studiren kann. Auch habe ich vor Allem die Absicht, Sie den identischen Charakter der Neurose bei beiden Geschlechtern erkennen und sozusagen mit Händen greifen zu lassen. Sie werden sich überzeugen, dass wir bei einer beständigen Zusammenstellung der Symptome der grossen Hysterie beim Manne und beim Weibe allenthalben die schlagendste Uebereinstimmung begegnen werden, und dass nur hie und da einige Abweichungen, welche, wie Sie sehen werden, ganz untergeordneter Natur sind, vorkommen.

Diese Frage der Hysterie beim Manne steht übrigens
gegenwärtig, ich möchte sagen, auf der Tagesordnung. In
Frankreich hat sie die Aerzte in den letzten Jahren lebhaft
beschäftigt, und von 1875 bis 1880 sind der Facultät von
Paris nicht weniger als fünf Inauguraldissertationen über diesen
Gegenstand vorgelegt worden. Herr Klein, der Verfasser
einer dieser Thesen, der unter der Leitung von Dr. Olivier
gearbeitet hat, konnte 80 Fälle von männlicher Hysterie zusammenstellen. Seither sind wichtige Beiträge von Herrn
Bourneville und seinen Schülern Debove, Raymond,
Dreyfus und einigen Anderen geliefert worden. Aus allen
diesen Arbeiten geht nebst anderen Dingen hervor, dass die
Fälle von männlicher Hysterie ein häufiges Vorkommniss in
der gewöhnlichen Krankenpraxis darstellen. Ganz kürzlich
haben in Amerika Putnam und Walton [1] der männlichen
Hysterie, hauptsächlich im Anschluss an Traumen und vorzugsweise an Eisenbahnunfälle, ihre Aufmerksamkeit geschenkt.
Diese Autoren haben, wie Page, [2] der sich mit derselben Frage
in England beschäftigt hat, erkannt, dass eine grosse Anzahl
jener nervösen Störungen, die man als Railway-Spine bezeichnet und die nach ihnen besser den Namen Railway-Brain
verdienen, weiter nichts sind als Aeusserungen von Hysterie,
ob es sich nun um Männer oder um Frauen handelt. Sie verstehen die Bedeutung, welche eine solche Frage nun für den
praktischen Sinn unserer amerikanischen Collegen gewinnt.
Die Opfer der Eisenbahnunfälle fordern natürlich Entschädigung
von den Eisenbahngesellschaften. Man führt Process, Tausende
von Dollars stehen auf dem Spiele. Nun handelt es sich dabei,
wiederhole ich, oftmals um Hysterie. Diese schweren und
hartnäckigen nervösen Zustände, welche sich nach solchen
Zusammenstössen einstellen und die Betroffenen während einer
Reihe von Monaten und selbst von Jahren hindern, ihrer
Arbeit oder ihren Berufsgeschäften nachzugehen, sind häufig
blos Hysterie, nichts Anderes als Hysterie. Die männliche
Hysterie verdient also vom Gerichtsarzt gekannt und studirt
zu werden; handelt es sich doch um grosse Interessen, welche
vor einem Gerichtshofe zum Austrag kommen sollen, auf den
vielleicht — und das macht die Aufgabe noch schwieriger —
das Verächtliche, das sich in Folge lang eingewurzelter Vorurtheile an den Namen Hysterie noch heute knüpft, einen
Eindruck machen kann. Eine gründliche Kenntniss nicht nur

---

[1] J. Putnam, Am. Journal of Neurology 1884, pag. 567. — Walton,
Arch. of med. 1883, tom. X.

[2] Page, Injuries of the spine and spinal cord without apparent me-
chanical lesion, and nervous shock. London 1885.

der Krankheit selbst, sondern auch der Verhältnisse, unter
denen sie sich entwickelt, wird in solchen Fällen um so nütz-
licher sein, als die nervösen Störungen auch ohne Zusammenhang mit einer traumatischen Verletzung, nur in Folge der
psychischen Erschütterung, die der Unfall mit sich bringt,
auftreten können. Ferner kommt in Betracht, dass diese nervösen Störungen sich nicht unmittelbar an den Unfall zu
schliessen brauchen. Das heisst also, während das eine Opfer
des Zusammenstosses, das, sagen wir, einen Beinbruch erlitten
hat, nach drei- bis viermonatlicher Arbeitsunfähigkeit wieder
hergestellt ist, kann ein anderes von einem Nervenleiden bedroht sein, das eine sechsmonatliche, einjährige oder noch
längere Arbeitsunfähigkeit bedingt, das aber zu der betreffenden
Zeit noch nicht seine volle Höhe erreicht hat. Man ersieht
daraus, wie heiklich die Stellung des Gerichtsarztes in diesen
Fällen ist; und in der That war es die gerichtsärztliche Seite
der Frage, welche bei unseren amerikanischen Collegen das
bis dahin ziemlich vernachlässigte Studium der hysterischen
Neurose in Aufschwung gebracht hat.

In dem Masse, als man so die Krankheit aufmerksamer
studirte und genauer kennen lernte, sind, wie dies in solchen
Dingen immer zu gehen pflegt, die hierher gehörigen Fälle
anscheinend häufiger und gleichzeitig dem Verständniss zu-
gänglicher geworden. Ich habe Ihnen eben gesagt, dass
Herr Klein in seiner These 80 Fälle von Hysterie beim
Manne zusammengestellt hat; heutzutage hat Herr Batault,
der auf unserer Klinik eine specielle Arbeit über diesen
Gegenstand vorbereitet, bereits 218 Fälle der Art zusammenbringen können, von denen 9 der Klinik selbst angehören.

Die männliche Hysterie ist also keineswegs sehr selten;
aber, wenn ich nach dem, was ich alle Tage in unseren Kreisen
sehe, urtheilen darf, so muss ich sagen, dass solche Fälle
sehr häufig, selbst von ganz ausgezeichneten Aerzten verkannt
werden. Man gesteht zu, dass ein verweichlichter junger Mann
nach Excessen, schweren Sorgen und Gemüthsbewegungen
einige hysterieartige Symptome darbieten kann; aber dass
ein kräftiger, gesunder, durch keine Ueberverfeinerung ent-
nervter Arbeiter, etwa ein Locomotivenheizer, der vorher, wenigstens dem Anscheine nach, gar nicht nervös war, nach einem
Eisenbahnunfall, Zusammenstoss oder Entgleisung hysterisch
werden könne, und zwar ebenso hysterisch wie eine Frau,
das scheint Keinem in die Vorstellung eingehen zu wollen.
Und doch ist nichts sicherer bewiesen als dies, und man wird
gut thun, sich an diesen Gedanken zu gewöhnen. Es wird damit
im Laufe der Zeit gehen wie mit so vielen anderen Lehren;

die heute als anerkannte Wahrheiten in allen Köpfen herrschen, nachdem sie lange Zeit nur Anzweiflungen und selbst Spott erfahren haben.

Es giebt vor Allem ein Vorurtheil, welches unzweifelhaft sehr viel dazu beiträgt, die Verbreitung richtiger Vorstellungen über die Hysterie beim Manne aufzuhalten, und dieses besteht in der verhältnissmässig falschen Anschauung, die man sich im Allgemeinen über das Krankheitsbild dieser Neurose beim weiblichen Geschlecht gebildet hat. Beim Manne ist diese Krankheit in der That oftmals durch die Beständigkeit und Hartnäckigkeit der Symptome, die sie hervorruft, ausgezeichnet. Beim Weibe dagegen ist es die Unbeständigkeit, der rasche Wechsel der Erscheinungen, der als charakteristische Eigenthümlichkeit der Hysterie betrachtet wird, und Jeder, der die Affection beim weiblichen Geschlechte nicht ganz gründlich kennt, wird sicherlich darin den wesentlichen Unterschied in dem Verhalten beider Geschlechter suchen. Indem man sich natürlicherweise auf die bei Weibern gemachten Beobachtungen stützt, lehrt man dann, dass bei der Hysterie die Symptome flüchtig und wechselvoll sind, und dass der launenhafte Gang der Krankheit häufig durch die überraschendsten Verwandlungen der Scenerie unterbrochen wird. Nun, meine Herren, diese Flüchtigkeit und Wandelbarkeit der Symptome ist durchaus kein allgemein giltiger Charakter der Hysterie, nicht einmal beim weiblichen Geschlecht, und ich habe Ihnen bereits zahlreiche Beispiele für das Gegentheil zeigen können.

Ja, selbst bei Frauen giebt es Fälle von Hysterie mit lang andauernden, unwandelbaren, sehr schwer zu beeinflussenden Symptomen, die mitunter jeder ärztlichen Einwirkung Trotz bieten. Solche Fälle sind zahlreich, sehr zahlreich, wenn ich auch zugeben will, dass sie nicht das Gewöhnliche sind. Ich komme auf diesen Punkt noch zurück; für den Augenblick begnüge ich mich damit, Ihnen zu bemerken, dass die Hartnäckigkeit und Beständigkeit der hysterischen Symptome bei Männern häufig der Erkentniss ihrer wahren Natur im Wege steht. Die Einen pflegen angesichts der allen ärztlichen Eingriffen trotzenden Erscheinungen eine organische Herdläsion, etwa ein intracranielles Neugebilde anzunehmen, wenn es sich, ich will sagen, um sensorielle Störungen mit Anfällen handelt, die den epileptischen Anfall mehr oder minder genau nachahmen; oder sie glauben an eine organische Rückenmarkserkrankung, wenn eine Paraplegie vorliegt. Andere wieder gestehen zwar gerne zu, oder behaupten selbst, dass es sich in solchen Fällen nicht um organische, sondern nur um dynamische Veränderungen handeln kann; aber angesichts der Beständigkeit der Symptome, welche sie nicht mit dem Schema der Hysterie in ihrer Vorstellung vereinbaren können, kommen sie zur Annahme, dass es sich um einen besonderen, noch nicht beschriebenen Krankheitszustand handelt, dem eine aparte Stellung anzuweisen ist. In einen Irrthum dieser Art sind nach meiner Meinung die Herren Oppenheim und Thomsen in Berlin verfallen, deren Arbeit übrigens eine grosse Zahl von interessanten und gut beobachteten, wenn auch, wie ich glaube, nicht immer richtig gedeuteten Thatsachen enthält.[1] Diese Autoren haben eine Hemianästhesie der Haut- und der Sinnesapparate, welche völlig mit der hysterischen übereinstimmt, in sieben Fällen, die denen von Putnam und Walton ganz analog sind, beobachtet. Es handelt sich in diesen Fällen um Heizer, Zugsführer, Arbeiter, Leute, die einen Eisenbahn- oder andersartigen Unfall mitgemacht, und dabei entweder einen Schlag auf den Kopf oder eine Erschütterung und allgemeine Aufregung davongetragen haben. Alkoholismus und chronische Bleivergiftung kommen in diesen Fällen nicht in Betracht, und man erkennt vielmehr, dass eine organische Läsion bei solchen Personen mit höchster Wahrscheinlichkeit auszuschliessen ist.

Die Kranken sind also von derselben Art wie in den Beobachtungen von Putnam und Walton, aber im Gegensatz zu diesen Letzteren wollen die deutschen Autoren nicht zugeben, dass sie es mit Hysterie zu thun haben. Für sie ist es ein besonderer Zustand, etwas noch nicht Beschriebenes, was seinen eigenen Platz im System beansprucht. Die hauptsächlichsten Argumente, mit denen Oppenheim und Thomsen ihre Behauptung stützen, sind die folgenden: 1. Die Anästhesie ist beständiger Natur, sie zeigt nicht jenen launenhaften Wechsel, der für die Hysterie charakteristisch (?) ist; sie hält ohne Veränderung durch Monate und Jahre an. 2. Ein anderer Grund liegt darin, dass der psychische Zustand der Kranken sich von dem der Hysterischen entfernt. Die Störungen in dieser Sphäre haben bei solchen Kranken nicht den wechselvollen, veränderlichen Charakter der Hysterie. Die Kranken sind vielmehr deprimirt, dauernd melancholisch verstimmt, und bleiben so ohne erhebliche Schwankungen in dem oder jenem Sinne.

Es ist mir unmöglich, meine Herren, den Schlüssen von Oppenheim und Thomsen beizutreten. Ich hoffe vielmehr Ihnen zu erweisen, 1. dass die hysterischen Sensibilitätsstörungen bei Frauen eine sehr bemerkenswerthe Hartnäckigkeit zeigen können, und dass dies bei Männern sehr häufig der Fall ist;

---

[1] Westphal's Archiv, Band XV, Heft 2 und 3.

2. dass man, vorzugsweise bei Männern, die Depression und melancholische Verstimmung gerade in solchen Fällen beobachtet, die gewöhnlich den ausgesprochensten und unzweideutigsten Stempel der Hysterie an sich tragen. Richtig ist, dass man beim hysterischen Manne in der Regel nicht jene Launenhaftigkeit, jenen raschen Umschlag der Stimmung und des Charakters beobachtet, welche gewöhnlich, durchaus nicht nothwendig, der Hysterie beim Weibe zukommen. Das ist richtig; aber ich sehe nicht ein, warum man aus diesem Umstand ein unterscheidendes Merkmal von fundamentaler Bedeutung machen sollte.

Aber es ist Zeit, meine Herren, dass wir diese einleitenden Bemerkungen abbrechen, um zum Hauptgegenstand unserer heutigen Vorlesung zu gelangen. Wir wollen auf dem Wege der klinischen Demonstration vorgehen, indem wir miteinander eine Reihe von gut charakterisirten Fällen von männlicher Hysterie in ihren Einzelheiten studiren. Dabei werden wir immer die Uebereinstimmungen und Abweichungen im Auge behalten, welche die hysterischen Erscheinungen beim Manne mit jenen Phänomenen zeigen, die wir an der entsprechenden Krankheitsform beim Weibe alle Tage zu beobachten Gelegenheit haben. Endlich habe ich vor, Ihnen als Schlussbetrachtung einige allgemeine Bemerkungen über die grosse Hysterie, wie sie sich beim Manne darstellt, zu geben.

Bevor ich zu den Männern übergehe, will ich Ihnen aber noch in Kürze an zwei Beispielen vor Augen führen, bis zu welchem Grade die permanenten Symptome der Hysterie beim Weibe, die hysterischen Stigmata, wie wir sie der Bequemlichkeit halber zu nennen gewohnt sind, sich starr und hartnäckig zeigen, und sich so der sprichwörtlichen Wandelbarkeit, die man der Hysterie zuschreibt, und aus der man den Hauptcharakter der Krankheit machen will, entziehen können. Ich will mich hier nicht auf die sechs oder acht Fälle von grosser Hysterie beziehen, die wir gegenwärtig auf der Klinik beisammen haben, von denen einige seit Monaten oder seit Jahren eine ein- oder doppelseitige Hemianästhesie zeigen, welche die wirksamsten therapeutischen Eingriffe nur auf einige Stunden hinaus beeinflussen können. Ich begnüge mich damit, Ihnen zwei Frauen vorzustellen, zwei wirkliche Veteraninnen der Hysteroepilepsie, die, seit mehreren Jahren von ihren grossen Anfällen befreit, aus dem Krankenstande ausgetreten sind, um als Dienerinnen im Spital zu leben. Die Erste, Namens L . . . ., in der Casuistik der Hysteroepilepsie wohl bekannt und durch den „dämonischen" Charakter, den ihre Anfälle hatten, berühmt, ist gegenwärtig 63 Jahre alt. Sie ist 1846 in die

Salpêtrière eingetreten und seit 1871 beständig in unserer
Beobachtung gestanden. Zu jener Zeit litt sie, wie auch
noch heute, an einer vollständigen und absoluten rechtsseitigen Hemianästhesie der Haut- und der Sinnesapparate mit
Ovarie auf derselben Seite, und dieser Symptomencomplex
hat sich während des langen Zeitraumes von 15 Jahren niemals auch nur zeitweilig beeinflussen lassen, weder durch die
oft genug versuchte Anwendung von Empfindung erweckenden
Agentien noch durch das fortschreitende Alter oder die Menopause. Vor fünf oder sechs Jahren, zur Zeit, als sich unsere
Aufmerksamkeit specieller auf die Veränderungen des Gesichtsfeldes bei den Hysterischen richtete, haben wir gefunden, dass
auch bei ihr eine sehr deutliche Einengung beiderseits, die
sehr viel ausgesprochener auf der rechten Seite ist, besteht,
und die seither ein- oder zweimal im Jahre wiederholte Untersuchung hat uns jedesmal das Fortbestehen dieser Gesichtsfeldeinschränkung erwiesen.

Die andere Kranke, Namens Aurel . . ., gegenwärtig
62 Jahre alt, bei der die jetzt durch Symptome von Angina
pectoris ersetzten, grossen Anfälle erst vor zehn Jahren aufgehört haben, zeigte schon im Jahre 1851, wie durch eine
sehr kostbare Aufzeichnung aus jener Zeit bezeugt ist, eine
vollständige und absolute, sensorielle und sensitive Hemianästhesie, und diese können wir, wie Sie selbst sehen sollen,
noch heute, also nach einem Zeitraume von 34 Jahren, an ihr
constatiren! Diese Kranke steht seit 15 Jahren in unserer
Beobachtung, und in der ganzen Zeit hat, wie unsere häufig
wiederholten Untersuchungen beweisen, die Hemianästhesie
niemals ausgesetzt. Eine doppelseitige Einengung des Gesichtsfeldes, auf beiden Seiten sehr deutlich, aber auf der linken
stärker ausgeprägt, welche wir vor einigen Tagen durch
die Untersuchung mit dem Perimeter wiedergefunden haben,
hatten wir schon vor fünf Jahren zuerst erkannt.

Ich glaube, dies wird genügen, um Ihnen zu zeigen, wie
dauerhaft und unwandelbar diese Stigmata, deren hysterische
Natur wohl Niemand anzweifeln wird, sich bei diesen Frauen
erwiesen haben, und wie wenig dies mit der falschen, weil
zu sehr verallgemeinerten, Vorstellung stimmt, die man sich
gewöhnlich von dem Verhalten der hysterischen Symptome
macht. Ich wende mich jetzt zum Studium unserer hysterischen
Männer.

Beobachtung I. Rig . . . ., Ladendiener, 44 Jahre alt,
hat die Salpêtrière vor beinahe einem Jahr, am 12. Mai 1884,
aufgesucht. Er ist ein grosser, starker Mann mit wohl entwickelter Musculatur, war früher Böttcher und hat ohne

Ermüdung schwere Arbeit geleistet. Die Familiengeschichte des Kranken ist ungemein bemerkenswerth. Sein Vater ist noch am Leben, 76 Jahre alt. Im Alter von 38 bis zu 44 Jahren litt er im Gefolge von Kummer und Geldverlusten an nervösen Anfällen, über deren Natur der Sohn uns nur ungenügende Auskünfte geben kann. Die Mutter ist, 65 Jahre alt, an Asthma gestorben. Der Grossonkel der Mutter war epileptisch und starb an den Folgen eines Sturzes in's Feuer, den er in einem seiner Anfälle that. Die zwei Töchter dieses Onkels waren beide gleichfalls epileptisch. Rig . . . hat sieben Geschwister gehabt, von denen keine nervösen Erkrankungen bekannt sind. Vier davon sind gestorben, von den drei überlebenden ist eine Schwester asthmatisch Er selbst hat neun Kinder gehabt, von denen vier in zartem Alter starben. Von den fünf, die noch leben, leidet eines, ein 15jähriges Mädchen, an nervösen Anfällen, ein anderes, ein zehnjähriges Mädchen, hat Anfälle von Hysteroepilepsie, die Dr. Marie hier bei uns constatiren konnte; das dritte Mädchen ist geistesschwach; die beiden Knaben endlich bieten nichts Besonderes.

Aus der eigenen Vorgeschichte des Kranken führen wir die folgenden Daten an: Im Alter von 19 und von 29 Jahren wurde der Kranke von acutem Gelenksrheumatismus befallen, Herzaffection trat nicht auf. Der letzte Anfall hielt sechs Monate an; vielleicht sind die Verbildungen der Hände, die wir bei ihm finden, diesem Rheumatismus zuzuschreiben. Als Kind war er furchtsam, sein Schlaf war häufig durch schwere Träume und Alpdrücken gestört, überdies war er Nachtwandler. Er pflegte oft in der Nacht aufzustehen und zu arbeiten, und war dann am nächsten Morgen sehr erstaunt, die fertige Arbeit zu finden. Dieser Zustand hielt von seinem zwölften bis in sein fünfzehntes Jahr an. Mit 28 Jahren verheiratete er sich. Man findet in seiner Vorgeschichte weder Syphilis, noch, obwohl der Kranke Fassbinder war, Alkoholismus. Er ist im Alter von 32 Jahren nach Paris gekommen, arbeitete zuerst bei seinem Vater und war dann später als Hausknecht in einer Oelraffinerie beschäftigt.

Im Jahre 1876, als er 32 Jahre alt war, traf ihn ein erster Unfall. Er prüfte sein Rasirmesser, wie manche Leute zu thun pflegen, an der Vorderfläche des Unterarmes, und machte sich dabei einen tiefen Einschnitt. Eine Vene war eröffnet, das Blut quoll hervor, Blutverlust und Schreck machten, dass der Kranke empfindungs- und bewegungslos zu Boden sank. Er brauchte lange, um sich zu erholen, und war durch etwa zwei Monate bleich, anämisch und unfähig zur Arbeit.

Im Jahre 1882, also vor drei Jahren, war er damit beschäftigt, eine Tonne Wein in den Keller zu befördern, als der
Strick, der an dem Fass befestigt war, riss. Die Tonne rollte
über die Treppe und hätte ihn unfehlbar erdrückt, wenn er
nicht die Zeit gehabt hätte, auf die Seite zu springen; dabei
konnte er aber eine leichte Verletzung an der linken Hand
nicht vermeiden. Trotz des Schreckens, den er ausgestanden
hatte, konnte er sich erheben und bei der Hinaufbeförderung
des Fasses Hilfe leisten; aber fünf Minuten später fiel er in
eine Ohnmacht, die zwanzig Minuten lang anhielt. Als er wieder
zu sich kam, waren seine Beine so schwach, dass er nicht stehen
konnte, und man musste ihn in einem Wagen nach Hause
bringen. Durch zwei Tage war er ganz und gar arbeitsunfähig,
in den Nächten war sein Schlaf durch schreckliche Erscheinungen
gestört, bei denen er aufschrie: „Zur Hilfe! Ich bin verloren!"
Er machte im Traume die Scene im Keller wieder durch. Er hatte
trotzdem die Arbeit wieder aufgenommen, als er zehn Tage nach
jenem Unfall mitten in der Nacht den ersten hysteroepileptischen
Anfall bekam. Seit dieser Zeit kamen die Anfälle nahezu regelmässig alle zwei Monate wieder, und in der Zwischenzeit litt er
häufig während der Nacht, im Moment des Einschlafens, oder
beim Erwachen, an heftigem Schreck in Folge der Hallucination
reissender Thiere.

Er pflegte sich in früherer Zeit beim Erwachen von seinen
Anfällen zu erinnern, was er während des Anfalles geträumt
hatte, heute ist das nicht mehr der Fall. Er befand sich dann
in einem finsteren Walde, verfolgt von Räubern oder von
grässlichen Ungeheuern, oder aber die Scene im Keller spielte
sich wieder ab, er sah die Fässer, die gegen ihn rollten und
ihn zu erdrücken drohten. Niemals hatte er, wie er behauptet,
in den Anfällen oder in den Zwischenzeiten Träume und
Hallucinationen von angenehmem oder heiterem Inhalt.

Zu dieser Zeit begab er sich in die Consultation des
Spitals St. Anne, wo man ihm Bromkalium verschrieb. Diese
Therapie hat aber, was ich Sie zu beachten bitte, niemals
den leisesten Einfluss auf die Anfälle geäussert, obwohl er das
Medicament durch lange Zeit bis zum Ueberdruss genommen hat.

Unter diesen Verhältnissen wurde Rig . . . auf die Klinik
der Salpêtrière aufgenommen, und wir konnten beim Eintritt
folgenden Status finden:

Der Kranke ist bleich und anämisch, er hat wenig
Appetit, besonders für Fleisch, dem er saure Speisen vorzieht.
Der Allgemeinzustand im Ganzen wenig befriedigend. Die
hysterischen Stigmata sind bei ihm sehr deutlich. Sie bestehen in einer doppelseitigen Hemianästhesie in zerstreuten

Herden von ziemlich grossem Umfang für die Schmerz-
empfindung (Kneipen und Stechen) und die Kälteempfindung.
Die sensorielle Anästhesie ist im Allgemeinen nur schwach
ausgebildet; Geruch und Geschmack sind normal, das Gehör
dagegen sehr deutlich, besonders links, herabgesetzt; der
Kranke hört auch nicht besser, wenn man den tönenden
Gegenstand auf seinen Schädel aufsetzt. Was den Gesichtssinn
betrifft, so sind die Symptome sehr viel besser ausgesprochen
und würden gewissermassen für sich allein hinreichen, die
hysterische Natur des Leidens zu beweisen. Der Kranke zeigt
nämlich eine beträchtliche Einengung des Gesichtsfeldes auf
beiden Seiten, jedoch eine stärkere rechts. Er unterscheidet
alle Farben, aber das Gesichtsfeld für Blau ist stärker eingeengt als das für Roth und liegt ganz innerhalb des letzteren,
eine Erscheinung, die, so viel ich weiss, für das Gesichtsfeld
der Hysterischen, so oft man sie findet, geradezu charakteristisch
ist. Ich habe Ihnen Fälle der Art zu wiederholten Malen gezeigt. Endlich sind, um die Reihe der Stigmata zu beschliessen,
bei Rig . . . zwei hysterogene Punkte zu erwähnen, der eine
in der Haut unterhalb der letzten falschen Rippen rechterseits,
der andere tiefer gelegen in der rechten Kniekehle, wo der
Kranke eine spontan sehr schmerzhafte Cyste trägt. Ein Testi-
cularpunkt besteht bei Rig . . . nicht. Ein auf diese
hysterogenen Punkte zufällig oder absichtlich ausgeübter Druck
ruft bei unserem Kranken die ganze Reihe der Phänomene,
welche die hysterische Aura ausmachen, hervor: Präcor-
dialschmerz, Zusammenschnürung im Halse mit Gefühl einer
Kugel, Pfeifen in den Ohren und Klopfen in der Schläfe. Die
beiden letzten Phänomene werden, wie Sie wissen, als Aura
cephalica bezeichnet. Diese Punkte, deren Erregung den Anfall
mit ausserordentlicher Leichtigkeit auslöst, sind dagegen nur
in sehr geringem Grade krampfhemmend (spasmo-frénateur im
Gegensatz zu spasmogène, wenn wir uns der von Professor
Pètres vorgeschlagenen Nomenclatur bedienen wollen), das
heisst, eine selbst sehr intensive und lange fortgesetzte Erregung derselben unterdrückt den im Ausbruch begriffenen
Anfall nur in sehr unvollkommener Weise.

Im psychischen Zustand Rig . . .'s herrschen heute noch
wie früher die Affecte der Angst und der Furcht. Er kann
nicht im Dunkeln schlafen, es ist ihm selbst am helllichten Tage
peinlich, irgendwo allein zu sein, er ist von einer ausserordentlichen
Erregbarkeit und empfindet heftigen Schreck bei dem Anblick
oder bei der Erinnerung an gewisse Thiere, wie Ratten, Mäuse
und Kröten, die er übrigens häufig in seinen grauenvollen
Träumen oder bei seinen Hallucinationen vor dem Einschlafen

14*

zu sehen pflegt. Er ist immer in trauriger Stimmung. „Ich bin mir selbst zuwider," pflegt er zu sagen. Eine gewisse geistige Unbeständigkeit zeigt sich bei ihm darin, dass er sich mit nichts lange Zeit beschäftigen kann, und dass er fünf oder sechs Arbeiten gleichzeitig unternimmt, die er ebenso leicht entschlossen wieder fahren lässt. Er ist übrigens intelligent und ziemlich gebildet, sein Charakter ist sanft und ermangelt gänzlich aller perversen Neigungen.

Er leidet an spontanen Anfällen; man kann aber auch absichtlich bei ihm Anfälle auslösen. In beiden Fällen werden sie von einer lebhaft brennenden Empfindung in den hysterogenen Punkten eingeleitet, woran sich zunächst der Schmerz im Epigastrium, dann die Zusammenschnürung im Halse und der Globus hystericus und zuletzt die Aura cephalica, die in Pfeifen in den Ohren und Klopfen in den Schläfen besteht, anschliessen. In diesem Moment verliert der Kranke das Bewusstsein, und der eigentliche Anfall beginnt. Derselbe lässt eine Scheidung in vier scharf gesonderte Perioden erkennen. In der ersten Periode führt der Kranke einige, epileptiformen Zuckungen ähnliche Bewegungen aus. Dann kommt die Periode der „grands mouvements", Grussbewegungen (mouvements de salutation), von einer ausserordentlichen Heftigkeit, von Zeit zu Zeit von einem absolut charakteristischen „Gewölbe" (arc de cercle) unterbrochen, dessen Concavität bald nach oben (Emprosthotonus), bald nach unten (Opisthotonus) sieht. Kopf und Füsse berühren dann allein das Bett, der Körper bildet den Bogen. Während dieser Zeit stösst der Kranke furchtbare Schreie aus. Darauf folgt die dritte Periode, die der leidenschaftlichen Stellungen und Geberden, während welcher er Worte spricht und Schreie ausstösst, die in Beziehung zu seinen düsteren Vorstellungen und den schrecklichen Visionen, die ihn verfolgen, stehen. Es ist bald der Wald mit Wölfen und grässlichen Ungeheuern, dann wieder der Keller, die Stiege und das Fass, das sich gegen ihn wälzt. Er kommt endlich wieder zum Bewusstsein, erkennt die Personen, die ihn umgeben und ruft sie mit Namen, aber Delirium und Hallucinationen halten auch jetzt noch eine Weile an. Er sieht um sich und unter seinem Bette die abscheulichen Bestien, die ihn bedrohen, er untersucht seine Arme, um an ihnen die Spuren der Bisse zu finden, die er gefühlt zu haben glaubt. Dann kommt er zu sich, der Anfall ist vorüber, häufig aber nur, um gleich wieder zu beginnen, bis endlich nach drei- oder viermaliger Wiederholung des ganzen Schauspieles der Zustand des Kranken wieder völlig zur Norm zurückkehrt. Niemals hat er sich in seinen Anfällen in die Zunge gebissen oder den Harn in's Bett gelassen.

Seit einem Jahre ungefähr wird Rig . . . der Einwirkung der statischen Elektricität unterzogen, welche, wie Sie wissen, in Fällen dieser Art häufig gute Dienste leistet; gleichzeitig haben wir ihm alle möglichen stärkenden und wiederherstellenden Mittel verschrieben. Trotzdem sind die eben beschriebenen Phänomene, Anfälle und permanente Stigmata so geblieben, wie sie waren, ohne einen merklichen Wechsel zu zeigen; sie scheinen überhaupt, obwohl sie nun schon drei Jahre lang bestehen, sich nicht so bald ändern zu wollen. Sie werden mir aber Alle zugeben, dass es sich hier um einen so scharf als nur möglich gekennzeichneten Fall von Hysteroepilepsie mit vermengten Anfällen (epileptiformer Hysterie) handelt. Die Unwandelbarkeit der Stigmata, auf die wir nachdrücklich genug aufmerksam gemacht haben, kann, wie Sie sehen, uns doch keinen Augenblick an der Diagnose schwankend machen.

Um diesen so vollkommen typischen Fall zu beendigen, will ich noch einige Eigenthümlichkeiten hervorheben, die Sie durch die klinische Analyse bereits kennen gelernt haben.

Zunächst lenke ich Ihre Aufmerksamkeit auf die hereditäre Anlage zu Nervenkrankheiten, die in der Familie des Kranken so deutlich hervortritt: Hysterie beim Vater, wie wir wenigstens mit grosser Wahrscheinlichkeit annehmen dürfen, Grossonkel und Cousinen der Mutter epileptisch, zwei Töchter, von denen die eine an Hysterie, die andere an Hystero-epilepsie leidet. Sie werden, meine Herren, solche hereditäre Verhältnisse häufig bei hysterischen Männern finden, und zwar vielleicht noch besser ausgeprägt als bei hysterischen Frauen.

Ich will Ihnen ausserdem in's Gedächtniss zurückrufen, dass die Zeichen der Hysterie sich bei unserem Kranken aus Anlass und im Anschlusse an einen Unfall, der Lebensgefahr mit sich brachte, entwickelt haben. Hätte das Trauma, das sich dabei ergab — die übrigens recht geringfügige Verletzung der Hand — allein hingereicht, um die Reihe der nervösen Phänomene auszulösen? Das ist möglich, aber ich will es nicht behaupten. Ich glaube, dass man neben dem Trauma einen anderen Factor in Betracht ziehen muss, der bei der Entwickelung des Zustandes sehr wahrscheinlich eine viel bedeutsamere Rolle gespielt hat, als die Verletzung selbst. Ich meine damit den Schreck, den der Kranke im Momente des Unfalles überstand, und der sich ein wenig später durch eine Ohnmacht zur Geltung brachte, auf welche eine Art von vorübergehender Parese der unteren Extremitäten folgte. Dieses selbe psychische Element finden Sie neben dem Trauma in mehreren der von Putnam, Walton, Page, Oppenheim und Thomsen beschriebenen Fälle wieder, und es ist unverkennbar, dass der Einfluss desselben häufig der massgebende war.

Sie werden ferner das nämliche Verhältniss, die Entwickelung der Hysterie aus Anlass und im Anschlusse an einen „Shock" mit oder ohne Trauma, wobei aber die Aufregung eine grosse Rolle spielt, bei der Mehrzahl der anderen Kranken, die ich nun vorstellen werde, wiederfinden können.

Meine Herren! Die Fälle, von denen nun die Rede sein soll, sind gewissermassen nach dem Muster des vorigen zugeschnitten; wir können uns also bei ihnen einer allzu ausführlichen Darstellung entschlagen.

Beobachtung II. Der 32jährige Gil..., Metallvergolder, ist im Januar 1885 in die Salpêtrière eingetreten. Seine Familiengeschichte bietet nichts Besonderes. Sein Vater, der von sehr heftiger Gemüthsart war, ist im Alter von 60 Jahren an einer Lähmung, welche ohne Insult auftrat, gestorben. Seine Mutter, die der Tuberculose erlegen ist, war nervös, hatte aber nie an Anfällen gelitten.

Sehr viel interessanter ist die eigene Vorgeschichte des Kranken. Im Alter von zehn Jahren hat er Erscheinungen von Somnambulismus gezeigt; er wird seit seiner Kindheit im Dunkeln ängstlich, und Nachts leidet er an Hallucinationen vor dem Einschlafen und an Alpdrücken. Er hat sehr frühzeitig begonnen, sich geschlechtlichen Ausschweifungen hinzugeben, und fühlt sich von Zeit zu Zeit durch einen unwiderstehlichen Drang zu den Frauen getrieben. Es ist ihm oft geschehen, dass er plötzlich von der Arbeit weglaufen musste, um ein Mädchen zu besuchen; wenn er dann zurückkam, setzte er die Arbeit wieder fort. Er ist überdies leidenschaftlicher Masturbant. Sonst ist er intelligent, ein geschickter Arbeiter und lernt leicht, in seinen freien Stunden treibt er Musik, spielt auf der Violine und auf der Ziehharmonika. Er liebt den Theaterbesuch, doch sucht er sonst gewöhnlich bei seiner düsteren und verschlossenen Gemüthsart die Einsamkeit auf.

Sein Gewerbe, bei dem die Anwendung des Quecksilbers eine Rolle spielt, hat bei ihm niemals krankhafte Erscheinungen hervorgerufen, die man auf eine Quecksilbervergiftung deuten könnte. Keine Zeichen von Alkoholismus und von Syphilis.

Der erste Anfall traf ihn ohne bekannte Veranlassung im Alter von 20 Jahren. Er befand sich auf der Plattform eines Omnibus, als er die Vorboten verspürte, hatte noch die Zeit, herunterzusteigen, und die Krämpfe brachen dann auf der Strasse aus. Die Anfälle waren in dieser ersten Zeit ziemlich häufig, etwa vier bis fünf im Monate. Es scheint, dass er dabei mitunter Harn unter sich gelassen hat. 1880 waren die

Anfälle schon durch mehrere Jahre ziemlich auseinandergerückt und traten nur in langen Zwischenräumen auf, als der Kranke das Opfer eines nächtlichen Ueberfalles wurde. Er erhielt dabei einen Messerstich auf den Kopf in die rechte Schläfengegend, fiel bewusstlos zu Boden, wurde ausgeplündert und für todt liegen gelassen. Man hob ihn später auf und brachte ihn auf die Abtheilung von Dr. Gosselin in der Charité, wo er drei oder vier Tage im bewusstlosen Zustande verblieb. Einige Tage später entwickelte sich ein Erysipel um die durch den Messerstich erzeugte Kopfwunde, und unmittelbar an die Heilung desselben schloss sich der Ausbruch eines sehr heftigen Kopfschmerzes von eigenthümlicher Natur an, der heute noch fortbesteht.

Jener Unglücksfall hatte auch zur Folge, dass er für lange Zeit in eine Art von Stumpfheit verfiel, von der er sich übrigens im Ganzen nur sehr unvollkommen erholt hat, denn seit dieser Zeit ist es ihm selbst in seinen besten Tagen nicht möglich, zu arbeiten, sich zu beschäftigen oder auch nur mit einiger Ausdauer zu lesen. Natürlich gerieth er bald in grosses Elend. Die Anfälle, die eine Zeit lang ausgesetzt hatten, stellten sich auch wieder mit grösserer Heftigkeit und Häufigkeit ein, und der Kranke begab sich daher im Februar 1883 in's Hôtel Dieu, wo er auch Aufnahme fand und bis März 1884 verblieb.

Dort wurde die vollständige und absolute linksseitige Hemianästhesie, die wir heute an ihm constatiren, zum ersten Male aufgefunden. Die damals sehr häufigen Anfälle scheinen im Spital für epileptische gehalten worden zu sein; der Kranke wurde durch 13 Monate mit hohen Dosen von Bromkalium behandelt, ohne dass sich die geringste Besserung zeigen wollte.

Bei dem Eintritte des Kranken in die Salpêtrière im Januar 1885 haben wir den folgenden Status aufnehmen können:

Der Allgemeinzustand ist, was die nutritiven Functionen betrifft, ziemlich befriedigend. Der Kranke ist bei gutem Appetit, nicht anämisch. Dagegen ist eine sehr bedeutende psychische Depression bei ihm unverkennbar. Er ist düster, schweigsam, misstrauisch, scheint jedem Blicke auszuweichen und geht nicht mit den anderen Kranken der Klinik um. Er sucht tagsüber weder eine Beschäftigung noch eine Zerstreuung. Die schon im Hôtel Dieu aufgefundene linksseitige Hemianästhesie ist, was die allgemeine Sensibilität betrifft, total und absolut. Auch die Störungen der Sinnesorgane auf der nämlichen (linken) Seite sind sehr deutlich ausgesprochen. Links

ist das Gehör ziemlich abgeschwächt, Geruch und Geschmack
gänzlich aufgehoben; das linke Auge zeigt eine totale Farben-
blindheit, die von Herrn Parinaud in kunstgerechter Weise
constatirt wurde, und eine ausserordentlich bedeutende Einschränkung des Gesichtsfeldes für die Wahrnehmung von
weissem Lichte. Im Gegensatze zu dem in anderen Fällen
dieser Art gewöhnlichen Verhalten ist das Gesichtsfeld und
die Farbenempfindung des rechten Auges in keiner Weise
beeinträchtigt. Der Augenhintergrund zeigt weder am rechten
noch am linken Auge Spuren einer materiellen Läsion.

Der Kranke beklagt sich beständig über einen sehr
heftigen, drückenden oder vielmehr zusammenschnürenden
Kopfschmerz, der Hinterhaupt, Scheitel, Stirn und besonders
die beiden Schläfen einnimmt und links stärker ist als
rechts. Es ist ihm, als ob er auf dem Kopfe einen schweren
und engen Helm tragen würde, der ihn drückt und einschnürt.
Dieser, wie erwähnt, continuirliche Kopfschmerz verstärkt sich
noch erheblich kurz vor und nach den Anfällen. Er steigert
sich sonst vorzugsweise, wenn der Kranke die geringfügigste
Arbeit unternimmt, wenn er z. B. lesen oder einen Brief
schreiben will.

Die Anfälle, die wir auf der Klinik oftmals als Augenzeugen kennen lernen konnten, zeichnen sich durch die folgenden Charaktere aus: Sie können spontane oder künstlich
hervorgerufene sein. Zwischen den beiden Fällen ist kein
wesentlicher Unterschied zu entdecken. Wir haben drei
hysterogene Punkte auffinden können, zwei davon rechts und
links unterhalb der Brustwarze, den dritten in der rechten
Weichengegend; der Druck auf den Hoden und Samenstrang
dieser Seite ruft übrigens keinerlei abnorme Empfindung hervor. Wenn man auf die hysterogenen Punkte, deren Lage
ich eben angegeben habe, ganz leicht drückt, verspürt der
Kranke sofort alle Symptome der Aura cephalica, nämlich
das Klopfen in den Schläfen, Pfeifen in den Ohren, den
Schwindel u. s. w. Wenn man den Druck nur ganz kurze
Zeit fortsetzt, kann man mit Sicherheit darauf rechnen, sogleich einen Anfall auszulösen. Einige epileptoide Zuckungen,
übrigens von kurzer Dauer, leiten dann das Schauspiel ein.
Darauf folgen bald verschiedene Verdrehungen des Körpers
und grosse Begrüssungsbewegungen, die von Zeit zu Zeit
durch eine Gewölbestellung unterbrochen werden. Unterdessen
stösst der Kranke ohne Unterlass ein wildes Geschrei aus.
Ein krankhaftes Lachen, Weinen und Schluchzen schliesst den
Anfall ab. Beim Erwachen hat G . . . keinerlei Erinnerung an
das, was mit ihm vorgegangen ist. Die hysterogenen Punkte

wirken bei ihm nur sehr schlecht krampfstillend; wenn man
auf sie während des Anfalles drückt, tritt eine momentane
Pause ein, aber der Anfall nimmt bald wieder seinen un-
gestörten Fortgang. Die spontanen, wie die provocirten Anfälle wiederholen sich in der Regel eine gewisse Anzahl von
Malen hinter einander, so dass sie Reihen bilden; die Rectal-
temperatur erhebt sich dabei niemals über 37·8 Centi-
grad.

Sie ersehen aus der voranstehenden kurzen Schilderung,
dass der Fall des G ... sich ziemlich dem von Rig ...
(I. Beobachtung) nähert und nur in wenigen Einzelheiten von
ihm abweicht. In beiden Fällen dieselben hysterischen Stigmata, dieselbe Neigung zur Melancholie, dieselben charakteristischen Anfälle, die nur bei G ... die besondere Eigenthümlichkeit zeigen, dass sich die Aura mit grosser Raschheit
entwickelt und dass im Anfall die leidenschaftlichen Stellungen
und Geberden ausbleiben. Im Weiteren will ich nun die
wenigen Abweichungen behandeln, die aus Anlass dieses
zweiten Falles zu erwähnen sind.

Wir haben schon angeführt, dass G ... sich in einigen
seiner Anfälle in die Zunge beisst und den Harn unter sich
lässt, wie wir es mit voller Sicherheit constatiren konnten.
Das hat uns zunächst verleitet zu glauben, dass es sich bei
diesem Kranken um Hysteroepilepsie mit getrennten Anfällen handle, also einerseits um echte Epilepsie, andererseits
um grosse Hysterie, beide in den Anfällen, die sie hervorrufen, von einander gesondert. Aber eine aufmerksamere
Beobachtung hat uns belehrt, dass dem nicht so ist. Alle
Anfälle tragen bei G ... den Charakter der grossen Hysterie,
und es kommt nur bei diesen Anfällen gelegentlich vor, dass
er sich in die Zunge beisst und den Harn unter sich lässt.
Der Zungenbiss und der unwillkürliche Harnabgang sind
durchaus keine allein und ausschliesslich der Epilepsie zukommenden Phänomene; sie können ebensogut bei der
Hysteroepilepsie ohne alle Complication mit Epilepsie auftreten. Diese Thatsache ist allerdings ungewöhnlich, aber ich
habe doch eine gewisse Zahl von ganz überzeugenden Fällen
beobachten und veröffentlichen können.

Um die Besprechung dieses Falles abzuschliessen, will
ich noch Ihre Aufmerksamkeit auf den Kopfschmerz lenken,
an dem G ... continuirlich leidet, der sich aber, sobald er
die geringfügigste Arbeit unternimmt, unfehlbar verstärkt. Dieser
Kopfschmerz mit all seinen oben geschildeten Eigenthümlichkeiten gehört nun nicht zum Bilde der Hysterie; man
findet ihn vielmehr, ich möchte sagen unvermeidlich, bei der

neurasthenischen Neurose (Neurasthenia nach Beard[1]), in
welcher er eines der augenfälligsten Symptome darstellt. Ebendort
beobachtet man auch jene physische und geistige Depression, die
bei unserem Kranken ausgeprägt ist und die, wie ich sorgfältig erhoben habe, erst seitdem er die Kopfverletzung
erlitten hat, besteht. Der neurasthenische Zustand, meine
Herren, mit all den Phänomenen, die Beard in seiner sehr
bemerkenswerthen Monographie ihm zurechnet, ist nun eine
nervöse Erkrankung, die sich am häufigsten im Gefolge des
Shocks, besonders nach Eisenbahnunfällen, entwickelt. Das
bezeugen mehrere der von Page[2] veröffentlichten Beobachtungen, und ich habe für meine Person ebenfalls zwei
Fälle beobachtet, welche vollkommen mit denen dieses Autors
übereinstimmen; einer dieser Fälle betraf einen unserer
Collegen in Paris. Demnach darf man, wie ich glaube, bei
unserem Kranken G ... die gleichzeitige Existenz von zwei
scharf gesonderten Zuständen annehmen, nämlich erstens die
Neurasthenie, als unmittelbare und directe Folge des Shocks,
den er vor drei Jahren erlitten hat, und zweitens die Hysteroepilepsie mit dem ganzen Complex von Erscheinungen, welche
sie auszeichnen. Letztere war bereits vor dem Unfall vorhanden, hat sich aber seither immerhin erheblich gesteigert,
wie Sie aus den Einzelheiten der Krankengeschichte entnehmen können.

Ich gehe nun zur Untersuchung eines dritten Kranken
über, der übrigens, wie ich Ihnen schon vorher gesagt habe,
in ganz dieselbe Reihe wie die beiden vorigen Fälle gehört.

Beobachtung III. Der Kranke, der jetzt vor Ihnen
steht, ist der 27jährige Gui ..., seines Zeichens Schlosser.
Er ist am 20. Februar 1884 auf die Klinik meines Collegen
Dr. Luys aufgenommen worden. Von seinen Verwandten
kennt er nur den Vater, der ein offenkundiger Trinker war
und im Alter von 48 Jahren gestorben ist, und seine heute
noch lebende Mutter, die niemals an einer nervösen Erkrankung
gelitten zu haben scheint. Der Kranke hat sieben Geschwister
gehabt, von denen jetzt nur noch ein Bruder am Leben ist;
dieser ist niemals krank gewesen und scheint nicht nervös zu sein.

Im Alter von 12 oder 13 Jahren ist Gui ... sehr furchtsam geworden; er konnte nicht in einem Zimmer allein bleiben,

---

[1] G. M. Beard, Die Nervenschwäche (Neurasthenia), zweite Auflage,
Leipzig 1883.
[2] H. Page, Injuries of the spinal cord and nervous shock etc., pag. 170
und 172, London 1885. Vergl. auch L. Dana, Concussion of the Spine
and its relation to neurasthenia and hysteria. New-York medical Record,
6. December 1884.

ohne von Angstgefühlen befallen zu werden. Er war übrigens weder reizbar noch eigensinnig von Charakter. In der Schule lernte er leicht, und später im Alter von 17 oder 18 Jahren hat er sich in seinem Berufe geschickt und tüchtig gezeigt, ja sogar mehrmals bei Ausstellungen von Schlosserarbeiten Preise davongetragen. Unglücklicherweise machte sich zu dieser Zeit eine masslose Neigung zu den Frauen und zum Trunke bei ihm geltend. Tagsüber arbeitete er wie seine Kameraden, sobald aber das Tagewerk beendet war, pflegte er oft in die Tanzstuben zu gehen und die Nacht in der Schänke oder bei Mädchen zuzubringen. Diese Ausschweifungen wiederholten sich bei ihm von Zeit zu Zeit mehrmals in der Woche, und brachten ihn natürlich um den nöthigen Schlaf. Doch scheint er dieselben ohne Erschöpfung ertragen zu haben, denn am nächsten Morgen ging er wie sonst an seine Arbeit und erledigte sich seiner Pflichten in entsprechender Weise.

Im Jahre 1879, 21 Jahre alt, erhielt er auf einem seiner nächtlichen Streifzüge einen Messerstich, der ihm in's linke Auge drang. Er wurde sofort in's Hôtel Dieu auf die Klinik von Panas gebracht, der bald darauf die Enucleation dieses Auges vornahm. Nichtsdestoweniger setzte G . . . nach seiner Entlassung aus dem Spital seine liederliche Lebensweise fort.

Von 1882 an geschah es ihm häufig, dass er im Moment, da er die Augen schloss, um einzuschlafen, ein Ungeheuer in menschlicher Gestalt vor sich zu sehen glaubte, das auf ihn losging. Erschrocken stiess er dann einen Schrei aus, öffnete die Augen, und die Vision verschwand, aber nur um wiederzukehren, sobald er von Neuem die Lider schloss. Er verfiel so in einen Zustand von äusserst peinlicher Angst, und verbrachte oft einen grossen Theil der Nacht, ohne den Schlaf zu finden.

Diese Hallucinationen vor dem Einschlafen hatten schon durch ungefähr sechs Monate angehalten, als er im Juli 1882 das Opfer eines neuen und noch viel schrecklicheren Unglücksfalles wurde. Damit beschäftigt, im dritten Stockwerk eines Hauses ein Fenstergeländer anzubringen, wobei er sich vielleicht im Zustande der Trunkenheit befand, fiel er auf das Strassenpflaster herab, und zwar, wie er behauptet, auf die Füsse. Sicher ist so viel, dass er durch länger als eine Stunde bewusstlos war. Bei seinem Erwachen liess er sich von Neuem in's Hôtel Dieu auf die Klinik von Panas bringen. Es scheint, dass man damals die Existenz einer Schädelfractur bei ihm befürchtete. Aber die Heilung liess nicht lange auf sich warten, und nach zwei Monaten konnte der Kranke seine Entlassung nehmen. Bald nachher stellten sich die nächtlichen Schreckbilder in bester Form wieder ein, und nicht lange darauf brach auch der erste spontane Krampfanfall aus. Diese Anfälle waren anfangs keineswegs so gut charakterisirt, als sie es in der Folge wurden; sie bestanden hauptsächlich in einem plötzlich auftretenden Schwindelgefühl mit nachfolgender Gliederstarre und später allgemeinem Zittern. Sie waren übrigens nicht sehr häufig, und nicht von Bewusstlosigkeit begleitet.

So blieben die Dinge durch ungefähr achtzehn Monate. Nach Ablauf dieser Zeit entschloss sich G . . ., da die Heilversuche mehrerer zu Rathe gezogener Aerzte erfolglos geblieben waren, in die Salpêtrière (auf die Abtheilung von Prof. Luys) einzutreten.

Bald nach seiner Aufnahme begann G . . . an häufigen Anfällen von Leib- und Magenschmerzen zu leiden, an die sich ein Gefühl von Zusammenschnürung im Halse und gleich darauf müheloses Erbrechen anschloss. Nach ungefähr sechs Wochen hörten diese Anfälle, gegen die keinerlei Therapie etwas ausgerichtet hatte, wie mit Einem Schlage von selbst auf. Um die gleiche Zeit bemerkte man auch das Vorhandensein einer rechtsseitigen Hemianästhesie und jenes eigenthümliche Zittern der Hand, von dem gleich die Rede sein soll.

Im Januar 1885 gingen die Kranken von Luys in Folge eines Personenwechsels in unsere Abtheilung über, und damals bekam ich G . . . zum ersten Male zu Gesichte. Wie Sie sehen, ist der Kranke muskelstark und kräftig gebaut, sein Allgemeinzustand ist ganz befriedigend. Psychisch bietet er gegenwärtig nichts besonders Auffälliges; die Hallucinationen vor dem Einschlafen haben seit mehr als einem Jahre fast gänzlich aufgehört. Er ist nicht deprimirt, verkehrt gern mit den anderen Kranken und macht sich auf dem Krankenzimmer nützlich.

Die rechtsseitige Hemianästhesie ist eine vollständige und höchstgradige, weder Stich noch Berührung werden auf dieser Seite verspürt. Die Sinnesorgane sind auf der rechten Seite gleichfalls in hohem Grade afficirt, besonders Geruch, Geschmack und Gehör. Was den Gesichtssinn betrifft, so lässt eine methodische Untersuchung desselben sehr ausgesprochene Störungen erkennen. Das Gesichtsfeld des rechten Auges ist äusserst eingeengt — Sie haben nicht vergessen, dass das linke Auge fehlt — von Farben kann nur das Roth erkannt werden, und selbst der Kreis dieser Farbe ist beinahe auf einen Punkt zusammengeschrumpft.

Das Zittern, das, wie schon oben erwähnt, an der rechten Hand besteht, ist durch seinen vollkommen regelmässigen

Rhythmus, den man mit Hilfe von registrirenden Apparaten feststellen kann, bemerkenswerth. Es besteht in Schwingungen, von denen im Mittel fünf auf die Secunde kommen, und hält in dieser Hinsicht die Mitte zwischen den Zitterbewegungen mit niedriger Schwingungszahl, wie z. B. bei der Paralysis agitans, und denen mit hoher Schwingungszahl, oder den vibratorischen Zitterbewegungen, bei der progressiven Paralyse und der Basedow'schen Krankheit. Es verstärkt sich nicht bei intendirten Bewegungen. [1] Der Kranke kann sich seiner rechten Hand beim Essen und Trinken bedienen und kann selbst ganz ordentlich schreiben, wenn er nur seine linke Hand kräftig auf das rechte Handgelenk auflegt, durch welches Verfahren das Zittern für den Augenblick unterdrückt wird. Der Muskelsinn ist für die ganze Ausdehnung der rechten oberen Extremität vollkommen erhalten.

Die einzige hysterogene Zone, die wir bei G ... aufgefunden haben, nimmt den rechten Hoden und den Verlauf des Samenstrangs fast bis zur Leiste ein. Die Haut des Scrotums ist auf derselben Seite sehr empfindlich, und ein etwas stärkeres Kneipen derselben ruft die gleiche Wirkung hervor, wie Druck auf den Hoden selbst, nämlich je nach den Umständen den Ausbruch oder die Aufhebung eines Anfalles.

Die Anfälle, seien sie spontan oder durch die absichtliche Reizung dieser hysterogenen Zone hervorgerufen, werden jedesmal von einer sehr deutlichen, schmerzhaften Auraempfindung eingeleitet, welche vom rechten Hoden ausgeht, gegen das Epigastrium und die Herzgrube und dann zum Halse aufsteigt, wo sie eine heftige Zusammenschnürung bedingt, und endlich den Kopf erreicht, wo ein Pfeifen in den Ohren, besonders im rechten, und Klopfen in den Schläfen, vorwiegend auf der rechten Seite, zu Stande kommt. Darauf verliert der Kranke gänzlich das Bewusstsein und die epileptoide Periode beginnt. Zuerst wird der Tremor der rechten Hand heftiger und beschleunigt, dann stellen sich die Augen nach oben, die Extremitäten werden ausgestreckt, die Hände zur Faust geballt und dann in äusserster Pronation verdreht. Durch eine krampfhafte Zusammenziehung beider M. pectorales werden nun die Arme vor dem Abdomen aneinandergepresst. Darauf folgt die Periode der grossen Verdrehungen, welche besonders durch Grussbewegungen von ausserordentlicher Heftigkeit, zwischen denen allerlei regellose Gesten spielen, ausgezeichnet ist. Der Kranke zerbricht und zerreisst alles, was er mit seinen Händen erreichen kann, er nimmt die

---

[1] Vgl. die fünfzehnte Vorlesung.

absonderlichsten Lagen und Stellungen ein, welche die von
mir für diesen Theil der zweiten Periode vorgeschlagene
Bezeichnung „Clownismus" vollauf rechtfertigen. Von Zeit zu
Zeit halten die oben beschriebenen Contorsionen einen Moment
ein, um der so charakteristischen Bogen- oder Gewölbestellung
Platz zu machen. Bald ist es ein wirklicher Opisthotonus, bei
dem die Lenden um ungefähr 50 Centimeter über das Bett
erhoben sind und der Körper nur einerseits auf dem Scheitel,
andererseits auf den Fersen ruht; andere Male ist es ein Bogen
mit der Concavität nach oben: die Arme über der Brust
gekreuzt, die Beine in der Luft, Haupt und Rumpf erhoben,
während nur Lenden und Steiss dem Bette anliegen. Endlich
noch andere Male ruht der Kranke, wenn er ein „Gewölbe"
macht, dabei auf der rechten oder linken Seite. Dieser ganze

Fig. 28.

Theil des Anfalles ist bei G . . ., wenn ich mich so ausdrücken
darf, wunderschön, und jede einzelne Stellung würde verdienen,
durch das Verfahren der Instantanphotographie festgehalten
zu werden. Ich gebe Ihnen nun die Photographien herum,
welche Herr Londe auf diese Weise erhalten hat.
Wie Sie sehen, lassen dieselben vom künstlerischen Stand-
punkte nichts zu wünschen übrig, sie sind aber überdies in
hohem Grade lehrreich für uns. Sie zeigen uns, dass die Anfälle bei G . . ., was die Regelmässigkeit der einzelnen Perioden
und den typischen Charakter der verschiedenen Stellungen
anbelangt, nicht im Geringsten hinter jenen zurückstehen, die
wir täglich an unseren classischesten Hysteroepileptischen
weiblichen Geschlechtes zu beobachten Gelegenheit haben,
und diese Aehnlichkeit verdient umsomehr hervorgehoben zu
werden, als G . . . niemals in den Krankensaal, wo unsere

„femmes en attaques" untergebracht sind, gedrungen ist, man sich also bei ihm nicht auf den Einfluss der Nachahmung, dieser Art von psychischem Contagium, berufen kann.

Fig. 29.

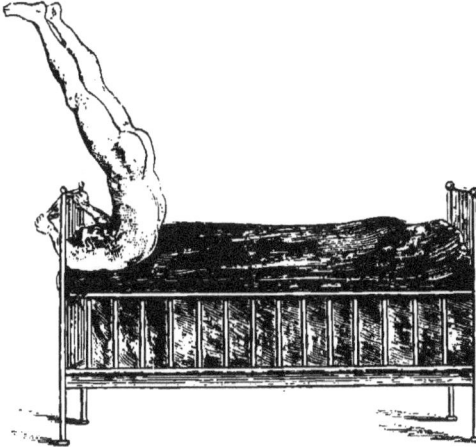

Nur die Periode der Hallucinationen und leidenschaftlichen Stellungen fällt bei G ... in der Regel weg. Wir haben blos einige Male beobachten können, dass gegen das Ende

Fig. 30.

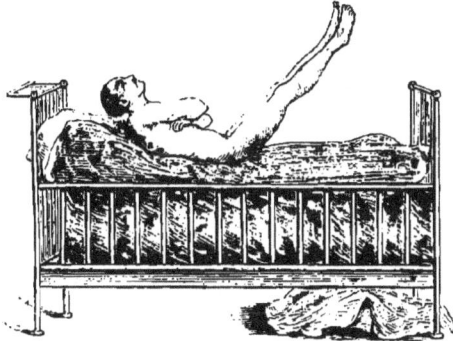

des Anfalles hin seine Züge abwechselnd Entsetzen und Freude ausdrücken, während seine Hände, wie um nach einem Wesen seiner Einbildung zu greifen, in die Luft gestreckt sind.

Das Ende des Anfalles wird bei unserem Kranken häufig durch eine Art von motorischer Aphasie bezeichnet, die gewöhnlich nur acht bis zehn Minuten dauert, aber einmal durch fast sechs Tage angehalten hat. Wenn der Kranke sprechen will, entringen sich dann nur einige rauhe, inarticulirte

Fig. 31.

Laute seiner Brust, er wird darauf aufgeregt und unruhig, bringt es aber dahin, sich durch sehr ausdrucksvolle Geberden verständlich zu machen. Es ist in solchen Fällen auch einige Male vorgekommen, dass er eine Feder nahm und ganz leserlich einige richtige Sätze niederschrieb.

Fig. 32.

Damit genug über diesen in jeder Hinsicht classischen Fall. Wir sind aber mit der Hysterie beim Manne noch nicht fertig. Wir werden sie, ebensogut kenntlich wie in den vorhergehenden Fällen, bei drei anderen Kranken der Klinik wiederfinden.

Neunzehnte Vorlesung.

Ueber sechs Fälle von männlicher Hysterie.

(Fortsetzung.)

Beobachtung IV: Heredität, Schwächung durch eine acute Erkrankung, Schreck. — Anästhesie in zerstreuten Herden, Anfälle. — Starre und Umwandelbarkeit der Symptome. — Beobachtung V: Hysterie und Alkoholismus in der Familie. — Wiederholtes Erschrecken. — Anfälle unter dem Bilde der partiellen Epilepsie. — Beobachtung VI: Moralische Entartung des Kranken. — Sturz vom Gerüst. — Monoplegie des linken Armes von Anästhesie begleitet. — Schwierigkeiten der Diagnose bei Vorhandensein eines organischen Herzfehlers. — Ausschliessung einer materiellen Erkrankung. — Hervorrufung der Anfälle durch Reizung einer hysterogenen Zone. — Besserung der Monoplegie. — Wiedereintritt der Lähmung in Folge von Suggestion.

Meine Herren! Ich will heute die in der letzten Vorlesung begonnene Studie zu Ende führen und gedenke mich dabei vorzugsweise der klinischen Demonstration zu bedienen, wie ich es bisher gethan habe. Unser Material an hysterischen Männern ist noch lange nicht erschöpft; drei neue Kranke sollen Ihnen vorgeführt, und die wichtigsten Einzelheiten in deren Krankengeschichten Ihnen an der betreffenden Stelle mitgetheilt werden. Ich werde die Thatsachen für sich selbst sprechen lassen und nur durch kurze Randbemerkungen die wichtigsten Lehren hervorheben, welche sich aus diesen Beobachtungen ergeben.

Beobachtung IV. Der Fall, mit dem ich Sie jetzt bekannt machen werde, tritt einigermassen aus der Reihe der bisher behandelten heraus, indem es sich hier nicht um einen erwachsenen Mann, sondern um einen Jüngling handelt. Aber dafür zeigt die Krankheit, wie Sie gleich selbst sehen werden, bei ihm jenen hartnäckigen und starren Charakter, auf den wir bereits Gewicht gelegt haben.

Der Kranke, Namens Mar . . ., 16 Jahre alt, wurde am 29. April 1884, also vor fast einem Jahre, auf unsere

Klinik aufgenommen. Er ist auf dem Lande geboren und hat daselbst bis zu seinem 14. Jahre gelebt. Seine Mutter soll im Jahre 1872 einige hysterische Anfälle gehabt haben, sein Grossvater von väterlicher Seite war ein Trinker und von sehr heftiger Gemüthsart. Dies ist alles, was in der Familiengeschichte bemerkenswerth erscheint. Was den Kranken selbst betrifft, so wäre zu sagen, dass er jetzt stark und wohl entwickelt ist, obwohl er in der Kindheit einige Zeichen von Skrophulose, nämlich Ohrenfluss und Drüsenschwellung in der Gegend des Warzenfortsatzes dargeboten hat. Er ist von guter Intelligenz, eher heiterer Gemüthsart und war niemals furchtsam, aber mitunter heftigen Zornesausbrüchen unterworfen, in denen er so weit ging, Alles zu zerbrechen, was ihm unter die Hände kam. Vor zwei Jahren wurde er in Paris als Lehrling bei einem Bäcker untergebracht. Kurze Zeit darauf erkrankte er an einer entzündlichen Brustkrankheit, und die Schwächung, welche durch dieses Leiden bewirkt wurde, blieb gewiss nicht ohne Einfluss auf die Entwicklung der bald hernach auftretenden Zufälle. Einige Zeit später, als er noch in der Reconvalescenz war, erlitt er einen heftigen Schreck. Wie er erzählt, wurde er eines Abends auf der Strasse von zwei jungen Leuten überfallen; er fiel fast augenblicklich bewusstlos zu Boden und wurde in diesem Zustande in das Haus seines Meisters gebracht. Er zeigte keine Spuren einer Verletzung, blieb aber einige Tage von diesem Zeitpunkte ab in einem Zustande völliger Erschlaffung. Dann begann er an sehr peinlichen, schreckhaften Träumen zu leiden, die ihn heute noch quälen; er träumte, dass er sich mit seinen Angreifern herumschlage und erwachte häufig, indem er ein wildes Geschrei ausstiess. Endlich zeigten sich nach Verlauf von 14 Tagen die ersten hysterischen Anfälle. Diese traten zuerst täglich und in Reihen von acht oder zehn auf, manchmal zählte man zwei solche Reihen an demselben Tage; später nahmen sie allmählich an Zahl und Heftigkeit ab.

Beim Eintritte des Kranken in die Salpêtrière konnten wir folgenden Status erheben: Die hysterischen Stigmata sind sehr deutlich ausgebildet; sie bestehen in einer Anästhesie in zerstreuten Herden, die unregelmässig über den ganzen Körper angeordnet sind, und in deren Bereich die Unempfindlichkeit für Berührung, Kälte und Schmerz den höchsten Grad erreicht. Gehör, Geruch und Geschmack sind auf der linken Seite abgestumpft; für das Gesicht constatirt man ferner eine doppelseitige Einengung des Gesichtsfeldes, die auf der rechten Seite stärker ausgebildet ist. Der Kranke erkennt rechts das Violett nicht, während er mit dem linken Auge alle Farben

unterscheidet; auf beiden Seiten aber ist das Gesichtsfeld für
Roth grösser als das für Blau, im Gegensatze zu dem
Ihnen bekannten Verhalten in der Norm. Dieses so
merkwürdige Symptom, auf welches ich Sie schon zu wiederholten Malen aufmerksam gemacht habe, ist uns übrigens auch
bei dem ersten unserer Fälle begegnet. Von hysterogenen
Punkten ist nur ein einziger in der linken Weichengegend
aufzufinden. Die Anfälle treten auch heute noch, obwohl die
Krankheit schon vor zwei Jahren begonnen hat, spontan in
ziemlich kurzen Zwischenzeiten, ungefähr alle zehn oder zwölf
Tage, auf. Sie können auch sehr leicht absichtlich hervorgerufen werden, wenn man einen nur ganz mässigen Druck
auf den hysterogenen Punkt ausübt. Ein stärkerer Druck auf
denselben Punkt vermag den Anfall zu unterbrechen.

Dem Anfalle, sei er nun spontan oder provocirt, geht
immer eine Aura vorher: Schmerz in der Weiche im Bereiche
des hysterogenen Punktes, Gefühl einer Kugel, die von der
Magengrube zum Halse aufsteigt, Ohrensausen und Klopfen
in den Schläfen. Darauf beginnt der eigentliche Anfall. Die
Augen kehren sich in ihren Höhlen nach oben, die Arme
werden in Streckung steif, und der Kranke fällt, wenn er
aufrecht stand, bewusstlos nieder. Die epileptoide Phase ist
gewöhnlich sehr undeutlich und abgekürzt, aber die folgende
Periode der grossen Bewegungen und Verdrehungen ausserordentlich heftig und hält ziemlich lange an. Der Kranke
schreit, beisst in alles, was er erreichen kann, zerreisst seine
Kleider, führt die classischen Grussbewegungen aus und unterbricht dieselben von Zeit zu Zeit, um sich in die charakteristische Stellung des „Gewölbes" zu werfen. Das Schauspiel
schliesst ab mit der Phase der affectvollen Stellungen und
Geberden, welche sich bei ihm sehr deutlich ausprägen und
je nach den Umständen etwas variiren. So kann es, wenn
der Anfall ein spontaner war, geschehen, dass die ihn bewegenden Hallucinationen zeitweilig einen heiteren Charakter
verrathen; wenn aber der Anfall durch Reizung der hysterogenen Zone ausgelöst war, ist das Delirium immer düsterer,
wüthender Natur und von Schimpfworten, wie: Canaillen u. s. w.,
begleitet.

In der Regel folgen mehrere Anfälle unmittelbar auf
einander und bilden so eine aus einer grösseren oder geringeren Anzahl bestehende Reihe.

Ich will mich bei diesem Kranken darauf beschränken,
die Dauerhaftigkeit und, wie ich sagen möchte, die Starre
der einzelnen Elemente hervorzuheben, die das Symptomenbild der Hysterie zusammensetzen. Der Fall schliesst sich

15*

dadurch an die Verhältnisse an, die man so oft bei Männern
beobachtet. So haben Sie die Bemerkung machen können,
dass bei unserem jugendlichen Kranken die Krampfanfälle
noch immer, trotz aller unserer Bemühungen, sehr häufig auftreten, obwohl seit deren Beginn schon zwei Jahre verflossen
sind; und auch die hysterischen Stigmata, die sensorielle und
sensitive Anästhesie, haben seit dem Tage, da wir sie zum
ersten Male untersuchten, keine merkliche Veränderung erkennen lassen. Wir haben auch keinen Grund anzunehmen,
dass dies so bald geschehen wird.

Es ist dies, meine Herren, aber durchaus nicht die Regel
bei jugendlichen Personen männlichen Geschlechtes, zumal
dann nicht, wenn sich die Krankheit bei ihnen vor dem Eintritte
der Pubertät entwickelt hat. Wie wenigstens aus den zahlreichen Beobachtungen, die ich selbst zu machen Gelegenheit
hatte, hervorgeht, sind die hysterischen Symptome in diesem
Alter gewöhnlich viel flüchtiger und beweglicher, so ausgesprochen sie auch sein mögen, und sie weichen zumeist
vollkommen der Anwendung einer zweckmässigen Therapie.[1]

Der Fall, den ich jetzt vor Ihnen besprechen will, bei
dem es sich um einen jungen Mann von 22 Jahren handelt,
muss auch noch wie die früheren unter den Typus der
Hysteroepilepsie gebracht werden. Auf eine Abweichung in
der Form der Anfälle, die wir bei ihm finden, werde ich sofort
wieder zurückkommen.

Beobachtung V. Der 22jährige Maurer Lp . . . ist auf
die klinischen Zimmer der Salpêtrière am 24. März 1885 aufgenommen worden. Er ist auf dem Lande, in der Umgegend

---

[1] Zwei Tage, nachdem diese Vorlesung gehalten worden war, nahm
Charcot auf seine Klinik einen jungen Mann Namens Faé aus Belgien
auf, der, 21 Jahre alt, gross und mager war, hellblonde Haare und ein sehr
geröthetes Gesicht hatte und, wie alle vorstehenden Fälle, die ganze Symptomatologie der Hysteroepilepsie in ihrer classischesten Erscheinungsform darbot.
Aus der Familiengeschichte des Kranken ist nur hervorzuheben der chronische Alkoholismus bei seinem Vater, und in der Vorgeschichte des Kranken
selbst häufiges nächtliches Aufschrecken während seiner Kindheit, böse
Träume und Erscheinungen von Thieren und gräulichen Gestalten, die er
mitunter selbst am hellen Tage sieht.
Im November 1884 hatte F. einen schweren Choleraanfall. Er kam zwar
davon, hatte aber eine lange Reconvalescenz durchzumachen und blieb
davon sehr geschwächt, litt auch weiterhin an Krämpfen in den unteren
Extremitäten und an Schmerzen im Unterleib. Drei Monate nach seiner
Genesung, als er sich noch als Reconvalescent in Spital befand, gerieth er
über den Anblick eines Leichnams, den man fortschaffte, in heftigen Schreck
und unmittelbar darauf brach der erste hysterische Anfall aus. Ein anderer
Schreck, in den ihn bald darauf ein übelangebrachter Spass eines Kranken,
der auf demselben Krankenzimmer lag, versetzte, scheint das Mass voll
gemacht zu haben, denn von dieser Zeit an litt F. beständig an schreck-

von Paris, geboren, von mittlerem Wuchs, schlecht entwickelt,
von eher schwächlicher Erscheinung. Sein Vater, der das
Gewerbe eines Fuhrmannes ausgeübt hat, ist ein Trinker,
seine an Tuberculose verstorbene Mutter hat an hysterischen
Anfällen gelitten. Ferner findet man in seiner Familie eine
Grossmutter von mütterlicher Seite, die noch immer hysterisch
ist, obwohl sie das Alter von 82 Jahren erreicht hat, und
zwei Tanten, Schwestern der Mutter, die gleichfalls an
Hysterie leiden. Das sind hereditäre Verhältnisse von wirklich massgebender Bedeutung: vier Hysterische und ein Alko-
holiker in der nämlichen Familie! Die eigene Vorgeschichte
des Kranken ist kaum minder bemerkenswerth. Unser Patient
war immer von schwacher Intelligenz und hat in der Schule
niemals etwas erlernen können, aber von dieser geistigen
Schwäche abgesehen zeigt er sonst keine auffälligen psychischen Störungen. Wie er selbst zugesteht, pflegte er durch
ziemlich lange Zeit täglich fünf oder sechs Gläschen Brannt-
wein und reichliche Mengen von Wein zu trinken; seitdem
er aber krank geworden ist, hat er, nach seiner Versicherung,
dieser üblen Gewohnheit entsagt. Vor drei Jahren wurde er
von einem Gesichtserysipel befallen, an das sich bald ein,
übrigens leichter acuter Gelenksrheumatismus schloss, der ihn
nur durch 14 Tage an's Bett fesselte. In demselben Jahre
unterzog er sich einer Bandwurmcur und nahm Granaten-
wurzelrinde, um sich von seinem Parasiten zu befreien. Die
Cur erzielte den gewünschten Erfolg; es giengen zuerst Stücke,
dann die Hauptmasse des Wurmes ab; aber der Anblick des
Bandwurmes, den er in seinen Entleerungen fand, übte eine

haften Gesichtserscheinungen, während gleichzeitig die Krampfanfälle fast
regelmässig jede Nacht auftraten. Bei der Aufnahme des Kranken in die
Salpêtrière wurden folgende Symptome constatirt: Hautanästhesie in zerstreuten Herden, Abstumpfung des Geschmacks und Geruchs linkerseits, Einengung des Gesichtsfeldes nur am rechten Auge, endlich sehr ausgedehnte
hysterogene Zonen, welche grosse hyperästhetische Flecke bilden und vorne
fast die ganze Fläche des Unterleibs, hinten die Schulterblatt- und Hinter-
backengegend, Kniekehlen und Fusssohlen einnehmen. Die Anfälle werden
mit Leichtigkeit ausgelöst, wenn man diese hyperästhetischen Stellen einer
gelinden Reibung unterwirft, und zeigen zunächst eine classische Aura,
darauf eine sehr deutlich ausgeprägte epileptoide Phase. Ebenso schön ist
die Periode der grossen Bewegungen ausgebildet, in der auch die Gewölbestellung vorkommt. Den Schluss macht die Phase der affectvollen Stellungen
und Geberden, während welcher der Kranke von einem düsteren und wutherfüllten Delirium ergriffen scheint. Bei diesem Manne ist also ganz wie in
dem oben besprochenen Falle die grosse Hysterie im Gefolge der allgemeinen
Schwächung durch eine schwere Erkrankung, und aus Anlass eines heftigen
Schreckens aufgetreten, und bei ihm wie bei den anderen Fällen zeigt sie
sich mit all ihren charakteristischen Merkmalen, mit einem Worte so, wie
man sie oft bei Frauen beobachten kann.

ganz eigenthümliche Wirkung auf ihn, und die Aufregung,
die ihn dabei ergriff, war so heftig, dass er für mehrere Tage
unter leichten nervösen Beschwerden, wie Koliken, Schmerzen
und Zuckungen in den Gliedern u. s. w., erkrankte.

Vor ungefähr einem Jahre war L . . ., als er in Seeaux
in seiner Eigenschaft als Maurer arbeitete, Zeuge, wie einer
seiner Kameraden seinen Sohn misshandelte. Er wollte sich
einmengen, es bekam ihm aber übel, denn der Kamerad
richtete nun wüthend seine Schläge gegen ihn und schleuderte
ihm, als er entfloh, einen grossen Stein nach, der ihn zum
Glücke nicht traf. Der Schreck, den L . . . bei dieser Gelegenheit durchmachte, war so heftig, dass er sofort an allen
Gliedern zu zittern begann und in der darauffolgenden Nacht
den Schlaf nicht finden konnte. Die Schlaflosigkeit hielt nun
an den folgenden Tagen an, überdies war er Tag und Nacht
von traurigen Vorstellungen verfolgt, glaubte jeden Augenblick seinen Bandwurm wieder vor sich zu sehen oder noch
in dem Raufhandel zu sein, dem er bald zum Opfer gefallen
wäre, litt auch an Prickeln in der Zunge, ass nichts, fühlte
sich schwach und arbeitete nicht. Dieser Zustand hatte
durch 14 Tage angehalten, als eines Abends gegen 6 Uhr der
erste Krampfanfall ausbrach. Er hatte an diesem Tage schon
seit dem frühen Morgen einen Schmerz in der Magengrube
mit dem Gefühle einer Kugel, Beklemmung und Ohrensausen
verspürt. Im Augenblicke, da der Anfall ausbrach, fühlte er,
wie er mir erzählt hat, dass ihm die Zunge wie durch eine
unwiderstehliche, seiner Willkür entzogene Kraft in den Mund
und gegen die linke Seite hingezogen wurde; darauf verlor
er das Bewusstsein, und als er wieder zu sich kam, erzählte
man ihm, dass sein Gesicht nach links verzogen, seine
Glieder von heftigem Zittern erschüttert gewesen seien, und
dass er, nachdem diese krampfhaften Bewegungen aufgehört
hatten, mit lauter Stimme geredet habe, ohne dabei zu erwachen. Während der nun folgenden Monate wiederholten
sich Anfälle ganz ähnlicher Art ungefähr alle 8 oder 14 Tage,
und die grosse Schwäche, die ihn befiel, nöthigte ihn, während
dieser ganzen langen Zeit jede Arbeit aufzugeben. Diese Anfälle wurden als epileptiforme in Folge von Alkoholismus
aufgefasst, und der Kranke einer Behandlung mit hohen Dosen
von Bromkalium durch länger als ein Jahr unterzogen,
ohne dass sich sein Zustand im Geringsten änderte. Am
Tage nach seiner Aufnahme in die Salpêtrière trat bei ihm
eine Reihe von fünf Anfällen, die sich einer an den anderen
schlossen, auf, doch war es uns nicht vergönnt, dieselben mit-
anzusehen.

Am nächsten Tage machte uns eine sorgfältige Untersuchung mit folgenden Verhältnissen bekannt: Es besteht bei dem Kranken eine sehr verbreitete Anästhesie in zerstreuten Herden, eine sehr erhebliche Einschränkung des Gesichtsfeldes beiderseits, monoculäre Diplopie, und das Gesichtsfeld für Roth reicht über das für Blau hinaus. Ferner finden sich zwei hysterogene Punkte, der eine an dem rechten Schlüsselbein, der andere unterhalb der letzten falschen Rippen derselben Seite. Ein etwas stärkerer Druck, den wir bei der ersten Untersuchung auf diesen letzteren Punkt ausübten, löste sofort einen Anfall aus, den wir nun in all seinen Einzelheiten studiren konnten. Zunächst kam eine classische Aura, Beengung in der Herzgrube, Gefühl einer Kugel im Halse u. s. w. Schon in diesem Augenblicke, und ehe der Kranke noch das Bewusstsein verloren hatte, wurde die Zunge hart und zog sich in die Tiefe der Mundhöhle gegen die linke Seite zurück; der eingeführte Finger konnte fühlen, dass ihre Spitze gegen die hinteren Backenzähne dieser Seite gerichtet war. Dann begann der offenstehende Mund am Krampfe theilzunehmen, die linke Lippencommissur werde erhoben und nach links gezogen und die ganze linke Gesichtshälfte unterlag einer ähnlichen Verzerrung, endlich wurde der Kopf selbst energisch nach links gedreht. Schon bevor der Anfall in dieses Stadium kam, hatte der Kranke das Bewusstsein verloren. Nun wurden die Arme in Streckung steif, zuerst der rechte, darauf der linke; die unteren Extremitäten blieben aber noch schlaff oder wurden nur sehr wenig steif. Die Drehung nach links, welche sich zuerst im Gesichte ausgesprochen hatte, griff bald auf die anderen Körpertheile über, der Kranke wälzte sich um seine Längsachse und gerieth so in die linke Seitenlage. Jetzt werden die tonischen Krämpfe von klonischen abgelöst. Die Extremitäten werden von raschen und wenig ausgiebigen Vibrationen erschüttert, im Gesichte machen sich ruckartige Zuckungen geltend. Darauf folgt eine vollständige Erschlaffung ohne stertoröses Athmen, aber gleichzeitig scheint der Kranke durch peinliche Traumgebilde gequält zu sein; ohne Zweifel macht er nun das Erlebniss mit seinem Kameraden wieder durch, denn Worte, wie: Canaille — Prussien — ein Stein — er will mich umbringen — lassen sich ganz deutlich vernehmen. Nun verändert er plötzlich seine Stellung, er setzt sich im Bette auf und fährt zu wiederholten Malen über sein Bein, als ob er sich eines kriechenden Thieres entledigen wollte, das sich um seinen Unterschenkel geschlungen hat und Anstrengungen macht, um sich längs des Oberschenkels emporzu-

winden, und während dieser Zeit spricht er von seinem
„Bandwurm". Nun kommt die Scene in Sceaux wieder: „Ich
bring' dich um, schiess' dich nieder — wart' nur —." Nach
dieser Periode des Deliriums und der entsprechenden affectvollen Stellungen und Geberden tritt die epileptoide Periode
spontan von Neuem ein und bezeichnet den Beginn eines
neuen Anfalles, der mit dem vorigen durchaus übereinstimmt,
und an den sich mehrere neue Anfälle der gleichen Art
schliessen können. Durch Druck auf die hysterogenen Punkte
kann man übrigens den Anfall in jeder seiner verschiedenen
Perioden unterbrechen. Beim Erwachen scheint L . . . erstaunt und wie betäubt zu sein und versichert, sich an nichts,
was mit ihm vorgegangen ist, erinnern zu können.

Alle Anfälle, seien sie spontane oder provocirte, die wir,
und zwar in grosser Zahl, mitangesehen haben, haben uns
genau die nämlichen Eigenthümlichkeiten gezeigt. Wir sahen
jedesmal die verschiedenen Acte der epileptoiden Phase mit
Beginn an der Zunge und im Gesicht sich in derselben
Reihenfolge und mit einer bis in's Einzelnste gehenden Treue
abspielen und darauf die verschiedenen Scenen des Deliriums
folgen; alles, um es kurz zu sagen, so, wie wir es oben
beschrieben haben.

Wir stehen da, meine Herren, vor einem Anfall von Hysteroepilepsie, der in einer Beziehung nicht unerheblich vom
typischen Bilde abweicht. Die Krämpfe der ersten Periode
geben nämlich in einer vollendeten Nachahmung die Erscheinungsform der partiellen Epilepsie wieder, während die
Contorsionen, die grossen Bewegungen und die Gewölbe-
stellungen ganz ausgeblieben sind. Wir kennen aber diese
Varietät des hysteroepileptischen Anfalles bereits von den
Frauen her; so selten sie ist, so hatte ich doch in letzter Zeit
Gelegenheit, Ihnen einige ganz unzweideutige Beispiele davon
zu zeigen. Herr Dr. Ballet, mein früherer Assistent, gegenwärtig Primararzt, hat diesen Gegenstand übrigens im vorigen
Jahre zum Inhalt einer sorgfältigen klinischen Studie gemacht [1].
Wenn Sie den Fall, der uns eben beschäftigt, mit den Beobachtungen vergleichen, welche in dieser Arbeit angeführt sind,
so werden Sie von Neuem Gelegenheit haben, sich von der
wirklich schlagenden Uebereinstimmung zu überzeugen, die
zwischen der Hysteroepilepsie bei Männern und der bei Frauen
besteht, und die auch dann sich geltend macht, wenn man
von der ausschliesslichen Berücksichtigung des Haupttypus
abgeht und sich auf das Gebiet der Anomalien begiebt.

---

[1] Ballet et Crespin, Des attaques d'hystérie à forme d'épilepsie
partielle (Arch. de Neurologie 1884, Nᵒ 23 und 24).

Eine andere, aber weniger seltene und weniger über-
raschende Anomalie im Krankheitsbilde der Hysterie bei der
Frau ist das Fehlen der Anfälle. Es wird Ihnen ja bekannt
sein, dass nach der Lehre von Briquet ungefähr ein Viertel
der hysterischen Frauen niemals Anfälle hat. Die Krankheit
findet in solchem Falle, aber ohne etwas von ihrer Selbstständigkeit einzubüssen, ihren symptomatischen Ausdruck nur in den
permanenten Stigmata, zu denen sich gelegentlich manche
krampfhafte oder andersartige Zustände gesellen können, wie:
nervöser Husten, permanente Contracturen, gewisse Gelenksleiden und Lähmungen, Hämorrhagien durch verschiedene
Körperwege u. dgl. Nun auch bei der männlichen Hysterie
können die Anfälle fehlen. Der Fall, den ich Ihnen jetzt
zeigen werde, bot ein gutes Beispiel dafür, zur Zeit, als wir
ihn zu Gesichte bekamen. Seither hat sich die Krankheit gewissermassen vervollständigt. Die Anfälle sind nämlich jetzt eingetreten, aber während des langen Zeitraumes von 11 Monaten
hatten wir es mit einem rudimentären Fall zu thun, der
übrigens, wie Sie sich gleich überzeugen sollen, der Diagnose
auch nach anderen Richtungen Schwierigkeiten bieten konnte.
Am 10. März dieses Jahres stellte sich uns der junge
Mensch, den Sie hier sehen, vor, mit einer Monoplegie des
linken Armes behaftet, die keine Spur von Rigidität, vielmehr
hochgradigste Muskelschlaffheit zeigte und nach seiner Angabe
vor 10 Monaten entstanden war, wenige Tage, nachdem ein
Trauma auf die vordere Partie der linken Schulter eingewirkt
hatte. Es bestand keine Spur von Lähmung oder auch nur
Parese im Gesicht oder an der unteren Extremität, ebensowenig eine Andeutung von Atrophie der gelähmten Muskeln,
trotzdem sich die Lähmung bereits vor so langer Zeit eingesetzt
hatte; und dieser letztere Umstand musste im Verein mit
dem Fehlen jeder Veränderung in der elektrischen Erregbarkeit der betreffenden Muskeln uns sofort dahin führen, den
Einfluss des Traumas, wenigstens einen directen und localen
Einfluss, abzuweisen. Es fiel uns ferner auf, dass die Haut
über den Carotiden durch heftige Pulsationen der Arterien
hervorgewölbt wurde, auch war das Korrigan'sche Puls-
phänomen sehr deutlich ausgesprochen, und die Auscultation
des Herzens ergab ein diastolisches Geräusch an der Herzbasis. Andererseits erfuhren wir aus einer kurzen Anamnese
des Kranken, dass er durch fünf oder sechs Wochen
mit einem acuten Gelenksrheumatismus bettlägerig gewesen
sei. Wir gelangten also sehr natürlich zu der Ansicht, dass
diese Monoplegie von einer Herdläsion der Hirnrinde bedingt
werde, welche sich streng auf die motorische Zone, und zwar

auf das Armcentrum beschränke, und ihrerseits selbst wieder durch den Klappenfehler des Herzens hervorgerufen worden sei. Aber eine aufmerksamere Untersuchung des Kranken sollte uns bald eines Besseren belehren. Die in Rede stehende Monoplegie ist allerdings auf eine Läsion der Hirnrinde zurückzuführen, die hauptsächlich den Rindenort des Armes betrifft; aber es handelt sich um keine grobe, materielle Läsion, sondern nur um eine „dynamische", einer Läsion „sine materia", kurz um eine solche, wie wir sie anzunehmen pflegen, um die Entwickelung und den Fortbestand der verschiedenen permanenten Symptome der Hysterie zu erklären. Dies wird wenigstens, wie ich hoffe, mit aller Schärfe aus der sorgfältigen Untersuchung, der wir jetzt unseren Kranken unterziehen wollen, hervorgehen.

Beobachtung VI. Der 18jährige Pin . . ., der gegenwärtig das Gewerbe eines Maurers ausübt, ist am 11. März 1885 in die Salpêtrière eingetreten. Seine Mutter ist im Alter von 46 Jahren an „Rheumatismus" (?) gestorben, sein Vater ist ein Trinker, eine seiner Schwestern, jetzt 16 Jahre alt, leidet an häufigen „Nervenanfällen". Er ist ein junger Mensch von kräftiger Erscheinung und gut entwickelter Musculatur, bei dem aber die Thätigkeit des Nervensystems von jeher fehlerhaft war. Er litt im Alter von fünf bis zu sieben Jahren an Harnincontinenz, war immer wenig intelligent, sein Gedächtniss war schlecht, und er hat es in der Schule nicht weit gebracht. Ausserdem ist er sehr furchtsam und leidet an nächtlichem Aufschrecken. Vom moralischen Standpunkt ist er ein abnormer, schlecht angelegter Mensch. Im Alter von neun Jahren pflegte er häufig das Elternhaus zu verlassen, um unter den Brücken oder in den Wartesälen der Bahnhöfe zu schlafen. Diese nächtlichen Ausflüge wiederholte er auch später, nachdem ihn sein Vater bei einem Obsthändler und später bei einem Zuckerbäcker, und noch anderswo, als Lehrling untergebracht hatte. So geschah es ihm denn auch, dass er einmal in der Nacht in Gesellschaft mehrerer jungen Strolche arretirt und in die Roquette gesteckt wurde, wo ihn sein Vater durch ein Jahr beliess.

Vor zwei Jahren, also als er 16 Jahre alt war, wurde er von einem Anfall eines acuten, sehr verbreiteten Gelenksrheumatismus ergriffen, dem ein Gesichtserysipel vorausgieng. Die organische Veränderung des Herzens, die wir heute an ihm constatiren können, rührt wahrscheinlich aus dieser Zeit her.

Vor etwa 18 Monaten, am 24. Mai 1884, fiel P . . ., der damals als Maurergehilfe arbeitete, von einer Höhe von ungefähr 2 Meter herab und blieb in Folge des Sturzes

nur durch einige Minuten bewusstlos an dem Orte liegen, wo
er hingefallen war. Er wurde in seine Wohnung gebracht und
dort erkannte man, dass er sich Contusionen an der vorderen
Fläche der linken Schulter, am Knie und Sprunggelenk derselben Seite zugezogen hatte, die übrigens sehr leicht waren
und den Gebrauch der betreffenden Theile nicht ernstlich
behinderten.

Während einiger Tage konnte man annehmen, dass es
dabei sein Bewenden haben würde; am 27. Mai aber, also
drei Tage nach dem Unfall, bemerkte P . . ., dass sein linker
Arm schwach geworden sei. Er zog darum einen Arzt zu Rathe,
der, wie es scheint, eine Parese aller Bewegungen des linken
Armes nebst Anästhesie desselben erkannte. Am 8. Juni, also
14 Tage nach seinem Sturz und 11 Tage nach dem Eintritt
der Parese, liess er sich in's Hôtel-Dieu aufnehmen. Dort
wurde bei einer sorgfältigen Untersuchung Folgendes gefunden:
Deutliche Anzeichen einer Aorteninsufficienz; die von der
Contusion betroffenen Theile sind weder spontan schmerzhaft,
noch werden sie es bei activen oder passiven Bewegungen;
es besteht eine unvollkommene Lähmung der linken oberen
Extremität. Der Kranke konnte noch, obwohl sehr unvollkommen, die Hand gegen den Vorderarm, und diesen gegen
den Oberarm beugen, aber alle Bewegungen im Schultergelenk
waren aufgehoben. Das gelähmte Glied war in allen seinen
Gelenken ohne Widerstand zu bewegen, es bestand keine
Spur von Rigidität. Das Gesicht und die linke untere Extremität
waren absolut normal, es handelte sich also, in Hinsicht der
Motilität, um eine Monoplegie im strengen Sinne des Wortes.
Die Prüfung der Sensibilität führte zu nachstehendem Ergebniss:
Es bestand schon zu dieser Zeit eine allgemein ausgebreitete
Analgesie der linken Seite, und überdies eine ausschliesslich auf
den linken Arm beschränkte, vollkommene Anaesthesie. Man fand
auch damals die doppelseitige, links viel stärker ausgesprochene
Einengung des Gesichtsfeldes auf, die wir sogleich hier bestätigen
werden. Endlich wurde am 25. Juli, also 22 Tage nach dem
Beginn der Lähmung, dieselbe vollkommen und höchstgradig. [1]
Die Diagnose war schwankend, die Behandlung erfolglos. Eine
mehrmalige Anwendung des faradischen Stromes hatte nur die
Wirkung, die Empfindlichkeit am Rumpf, Gesicht und Bein
der linken Seite um ein Geringes zu heben. Am Arm blieben
die Anästhesie und Lähmung im Gleichen. Auch die Ein-

---

[1] Alle auf den Aufenthalt des Kranken im Hôtel-Dieu bezüglichen
Mittheilungen sind uns von Frl. Klumpke, Aspirantin an der betreffenden
Abtheilung, in verbindlichster Weise zur Verfügung gestellt worden.

schränkung des Gesichtsfeldes hatte sich, als der Kranke das Hôtel-Dieu verliess, in keiner Weise verändert.

Am 11. März dieses Jahres, zehn Monate nach dem Sturze und neun seit dem Eintritt der vollkommenen Lähmung, liess sich P . . . auf die klinische Abtheilung der Salpêtrière aufnehmen. Wir erhoben nun die anamnestischen Daten, die ich Ihnen eben mitgetheilt habe, und constatirten ausserdem durch eine eingehende klinische Untersuchung den folgenden Befund:

Es besteht eine sehr deutliche Aorteninsufficienz, diastolisches Geräusch an der Herzbasis, sichtbare Pulsation der Arterien am Halse, Korrigan'sches Phänomen, fühlbarer Capillarpuls an der Stirne. Die motorische Lähmung des linken Armes, welcher schlaff an der Seite herabhängt und wie ein schwerer Körper niederfällt, wenn man ihn erhebt und dann sich selbst überlässt, ist vollkommen und höchstgradig. Es besteht keine Spur von willkürlicher Beweglichkeit, ebensowenig von Contractur. Die Muskelmassen haben ihr Volumen bewahrt und springen in normaler Weise vor, ihre elektrische Erregbarkeit für den galvanischen wie für den faradischen Strom ist durchaus unverändert. Leichte Steigerung der Sehnenreflexe am Ellbogen und Vorderarme im Vergleich mit der gesunden Seite. Absolute Anästhesie gegen Berührung, Kälte, Stich und die stärksten faradischen Ströme über die ganze Ausdehnung des Gliedes, Hand, Vorder- und Oberarm und Schulter. Gegen den Rumpf begrenzt sich diese Anästhesie mit einer kreisförmigen Linie, welche in einer fast verticalen Ebene durch die Achselgrube geht und vorn ein wenig gegen die Unterschlüsselbeingrube, hinten gegen das äussere Drittel der Schulterblattregion übergreift. Die Unempfindlichkeit erstreckt sich in gleicher Intensität auf die tief gelegenen Theile; man kann in der That die Muskeln wie die Nervenstämme selbst mit den stärksten Strömen faradisiren, die Gelenksbänder kräftig zerren, die verschiedenen Gelenke den ausgiebigsten Verdrehungen unterwerfen, ohne dass der Kranke das Allermindeste davon verspürt. Ebenso vollständig ist der Verlust der verschiedenen an den Muskelsinn geknüpften Vorstellungen; es ist dem Kranken ganz unmöglich, die Stellung, die man den verschiedenen Abschnitten seines Armes gegeben hat, auch nur annäherungsweise zu bestimmen, ihren Ort im Raume aufzufinden, die Richtung und Art der Bewegungen, die man mit ihnen vorgenommen hat, anzugeben u. dgl. mehr.

Von der linken oberen Extremität abgesehen, besteht auf dieser Seite weder im Gesichte noch an der unteren Extremität

eine Motilitätsstörung, wohl aber findet man an diesen Theilen
ebenso wie an der entsprechenden Rumpfhälfte die Analgesie,
die schon im Hôtel-Dieu beobachtet worden war. Die Untersuchung des Gesichtsfeldes ergiebt uns für die rechte Seite
normale Verhältnisse, dagegen linkerseits eine ausserordentlich
grosse Einschränkung; überdies ist die Grenze der Rothempfindung nach aussen von der für die Blauempfindung verlagert.
Die Veränderung des Gesichtsfeldes, die sich also seit dem
Aufenthalte des Kranken im Hôtel-Dieu vollzogen hat, ist in
hohem Grade bemerkenswerth. Wir constatirten ausserdem,
dass Geruch, Geschmack und Gehör, nach den gewöhnlichen
Methoden geprüft, eine sehr erhebliche Herabsetzung ihrer
Leistungsfähigkeit auf der linken Seite zeigen.

Wir hatten nun die Aufgabe, die Natur dieser eigenthümlichen Monoplegie, die sich im Gefolge einer traumatischen
Einwirkung entwickelt hatte, so weit es eben möglich, aufzuklären. Das Fehlen jeder Atrophie und jeder Veränderung der
elektrischen Erregbarkeit der Muskeln, während doch die
Lähmung schon seit zehn Monaten bestand, musste die Annahme einer Läsion des Plexus brachialis auf den ersten Blick
zurückweisen, während die Abwesenheit der Amyotrophie
allein und die Intensität der Sensibilitätsstörungen uns
gestattete, die Ansicht auszuschliessen, dass es sich hier um
eine jener Lähmungen handle, wie sie im Anschluss an
Traumen, die ein Gelenk treffen, auftreten: Zustände, welche
von Herrn Professor Lefort und Herrn Valtat in sorg-
fältiger Weise studirt worden sind.

Eine Monoplegie des Armes kann allerdings auch in sehr
seltenen Fällen durch gewisse Läsionen der inneren Kapsel
erzeugt werden, wie unter anderen eine kürzlich von Bennet
und Campbell[1] im „Brain" veröffentlichte Beobachtung dartbut,
aber in diesem Falle wird man gewiss die sensorielle und
sensitive Hemianästhesie vermissen, welche sich mitunter zu
der gemeinen totalen Hemiplegie in Folge von Kapselläsion
hinzugesellt.

Die Bildung eines kleinen Herdes in der rechten Hemisphäre, sei es durch Blutung oder durch Erweichung in
Folge von Embolie, die durch die organische Veränderung
des Herzens bedingt ist, eines Herdes, den man als streng auf
das motorische Rindenfeld des Armes beschränkt annehmen
könnte — eine solche Läsion sage ich, könnte für das Bestehen
einer Monoplegie des linken Armes allerdings eine Erklärung
geben; aber dieser Annahme zufolge hätte die Lähmung

[1] „Brain" April 1885, pag. 78.

plötzlich nach dem Trauma, so leicht dieses auch gewesen sein
mag, und nicht allmählich auftreten müssen; sie müsste fast
nothwendigerweise einige Monate nach ihrem Eintritte mindestens ein gewisses Mass von Contractur und eine deutliche
Steigerung der Sehnenreflexe zeigen; sie hätte endlich nicht
von so schweren Sensibilitätsstörungen der Haut und der
tiefen Theile begleitet sein dürfen, wie die sind, welche unser
Kranker bietet.

Wir sahen uns also genöthigt, auch diese Annahme von
der Diagnose auszuschliessen, und ebensowenig war die Hypothese einer spinalen Läsion zulässig, die wir, wie ich glaube,
überhaupt nicht in Betracht zu ziehen brauchen. Andererseits
fesselten unsere Aufmerksamkeit von Anfang an in lebhaftester
Weise die bedeutsamen hereditären Verhältnisse des Kranken,
sein psychischer und moralischer Zustand, die Sensibilitätsstörung, die, obwohl ungleichmässig, über eine ganze Hälfte
des Körpers verbreitet war, die Einengung des Gesichtsfeldes.
die am linken Auge so deutlich und dazu von einer Verlagerung
der Rothempfindungsgrenze begleitet war, endlich die Bcein-
trächtigung in der Leistungsfähigkeit der anderen Sinnesapparate derselben Seite; und dies alles übte einen gewissermassen unwiderstehlichen Zwang auf uns, den Fall als Hysterie
aufzufassen, zumal da eine andere irgendwie annehmbare
Erklärung nicht vorlag. Die klinischen Eigenthümlichkeiten
dieser Monoplegie, selbst ihr traumatischer Ursprung — ich
verweise Sie, was diesen Punkt betrifft, auf meine an anderer
Stelle gegebenen Erörterungen [1] — standen mit dieser Auffassung durchaus nicht im Widerspruche. In der That, die
Beschränkung einer Lähmung auf eine Extremität, ohne dass
sich zu irgend einer Zeit eine Betheiligung der entsprechenden
Gesichtshälfte zeigt, das Fehlen einer deutlichen Steigerung
der Sehnenreflexe, der Muskelatrophie und jeder Veränderung
der elektrischen Erregbarkeit, die vollkommene Schlaffheit
des gelähmten Gliedes, die sich noch Monate lang nach dem
Beginne der Erkrankung erhält, die Anästhesie der Haut und
der tiefen Theile, welche an diesem Gliede ihren höchsten
Grad erreicht, und der vollkommene Verlust aller auf den
Muskelsinn bezüglichen Vorstellungen: das sind ja alles
Phänomene, die, wenn sie sich vereint und so deutlich ausgeprägt finden wie bei unserem Kranken, vollauf hinreichen,
wie Sie wissen, um die hysterische Natur einer Lähmung zu verrathen. Dem gemäss bekannten wir uns entschlossen und unum-
wunden zur Diagnose „Hysterie". Der hysterische Anfall fehlte

---

[1] Vergl. die dritte und achte Vorlesung.

uns freilich, aber dieser Umstand durfte uns nicht beirren; Sie wissen ja, dass der Anfall kein unentbehrlicher Charakter der Krankheit ist. Damit war auch unsere Prognose eine ganz andere geworden. Wir hatten es nicht mehr mit einem vielleicht unheilbaren Leiden aus organischer Ursache zu thun; wir durften uns jetzt darauf gefasst machen, dass trotz des langen Bestandes der Krankheit, sei es spontan, sei es unter dem Einflusse gewisser Eingriffe, eine jener plötzlichen Wandlungen kommen werde, die in der Geschichte der hysterischen Lähmungen, besonders der schlaffen Lähmungen, durchaus nicht selten sind. Man konnte für alle Fälle voraussehen, dass der Zustand über kurz oder lang in Heilung ausgehen wird. Ein Ereigniss, das später eintrat, sollte bald unsere Vorhersage rechtfertigen und gleichzeitig unsere Diagnose vollinhaltlich bestätigen.

Am 15. März, vier Tage nach dem Eintritte des Kranken, stellten wir, was bisher nicht geschehen war, eine sorgfältige Untersuchung an, ob sich bei ihm hysterogene Punkte auffinden liessen. Man fand in der That einen solchen unter der linken Brust, einen anderen beiderseits in der Weichengegend und endlich einen am rechten Hoden. Wir bemerkten dabei, dass eine ganz geringfügige Reizung der Zone unter der Brust sehr leicht die verschiedenen Phänomene der Aura auslöste: Gefühl von Einschnürung am Thorax, dann im Halse, Klopfen in den Schläfen und Pfeifen in den Ohren, besonders heftig links. Als wir nun die Reizung ein wenig verstärkten, sahen wir P ... plötzlich das Bewusstsein verlieren, mit steifen Extremitäten umsinken, und wir wohnten nun dem ersten hysteroepileptischen Anfalle bei, aen der Kranke jemals gehabt hat. Dieser Anfall war übrigens ein durchaus typischer. Zuerst eine epileptoide Phase, auf die alsbald die grossen Bewegungen folgten, welche von einer ausserordentlichen Heftigkeit sind; der Kranke schlägt bei seinen Grussbewegungen mit dem Gesichte auf seine Kniee auf. Darauf zerreisst er seine Kleider und die Vorhänge seines Bettes und beisst sich, indem er seine Wuth gegen seine eigene Person wendet, in den linken Arm.

Nun entwickelt sich die Periode der affectvollen Geberdung, P ... scheint in einem wutherfüllten Delirium befangen, er schimpft und reizt imaginäre Personen zum Morde auf. „Da — nimm dein Messer — los — stich zu." Endlich kommt er zu sich, und wieder zum klaren Bewusstsein gelangt, behauptet er, sich an nichts, was mit ihm vorgegangen ist, zu erinnern. Ich muss bemerken, dass während der ganzen Dauer dieses Anfalles der linke Arm an den Krämpfen keinen

Antheil genommen hatte, sondern schlaff und unthätig geblieben
war. Von da an erneuerten sich die Anfälle mehrmals spontan
an den folgenden Tagen, boten· übrigens immer die nämlichen
Eigenthümlichkeiten, wie der künstlich hervorgerufene. In
einem dieser Anfälle, der in der Nacht des 17. März auftrat,
liess der Kranke den Harn in's Bett. Am 19. März kamen
zwei Anfälle, am 21. brach ein neuer Anfall aus, während
dessen sich der linke Arm rührte. Beim Erwachen konnte
der Kranke zu seinem grössten Erstaunen die verschiedenen
Abschnitte des Gliedes willkürlich bewegen, welches doch
während der langen Zeit von fast zehn Monaten
seinem Willen auch nicht einen Augenblick gehorcht
hatte. Die Lähmung war allerdings nicht vollständig geheilt,
es blieb ein gewisser Grad von Parese zurück, aber sie hatte
sich doch erheblich gebessert. Die Sensibilitätsstörungen
blieben aber in der gleichen Weise wie vorhin bestehen.

Diese Heilung, meine Herren, oder besser diese Andeutung
von Heilung, konnte uns bei der Diagnose, zu welcher wir
gelangt waren, nicht überraschen. Sie war uns aber zu früh,
zur Unzeit gekommen, denn es war nun nicht mehr möglich,
Ihnen, wie ich's gehofft hatte, die Charaktere dieser zum
Studium so geeigneten Monoplegie in ihrer ganzen Schönheit
vor Augen zu führen. Da kam ich nun auf den Einfall, zu
versuchen, ob man nicht den früheren Zustand wenigstens
für kurze Zeit wieder herstellen könne, wenn man durch
eine Suggestion im wachen Zustande — denn wir hatten uns
vorher vergewissert, dass der Kranke nicht hypnotisirbar ist
— auf die Einbildungskraft des Kranken wirke. Als ich
daher am nächsten Tage P... beim Erwachen aus einem Anfall
traf, der an seinem Zustande nichts verändert hatte, versuchte
ich ihm einzureden, dass er neuerdings gelähmt sei. „Sie
glauben geheilt zu sein," sagte ich ihm im Tone der aufrichtig-
sten Ueberzeugung, „das ist ein Irrthum. Sie können den Arm
nicht mehr aufheben und nicht beugen, auch die Finger nicht
bewegen. Sehen Sie, Sie sind nicht im Stande, mir die Hand
zu drücken" u. dgl. Der Versuch gelang vortrefflich; nach
einigen Minuten Hin- und Herreden war die Monoplegie
wieder ganz so, wie sie Tags zuvor gewesen war. Ich will
im Vorbeigehen sagen, dass ich mir über den Ausgang dieser
absichtlich reproducirten Lähmung keine Sorge machte; ich
weiss seit Langem aus meiner Erfahrung, dass man in
Sachen der „Suggestion" alles wieder aufheben kann,
was man selbst erzeugt hat. Leider hielt die künstliche
Lähmung nur 24 Stunden an; am Tag darauf kam ein neuer
Anfall, nach dem sich die willkürliche Beweglichkeit des

Armes endgiltig wieder herstellte. Alle Versuche, durch Sug
gestion eine neue Lähmung herbeizuführen, die wir seither
unternommen haben, sind erfolglos geblieben. Es bleibt mir
also nichts übrig, als Ihnen die Veränderungen der willkürlichen
Beweglichkeit zu zeigen, welche sich in diesem, früher vollkommen
gelähmten Gliede in Folge eines Anfalles eingestellt haben.

Der Kranke kann, wie Sie sehen, alle Theile der Extremität willkürlich bewegen. Aber diese Bewegungen sind
wenig kräftig, sie vermögen nicht den geringsten Widerstand,
den man ihnen entgegensetzt, zu überwinden, und während
die Kraft der rechten Hand am Dynamometer die Ziffer 70
erreicht, bringt es die linke nur bis 10. Wie ich's Ihnen also
angekündigt habe, besteht hier noch ein hoher Grad von motorischer Schwäche, wenngleich diese nicht so absolut ist, wie
vorhin. Auch die Störungen der Sensibilität sind nicht nur
am paretischen Gliede, sondern auf der ganzen linken Seite
des Körpers, mit Einschluss der Sinnesapparate, die nämlichen
geblieben; die Anfälle kommen immer noch sehr häufig. Sie
sehen nun, dass es sich also nur um eine einfache Besserung
handelt, und dass noch viel zu thun bleibt, um eine vollständige Heilung herbeizuführen.

Ich behalte mir vor, auf einige der Thatsachen, welche
diese interessante Beobachtung enthält, bei Gelegenheit einer
Studie über hysterische Lähmungen in Folge von Trauma, die
ich Ihnen hoffentlich bald vorbringen kann, zurückzukommen
und dieselben dort eingehend zu würdigen. Für jetzt will ich
von der Monoplegie, die ja nur eine Episode im Krankheitsbilde darstellt, absehen und mich zum Schlusse auf die Bemerkung beschränken, dass auch bei diesem Kranken, wie
bei den früher besprochenen, die grosse Hysterie mit allen
ihr zukommenden Merkmalen besteht.

Meine Herren! Indem ich in diesen drei Vorlesungen die
sehr merkwürdigen Fälle, welche mir der Zufall zur Verfügung gestellt hat, mit Ihnen behandelt habe, wollte ich
Ihnen vor Allem die Ueberzeugung beibringen, dass die
Hysterie, und selbst die schwere Hysterie, beim Manne durchaus keine seltene Erkrankung ist — wenigstens bei uns in
Frankreich — und dass dieselbe also auch hie und da in der
alltäglichen Krankenpraxis vorkommen mag, wo sie nur von
dem Vorurtheil eines überwundenen Zeitalters verkannt werden könnte. Ich gebe mich der Hoffnung hin, dass diese Vorstellung von nun an, nach all den Bekräftigungen, welche die
letzten Jahre gebracht haben, den ihr gebührenden Platz in
Ihren Gedanken einnehmen wird.

Zwanzigste Vorlesung.

Ueber zwei Fälle von hysterischer Monoplegie des Armes aus traumatischer Ursache bei Männern.

Vorgeschichte des Kranken. — Sturz vom Kutschbocke. — Keine Bewusstlosigkeit. — Plötzliches Auftreten der Monoplegie des rechten Armes am sechsten Tage nach dem Trauma. — Charakter der Lähmung: Absolute Schlaffheit, Erhaltung der Reflexe, der Muskelmassen und der elektrischen Erregbarkeit. — Sensible Störungen in der Haut und in den tiefen Theilen. — Absolute Anaesthesie und Fehlen des Muskelsinnes. — Freibleiben der Finger von der motorischen und sensiblen Störung. — Eigenthümliche Abgrenzung der Anaesthesie. — Diese Monoplegie kann nicht von einer Erkrankung des Armgeflechtes herrühren. — Vergleich mit einem Falle der letzteren Art. — Die Vertheilung der Anaesthesie in demselben.

Die heutige Vorlesung, meine Herren, soll der klinischen Untersuchung eines Falles von rechtsseitiger brachialer Monoplegie gewidmet sein, die bei einem 25jährigen Manne vor einigen Monaten in Folge eines Sturzes zu Stande gekommen ist, eine Monoplegie, welche der Diagnose eine sehr schwierige Aufgabe stellt. Diese Schwierigkeit übertreibe ich durchaus nicht, meine Herren, zu meinem Ergötzen; um Ihnen zu zeigen, dass dieselbe wirklich besteht, brauche ich Sie nur auf die Discussion in der Société médicale des Hôpitaux (Sitzung vom 27. März d. J.) zu verweisen, zu welcher die Vorstellung dieses Kranken durch meinen Collegen Troisier Anlass gegeben hat; Sie können aus dieser ersehen, wie sehr die Ansichten unserer Collegen Férçol, Déjerine, Rendu und Joffroy, die alle den Kranken sorgfältig untersucht haben, über die Natur dieser Monoplegie in mehreren Hinsichten auseinandergehen.

Herr Troisier hatte die Güte mir diesen Kranken zu überlassen, wofür ich ihm hier meinen herzlichen Dank sage. Ich darf annehmen, dass die Geschichte desselben nach allem, was ich bisher über ihn gesagt habe, Ihr reges Interesse erwecken wird.

Lassen Sie sich, meine Herren, nicht durch die Ausführlichkeit, mit der wir alle Einzelheiten des Falles in der Analyse desselben behandeln werden, abschrecken; unter diesen Einzelheiten ist vielleicht nicht eine, die nicht zur gegebenen Zeit ihre praktische Verwendung finden dürfte.

Es handelt sich also um einen Mann von 25 Jahren, Namens Porcen . ., von Profession Fiakerkutscher, der am 15. April dieses Jahres in die Klinik eingetreten ist.[1] Sein Leiden reicht nun über vier Monate zurück und hat sich seit seinem Beginne in keiner Weise verändert; wie ich Ihnen schon mitgetheilt habe, ist es im Gefolge eines traumatischen Unfalles aufgetreten. Ehe ich aber hierauf weiter eingehe, wird es angezeigt sein, Ihnen einige Worte über die Vorgeschichte des Kranken zu sagen.

Seine Mutter ist im Alter von 59 Jahren an einer Leberkrankheit gestorben; sie war sehr nervös, und Porcen . . erinnert sich oft gesehen zu haben, dass sie in Folge von Aufregungen von Anfällen ergriffen wurde, bei denen sie sich in Krämpfen wand und das Bewusstsein verlor. Sein Vater, ein leidenschaftlicher Absinthtrinker, hat nie an nervösen Zuständen gelitten. Seine Schwester ist häufig nervösen Anfällen, wahrscheinlich hysterischer Natur, unterworfen. Geistesstörungen sind, wie es scheint, in der Familie nicht vorgekommen.

Aus der eigenen Vorgeschichte des Kranken wollen wir Folgendes hervorheben: In seiner Kindheit zeigte er sich zwar nicht besonders nervös, bekam aber, wie er sagt, immer Angst vor Räubern, wenn er allein war. Im Alter von 7 Jahren fiel er von der Höhe eines fünften Stockwerkes auf ein Eisengitter, von dem er abprallte, um auf das Pflaster des Hofes zu fallen. Seine Gesundheit hat sich von diesem Ereigniss ab sehr geschwächt, und bald nachher stellte sich auch die beträchtliche Verkrümmung der Wirbelsäule ein, die wir heute an ihm sehen.

Im Alter von 16 Jahren trat Porcen . . als „Wasserer" in den Dienst der Compagnie des petites voitures und zog sich bald darauf einen acuten Gelenksrheumatismus zu, der ihn durch sechs Wochen an's Bett fesselte. Das rechte Kniegelenk

---

[1] Diese Vorlesung wurde am 1. Mai 1885 gehalten. In der Sitzung der Société médicale des hôpitaux vom 24. Juli desselben Jahres hat Troisier den Kranken Porcen .., mit dem sich obige Vorlesung beschäftigt, von Neuem vorgestellt (vergl. Gazette hebdomadaire N° 31, 1885). In derselben Sitzung zeigte Joffroy einen anderen Kranken der Klinik, Namens Pin .., von dem in der nächsten Vorlesung die Rede sein wird (Gaz. méd. N° 32).

wird seither von Zeit zu Zeit schmerzhaft und schwillt an; man kann heute noch darin Crepitiren nachweisen, und die Folge dieser chronischen rheumatischen Arthritis war ein gewisser Grad von Atrophie im M. quadriceps des Beines (Amyotrophie aus articulärer Ursache). Das rechte Bein ist übrigens als Ganzes merklich schwächer als das linke, der Kranke hinkt auch ein wenig auf dieser Seite; aber diese relative Schwäche des rechten Beines besteht, wie ich nochmals bemerke, nun schon seit zehn Jahren und hat mit seinem gegenwärtigen Leiden gar nichts zu schaffen.

Dieses leichte Gebrechen hinderte Porcen . . übrigens ebensowenig wie seine schwächliche Erscheinung, seit seinem 18. Jahre das schwere Gewerbe eines Fiakerkutschers, oder zu anderen Zeiten eines Omnibuskutschers, auszuüben.

Wenden wir uns nun zur Monoplegie und deren nächsten Anlässen. Am 24. December 1884 wurde das Pferd, welches Porcen . . lenkte, scheu, unser Patient wurde von seinem Sitz herab auf's Strassenpflaster geschleudert, er fiel auf die rechte Seite, und zwar soll, wie er angiebt, die rechte Schulter mit ihrer hinteren Fläche den Stoss ausgehalten haben. Er verlor die Besinnung nicht, war auch nicht sehr erschrocken, konnte sich vielmehr gleich erheben, sich zu einem Apotheker begeben und darauf wieder auf den Bock steigen. Die rechte Schulter und der rechte Arm waren ein wenig schmerzhaft, zeigten aber keine Ecchymosen; es gab höchstens ein bischen Schwellung. Die Beweglichkeit des Armes war ein weng behindert, aber durchaus nicht aufgehoben, und Porcen . . konnte noch durch fünf Stunden seinen Wagen führen, indem er die Zügel in der linken Hand hielt.

Während der folgenden fünf Tage gönnte sich der Kranke Ruhe; der Schmerz und die Unbehaglichkeit bei Bewegungen schienen immer mehr abzunehmen und er hoffte, seine Arbeit bald wieder aufnehmen zu können. Aber sechs Tage nach dem Unfall, am 30. December, merkte er beim Erwachen nach einer im ruhigen Schlaf verbrachten Nacht, dass sein rechter Arm ganz schlaff und gelähmt, jeder Beweglichkeit beraubt herabhieng, bis auf die Finger jedoch, die er noch ein wenig rühren konnte. Er rieb sich den Arm und dabei gewahrte er, dass Schulter, Ober- und Vorderarm völlig unempfindlich waren, wie wir es noch heute sehen. Es ist vollkommen sichergestellt, dass bei ihm weder im Augenblick des Sturzes, noch später eine Spur von Bewusstlosigkeit, keine psychische Störung anderer Art, keine Art von Aphasie oder Spracherschwerung, keine Abweichung des Mundes oder der Zunge, keine Andeutung von Lähmung im rechten Bein vor-

handen war; es handelte sich hier also um eine Monoplegie des
Armes im strengsten Sinne des Wortes, von Anästhesie begleitet.

Am 8. Januar begab sich unser Kranker in's Spital Tenon
auf die Abtheilung von Troisier, der nun seinerseits am
neunten Tage seit dem Eintritt der Lähmung alle die Verhältnisse constatirte, welche wir eben nach dem Bericht des
Kranken angeführt haben.

Heute am 1. Mai, vier Monate seit dem Eintritt der
Lähmung, ist alles noch ganz im Gleichen; wir finden den
Kranken genau so, wie er vor vier Monaten war, als ihn
Troisier untersuchte, und vor einem Monat, als er der Société
médicale des hôpitaux vorgestellt wurde.

Wir wollen nun diese sonderbare Monoplegie, an der
sich seit vier Monaten trotz der verschiedensten Behandlungsmethoden nichts geändert hat, einer sorgfältigen Untersuchung
unterziehen.

A. Motorische Lähmung. Porcen .. ist ganz unfähig,
mit den Muskeln, welche die Schulter heben oder mit der
herabhängenden Schulter selbst, mit den Muskeln des Ober-
und Vorderarmes die geringfügigste willkürliche Bewegung
auszuführen. Nur die Finger können willkürlich in Bewegung
versetzt werden, und auch diese Bewegungen sind kraftlos, so
sehr kraftlos, dass sie keine Wirkung auf das Dynamometer
zu üben vermögen.

Achten Sie wohl auf die Schlaffheit, die absolute Entspannung des Gliedes. Es hängt wie eine todte Masse an der
Seite des Rumpfes herab und fällt schwer nieder, wenn man
es erhebt und dann sich selbst überlässt. Der Kranke ist
genöthigt, es in einer Binde zu tragen, um es vor den An-
stössen und Erschütterungen zu bewahren, denen es sonst
jeden Augenblick ausgesetzt wäre. Es besteht, wie Sie sehen,
nicht die leiseste Spur von Muskelstarre oder Contractur. Der
Zustand erinnert vielmehr an die schlaffen Monoplegien bei
der spinalen Kinderlähmung; aber die Sehnenreflexe am Ell-
bogen- und Handgelenk sind hier erhalten, vielleicht selbst ein
wenig gesteigert, während sich diese Reflexe bei der erwähnten
Form der spinalen Lähmung, wie Ihnen bekannt ist, ganz anders
verhalten. Ausserdem -- und darin liegt ein differential-
diagnostisches Merkmal von unbeschränkter Bedeutung —
finden wir hier, trotzdem die Lähmung schon seit vier Monaten
besteht, doch nicht die geringste Spur von Atrophie oder von
Veränderung der Consistenz in den gelähmten Muskeln.[1] Die

---

[1] Charcot ist seither davon zurückgekommen, das Fehlen der Atrophie
als einen nothwendigen und allgemein giltigen Charakter der hysterischen

Messung ergiebt um den rechten Oberarm 23·5 cm, um den linken 24 cm, um den rechten Vorderarm 22·5 cm, um den linken 22 cm.

B. An derselben Extremität bestehen neben der motorischen Lähmung hochgradige Störungen der Sensibilität. Die Empfindlichkeit für Berührung, Schmerz und Kälte ist vollkommen und spurlos aufgehoben, und diese Hautanästhesie, die sich übrigens ausschliesslich auf die von der motorischen Lähmung befallenen Theile beschränkt, grenzt sich gegen das benachbarte, mit Empfindlichkeit versehene Hautgebiet durch Linien ab, die einen ganz eigenartigen Verlauf nehmen und zumal an der Hand zur anatomischen Vertheilung der Hautnerven des Gliedes keinerlei Beziehung bieten. Ein Blick auf die beistehenden Figuren (33 und 34) macht Ihnen dieses Verhältniss klar.

Sie sehen nämlich, dass die Grenze der Anästhesie am Handrücken gegen die Finger durch eine Linie gegeben ist, welche senkrecht auf die Längsachse der Extremität und einige Centimeter oberhalb der Reihe der Metacarpo-phalangealgelenke verläuft, während in der Hohlhand diese Grenze von einer Linie gebildet wird, die der Furche des Handgelenkes parallel, ungefähr 1 cm unterhalb derselben liegt.

Die Unempfindlichkeit ist übrigens nicht auf die Haut beschränkt, sie erstreckt sich auch auf die tiefen Theile, und daher wird eine heftige Faradisation der Muskeln oder selbst der Nerven nicht verspürt, obwohl sie die stärksten Muskelcontractionen auslöst.

Ebensowenig sind Zerrungen oder Verdrehungen, denen man die Schulter, den Ellbogen, das Handgelenk unterwirft, so heftig sie auch sein mögen, im Stande, eine Empfindung zu erzeugen. Dagegen sind in der Hohlhand, an einem Theile

---

Lähmungen anzusehen. Im Februar 1886 kamen innerhalb weniger Tage drei Männer zur Aufnahme in die Klinik, bei denen eine hysterische Hemiplegie mit erheblicher, ohne Messung auffälliger Atrophie des gelähmten Armes und Beines bestand. Die hysterische Natur der Lähmung sehen durch die Anamnese, den Charakter der Anfälle, die Sensibilitätsstörungen und die eigenthümlichen Affectionen der Sinnesorgane, sowie durch das Freibleiben der Gesichtsmuskeln in allen drei Fällen sichergestellt. Die Atrophie war, soweit sich dies erheben liess, eine rapide, in den ersten Wochen nach Eintritt der Lähmung entstanden, und hatte seither in vielen Monaten keine Fortschritte gemacht. Die elektrische Erregbarkeit der atrophirten Muskeln zeigte keine qualitative Aenderung. Bei der Vorstellung dieser Kranken mit „hysterischer Atrophie" am 22. Februar 1886 deutete Charcot zur Erklärung dieses überraschenden Befundes an, dass von der hysterischen Läsion der Hirnrinde aus eine functionelle Veränderung sich auf die Pyramidenbahn und die Vorderhornzellen in ähnlicher Weise erstrecken möge, wie eine organische Läsion daselbst zur absteigenden Degeneration mit Muskelatrophie führen kann.   Anmerkung des Uebersetzers.

des Handrückens und in der ganzen Länge der Finger die verschiedenen Arten der Sensibilität in der Haut und in den tiefen Theilen wenigstens in ziemlichem Ausmasse erhalten.

Fig. 33.   Fig. 34.

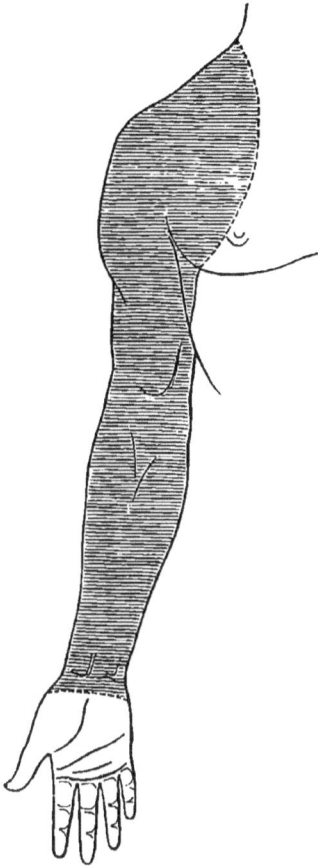 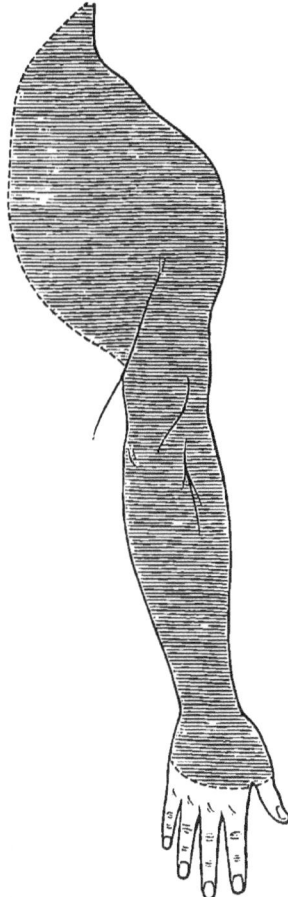

(Fig. 33 und 34. Anästhesie beim Kranken Porcén...)

Es besteht ferner für die ganze Extremität, immer mit Ausnahme der Finger, ein vollkommener Verlust all der Vorstellungen, die man als vom sogenannten „Muskelsinn" abhängig aufzufassen pflegt. Um sich davon zu überzeugen, braucht man Porcen.. nur die Augen schliessen zu lassen und ihn dann aufzufordern, seinen Vorderarm, den man vom Rumpf abgezogen hält, zu suchen und mit seiner linken Hand zu ergreifen. Er tastet dann, mehr oder weniger fern vom Ziel, im Leeren herum, erreicht dann gleichsam zufällig irgend einen Theil der Extremität, gewöhnlich den dem Rumpf nächsten, und fährt dann mit seiner Hand über den ganzen Arm, bis er den Punkt erreicht hat, auf den er hätte zielen sollen. Er ist auch bei geschlossenen Augen nicht im Stande anzugeben, ob man ihm die Schulter, den Ellbogen oder das Handgelenk bewegt hat; dagegen erkennt er unter den nämlichen Verhältnissen sehr wohl, was man mit seinen Fingern vorgenommen hat, und vermag anzugeben, welchem Finger eine passive Bewegung mitgetheilt worden ist. Der Kranke hat ferner die Fähigkeit, Gewichte in seiner Handfläche ab-zuschätzen, verloren; er kann, wenn er nicht hinsehen darf, ein 5-Frankenstück von einem 10-Centimesstück nicht unter-scheiden, ohne das Getast zur Hilfe zu nehmen; beide Münz-stücke kommen ihm sonst gleich leicht vor.

Also, um unseren Befund zusammenzufassen: voll-kommene motorische Lähmung der Muskeln an Schulter, Ober- und Vorderarm mit gänzlichem Verlust der Empfindlichkeit in Haut, Muskeln, Nerven, Bändern und Gelenkskapseln, völliger Verlust aller mit dem Muskelsinn zusammen-hängenden Vorstellungen für alle von der Lähmung betroffenen Partien; Fehlen jeder Spur von Rigidität in den bewegungs-losen Theilen mit Erhaltung der Muskelmassen und ganz leichter Steigerung der Sehnenreflexe; dies sind die wichtigsten Ergebnisse, die wir bisher durch unsere Untersuchung ge-wonnen haben.

Wir müssen noch eine sehr merkwürdige und bedeutsame Thatsache aus der ganzen Gruppe hervorheben, dass nämlich weder die Haut noch die Muskeln die leiseste Spur von trophischer Störung zeigen, obwohl die Monoplegie, wie schon erwähnt, seit länger als vier Monaten besteht. Sie konnten sich bereits überzeugen, dass keine Abmagerung des gelähmten Gliedes vorliegt; ich will jetzt noch hinzufügen, dass die Muskeln bei sorgfältigster Untersuchung keinerlei Veränderung ihrer faradischen oder galvanischen Erregbarkeit erkennen lassen. Von Entartungsreaction auch nicht die entfernteste Andeutung.

Andererseits sehen Sie auch keine livide Färbung der Haut und kein Oedem; nur dass vielleicht eine leichte Ab-nahme der Temperatur am erkrankten Gliede zu constatiren ist. Die Achselhöhlentemperatur ist beiderseits 36·9°; die Tem-peratur des gesunden Armes ergiebt sich, wenn man ein

Oberflächenthermometer auf die Vorderfläche des Unterarmes aufsetzt, zu 32·8⁰, während das Thermometer auf der gelähmten Seite nur bis 32·4⁰ steigt, also um ungefähr vier Zehntelgrade zurückbleibt.

Dies sind also die Symptome, welche die klinische Untersuchung des gelähmten Gliedes erkennen lässt. Ich muss Sie gleich darauf gefasst machen, meine Herren, dass sich bei diesem Kranken noch andere sehr bemerkenswerthe klinische Phänomene vorfinden, auch abgesehen von allem, was die Monoplegie betrifft; diese letzteren springen aber nicht sofort in die Augen; wir haben sie erst entdeckt, als wir nach einer ganz bestimmten Richtung hin untersuchten. Ich behalte mir vor, Ihnen von diesen Verhältnissen später Mittheilung zu machen, wenn es sich nach beendeter Erörterung darum handeln wird, zu einer endgiltigen Diagnose zu gelangen.

Welches ist nun die Natur dieser Monoplegie, deren klinische Eigenthümlichkeiten wir soeben durch eine eingehende Untersuchung klargestellt haben? Hängt sie von einer mehr oder minder ernsten Läsion der peripheren Nerven ab, etwa in Folge einer Quetschung oder Erschütterung des Plexus brachialis durch den Sturz auf die Schulter? Handelt es sich um eine spinale Läsion? Oder um einen Herd im Grosshirn? Wir wollen diese Möglichkeiten jetzt der Reihe nach in Betracht ziehen.

Zunächst würde sich uns die erste Hypothese aufdrängen. Es sind zahlreiche Beispiele bekannt, dass eine Monoplegie des Armes nach einem Sturz auf die Schulter entstanden ist, und ein guter Theil der an unserem Kranken ersichtlichen Symptome scheint sich auf den ersten Blick aus der Annahme einer Quetschung oder Erschütterung des Brachialgeflechtes ganz zwanglos zu erklären.

Ich bin in der günstigen Lage, Ihnen als Gegenstück zu Porcen.. einen Kranken zu zeigen, bei dem gleichfalls eine Monoplegie des Armes besteht, die sicherlich von einer Verletzung des Armgeflechtes herrührt, und die selbst unter ähnlichen Verhältnissen entstanden ist, wie die Monoplegie bei dem Kranken Porcen.. Es handelt sich hier zwar nicht um einen Sturz auf die hintere Schultergegend, wie bei Letzterem, wohl aber um einen heftigen Stoss, der dieselbe Gegend getroffen hat, durch das Auffallen eines grossen und schweren Balkens. Im Grossen und Ganzen sind also die Bedingungen, unter denen das Trauma zu Stande gekommen ist, für beide Fälle die gleichen. Sehen wir nun zu, zu welchen Folgen dasselbe bei unserem zweiten Kranken geführt hat. Ich will Ihnen hier einen Auszug seiner Krankengeschichte geben.[1]

Der Kranke, ein sehr kräftiger Mann, Namens Deb.., 31 Jahre alt, Erdarbeiter, hatte sich immer einer vortrefflichen Gesundheit erfreut, bis ihm am 3. April 1884, also vor 13 Monaten, das Ende eines schweren Balkens auf die hintere Fläche der linken Schulter fiel. Der Stoss war ein so heftiger, dass er mit dem Gesicht zu Boden sank; ein eiserner Haken, der in dem Balkenende steckte und eine Rolle trug, traf ihn dabei auf den oberen und hinteren Theil des Schädels und schlug ihm dort eine übrigens geringfügige Wunde. Trotzdem kam er nicht zur Bewusstlosigkeit, der Kranke blieb während der fünf oder sechs nächsten Minuten nach dem Unfalle bei Besinnung und erinnert sich unter Anderem sehr wohl daran, wenigstens behauptet er es, dass er im betreffenden Augenblick eine Empfindung gehabt habe, als ob sein Arm verloren, ganz vom Körper abgetrennt sei. Erst jetzt verfiel er in eine, wie es scheint, dreistündige Bewusstlosigkeit, und als er wieder zu sich kam, war die motorische Lähmung der verschiedenen Abschnitte des Gliedes eine so vollkommene, wie wir sie heute noch sehen; nur die Hebung der Schulter war ihm noch möglich geblieben. Auch die Störungen der Sensibilität scheinen sich sofort in ihrer noch gegenwärtig bestehenden Form eingestellt zu haben.

Seither hat sich der Kranke in mehrere Spitäler nach einander aufnehmen lassen, woselbst er verschiedenen Behandlungsmethoden und besonders einer elektrischen Behandlung unterzogen wurde. Leider ohne jeden Erfolg. Die Elektricität konnte übrigens bei ihm niemals in consequenter Weise angewendet werden; man sah sich häufig genöthigt, von dieser Therapie abzustehen, weil sich nach einer kleinen Zahl von Sitzungen unvermeidlich heftige Schmerzen einstellten.

Ich will nun Ihre Aufmerksamkeit zuerst auf die Störungen der Sensibilität lenken. Dieselbe ist in allen ihren Arten gänzlich aufgehoben an der Hand mit Einschluss der Finger, am Vorderarme und an einem Theile des Oberarmes; in denselben Partien ist auch die Empfindlichkeit der tiefen Theile, ebenso wie die Vorstellungen des Muskelsinnes, verloren gegangen. Wenn wir für jetzt nur die Hautanästhesie in's Auge fassen, müssen wir sagen, dass dieselbe überall, wo sie be-

[1] Diese Krankengeschichte ist kürzlich von Frl. Klumpke in ihrer interessanten Arbeit „Les paralysies radiculaires du plexus brachial" (Revue de médecine, 5° année, N° 7, 10. Juli 1885, pag. 604) ausführlich veröffentlicht worden.

steht, eine ebenso unbedingte ist, wie bei unserem Kranken
Porcen .. Nur in der Art und Weise der Ausbreitung derselben weichen die beiden Fälle von einander ab. Während
nämlich das anästhetische Gebiet bei Porcen .. die ganze Schulter

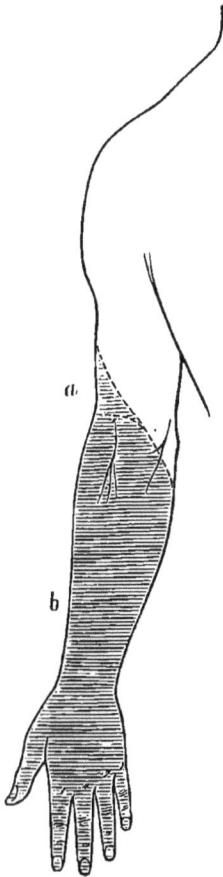

Fig. 35.

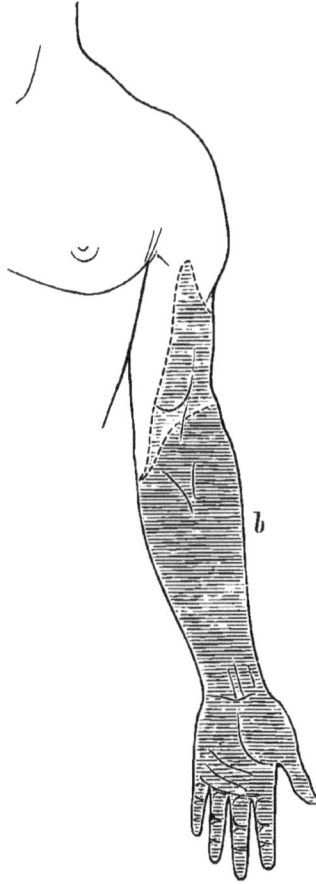

Fig. 36.

(Fig. 35 und 36, *a* Analgesie, *b* absolute Anästhesie beim Kranken Deb ..)

umschliesst und sich selbst über diese hinaus erstreckt, ist die
Ausdehnung desselben bei Deb ... eine viel geringere; die
Schulter und ein Theil des Oberarmes sind frei. An der
vorderen und inneren Fläche des letzteren begrenzt sich die
Anästhesie durch eine Linie, welche kaum dessen Mitte er-

reicht, nach aussen bleibt sie noch weiter zurück, und nach
hinten geht sie kaum über die Ellbogengegend hinaus, so
dass die hintere Fläche des Oberarmes fast durchaus freigeblieben ist. (Fig. 35 und 36.)

Ich mache Sie darauf aufmerksam, meine Herren, dass
eine solche Ausbreitung des anästhetischen Gebietes durchaus
mit den Verhältnissen übereinstimmt, welche man beobachten
kann, wenn das Armgeflecht eine schwere Schädigung oder
selbst eine vollständige quere Unterbrechung aller seiner
Aeste, z. B. bei einer Durchreissung erfahren hat, endlich
auch in Fällen von chirurgischer Durchschneidung. Dies geht
aus den Beobachtungen hervor, die Sie in einer wichtigen im
„Brain" veröffentlichen Arbeit von J. Ross [1] in Manchester
gesammelt finden. Ich lege Ihnen hier eine Ross entlehnte
Tafel vor (Fig. 37 und 38), die sich auf einen Fall von Ab-
reissung des Plexus brachialis bezieht, in welchem die motorische Lähmung und die trophischen Störungen in der Haut
und in den Muskeln sich derart verhielten, dass man die
Durchtrennung aller Aeste des Geflechtes erschliessen durfte. [2]
Sie sehen nun, wenn Sie einen Blick auf diese Tafel werfen,
dass die Ausbreitung der Anästhesie in der Haut genau die
nämliche ist, wie bei unserem Kranken Deb . . . Wir dürfen
also, wenn wir die gleich zu erwähnenden motorischen und
trophischen Störungen in Betracht ziehen, auch bei diesem
Letzteren annehmen, dass hier eine schwere, den ganzen Umfang des Geflechtes betreffende Läsion vorliegt. Es scheint
demnach, dass die Art der Ausbreitung der Hautanästhesie,
welche ich im Auge habe, blos der typische Ausdruck aller
jener schweren, destructiven, organischen Läsionen ist, welche
sich auf alle, sowohl sensitive als auch motorische Aeste des
Plexus brachialis erstrecken.

Wenn wir uns jetzt wieder zu unserem Falle Porcen . .
wenden, erkennen wir, dass die Ausbreitung der anästhetischen
Zone bei ihm eine ganz andere ist. Einerseits reicht sie gegen
den Rumpf hin höher hinauf, als bei Deb, da sie ja die
Schulter miteinbezieht und wenn wir auf dem Boden der Hypothese bleiben, dass es sich um eine directe Verletzung der
Nervenstämme handle, so hätte diese Verletzung nicht nur
das Armgeflecht, sondern auch die oberen Halsnerven mit-
betreffen müssen. Andererseits findet die Anästhesie bei Porcen . .,

---

[1] James Ross, Distribution of anaesthesia in cases of disease of the
branches and of the roots of the brachial plexus. Brain, April 1884,
pag. 70 et 59.
[2] Jedoch mit Ausnahme des anastomisirenden Astes vom vierten
Cervicalnerven.

wie Sie wissen, nach unten hin an der Hand eine Grenze.
(Fig. 33 und 34.) Der Verlauf der Linie, mit welcher sich
die Anästhesie nach dieser Richtung abgrenzt, steht nun in
hellem Widerspruch mit der Annahme einer Läsion, von der

Fig. 37.   Fig. 38.

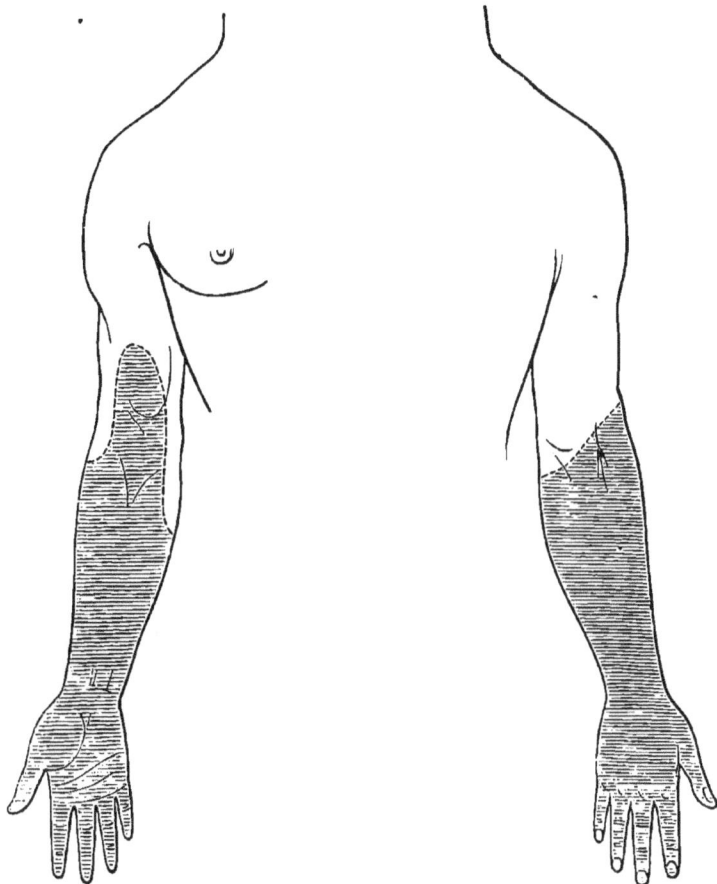

(Fig. 37 und 38, aus der Arbeit von J. Ross entlehnt.)

eine schwere Schädigung aller sensiblen Fasern des Armgeflechtes zu erwarten wäre. Ich habe diese Linie bereits
beschrieben; es ist in der Hohlhand eine Gerade, die senkrecht auf die Längsachse des Gliedes und parallel mit der Falte
läuft, welche bei der Beugung im Handgelenke entsteht, am

Handrücken eine leicht gekrümmte Linie, mit der Convexität
gegen die Finger, ein wenig über die Mitte der Metacarpal-
gegend hinausreichend. Diese Anordnung steht doch gewiss
in keinem Zusammenhange mit der Vertheilung der Hautnerven in den betreffenden Theilen der Hand (Ulnaris und
Radialis am Handrücken, Medianus und Ulnaris an der Hohlhand), und Sie haben auch wohl begriffen, dass man sich das
Verschontbleiben dieser Hautnerven der Hand auf dem Boden
der Annahme einer ernsten und alle Aeste betreffenden Verletzung des Armgeflechtes nicht erklären könnte. Die Verhältnisse, die wir hervorgehoben haben, würden sich aber
ebensowenig durch die Annahme einer leichten Contusion
oder einer blossen „Erschütterung" des Geflechtes erklären,
denn man weiss aus zahlreichen Beobachtungen, dass die
Störungen der Sensibilität in solchen Fällen wenig ausgesprochen und unverkennbar flüchtiger Natur sind, ja manchmal überhaupt fehlen; alles ganz im Gegensatze zum Verhalten unseres Falles.

Bei Deb..., der uns ein typisches Beispiel einer schweren,
alten und unheilbaren Läsion des Armgeflechtes darbietet,
erheben wir überdies trophische Störungen in Haut und
Muskeln und noch einige andere Symptome, welche nicht
minder als die Sensibilitätsstörungen im auffälligen Gegensatze zu dem Zustande bei Porcen.. stehen. Allerdings hängt
in beiden Fällen das gelähmte Glied schlaff, ohne Andeutung
von Gelenksstarre oder Muskelsteifigkeit herab, aber damit
ist auch die Aehnlichkeit zu Ende. Bei D... sind die gelähmten Muskeln im höchsten Grade atrophisch, bei elektrischer Untersuchung zeigen sie die Entartungsreaction in bester
Form, die Sehnenreflexe sind aufgehoben, die Haut ist kalt,
bläulich marmorirt, besonders gegen das Endglied der Extremität hin, und das Unterhautzellgewebe ist leicht ödematös.
Nichts dem Aehnliches finden wir bei Porcen.. Die Muskeln
haben bei ihm, wie Sie schon wissen, trotz des langen Bestandes der Lähmung ihren Umfang und ihre Massenentwickelung in normaler Weise bewahrt, sie zeigen keine Spur von
Entartungsreaction in ihrem elektrischen Verhalten, die Sehnenreflexe sind erhalten, die Hautdecken bieten weder eine Veränderung in ihrer Färbung noch in ihrer Consistenz. Ich
hebe es zum Schlusse nochmals hervor: Dies sind Thatsachen, die sich mit der Annahme einer schweren Erkrankung
des Plexus brachialis, die, wohlgemerkt, seit länger als
vier Monaten bestehen müsste, in keiner Weise vereinbaren
lassen, und dasselbe muss man in Betreff der höchst merkwürdigen Thatsache sagen, dass Finger und Hand von der

motorischen Lähmung und Anästhesie verschont geblieben
sind, welche doch die anderen Abschnitte der Extremität in
so hohem Grade befallen haben.

Wir müssen also folgern, meine Herren, dass die brachiale Monoplegie, welche uns hier hauptsächlich beschäftigt,
in Wirklichkeit nicht von einer leichten oder schweren Erkrankung des Plexus brachialis abhängt, wiewohl sie unter
Verhältnissen entstanden ist, die durch Contusion oder Erschütterung zu einem Leiden dieser Art führen können. Wir
müssen den Sitz des Uebels an anderer Stelle, in den nervösen
Centralorganen suchen. Handelt es sich demnach um eine
organische Herderkrankung im Gehirn oder Rückenmark?
Ich hoffe, es wird mir nicht schwer werden, Ihnen zu beweisen, dass auch dies unmöglich der Fall sein kann.

Einundzwanzigste Vorlesung.

Ueber zwei Fälle von hysterischer Monoplegie des Armes aus traumatischer Ursache bei Männern.

(Fortsetzung.)

Ausschliessung einer organischen Spinalaffection als Ursache der Monoplegie bei Porceu.. — Ausschliessung einer organischen Erkrankung im Grosshirn. — Die Charaktere, durch welche sich eine auf den Rindenort des Arms beschränkte organische Erkraukung auszeichnen würde. — Hysterische Stigmata bei dem Krauken. — Die Hemiauaesthesie. — Affektion der Sinnesorgaue. — Anästhesie des Schlundes. — Monokuläre Polyopie. — Spätes Auftreten einer Gesichtsfeldeinengung. — Das Fehlen der Gesichtslähmung ist charakteristisch für Hysterie. — Bedeutung der eigenthümlichen Linien, mit denen sich die anaesthetischen Bezirke begrenzen. — Vergleich der Monoplegie bei Porceu ... mit jener bei dem Kranken Pin .., welcher sich durch Anfälle, Anwesenheit von hysterogeneu Puukten etc. als Hysteriker bekundete.

Meine Herren! Sie werden sich erinnern, dass wir in der letzten Vorlesung einen merkwürdigen Fall von brachialer Monoplegie, die sich bei einem 25jährigen Manne nach einem Sturz auf die Schulter entwickelt hat, mitsammen untersucht haben, und dass wir zur Einsicht gelangt sind, die bei unserem Kranken beobachteten Symptome könnten nicht von einer Erkrankung der Nerven des Armgeflechtes herrühren. Wir haben uns in unserem Beweisgang unter anderen Dingen auf die Art und Weise der Ausbreitung und Anordnung der Anästhesie in der Haut und in den tiefen Theilen berufen, ferner auf das Fehlen trophischer Erscheinungen und den Nichtbestand von Entartungsreaction in den Muskeln des gelähmten Gliedes. Dieselben Erwägungen gestatten uns, unbedenklich, und ohne dass wir auf diesen Punkt näher einzugehen brauchen, zu entscheiden, dass unser Fall auch nicht zu jenen atrophischen Lähmungen gerechnet werden darf, die sich gelegentlich nach Gelenkstraumen ausbilden, Erkrankungen, welche von Prof. Lefort und von Herrn Valtat in eingehender Weise studirt worden sind.[1]

---

[1] Vergl. die dritte Vorlesung dieses Buches: „Ueber Muskelatrophien im Auschluss an gewisse Gelenkserkrankungen", pag. 28.

Nachdem wir in der Ausschliessung so weit gekommen sind, erübrigt uns noch, die beiden folgenden Möglichkeiten einer Prüfung zu unterziehen. Hängt unsere Monoplegie von einer Läsion ab, die im Rückenmark localisirt ist; oder vielmehr von einer Herderkrankung, die ihren Sitz in den Gehirnhemisphären hat?

Wir wollen uns nicht lange bei der Erörterung der ersten Hypothese aufhalten, die wir ja schon in der vorigen Vorlesung mehrmals im Vorbeigehen berührt haben. Eine destructive Läsion, welche streng auf eine gewisse Strecke in der Höhenausdehnung des Vorderhornes der grauen Substanz, nämlich auf die Halsanschwellung der rechten Seite, beschränkt ist, könnte allerdings eine schlaffe Lähmung des Armes, ohne jede Theilnahme des Gesichtes und der unteren Extremität verursachen, wie man dies bei der spinalen Kinderlähmung sieht, und dieser Zustand würde so weit ganz dem entsprechen, was wir an unserem Kranken beobachten. Wäre aber der Hergang ein derartiger, so würden wir gewiss, abgesehen von dem acuten, zumeist durch mehrtägiges Fieber eingeleiteten Beginn der Erkrankung beobachten können, dass schon nach wenigen Tagen in allen schwer betroffenen Muskeln eine sehr deutliche Entartungsreaction entwickelt ist, und nach vier Monaten müssten wir eine auffällige Atrophie dieser Muskeln finden. Ueberdies wären die Sehnenreflexe von Anfang an aufgehoben, und endlich dürfte auch keine Spur von Anästhesie der Haut oder von Verlust des Muskelsinnes vorhanden sein. Es ist zwar richtig, dass sich mehr oder weniger schwere Sensibilitätsstörungen in dem gelähmten Glied einstellen können, wenn eine Läsion in den Hinterhörnern der grauen Substanz in den entsprechenden Höhen des Rückenmarkes noch dazu kommt. Aber eine derartige Läsion, welche ausschliesslich das eine Vorderhorn und ein sehr eng begränztes Gebiet im hintersten Theil des Hinterhornes derselben Seite betrifft, ist meines Wissens noch niemals beobachtet worden, und wenn die Läsion, anstatt sich in der von uns angenommenen Weise zu beschränken, noch die mittleren Partien der grauen Substanz einbeziehen würde, müsste die Anästhesie sich nicht nur auf der entsprechenden, sondern auch auf der entgegengesetzten Seite kundgeben.

Ich werde mich also mit dieser Möglichkeit, meine Herren, nicht weiter beschäftigen, will aber die Hypothese einer Herderkrankung im Grosshirn in nähere Erwägung ziehen. In welcher Gegend der Grosshirnhemisphären müsste eine derartige Läsion ihren Sitz haben, um Symptome wie bei unserem Kranken hervorzurufen? Kann es sich um einen Herd in der

inneren Kapsel handeln? Da ist nun zu sagen, dass eine
solche Läsion, die, wie wir annehmen müssten, in Folge des
Sturzes entstanden ist und etwa in einem hämorrhagischen
Herd oder in capillären Apoplexien bestehen würde, zu
welchen die Erschütterung beim Sturze geführt hat — wir
müssten erwarten, sage ich, dass eine solche Läsion wenigstens
von einigen Symptomen, die auf eine plötzliche Hämorrhagie
deuten, begleitet gewesen sei. Das war aber bei unserem
Kranken nicht der Fall. Ich will noch hinzufügen, dass eine
solche rein brachiale Monoplegie, wie sie unser Fall zeigt, in
der Casuistik der Läsionen der inneren Kapsel ein fast
unerhörtes Vorkommniss ist; [1] überdies würde sie eine Läsion
voraussetzen, die sich streng auf die vorderen Abschnitte des
hinteren Schenkels der inneren Kapsel beschränkt, und die
Sensibilitätsstörungen würden daher in solchem Falle ausgeblieben sein.

Wir müssen demnach den Sitz der vermutheten organischen
Läsion noch anderswo suchen, höher oben in der Hemisphäre,
also in der grauen Rinde und den unmittelbar darunter liegenden Theilen der weissen Substanz.

Eine hinreichend ausgedehnte und schwere Läsion, die im
mittleren Drittel der beiden, der vorderen wie der hinteren,
Centralwindungen sitzt, verursacht mit Nothwendigkeit eine
Monoplegie des Armes; dies ist heute bereits so vollkommen
sichergestellt, dass wir keine weiteren Belege dafür anzuführen
brauchen. Es muss aber betont werden, dass das Vorkommen
einer wirklich reinen Monoplegie, ohne irgend einen Grad
von Mitbetheiligung der Muskeln, die vom unteren Facialis
derselben Seite innervirt werden, oder der Zunge oder des
Beines, in Folge einer Rindenläsion in der That eine Selten-
heit ist. Kaum dass wir, Herr Pitres und ich, in der Sammlung
von mehr als 250 Beobachtungen, die wir in unseren Arbeiten
über die Localisation in der Hirnrinde zusammengestellt haben,
zehn Fälle dieser Art auftreiben konnten. [2] In der Krankengeschichte unseres Falles wird aber ausdrücklich hervorgehoben, dass zu keiner Zeit der Erkrankung, auch nicht
beim Eintritte derselben, der geringste Grad von Lähmung,
oder auch nur von Parese im Gesicht, an der Zunge oder an
der unteren Extremität zu beobachten war. Von Anfang war,
wie ich nochmals betonen muss, ausschliesslich der Arm er-

---

[1] Vergl. einen Fall von Monoplegie durch Erkrankung der inneren
Kapsel von Bennett und Campbell im „Brain", April 1885, pag. 78.

[2] Charcot et Pitres, Etude critique et clinique de la doctrine des
localisations motrices dans l'écorce des hémisphères cérébraux de l'homme
(Revue de médecine 1883, N° 5, 6, 8 und 10).

griffen, und dies ist eine Thatsache, deren Bedeutung uns
bald in ihrer vollen Grösse ersichtlich werden wird.

Dazu kommt noch, dass eine Rindenläsion, welche erheblich genug ist, um eine so vollständige und dauerhafte
motorische Lähmung zu erzeugen, wie sie unser Fall Porcen . .
darbietet, nothwendiger Weise auch eine absteigende, secundäre
cerebro-spinale Degeneration hätte herbeiführen müssen, welche
sich klinisch durch ein gewisses Mass von Contractur an dem
gelähmten Gliede kundgiebt, während es sicher feststeht, dass
sich in unserem Falle keine Spur von Steifigkeit an den verschiedenen Gelenken finden lässt. Wir haben im Gegentheile
ausdrücklich darauf aufmerksam machen können, dass sich
hier die gelähmten Theile durch ihre Schlaffheit und Entspannung auszeichnen; die verschiedenen Abschnitte des
Gliedes setzen den Bewegungen, die man mit ihnen vornimmt,
nicht den geringsten Widerstand entgegen. Ferner, wenn die
Sehnenreflexe bei unserem Kranken erhalten sind, so zeigen
sie sich doch keineswegs erheblich gesteigert, was bei einer
Rindenläsion mit absteigender Degeneration vier Monate nach
dem Beginn der Erkrankung der Fall sein müsste.

Endlich, meine Herren, kommen die Störungen der Sensibilität in Betracht, die bei Porcen . . so schwere und durchaus
anderer Art sind, als man bei einer Rindenläsion, die sich
streng auf das mittlere Drittel der Centralwindungen beschränkt,
finden würde. In einer grossen Anzahl von Rindenläsionen,
welche ihren Sitz in einem der motorischen Centren haben,
können die Hautempfindlichkeit und das Muskelgefühl, wie
Ihnen bekannt, vollkommen unversehrt sein. Dies wird, ausser
durch all die Thatsachen, die mein früherer Assistent Dr. Ballet[1]
in seiner Dissertationsschrift angeführt hat, durch eine kürzlich
im „Brain" von Prof. Ferrier[2] veröffentlichte Beobachtung erwiesen. Allerdings haben Exner, Petřina, Tripier und
zuletzt Starr[3] eine gewisse Anzahl von Fällen gesammelt,
in denen es bei Läsionen, die sich auf die Centralwindungen
beschränkten, ausdrücklich bemerkt ist, dass neben der
motorischen Lähmung eine Beeinträchtigung der Sensibilität

---

[1] G. Ballet, Le faisceau sensitif et les troubles de la sensibilité dans
les cas de lésions cérébrales (Arch. de Neurologie, tom. IV, 1882, und Thèse
de Paris, 1881, pag. 67).
[2] „Brain", April 1883. Ich meine die Mittheilung von Ferrier über
einen Fall von Monoplegia cruralis.
[3] Allen Starr, Cortical lesions of the Brain, a collection and analysis
of the american cases of localised cerebral disease. (The american Journal
of the medical sciences, 1884, Seite 48 und 49 des Separatabdruckes). —
The sensory tract in the central nervous system, pag. 78 (Abdruck aus
Journal of nervous and mental diseases. Vol. VI, N° 3, July 1884).

in allen ihren Arten (Tast- und Schmerzempfindlichkeit, Muskel-
sinn u. dgl.) vorhanden war. Es scheint aber aus denselben
Beobachtungen hervorzugehen, dass diese verschiedenartigen
Sensibilitätsstörungen sich sehr wenig ausgeprägt oder in
hohem Grade flüchtig erwiesen, sobald sich die krankhafte
Veränderung genau auf die Centralwindungen beschränkte, und
nicht auf die anstossenden Gebiete des Parietallappens übergriff.
Dies steht, wie Sie sehen, in auffälligem Widerspruch mit
den Verhältnissen unseres Falles, in welchem die verschiedenen
Arten der Sensibilität in der Haut und in den tiefen Theilen
im höchsten Grade und in dauernder Weise schon seit mehr
als vier Monaten geschädigt sind.

Aus diesen Erörterungen ergeben sich eben so viel Gründe,
die uns bestimmen müssen, die Existenz eines Rindenherdes
bei unserem Kranken gerade so zu verwerfen, wie wir bereits
vorhin die Annahme einer spinalen und einer Erkrankung
der peripheren Nerven zurückgewiesen haben.

Um was kann es sich also hier handeln? Um eine Erkrankung der nervösen Centralorgane ohne Zweifel; aber wo
sitzt dieselbe; welches ist ihre Natur? Nun, ihr Sitz ist, wie
ich glaube, in der grauen Rinde der Hemisphäre, auf der der
Lähmung entgegengesetzten Seite, und zwar, genauer bestimmt,
im motorischen Rindenfeld des Armes. Ferner muss man, um
die Ausbreitung und Intensität der Sensibilitätsstörungen zu erklären, auf Grund einiger neueren Arbeiten annehmen, dass die
Läsion sich nicht strenge auf die motorische Zone beschränkt,
sondern über die Centralwindungen nach hinten auf die anstossenden Gebiete des Parietallappens übergreift.[1] Aber das
Eine steht fest: Es handelt sich hier nicht um eine Destruc-
tion, um eine organische Herdläsion, wie in den verschiedenen
Hypothesen, die wir eben der Reihe nach geprüft haben,
vorausgesetzt wurde. Es kann nur eine jener Läsionen in Betracht kommen, welche sich unseren gegenwärtigen anatomischen
Untersuchungsmethoden entziehen, und für die man überein-
gekommen ist, den Namen „dynamische" oder functionelle
Läsionen in Ermangelung eines besseren zu gebrauchen. Es
wird nun meine Aufgabe sein, Ihnen diese Behauptung zu
erweisen.

Meine Herren! Schon bei der Auseinandersetzung der
Krankheitssymptome, welche sich bei unserem Kranken vorfinden, habe ich Sie darauf vorbereitet, dass ich einige davon,

[1] Starr l. c., und Bechterew, Ueber die Localisation der Haut-
sensibilität (Tast- und Schmerzempfindungen) und des Muskelsinnes an der
Oberfläche der Grosshirnhemisphären (Mendel's Neurolog. Centralblatt
Nr. 18, 15. September 1883).

und zwar nicht die unwesentlichsten, absichtlich mit Stillschweigen übergehen werde, um sie später, wenn der geeignete
Moment gekommen ist, hervorzuholen und nach ihrem vollen
Werthe zu würdigen. Dieser Moment ist endlich gekommen.
Die fraglichen Symptome springen, wie ich Ihnen schon gesagt habe, nicht in die Augen; um sie zu finden, muss man
seine Nachforschungen gemäss den Anforderungen einer bestimmten Hypothese einrichten, welche ihrerseits durch die
Existenz dieser Zeichen, falls sie wirklich bestehen, gerechtfertigt
und bestätigt wird. Sie vermuthen gewiss, welche Hypothese ich
hier meine. Ist unser Kranker ein Hysterischer? Trägt er
die hysterischen Stigmata in hinreichender Zahl und Deutlichkeit an sich, um uns die Behauptung zu gestatten, dass wir
es thatsächlich mit dem Status hystericus zu thun haben?
Sie werden zur Ueberzeugung gelangen, dass die Beweise
zu Gunsten dieser Entscheidung in Hülle und Fülle vorhanden
sind. Die motorische Lähmung, die Anästhesie und die
übrigen Erscheinungen sind in diesem Falle allerdings auf
Hysterie zu beziehen; dies wird die Schlussfolgerung sein,
zu der wir gelangen, und bei der wir uns übrigens im vollsten
Einklang mit der Ansicht befinden, welcher mein College
Joffroy in der Sitzung der Société médicale des hôpitaux
so entschiedenen Ausdruck gegeben hat.[1]

Ich will nun zunächst die eine Thatsache hervorheben,
dass die Störungen der Hautempfindlichkeit sich bei Porcen ..
keineswegs nur auf die obere Extremität beschränken. Man
findet sie vielmehr in abgeschwächter Form als Analgesie
über die ganze rechte Seite, Gesicht, Rumpf und untere Extremität verbreitet. Es handelt sich also in Betreff der allgemeinen Sensibilität um eine echte, vollständige, rechtsseitige
Hemianästhesie, die nur am Arme stärker ausgebildet ist als
an allen übrigen Theilen.

Wenn wir uns nun zur Untersuchung der Sinnesorgane
wenden, werden wir auch von dieser Seite werthvolle Aufschlüsse bekommen. Das Gehör ist am rechten Ohre abgestumpft, das Ticken einer Uhr, welches links in einer
Entfernung von 50 cm und darüber wahrgenommen wird, wird
rechts nur bis zu 20 cm gehört. Der Geschmack ist auf der
rechten Seite ganz verloren gegangen. Ehe ich weiter gehe,
will ich Ihnen die eigenthümliche Unempfindlichkeit, die sich
am Rachen zeigt, demonstriren; ich gehe mit meinem Finger
rücksichtslos ein, bis ich die Epiglottis berühre, und löse
dadurch doch keinen Reflexact bei dem Kranken aus. Dieses

[1] Sitzung vom 27. März 1885.

Symptom kommt, wie Sie wissen, bei Hysterischen sehr häufig
vor; mehrere Beobachter, darunter besonders Chairon, haben
in den letzten Jahren mit Recht darauf aufmerksam gemacht.
Nachdem wir zu diesen ersten Ergebnissen gelangt waren,
mussten wir uns natürlich darauf gefasst machen, hier bei
einer perimetrischen Untersuchung jene eigenthümliche Gesichtsfeldeinengung aufzufinden, von der bereits so oft die
Rede war. Aber unsere Erwartungen wurden bei der ersten
Untersuchung getäuscht, wir hatten ein normales Gesichtsfeld
vor uns. Ich werde Ihnen gleich mittheilen, inwiefern sich
dieser Zustand später verändert hat. Die Untersuchung des
Sehvermögens war aber doch nicht ergebnisslos geblieben,
denn sie enthüllte uns ein Phänomen, welches meiner Meinung
nach zu einer hervorragenden Bedeutung gelangen kann, wenn
andere Symptome fehlen, und wohl geeignet ist, in schwer
zu beurtheilenden Fällen ein kräftiges Wort zu Gunsten der
Diagnose „Hysterie" zu reden. Ich meine die Polyopia monocularis der Hysterischen, ein Symptom, das Herr Dr. Parinaud seit langer Zeit an den Kranken meiner Klinik verfolgt, und auf das er auch, wie ich glaube, zuerst aufmerksam
gemacht hat. [1]

Die monoculäre Polyopie (Diplopie oder Triplopie) gehört,
wohlgemerkt, nicht ausschliesslich der Hysterie zu, sie tritt
aber bei dieser Erkrankung mit ganz besonderen Eigenthümlichkeiten auf, welche nach Parinaud gestatten sollen, sie
von ähnlichen Zuständen unter anderen Verhältnissen zu unterscheiden.

Die Krystalllinse des Auges hat, wie Sie wissen, eine
schalige Structur, so dass man sie zur Noth als aus drei
Linsen bestehend auffassen könnte. Man versteht daraus, dass
unter gewissen Bedingungen mehrere, zwei oder drei, Bilder
auf der Netzhaut zu Stande kommen können. Es ist das
gewissermassen ein natürlicher, bei den einzelnen Individuen
stärker oder geringer ausgebildeter Fehler des Auges, der für
gewöhnlich durch das normale Spiel der Accomodation ver-
bessert wird. Es ist nun leicht einzusehen, dass die monoculäre
Polyopie sich einstellen kann, wenn die Accommodation in
ihrer normalen Function gestört ist. Man beobachtet dieselbe
daher bei der Accommodationslähmung durch Einträufelung
von Atropin und bei dem Accommodationskrampf in Folge
von Eserinwirkung, in letzterem Falle ist sie, wahrscheinlich
wegen der begleitenden Myosis, in der Regel sehr wenig

---

[1] H. Parinaud, De la polyopie monoculaire dans l'hystérie etc. —
Extrait des Annales d'oculistique, 1878.

deutlich. Die monoculäre Polyopie der Hysterischen ist nach Parinaud übrigens auf eine Contractur des Brücke'schen Muskels ohne Myosis zu beziehen. [1] Ferner findet sich die monoculäre Polyopie, ohne functionelle Störung des Accommodationsapparates, noch bei Greisen, in Fällen von beginnender Cataracta, und bei gewissen Fällen von Astigmatismus, sowohl angeborenem als in Folge von Keratitis. Es wird nun keine Schwierigkeiten haben, die eben angeführten Ursachen der Polyopia monocularis, nämlich: Greisenalter, Cataract, Astigmatismus durch Erkrankung der Cornea, Einträufelung von Eserin oder Atropin in's Auge u. a., in einem gegebenem Falle auszuschliessen. Die hysterische Polyopie scheint sich aber auch, abgesehen von dem Fehlen der erwähnten Momente, durch besondere Eigenthümlichkeiten auszuzeichnen. Ich meine die Makropsie und Mikropsie, die nach Parinaud's Bemerkung sie stets begleiten, während dieselben bei anderen Fällen nicht vorkommen sollen. Bringen Sie vor das eine Auge des Kranken Porcen . . einen vertical gehaltenen Stift in einer Entfernung von einigen Centimetern, während das andere Auge geschlossen ist, so wird er ihn einfach sehen. Entfernen Sie aber nun den Stift ein wenig, so bekommt er alsbald Doppelbilder, die in einer Entfernung von 8 bis 10 cm vom Auge scharf gesondert und sehr deutlich werden. Ueberdies erscheint ihm der Stift, wenn er sich dem Auge sehr nahe befindet, ungebührlich gross, während er ihn aus einer Entfernung von 15 bis 20 cm drei- oder viermal kleiner sieht, als es normaler Weise der Fall sein sollte. Dies ist also die eigenthümliche monoculäre Polyopie, welche nebst den vorhin beschriebenen Störungen der Hautempfindlichkeit und der Sinnesorgane bereits eine sehr bedeutsame Summe von Belegen, zumal für einen Fall ergiebt, in dem man sich weder auf chronischen Alkoholismus oder Saturnismus, noch auf eine Verletzung der inneren Kapsel beziehen kann. Eine neuerdings vor drei Tagen angestellte Untersuchung des Gesichtsfeldes hat das Gemälde übrigens durch einen neuen Zug vervollständigt. Der Kranke hatte vor fünf Tagen Urlaub genommen und war von seinem Ausfluge sehr erschöpft zurückgekehrt. Zwei Tage später erwies uns die perimetrische Untersuchung eine concentrische Einengung des Gesichtsfeldes, die auf beiden Augen gleich gut ausgebildet war, allerdings ohne Verlagerung der Grenze für die Rothempfindung.

---

[1] Die Contractur des Accommodationsmuskels in der Hysterie hat Galezowski (Progrès médical, tom. VI, pag. 39, 1878) studirt.

Ich halte es jetzt für unnöthig, mich in weitläufige Erörterungen einzulassen, um Ihnen darzuthun, dass das Zusammentreffen all dieser Verhältnisse, welche wir der Reihe
nach festgestellt haben, ein leichtes Verständniss durch die
Annahme einer dynamischen, hysterischen Läsion zulässt,
während es für die Hypothese einer organischen Erkrankung
im Gehirn, Rückenmark oder in den spinalen Nerven thatsächlich unerklärlich bleibt. Ich lege aber Gewicht auf die
Bemerkung, dass die klinischen Eigenthümlichkeiten der Monoplegie, welche wir bei Porcen .. finden, sich in keiner Weise
von jenen Merkmalen unterscheiden, durch die gewisse unzweifelhaft als hysterisch erkannte Lähmungsformen ausgezeichnet sind. Man kann sich davon übrigens auch im
Nothfalle überzeugen, wenn man in den Autoren nachschlägt,
welche auf diesem Gebiete am massgebendsten sind. So will
ich zunächst hervorheben, dass das Gesicht nicht den
geringsten Antheil an der Lähmung nimmt, eine Thatsache, die von Todd,[1] Althaus, Hasse,[2] von mir selbst,[3]
und endlich von Weir Mitchell in seinem ausgezeichneten
Buche über die nervösen Krankheiten der Frauen[4] betont
worden ist. Was mich selbst betrifft, so habe ich bis jetzt
auch nicht eine einzige unzweideutige Ausnahme von dieser
Regel angetroffen. Ich hebe ferner hervor: das Fehlen einer
jeden Veränderung der elektrischen Erregbarkeit und einer
jeden Atrophie der Muskeln selbst nach mehrmonatlichem
Bestande der Lähmung, das Anhalten der vollkommenen Entspannung des Gliedes ohne erhebliche Veränderung seitens
der Sehnenreflexe unter der gleichen Bedingung der langen

---

[1] R. B. Todd, Clinical lectures on paralysis, certain diseases of the
brain etc., London 1856: „Die Intensität der Lähmung an den Extremitäten
und deren gänzliches Fehlen in den Gesichtsmuskeln und an der Zunge sind
unzweifelhaft Charaktere, die zu Gunsten der hysterischen Natur des Leidens
sprechen; denn obgleich die hysterische Lähmung alle Theile des Rumpfes
und der Extremitäten betreffen kann, befällt sie doch nur äusserst selten,
wenn überhaupt jemals, das Gesicht" — pag. 20.
[2] Hasse, Handbuch der Pathologie etc., 2. Auflage, Erlangen 1869.
[3] Charcot, Leçons sur les maladies du système nerveux, tom. I,
1. Auflage, und 4. Auflage, pag. 351. Zwölfte Vorlesung: „Beachten Sie
zunächst das Fehlen einer Facialislähmung und einer Abweichung der Zunge
beim Vorstrecken derselben. Sie wissen, dass diese Phänomene dagegen
immer in einem gewissen Grade" (es soll hier heissen: fast immer) „bei der
Hemiplegie in Folge von Herderkrankung des Gehirns vorhanden sind."
[4] Weir Mitchell, Lectures on diseases of the nervous system es-
pecially in woman, 2d edition, Philadelphia 1885, pag. 25: „Im Gegensatz zu
der Halbseitenlähmung aus organischer und cerebraler Ursache befällt die
hysterische Halbseitenlähmung eine Körperseite mehr oder minder vollständig, aber mit Ausnahme des Gesichts; in einigen seltenen Fällen zeigen
sich die Halsmuskeln deutlich ergriffen,"

Dauer der Lähmung, die unbedingte, auf's höchste getriebene
Aufhebung des Muskelsinnes, die man in dieser Weise niemals
bei cerebralen Lähmungen aus anderen Ursachen beobachten
kann. Ich mache Sie ferner aufmerksam auf die hochgradige
Anästhesie der Haut und der tiefen Theile und die so eigen-
thümliche Art und Weise der Ausbreitung und Abgrenzung
der letzteren, die auf den ersten Blick gewiss sonderbar er-
scheinen muss, aber nur darum, weil sie bisher keine eingehende
Würdigung gefunden hat. Jedenfalls lässt sie sich mit der
Vertheilungsweise der Hautnerven, welche aus dem Arm-
geflechte hervorgehen, in keinerlei Zusammenhang bringen.[1]
Ich will durchaus nicht behaupten, dass alle hysterischen
Lähmungen nothwendig die Summe der hier aufgezählten
Eigenthümlichkeiten zeigen müssen; aber man darf, wie ich
glaube, vertreten, dass, wo diese Merkmale in einem Falle von
Lähmung zusammen vorkommen, die Natur desselben nicht
mehr zweifelhaft bleibt.

Auf diese Argumente, meine Herren, die wir für zwingend
halten, stützen wir uns also, wenn wir nicht nur behaupten,
dass unser Kranker wegen seiner hereditären Belastung und
wegen des Bestehens der hysterischen Stigmata für einen
Hysterischen gehalten werden muss, sondern auch dass seine
Monoplegie alle Zeichen an sich trägt, welche klinisch gewisse Formen der hysterischen Lähmung charakterisiren. Um
es kurz zu fassen: alle Symptome, die wir bei Porcen . .
beobachten, beziehen sich, wie Sie sehen, auf Hysterie, und
wir finden endgiltig keines bei ihm, das sich nicht auf
Hysterie bezöge.

Damit haben wir unsere Diagnose festgestellt. Ich will
zwar zugeben, und es ist dies das einzige Zugeständniss, das
ich machen kann, dass es sich hier nicht um einen ganz vollständigen, regelrechten, kurz typischen Fall von Hysterie
handelt. Aber gerade das wird den Fall in den Augen des
Klinikers interessant erscheinen lassen; denn wenn die hysterische Natur seines Leidens nun durch die obenstehenden

---

[1] Vergl. die Figuren 33, 34, 35, 36 und 37, 38 in voriger Vorlesung. Diese
Zerlegung der Peripherie in Segmente, welche durch kreisförmige, in Ebenen
senkrecht auf die Längsachse des Gliedes liegende Linien von einander geschieden werden, entspricht wahrscheinlich, wenigstens für die Extremitäten, dem
Typus der corticalen Anästhesie, der bei Läsionen jeder Art eingehalten
wird, welches auch immer deren Ursache sein mag. Dieser Charakter wäre
nur bei der Hysterie um so viel schärfer ausgeprägt und deutlicher zu erkennen als in Fällen von organischen Herdläsionen, weil die dynamische
Läsion der Hysterie gewiss eine grössere Ausbreitung auf der Gehirnoberfläche hat und z. B. alles, was zu diesem oder jenem sensiblen Centrum
gehört, in systematischer Weise befallen kann.   J. M. Charcot.

Erörterungen gesichert ist, so muss man sich doch erinnern,
dass diese Entscheidung nicht auf den ersten Blick zu treffen
war, und dass man zu ihrem Erweise eine ganze Reihe von
Argumenten und Belegen zur Hilfe nehmen musste, die nur
durch die sorgfältigste und eingehendste klinische Untersuchung zu erhalten waren. Dies kam daher, weil das Bild
einige Lücken bot, und diese Lücken bestehen, wie Sie Alle
errathen haben, in dem Fehlen der Anfälle und der hysterogenen Punkte. Dieser Umstand darf uns keineswegs irre
machen; die Krampfanfälle gehören, wie Sie wissen, nicht
nothwendig zum Bilde der Hysterie, sie fehlen nach Briquet
bei mehr als einem Dritttheile der weiblichen Kranken; aus
unseren Beobachtungen geht hervor, dass sie auch beim Manne
fehlen können, und zwar wäre dies, wenn ich nach dem, was
ich selbst gesehen habe, urtheilen soll, bei Männern mindestens ebenso häufig der Fall, als beim anderen Geschlechte.

Um die Folgerungen, zu denen wir gelangt sind, noch
besser gerechtfertigt erscheinen zu lassen und ihnen mehr
Gewicht zu verleihen, wird es gut sein, wenn ich dem Falle,
der uns eben beschäftigt, einen anderen an die Seite stelle,
jenen männlicher Hysteriker, den ich Ihnen in einer früheren
Vorlesung vorgestellt und damals eingehend vor Ihnen behandelt habe.[1] Ich stelle Ihnen den jungen Mann, Namens
Pin .., neuerdings vor, und aus den wenigen Punkten, die
ich Ihnen in's Gedächtniss zurückrufen will, werden Sie
sicherlich entnehmen, dass seine Geschichte, von einigen
untergeordneten Verhältnissen abgesehen, gewissermassen nach
derselben Form, wie die von Porcen .., geprägt ist.

Gerade wie bei diesem Letzteren, rührt bei Pin .. die
Monoplegie des Armes von einem Sturze her, nur dass bei
ihm die linke obere Extremität von der Lähmung befallen ist,
und dass der Sturz die Vorderfläche der Schultergegend betraf. Bei unserer ersten Untersuchung am 11. März war die
Lähmung eine vollkommene und höchstgradige, wie sie es
jetzt noch bei Porcen .. ist; das Gesicht war niemals auch
nur spurweise daran mitbetheiligt gewesen. Das gelähmte
Glied hing schlaff, ohne die geringsten Anzeichen von Starre
in den Gelenken herab, es bestand keine Atrophie der Muskeln und keine Veränderung in deren elektrischem Verhalten,
obzwar die Lähmung damals schon zehn Monate alt war. Die
Anästhesie der Haut und tiefen Theile war und ist ebenso
hochgradig wie bei Porcen .., sie ist zwar ausgebreiteter als

---

[1] Vergl. die ausführliche Krankengeschichte desselben in der zwanzigsten
Vorlesung „Ueber sechs Fälle von männlicher Hystorie", Beobachtung VI.

bei dem Letzteren, da sie sich auf die Finger erstreckt, aber sie grenzt sich genau in der nämlichen Weise gegen den Rumpftheil des Gliedes ab. (Vergl. die Figuren 39, 40 und 41, 42). Der Verlust des Muskelsinnes ist gleichfalls an allen un-

Fig. 39.　　　　　　　　　　　　Fig. 40.

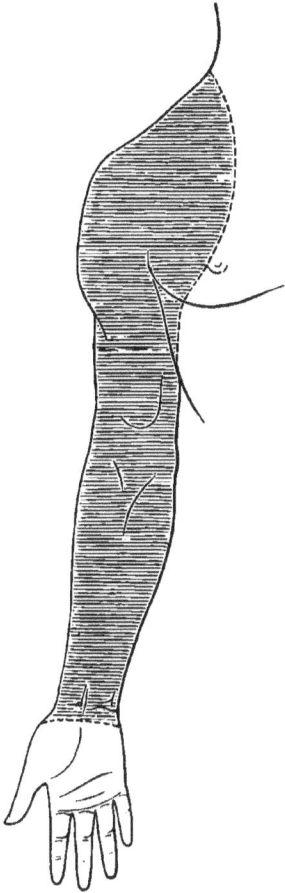 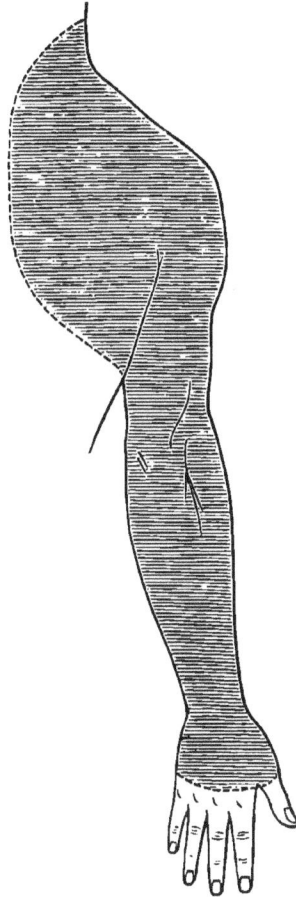

Anästhesie bei Porcou..

empfindlichen Theilen auf's äusserste getrieben. Diese mannigfachen Sensibilitätsstörungen haben sich übrigens seit der ersten Untersuchung in keiner Weise verändert, und wir können sie gegenwärtig bei beiden Kranken in aller Schärfe nachweisen.

Sie sehen, wie weit die Uebereinstimmung der beiden
Fälle geht; bis jetzt ist der eine fast der Abklatsch des
anderen, und die Einzelheiten, die ich nun folgen lassen will,
werden die Beziehungen zwischen ihnen noch enger knüpfen.
In unseren diagnostischen Bemerkungen über Pin... gelangten wir, Schritt für Schritt vorgehend, wie wir es soeben
bei Porcen.. gethan haben, dahin, zunächst die Annahme
einer Läsion der Aeste des Armgeflechtes abzuweisen, dann
die einer Spinalerkrankung, und endlich auch die einer organischen Herderkrankung in den Gehirnhemisphären, welche
durch die am Kranken vorgefundene Herzaffection ziemlich
nahegelegt wird, und wir mussten endlich zu Ende unserer
Untersuchung den Schluss ziehen, dass die Lähmung von
einer dynamischen Läsion in der grauen Rinde des brachialen
Rindenfeldes, auf der der Lähmung entgegengesetzten Seite,
abhängt. Der Status hystericus verrieth sich bei unserem
Kranken überdies noch durch eine Reihe von bedeutsamen
Symptomen: eine über die linke Hälfte des Kopfes, Halses,
Rumpfes und über die ganze linke untere Extremität verbreitete Analgesie, und eine sehr erhebliche Abschwächung der
Leistungsfähigkeit von Geruch, Gehör und Geschmack auf der
linken Seite, die mit den gewöhnlichen Untersuchungsmethoden
zu constatiren war. Die Untersuchung des Gesichtsfeldes erwies normale Verhältnisse [1] am rechten Auge, während links
eine erhebliche Einengung bestand; zudem war an diesem
Auge der Kreis der Rothempfindung nach aussen von dem der
Blauempfindung verlagert (Fig. 43 und 44). Heute können wir
an demselben Auge das Vorhandensein der Polyopia monocularis constatiren, das uns bisher entgangen war. Ich füge noch
hinzu, dass keine Reflexe ausgelöst werden, wenn ich mit
meinem Finger in den Schlund des Kranken bis zur Epiglottis
eingehe, und endlich als die einzige bemerkenswerthe Beziehung, in der der Fall Pin.. von dem Falle Porcen.. abweicht, dass bei dem Ersteren mehrere hyperästhetische
Krampfzonen aufzufinden sind, eine unter der linken Brust,

---

[1] Dieser Fall beweist, ebenso wie viele andere, die ich dafür anführen
könnte, dass die concentrische Gesichtsfeldeinschränkung der Hysterischen
keineswegs in allen Fällen eine doppelseitige zu sein braucht, wiewohl dies
der weitaus häufigere Fall ist; sie kann sich vielmehr strenge auf ein Auge
beschränken. Der in einer früheren Vorlesung („Ueber sechs Fälle von
männlicher Hysterie") erwähnte Kranke Gil... war ein ausgezeichnetes
Beispiel dafür. In Betreff dieses Kranken hätte ich hier noch mitzutheilen,
dass derselbe vor einigen Tagen unvermuthet gestorben ist; wie es scheint,
hat er eine enorme Dosis von Chloral, die er sich heimlich zusammengespart
hatte, dann auf ein Mal genommen. Der durchaus negative Befund am Nervensystem hat die während des Lebens gestellte Diagnose vollauf bestätigt.
J. M. Ch.

eine andere jederseits in der Weichengegend, und endlich eine am rechten Hoden.

Sie erinnern sich noch, meine Herren, dass am 15. März in Folge eines länger fortgesetzten Druckes auf die hystero-

Fig. 41.

Fig. 42.

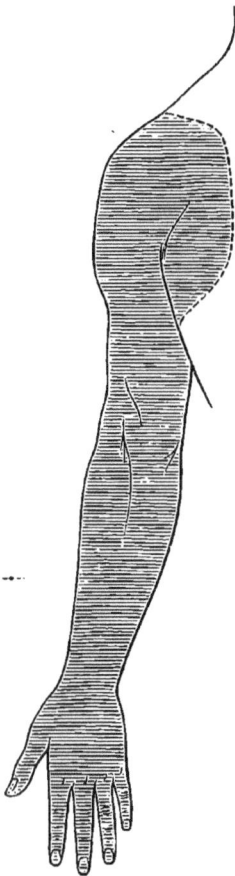
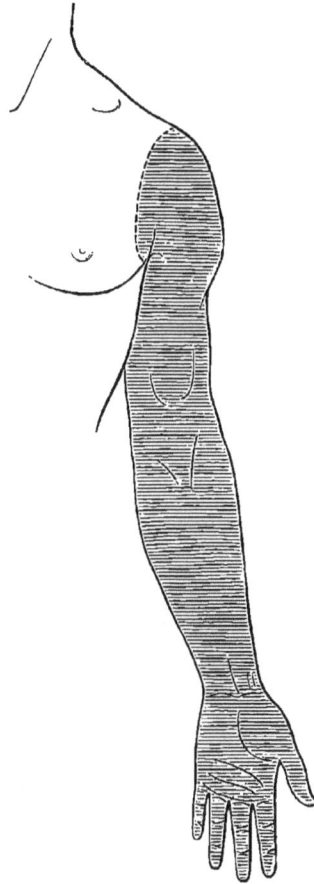

Anästhesie bei Pin...

gene Zone am Hoden bei Pin .. ein vollkommen classischer hysteroepileptischer Anfall ausbrach. Es war der erste, den der Kranke je gehabt hatte, und späterhin traten weitere, in allen Stücken dem ersten ähnliche Anfälle auf, die auch gegenwärtig ziemlich häufig, zumeist spontan, zur Beobachtung kommen. In Folge eines solchen Anfalles kam es am 21. März zu der plötzlichen Besserung der motorischen Lähmung, die Sie heute constatiren können. Pin .. kann, wie Sie sehen, den linken Arm in allen seinen Abschnitten willkürlich be-

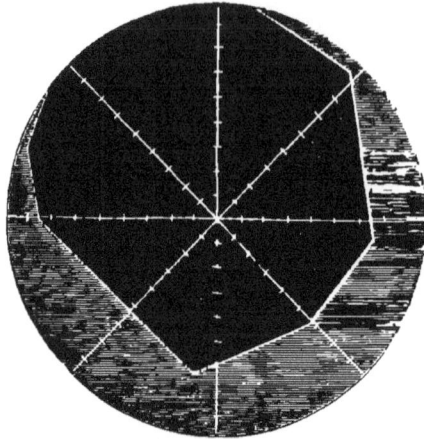

Fig. 43.

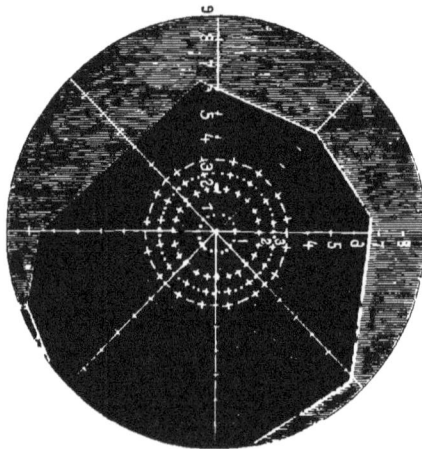

Fig. 44.

Gesichtsfelder des Kranken Pin ..

⋮ ⋮ ⋮ grün.
╈ ╈ ╈ ╈ blau.

╈ ⋮ ╈ ⋮ ╈ ⋮ roth.
╈ ⋮ ╈ — ╈ — weiss.

wegen, aber diese Bewegungen sind ziemlich kraftlos, vermögen nicht den geringsten Widerstand, den man ihnen entgegensetzt, zu überwinden, und während die dynamometrische Kraft der rechten Hand durch die Ziffer 70 dargestellt wird, bringt es die linke nur bis 10. Die motorische Lähmung besteht also noch in sehr hohem Grade, sie ist blos nicht mehr

eine unbedingte, wie sie es vorhin war. Die Sensibilitätsstörungen sind übrigens, wie ich nochmals sagen will, die
gleichen geblieben, und zwar nicht nur am paretischen Glied,
sondern auch auf der ganzen linken Seite des Körpers mit
Einschluss der Sinnesorgane. Es ist also durchaus keine vollständige Heilung eingetreten; aber wir haben Grund zu hoffen,
dass diese nicht ausbleiben wird. Es ist ja ganz klar, dass
die Prognose sich jetzt ganz anders stellt, als wenn sich die
Lähmung in Folge einer destructiven Läsion in der grauen
Rinde einer der Grosshirnhemisphären entwickelt hätte.

Ich glaube, Niemand wird bestreiten, dass alle Einzelheiten
der hier vorgebrachten Krankengeschichte auf Hysterie zu deuten
sind. Dieser Fall unterscheidet sich aber von dem anderen
des Kranken Porcen . . nur durch zwei Momente: durch die
Anwesenheit der Anfälle und der hysterogenen Punkte. In
allen anderen Stücken sind die beiden Beobachtungen einander durchaus gleichzustellen, und man kann sagen, dass die
vollständigere und wenigstens in manchen Beziehungen durch-
sichtigere Beobachtung von Pin . . gewissermassen die Kluft
überbrückt, die zwischen dem Falle Porcen . . und den ge-
wöhnlicheren Fällen von Hysterie zu bestehen scheint. Sie
stellt, wenn man es so nennen darf, eine Uebergangsform dar,
und die Reihe ist demnach an keiner Stelle mehr unterbrochen.

Wir haben es also mit zwei Fällen von hysterischer
Monoplegie des Armes bei Männern, in Folge von Trauma
entstanden, zu thun; dies ist der Schluss, der sich aus all
dem Vorstehenden ergiebt.

Zweiundzwanzigste Vorlesung.

___

Ueber zwei Fälle von hysterischer Monoplegie des Armes aus traumatischer Ursache bei Männern. (Fortsetzung und Schluss.)
Ueber psychische Lähmungen.

Studien über den Mechanismus der Entstehung hysterischer Lähmungen. — Die psychischen Lähmungen. — Experimentelle Untersuchung derselben mit Hilfe der Hypnose. — Die drei Phasen des grossen Hypnotismus. — Suggestion durch den Muskelsinn in der kataleptischen Phase. — Die Suggestion in der somnambulen Phase. — Erzeugung einer Monoplegie des Armes in der somnambulen Phase der Hypnose durch mündliche Suggestion. — Die klinischen Charaktere dieser suggerirten Monoplegie stimmen mit jenen der Monoplegie bei den früher behandelten hysterischen Männern vollkommen überein. — Segmentweise Lähmung der Extremität durch Suggestion. — Die Abgrenzung der dabei auftretenden Anästhesie durch Kreislinien, welche senkrecht auf der Längsachse des Gliedes stehen. — Trennung der Lähmung und der Sensibilitätsstörung durch Suggestion in der Hypnose. — Erzeugung einer Monoplegie, welche die Eigenthümlichkeiten der hysterischen Monoplegie theilt, durch traumatische Suggestion im wachen Zustande bei besonders dazu veranlagten Personen. — Damit ist die Uebereinstimmung zwischen den hysterischen und den künstlich erzeugten Lähmungen vollkommen geworden. — Der eigenthümliche Geisteszustand bei einem schweren Trauma ersetzt wahrscheinlich die Hypnose. — Wunderheilungen. — Die eingeschlagene Behandlung. — Erfolge derselben. — Weiterer Krankheitsverlauf bei Pin . . . und Porcen . .

Ich glaube Ihnen den Beweis erbracht zu haben, meine Herren, dass bei den beiden Männern mit brachialer Monoplegie, welche uns in den letzten Vorlesungen beschäftigt haben, die in Folge von Trauma entstandene Lähmung auf Hysterie zurückzuführen ist. Die Diagnose bedingt hier natürlicherweise auch die Prognose, und Sie sehen ein, dass letztere unendlich weniger bedenklich zu stellen ist, wenn es sich um ein Leiden dieser Art, als wenn es sich um eine destructive organische Läsion handeln würde. Die bereits alte Lähmung kann allerdings bei unseren Kranken noch durch Monate und vielleicht durch Jahre fortbestehen — daran ändert

unsere Diagnose auf Hysterie nichts, besonders wenn wir
nicht mit einem geeigneten therapeutischen Eingriff zu Hilfe
kommen; aber man darf doch behaupten, dass die Genesung
früher oder später eintreten wird, und unsere Bemühungen
müssen darauf gerichtet sein, dieses Ereigniss zu beschleunigen.

Aber wie und nach welchen Principien soll man hier
eingreifen? So lautet die Frage, die sich uns jetzt aufwirft.
Wir könnten zu den empirisch bewährten Mitteln greifen, die
uns für die Behandlung der Hysterie zu Gebote stehen; Massregeln, um den in solchen Fällen fast jedesmal beeinträchtigten
Kräftezustand zu heben, wiederholte Anwendung von Em-
pfindungsreizen (ästhesiogenen Mitteln), darunter in erster
Linie die statische Electricität, consequent fortgesetzte hydrotherapeutische Behandlung u. dgl. Aber diese Massnahmen,
deren Anwendung auf keinen Fall zu vernachlässigen ist,
richten sich hauptsächlich gegen den Allgemeinzustand, und
die Wirkung ihrer Zuhilfenahme gegen die Lähmung dürfte,
soweit ich nach meinen eigenen Erfahrungen urtheilen darf,
recht lange auf sich warten lassen. Unser therapeutisches
Handeln würde sicherlich auf mehr Erfolg rechnen können,
wenn es sich, anstatt blos auf empirische Kenntnisse, auf physiologische Grundlagen stützen könnte, wenn es uns z. B.
vergönnt wäre, in den Mechanismus, der bei der Erzeugung
dieser hysterischen Lähmungen durch ein Trauma spielt,
wenigstens theilweise Einblick zu gewinnen.

Diese von Schwierigkeiten aller Art starrende Aufgabe
wollen wir dennoch jetzt in Angriff nehmen. Ich bitte Sie,
mich nicht misszuverstehen; ich verspreche Ihnen nicht, dieselbe in allen Stücken zu lösen, aber es ist wohl möglich,
dass wir auf dem Wege, den wir dabei betreten, wenn wir uns
bemühen, dem Ziele so nahe als möglich zu kommen, einige
Aufklärungen finden, deren praktische Folgerungen nicht zu
verachten wären.

Ich werde einen scheinbaren Umweg einschlagen, um Sie
dorthin zu führen, wohin ich gelangen möchte, und will zu
diesem Zwecke einen Gegenstand neuerdings aufnehmen, der
uns schon einmal beschäftigt hat.[1] Ich meine jene seltsamen
Lähmungen, die man mit dem Namen psychische oder·
Lähmungen in Folge von Vorstellung (dependent on idea),
paralysies par imagination (Lähmungen durch Einbildung)
bezeichnet. Beachten Sie wohl, dass ich nicht die Bezeichnung
„eingebildete Lähmungen" gebrauche, denn im Grunde sind

---

[1] J. M. Charcot, Lezioni cliniche dell anno scolastico 1884 sulle
malattie del sistema nervoso, redatte dal D^{ore} D. Miliotti. Sulle paralisi
psichiche, pag. 103, 110. Milano 1885.

diese Lähmungen, die von einer psychischen Störung ausgehen, ebenso echter und objectiver Natur wie jene, welche von einer organischen Erkrankung abhängen, ja sie nähern sich den letzteren, wie Sie gleich selbst sehen sollen, durch eine grosse Reihe von gemeinsamen klinischen Eigenthümlichkeiten so sehr, dass die Differentialdiagnose oft die grössten Schwierigkeiten bietet.

Seit sehr langer Zeit bekannt, sind diese Lähmungen zuerst im Jahre 1869 von Prof. Russel Reynolds in einer gründlichen und planmässigen Weise studirt worden. Sie finden in der ausgezeichneten Arbeit dieses Autors ihre Aetiologie, ihre klinischen Merkmale, sowie die Art der Behandlung, die sie erfordern, auseinandergesetzt.[1] Doch giebt es noch viele dunkle Punkte auf diesem Gebiet. Man weiss freilich, dass unter gewissen Verhältnissen eine Lähmung durch eine gewisse Vorstellung erzeugt und durch eine entgegengesetzte zum Verschwinden gebracht werden kann, aber wie viel Mittelglieder fehlen nicht zwischen diesen beiden Endgliedern der Kette! Es ist dies unzweifelhaft ein Gegenstand, der viel an Klarheit und Schärfe der Umrisse gewinnen würde, wenn es gelänge, ihn einer experimentellen Untersuchung zu unterwerfen.

Nun, meine Herren, es ist allerdings möglich geworden, bei dem Studium solcher Fälle das Experiment herbeizuziehen, wenigstens bis zu einem gewissen Grade, und zwar verdanken wir dies den neuerdings für die Wissenschaft errungenen Kenntnissen über die hypnotische Neurose. Wir wissen — es sind das heute bereits allgemein bekannte Dinge —, dass es möglich ist, bei einer in den hypnotischen Zustand versetzten Person durch „Suggestion", durch Einredung oder Eingebung, eine Vorstellung oder eine zusammenhängende Vorstellungsreihe in's Leben zu rufen, die sich dann wie ein Parasit im Geiste der betreffenden Person festsetzt, der Beeinflussung durch alle anderen Vorstellungen unzugänglich bleibt, und sich auch durch entsprechende motorische Acte nach aussen kundgeben kann. Man begreift nun, was geschehen wird, wenn die bei einem derartigen Versuch eingegebene Vorstellung die einer Lähmung ist; es wird eine wirkliche Lähmung zu Stande kommen und wir werden sehen, dass dieselbe oftmals ebenso scharf ausgeprägte klinische Charaktere zeigt, als wenn sie von einer destructiven Läsion der Gehirnsubstanz herrühren würde. Ich will sofort daran gehen, diese

---

[1] R. Reynolds, Remarks on paralysis and other disorders of motion and sensation dependant on Idea, read to the medical section at the annual meeting of the British medical association. Leeds, July 1869. In British medical Journal, Nov. 1869.

Behauptungen zu rechtfertigen, indem ich vor Ihren Augen solche „suggerirte" Lähmungen erzeuge, die wir mit Fug und Recht als Typen für die psychischen Lähmungen annehmen dürfen.

Vorher will ich Ihnen nur noch eine gewisse Anzahl von Thatsachen in's Gedächtniss zurückrufen, die Sie sicherlich bereits aus unseren früheren Untersuchungen kennen.[1] Sie müssen dieselben gegenwärtig haben, um das Folgende zu verstehen. Ich will also zunächst daran erinnern, dass in der „lethargischen" Phase des sogenannten „grossen Hypnotismus" die geistige Stumpfheit der Versuchsperson in der Regel eine so vollkommene ist, dass es unmöglich wird, sich mit ihr in Verkehr zu setzen und ihr durch irgend ein Verfahren eine Vorstellung beizubringen. Das gilt nicht mehr für die beiden anderen Stadien des Hypnotismus. So kann man während der Katalepsie — ich spreche hier nur von der echten Katalepsie in dem von mir beschriebenen Sinne — mit Leichtigkeit gewisse Suggestionen hervorrufen, und diese sind wegen ihrer Einfachheit und ihrer geringen Neigung, sich zu verallgemeinern, der Erklärung verhältnissmässig leicht zugänglich. Es ist offenbar die richtige Methode, im Studium der hypnotischen Suggestionen von dieser Periode auszugehen. Der geistige Schlaf besteht hier noch wie in der vorigen Phase, aber er ist weniger tief und weniger allgemein geworden; es ist in der That möglich, in dem Organe ein gleichsam theilweises Erwachen der psychischen Thätigkeit zu bewerkstelligen. Man kann hier nun eine Vorstellung oder eine durch frühere Association verbundene Vorstellungsreihe wecken, aber die in Thätigkeit versetzte Reihe von Vorstellungen bleibt strenge isolirt, es knüpft sich nichts weiter an sie, der von aussen erfolgende Anstoss setzt keine anderen Elemente mehr in Bewegung; alles Uebrige verbleibt vielmehr in seinem Schlafe. Die suggerirte Vorstellung oder Vorstellungsreihe ist so in ihrer Vereinzelung von jeder Beeinflussung geschützt, welche die zahlreichen, seit langer Zeit angehäuften und verarbeiteten, der Person eigenthümlichen Vorstellungsmassen, die das eigentliche Bewusstsein, das „Ich" darstellen, auf sie äussern könnten. Und dies ist der Grund, weshalb die Bewegungen, welche diese unbewussten psychischen Vorgänge nach aussen projiciren, durch einen automatischen, sozusagen rein mechanischen Charakter ausgezeichnet sind. Wir haben es wirklich

[1] J. M. Charcot, Essai d'une distinction nosographique des divers états nerveux compris sous le nom d'hypnotisme. Note com. à l'Académie des sciences, 1883. — Id. Lezioni cliniche redatte dal D'' D. Miliotti. Sulle paralisi psichiche, pag. 103, 110. Milano 1885.

mit dem l'homme machine in all seiner Einfachheit, wie ihn
De la Mettrie ersonnen hat, zu thun.[1]

In diesem kataleptischen Zustand giebt es bei der Mehrzahl der hypnotisirten Individuen nur einen einzigen Weg,
auf dem man sich mit ihnen in Verkehr setzen kann, nämlich
die Anregung des Muskelsinnes. Nur durch die Geberde
und die Stellung, die wir der Hypnotisirten geben, können
wir eine Vorstellung in ihr wachrufen. Schliesst man ihr
z. B. die Fäuste zur Drohung, so sieht man, wie sie das
Haupt nach rückwärts wirft, und wie Stirne, Augenbrauen
und Nasenwurzel von Falten, die ihr einen drohenden Ausdruck geben, besetzt werden. Nähert man im Gegentheile
ihre ausgestreckten Finger ihrem Munde, so öffnen sich die
Lippen, ein Lächeln tritt auf, und das Gesicht nimmt einen
freundlichen Ausdruck an, der im entschiedensten Gegensatz
zu der eben vorhin getragenen Miene steht. Nachdem man so
den Einfluss der Geberde auf den Gesichtsausdruck erkannt
hat, kann man, wie ich's in Gemeinschaft mit Herrn Richer
gethan habe, auch die Wirkung der Physiognomie auf die
Geberde studiren.[2] Die Erscheinungen, die dabei auftreten,
wenn man nach den werthvollen Angaben von Duchenne (de
Boulogne) die verschiedenen, dem Gesichtsausdruck dienenden
Muskeln elektrisch erregt, muss man ebenfalls auf den Muskelsinn zurückführen. Bringen wir bei unserer Versuchsperson
z. B. den oberen Kreismuskel der Lider (den Muskel des
Zornes nach D. de B.) zur Zusammenziehung, so sehen Sie,
wie sich in der Miene die zornige Erregung ausprägt, und
gleichzeitig nimmt der rechte Arm eine Angriffs-, der linke
eine Abwehrstellung an. Wenn wir im Gegentheil den
M. zygomaticus major (Lachmuskel nach D. de B.) erregen,
so ändert sich der Gesichtsausdruck, wie die allgemeine
Körperhaltung in der Weise, wie es dem Lachen entspricht.
Ich darf diese Erscheinungen jetzt nur flüchtig behandeln, da
ich Sie, wie schon gesagt, bereits vor langer Zeit mit denselben bekannt gemacht habe.[3] Worauf ich heute ganz besonders Ihre Aufmerksamkeit lenken will, ist der Umstand,

[1] De la Mettrie, L'homme machine. Oeuvres philosophiques, tom. I,
Amsterdam 1765. Vergl. auch tom. II, L'homme plante, L'homme plus que
machine.
[2] J. M. Charcot and P. Richer, Note on certain facts of cerebral
automatism etc. Suggestion by the muscular sense. — Journal of Nervous
and mental diseases. Vol. X, N° 1, January 1883. — Vergl. auch Bertrand,
Deux lois psycho-physiologiques. In Revue philosophique, pag. 244, 245,
N° 3, März 1884.
[3] J. M. Charcot, Lezioni cliniche l. c., pag. 103.

dass jeder in solchem Falle vermittelst des Muskelsinnes erweckte Eindruck auf sich selbst beschränkt bleibt, ohne in weitere psychische Verknüpfungen einzugehen, sozusagen starr während eines Zeitraumes verharrt, der nur durch die Dauer der Muskelaction bestimmt ist, welche die Extremitäten in der künstlich erzeugten ausdrucksvollen Stellung erhält.

Wir kommen jetzt zur dritten, sogenannten „somnambulen" Periode, die uns bei unseren heutigen Studien allein beschäftigen wird. Hier handelt es sich nur um einen Zustand von psychischer Trübung, von mehr oder minder ausgesprochener Betäubung. Das durch die Suggestion hervorgerufene Erwachen bleibt allerdings auch hier ein partielles, aber die Anzahl der zur Thätigkeit kommenden Elemente ist minder beschränkt als im vorigen Falle, und es kommt häufig zu einer Ausbreitung der geweckten psychischen Thätigkeit, die bedeutend genug sein kann, um eine gewisse Neigung zur Wiederherstellung des Ich's gewähren zu lassen. Auch kann man hier häufig sehen, dass sich ein gewisser Widerstand von Seiten der hypnotisirten Person gegen die Suggestion, die „Einredung", geltend macht. Sie giebt zwar in allen Fällen nach und fügt sich, wenn man nur einigermassen auf der Suggestion besteht, aber es geht doch nicht immer ohne vorherigen Kampf ab. Dazu kommt folgerichtig, dass die aus den suggerirten Vorstellungen entspringenden Bewegungen häufig sehr complicirter Natur sind; sie zeigen nicht mehr den Charakter jener mechanischen Bestimmtheit wie in der vorigen Periode, sondern gestalten sich vielmehr willkürlichen, mehr oder minder vorbedachten Handlungen bis zur Verwechslung ähnlich.

In dieser somnambulen Periode stehen übrigens alle Sinne offen, und man darf behaupten, dass, wenn das Bewusstsein auch getrübt ist, die Empfänglichkeit für mitgetheilte sinnliche Eindrücke sich eher gesteigert zeigt. Es wird demnach sehr leicht, sich durch mannigfache Verfahren in Verkehr mit der hypnotisirten Person zu setzen. Reicht man ihr einen Gegenstand mit der gehörigen Nachdrücklichkeit, so wird der einfache Anblick desselben genügen, in ihr eine gewisse Menge von Vorstellungen, die auf den Gegenstand Bezug haben, zu wecken, und diese Vorstellungen werden sich gewissermassen mit zwingender Gewalt durch entsprechende Handlungen verwirklichen; oder spiegelt man ihr durch passende Geberden die Existenz eines Gegenstandes, etwa eines Thieres, im Raume vor, so erhält dieses Thier, diese vorgespiegelten Gegenstände, für die Hypnotische eine wirkliche Realität, welche die entsprechenden Vorstellungen und Bewegungen auslöst; endlich — und dies ist die vollkommenste Methode — kann man die Suggestion mit Hilfe der Rede erzeugen, sei es der Rede allein oder, noch besser, von Geberden begleitet.

Diese kurzen Andeutungen werden genügen, meine Herren, um in Ihrem Gedächtniss die Erinnerung daran aufzufrischen, welches die wichtigsten Charaktere der hypnotischen Suggestion in der somnambulen Periode sind, und Sie verstehen zu lassen, dass unsere Macht auf diesem Gebiete keine Schranken findet, denn wir können ja unsere Beeinflussung fast in's Unendliche variiren lassen. Sie werden auch nicht mehr überrascht sein, zu sehen, dass, wenn ich einer somnambulen Person die Vorstellung einer Erkrankung, etwa einer motorischen Lähmung in einer Extremität eingebe, diese Lähmung sich thatsächlich greifbar ausbildet, und sieh uns so für unsere klinischen Untersuchungen zur Verfügung stellt.

Ich will noch hinzufügen, was mir eine im höchsten Grad interessante Thatsache scheint, dass wir an dieser von uns durch Suggestion erzeugten Lähmung nach Belieben die Intensität, und selbst bis zu einem gewissen Grad deren klinische Eigenthümlichkeiten abändern können, endlich dass wir vermögen, sie gleichfalls durch Suggestion zum Verschwinden zu bringen. Man sieht nun leicht ein, dass das Studium dieser künstlich erzeugten Lähmungen dazu berufen sein mag, ein neues Licht auf die ganze Gruppe der psychischen Lähmungen zu werfen.

Nach dieser Einleitung wollen wir zur Demonstration übergehen. Dieses junge hysterische Mädchen, Namens Greutz . . ., das ich Ihnen hier vorstelle, ist mit einer vollkommenen, ganz typischen Hemianästhesie der linken Seite behaftet. Dagegen besteht rechts bei ihr keine merkliche Sensibilitätsstörung, und wir werden auf dieser Seite leicht beobachten können, welche Störungen die Sensibilität in ihren verschiedenen Arten erleidet, wenn wir daselbst Störungen der Beweglichkeit hervorrufen. Ich will nebenbei bemerken, dass diese junge Kranke erst vier oder fünf Mal hypnotisirt worden ist, dass bei ihr also nicht jene Art von Schulung in Betracht kommt, die sich in der Regel bei häufig hypnotisirten Personen ausbildet. Ich kann Ihnen übrigens die Versicherung geben, dass die Erscheinungen, welche Sie heute mit ansehen werden, beim ersten Versuch in genau demselben Weise aufgetreten sind.

Wir machen Greutz . . . somnambul durch einen leichten, während einiger Secunden fortgesetzten Druck auf die beiden Augen. Die eigenthümliche Starre der Glieder, welche, wie Sie schon, nach leichten Berührungen von deren Oberfläche eintritt, oder selbst durch ein Wehen mit der Hand aus der Entfernung erzeugt wird (die somnambulische Contractur), ist, wie Sie wissen, ein somatisches Kennzeichen, welches uns verbürgt, dass der Schlafzustand wirklich hergestellt ist. Um nun die Erscheinungen, welche wir studiren wollen, hervorzurufen, stelle ich mich so an: Ich verkünde ihr mit lauter Stimme, im Tone der vollsten Ueberzeugung: „Dein rechter Arm ist gelähmt, du kannst ihn an keiner Stelle mehr bewegen, er hängt schlaff herunter u. s. w." Wir sehen nun, dass sie sich dagegen auflehnt. [1] „Nein," sagt sie, „Sie irren sich; mein Arm ist nicht gelähmt, keine Spur davon; sehen Sie, wie ich ihn bewegen kann" — und in der That bewegt sie ihn, aber sehr schwach. Nun beharre ich darauf und wiederhole eine gewisse Zahl von Malen meine erste Behauptung, immer im Tone einer gebietenden Versicherung. Nach einigen Minuten des Hin- und Herredens ist, wie Sie sehen, die Lähmung in der That eingetreten. Wir haben wirklich eine brachiale Monoplegie vor uns, deren klinische Charaktere wir nun sorgfältig feststellen wollen. Vielleicht dass dieselbe Berührungspunkte mit den Monoplegien bietet, die wir in den beiden letzten Vorlesungen an unseren hysterischen Männern Porcen . . und Pin . . . beobachtet haben. In diese Untersuchung wollen wir nun eingehen.

Die motorische Lähmung, die wir bei Greutz . . durch Eingebung erzielt haben, ist, wie Sie selbst feststellen können, eine vollkommene, absolute. Der rechte Arm hängt als Ganzes an der Seite des Rumpfes herab, ohne Spur von Starre in den Gelenken. Er fällt wie ein schwerer Körper nieder, wenn man ihn für einen Augenblick aufhebt und dann sich selbst überlässt. Die Kranke kann den Arm in keiner Weise bewegen, auch den Vorderarm weder beugen noch strecken, und das Gleiche gilt für Handgelenk und Finger; jede will-kürliche Bewegung ist also an diesem Gliede aufgehoben, ebenso wie jeder Wiederstand gegen passive Bewegungen. Kein Muskel, wiederhole ich, zeigt den mindesten Grad von Zusammenziehung, trotz aller Anstrengungen, welche die Person auf unsere Aufforderung macht.

Andererseits ist die eben noch normale Empfindlichkeit im ganzen Gliede vollkommen geschwunden; Sie können selbst feststellen, dass die Anästhesie die Schulterwölbung und einen Theil der Brust der rechten Seite miteinbezogen hat. Dieselbe betrifft ausserdem nicht allein die Haut, sondern auch die tiefen Theile, nämlich Muskeln, Nervenstämme, Bänder u. dgl. Man kann, wie Sie sehen, die verschiedenen Gelenke in der rück-sichtslosesten Weise zerren oder verdrehen, die Nervenstämme und Muskeln faradisiren, bis man die kräftigsten Contractionen

---

[1] Andere Personen fügen sich der Suggestion ohne Sträuben; es kommen hierbei mannigfache individuelle Verschiedenheiten zur Beobachtung.

in den letzteren ausgelöst hat, und das alles, ohne die geringste
Spur einer schmerzhaften Empfindung oder einer Empfindung
überhaupt zu erzielen. Ausserdem sind die Sehnenreflexe
am Handgelenk und am Ellenbogen sehr erheblich herabgesetzt.

Was nun den Muskelsinn betrifft, von dessen Unversehrtheit ich Sie vor unserem Versuche zu überzeugen
Sorge trug, so sehen Sie, dass er jetzt gänzlich aufgehoben
ist. Wenn wir einen Schirm vor die Augen der Kranken
bringen, ist sie ganz und gar unfähig, mit ihrer linken Hand
irgend eine angegebene Stelle des rechten Armes zu treffen,
und sie hat keine Ahnung von den Bewegungen, die wir in
den verschiedenen Gelenken dieses Gliedes vornehmen.

Kurz, wir haben eine vollkommene monoplegische Lähmung
vor uns, ausgezeichnet durch die unbedingte Erschlaffung der
gelähmten Theile, eine Anästhesie der Haut und tiefen Theile
in der ganzen Ausdehnung des Gliedes und selbst über dieses
hinaus, eine Abschwächung der Sehnenreflexe, und endlich
durch den gänzlichen Verlust des Muskelsinnes. Diese klinischen
Merkmale, meine Herren, sind, wie Ihnen gleich einfallen
muss, genau die nämlichen, welche wir bei unserem Kranken
Pin . . ., zur Zeit seiner Aufnahme auf unsere Klinik, beobachten
konnten, und welche wir noch heute bei Porcen . . beobachten können, nur mit dem einen offenbar untergeordneten
Unterschiede, dass bei dem Letzteren die Beweglichkeit wie die
Empfindung in den Fingern erhalten ist.

Meine Herren, das sind ja unstreitig bereits werthvolle
Aufschlüsse. Aber es ist uns ermöglicht, die Analyse noch
weiter zu treiben. Anstatt das Glied als Ganzes mit einem
Schlage zu lähmen, wollen wir es theilweise, Abschnitt für
Abschnitt, paralysiren, und dieses schrittweise Vorgehen wird
uns, wie Sie sehen werden, eine noch tiefere Einsicht in die
Natur dieser Phänomene verschaffen.

Um das zu thun, müssen wir zuerst unsere Kranke — gestatten Sie mir den Ausdruck — „deparalysiren". Wir erreichen dies, wenn wir die Wirkung der ersten Eingebung
durch eine neue, im entgegengesetzten Sinne gehaltene aufheben. Ich versichere also Greutz . ., dass ihr Arm nicht mehr
gelähmt ist, dass sie ihn neuerdings so bewegen kann, wie sie
es vorhin konnte. Sie sehen, nach einigen Minuten Hin- und
Widerrede ist der Arm wirklich zum Zustande der Norm
zurückgekehrt, sowohl was seine Beweglichkeit, als auch was
seine Empfindlichkeit in allen ihren Arten betrifft.

Nun können wir erst daran gehen, wie wir uns vorgenommen haben, schrittweise jeden einzelnen Abschnitt des

Gliedes in Lähmung zu versetzen. Zunächst gebe ich der
Kranken die Vorstellung ein, dass sie ihr Schultergelenk nicht
mehr bewegen kann, und in der That, sie kann es in keinem
Sinne mehr bewegen, während sie die anderen Gelenke, nämlich Ellbogen-, Hand- und Fingergelenke frei bewegt. Ausserdem ist an der ganzen Partie, wo die Bewegung aufgehoben
ist, und zwar nur an dieser — beachten Sie wohl — die
oberflächliche und tiefe Empfindlichkeit erloschen. Stiche,
faradische Reizungen u. dgl. werden an der Schulterwölbung
nicht mehr wahrgenommen, Verdrehungen und Zerrungen selbst
gewaltsamer Natur, denen ich das Gelenk zwischen Schulter-
blatt und Oberarm unterwerfe, rufen keinen Schmerz, keine
Empfindung hervor, und endlich muss ich noch sagen, dass
alle Vorstellungen, welche der Muskelsinn von passiven, mit
diesem Gelenk vorgenommenen Bewegungen liefert, gänzlich
verloren gegangen sind.

Es wird, wie Sie gleich sehen werden, nicht ohne Interesse
sein, Ausdehnung und Begrenzung der Anästhesie, die wir
eben erkannt haben, zu bestimmen (Fig. 45, 46 A). Die un-
empfindliche Zone hat gewissermassen die Form eines Ab-
gusses der Schulter und erinnert an die Schulterstücke der
Rüstungen aus dem XVI. Jahrhundert, die zum Schutz dieser
Gegend bestimmt waren. Die Linie, welche die Anästhesie
begrenzt, beginnt oben an der Basis der Halsgegend, reicht
nach vorne bis nahe an den rechten Sternalrand, schliesst das
obere Dritttheil der Brust ein und richtet sich dann schräg
nach aussen gegen die Achselhöhle, die sie ganz einbezieht,
wobei sie sich noch vier oder fünf Querfinger weit in die
seitliche Thoraxgegend, die der Achselhöhle zugewendet ist,
fortsetzt. Hinten (A) nimmt sie einen fast verticalen Verlauf und erstreckt sich von der Basis des Halses bis drei
oder vier Querfinger oberhalb des Schulterblattwinkels; in
querer Richtung steht sie etwa fünf Querfinger von den Dornfortsätzen ab. Der Oberarm ist fast ganz in die anästhetische
Zone einbezogen, die, um den eben gebrauchten Vergleich
festzuhalten, ihn mit einem vollständigen „Armstück" zu umgeben scheint. Ich mache Sie besonders auf die eigenthümliche
Art und Weise aufmerksam, wie sich der anästhetische Bezirk
nach unten hin abgrenzt. Sie sehen, dass die Linie, welche
wir durch zahlreiche und nahe aneinander angebrachte Stiche
mit der Nadel abstecken, einen sehr schönen Kreis ergiebt,
der eine gedachte, auf die Längsachse des Gliedes senkrecht
stehende, horizontale Ebene bestimmt, welche vorne ungefähr
zwei Querfinger oberhalb des Ellbogenbugs und hinten oberhalb des oberen Endes vom Olekranon gelegen ist.

Dieser anästhetische Bezirk entspricht also einer isolirten Lähmung der Schulter. Wir wollen nun sehen, wie sich die Verhältnisse ändern, wenn wir auf demselben Wege der Suggestion, den wir vorhin eingeschlagen haben, nun eine

Fig. 45.

Fig. 46.

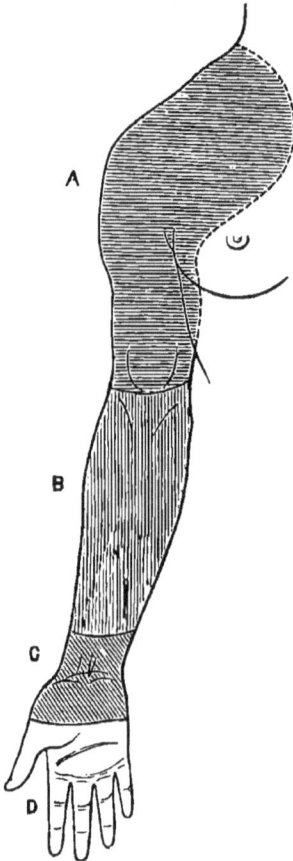
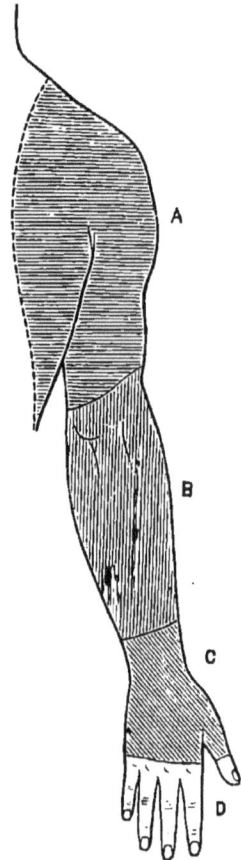

Anästhesie bei segmentweise suggerirter Lähmung des Armes.

Lähmung der Bewegungen im Ellbogengelenk herbeiführen. Sogleich, nachdem die Lähmung für dieses Gelenk vollständig hergestellt ist, sehen Sie den anästhetischen Bezirk nach unten hin sich ausdehnen; er schliesst jetzt nicht nur Schulter und Oberarm, sondern auch Ellbogen und Vorderarm ein, und

seine untere Grenze wird wieder von einer horizontalen Kreis-
linie gebildet, die ungefähr zwei Querfinger über dem Handgelenk liegt, und auch diesmal, worauf Sie besonders achten
mögen, eine zur Längsachse des Gliedes senkrechte Ebene
bestimmt (Fig. 45 und 46 *B, B*).

Gehen wir zum nächsten Segment, zum Handgelenk, über.
Auch hier bedarf es nur einer neuen Suggestion, die der
früher gebrauchten gleichlautet, um die Lähmung zu erzielen,
und jetzt kann die Person weder im Schulter-, noch im Ell-
bogen-, noch im Handgelenk sich bewegen, nur die Finger sind
noch frei beweglich. Die untere Grenze der Anästhesie ist
dem entsprechend um ein Stück weiter hinaus gerückt.
(Fig. 45 und 46 *C, C*). Wir können nun feststellen, dass diese
Grenze jetzt durch eine Linie gebildet wird, welche vorne die
Hand etwa im Bereich des Metakarpopbalangeal-Gelenkes vom
Daumen fast quer durchschneidet; am Handrücken reicht die
Grenze aber ein gutes Stück weiter herab, sie bleibt nur um
einige Millimeter von der Linie, welche die Köpfchen der
Mittelhandknochen vereinigt, entfernt, und trifft am Rücken
des Daumens in das Gelenk zwischen den beiden Phalangen
desselben (Fig. 45, 46 *D, D*).

Sie sehen, meine Herren, auf was ich hinauskommen
wollte. Es ist Ihnen ohne Zweifel schon aufgefallen, dass die
Lähmung, welche wir bei Greutz .. durch aufeinanderfolgende
Suggestionen erzielt haben, bis in die kleinsten Einzelheiten
die klinischen Eigenthümlichkeiten der bei unserem Kranken
Porcen .. beobachteten Monoplegie wiederholt. In beiden
Fällen betrifft die motorische Lähmung dieselben Abschnitte
des Armes, Schulter, Ellbogen und Handgelenk, während die
Fingerbewegungen ganz frei geblieben sind; und in beiden
Fällen besteht in ganz gleicher Weise, im ganzen Gebiet der
Lähmung, Anästhesie der Haut und der tiefen Theile und
Verlust der Vorstellungen des Muskelsinnes, während die
Finger, welche ihre Beweglichkeit erhalten haben, auch von
Sensibilitätsstörungen frei sind. Die Nachahmung, die wir
erzielt haben, ist in der That eine vortreffliche, sie erstreckt
sich, sage ich nochmals, bis auf die kleinsten Einzelheiten.

Sie werden sich davon überzeugen, wenn Sie einen Blick
auf die beiden Schemata, die ich Ihnen vorlege, werfen,
um die Abgrenzung des anästhetischen Gebietes bei unserer
Hypnotisirten mit der bei unserem Kranken Porcen .. zu vergleichen. Sie sehen, diese Bezirke haben genau die gleiche
Ausdehnung, die gleiche Gestalt; ich möchte fast behaupten,
dass man sie zur Deckung bringen kann (Fig. 47 und 48, im
Vergleich mit Fig. 49 und 50).

Das ist nun gewiss höchst bemerkenswerth! Wir wollen aber weiter gehen und die Monoplegie bei Greutz . . vervollständigen, indem wir eine Lähmung der Finger suggeriren. Auf diese erfolgt, wie Sie sehen, sofort ein Verschwinden der Sensibilität

Fig. 47.   **Fig. 48.**

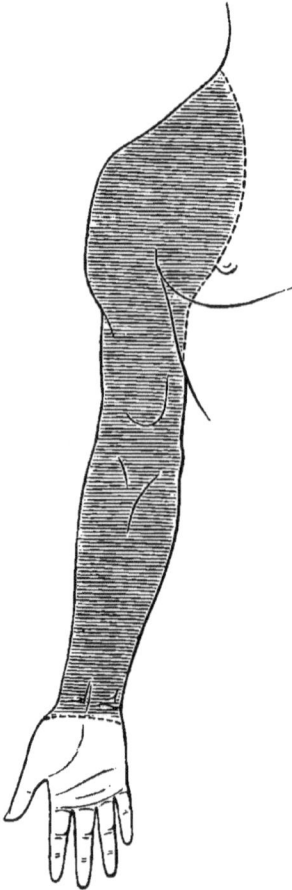
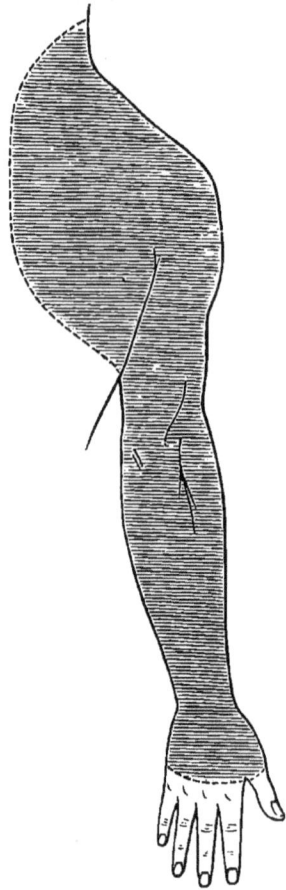

Anästhesie bei Porceu..

der Finger in allen ihren Arten, so dass die künstlich erzeugte Lähmung jetzt in allen Stücken, sowohl was die Bewegungsstörungen als auch was die Anästhesie anbelangt, wieder die Form angenommen hat, die sie bei unserem ersten Versuch hatte, das heisst, sie deckt sich jetzt ganz mit der Monoplegie,

die wir bei unserem Kranken Pin ... beobachten konnten
(Fig. 51, 52).

Wir haben also bei unserer Hypnotisirten mit
Hilfe der Suggestion künstlich eine täuschend ähnliche Nachahmung der Monoplegie erzeugen können,

Fig. 49.   Fig. 50.

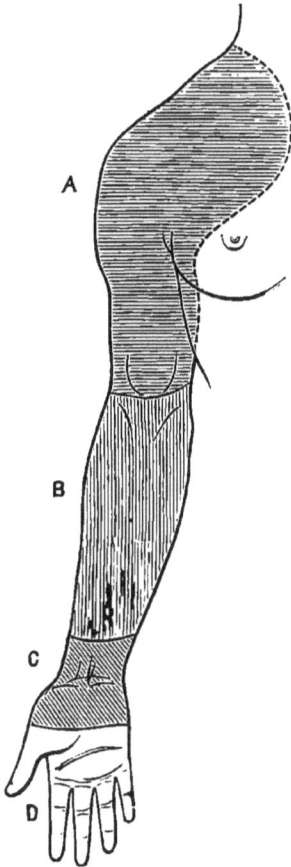
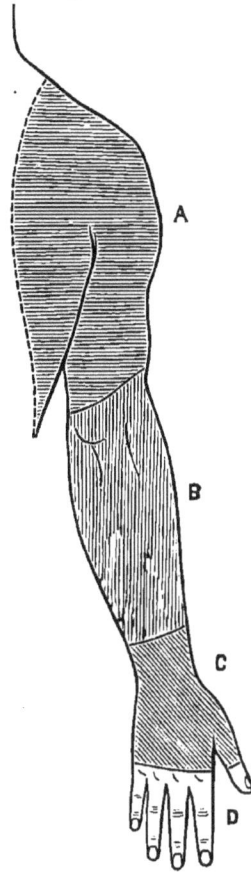

Durch schrittweise Suggestion erzeugte Anästhesie bei einer Hypnotisirten.

welche bei unseren beiden Männern durch einen anscheinend ganz verschiedenen Mechanismus, durch
eine traumatische Einwirkung zu Stande gekommen ist.

Ich will das eigentliche Ziel, das wir in dieser Reihe von
Vorlesungen zu erreichen streben, nicht aus den Augen lassen

und werde deshalb sogleich wieder auf die wichtigen Resultate
zurückkommen, in deren Besitz wir eben gelangt sind. Ich
will Sie jetzt nur zu Augenzeugen einer gewissen Anzahl von
Thatsachen, die sich auf die hypnotische Suggestion beziehen,
machen, um die, welche wir bereits gesammelt haben, besser
in Ihrer Vorstellung zu befestigen, und um Sie zu überzeugen,
dass diese Verhältnisse nicht etwa zufällige, in den speciellen
Eigenheiten eines in seiner Art einzigen Individuums begrün-
dete sind, sondern dass wir vielmehr die Macht haben, dieselben Erscheinungen bei einer Reihe von Personen in genau
der nämlichen Form hervorzurufen. Zunächst will ich mich
bemühen, die künstlich erzeugte Lähmung bei Greutz . . zu heben,
und zwar Segment für Segment in Angriff nehmen, wie ich's
eben that, als es sich darum handelte, die Lähmung zu erzeugen. Nur dass ich diesmal in entgegengesetzter Richtung
vorgehe, d. h. ich beginne mit der Hand, dann kommt die
Reihe an's Handgelenk, dann an den Ellbogen und zuletzt
an die Schulter. Bei jedem Tempo dieses Herganges werden
Sie von neuem die Ausbreitung der Anästhesie feststellen
können, welche der motorischen Lähmung der einzelnen
Segmente entspricht. Nun will ich die ganze Reihe von Erscheinungen, welche wir an der Greutz . . erzeugt haben, bei
einer anderen Hysterischen, Namens Mesl . . , wiederholen.
Mesl . . ist rechts anästhetisch, wir müssen also am linken
Arm arbeiten. Die Erfolge, die wir erzielen, sind, wie Sie sehen,
ganz mit den bei Greutz . . beschriebenen übereinstimmend, ich
will mich darum nicht länger dabei aufhalten, ich will nur
noch anführen, dass wir ganz das Nämliche bei mehreren
anderen mit einer Hemianästhesie behafteten Hysterischen der
Klinik erreichen könnten, die wir in den letzten Tagen darauf-
hin untersucht haben, und die ich Ihnen vorstellen könnte,
wenn die Zeit es mir gestatten würde. Wenn wir bei solchen
Personen die nicht anästhetische Extremität auf dem Wege
der Suggestion lähmen, stellt sich neben der Lähmung jedesmal Verlust der Empfindlichkeit in der Haut und in den tiefen
Theilen, sowie Verlust des Muskelsinnes und eine Herabsetzung
oder Aufhebung der Sehnenreflexe ein, und zwar in allen von
der Lähmung betroffenen Abschnitten des Gliedes.[1] Man kann
jedoch — ich lege Gewicht auf diesen Punkt — selbst bei
den Hysterischen mit Hemianästhesie die Lähmung allein ohne
Begleiterscheinungen von Seiten der Sensibilität erhalten. Es
genügt zu dem Zwecke, der Versuchsperson, während man die

---

[1] Das letzte der angeführten Merkmale ist nicht constant, mitunter
zeigen sich die Sehnenreflexe unverkennbar gesteigert.

Suggestion vornimmt, gleichzeitig einzureden, dass nur die Bewegung leiden, und dass die Empfindlichkeit unversehrt bleiben wird, wie wir dies mehrmals gethan haben. Ich möchte mich nicht einer voreiligen Verallgemeinerung auf Grund von noch

Fig. 51.   Fig. 52.

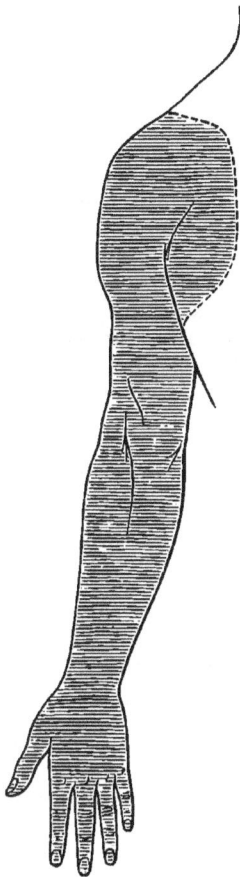 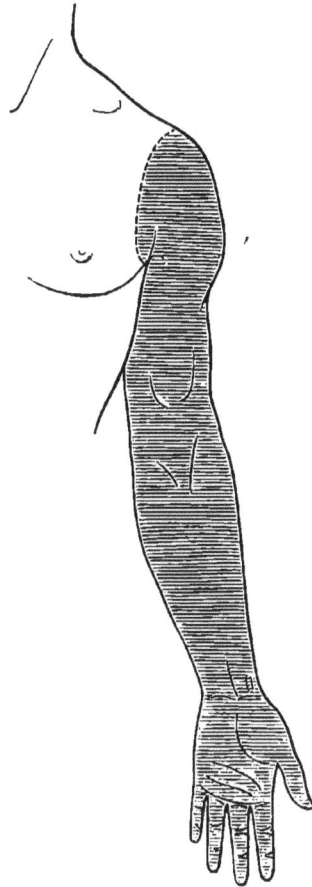

Anästhesie bei Pin . . .

wenig zahlreichen Versuchen schuldig machen, aber ich glaube doch hervorheben zu sollen, dass ich diese Modification noch niemals bei Hysterischen mit einer Hemianästhesie angetroffen habe, denen ich schlechtweg eine motorische Lähmung suggerirte, ohne der Empfindlichkeit Erwähnung zu thun. Ich weiss

bis jetzt auch nicht, was in ähnlichem Falle bei Hysterischen,
die keine Hemianästhesie haben, geschehen würde.

Nun genug über diesen Punkt; ich kehre zum Hauptgegenstand unserer heutigen Studien zurück. Sie haben wohl
die Ueberzeugung gewonnen, dass die Monoplegie bei unseren
beiden Männern Pin ... und Porcen .. nicht blos Berührungspunkte mit jenen Monoplegien hat, welche wir bei unseren
Hysterischen absichtlich erzeugen konnten, sondern dass sie
sich, was ihre klinischen Merkmale anbelangt, ganz und gar
mit denselben deckt. Motorische Lähmung mit Entspannung
der gelähmten Partien, Unempfindlichkeit der Haut und der
tiefen Theile, Abgrenzung der Anästhesie durch Kreisebenen,
welche senkrecht auf der Hauptachse des Gliedes stehen, [1]
Verlust oder Herabsetzung der Sehnenreflexe, Aufhebung des
Muskelsinnes: dieser ganze Symptomcomplex ist in beiden
Fällen in genau derselben Weise vorhanden.

In einer Hinsicht ist jedoch auf einen Unterschied aufmerksam zu machen, der auf den ersten Blick ein tiefgehender
zu sein scheint. Er bezieht sich, wie Sie errathen haben werden, auf die Entstehungsweise der Lähmung. Bei unseren
beiden Männern ist die Lähmung, wie Sie sich erinnern, durch
eine Gelegenheitsursache, wenn auch nicht durch ein Trauma
im strengen Sinne des Wortes, so doch in Folge einer materiellen, mehr oder minder heftigen Erschütterung, welche die
Schulter traf, entstanden, während bei unseren hypnotisirten
Frauen die Lähmung auf eine Suggestion durch die Rede zurückgeht. Der Unterschied scheint wohl ein fundamentaler zu sein,
meine Herren, wir sind aber im Stande, ihn zum Verschwinden
zu bringen. Wir werden jetzt unsere Hysterischen von neuem
in die Hypnose versetzen, um alle die Lähmungserscheinungen,
die wir eben erzeugt hatten, nochmals hervorzurufen, aber
diesmal nicht mit Hilfe einer Einredung, sondern
indem wir ein Agens von derselben Art wirken
lassen, wie es die Entstehung der Lähmung bei
Pin ... und Porcen .. verschuldet hat. Es handelt sich
diesmal um eine Erschütterung der hinteren Schultergegend,
die wir ganz einfach zu Stande bringen, indem wir mit der
flachen Hand einen raschen, natürlich nur mässig starken,
Schlag gegen diese Partie führen. Der Erfolg dieses Eingriffes
lässt, wie Sie sehen, nicht lange auf sich warten. Die Kranke
fährt zusammen, stösst einen Schrei aus, und befragt, was sie
verspüre, beklagt sie sich über ein Gefühl von Eingeschlafensein, von Schwere und Schwäche in der ganzen Ausdehnung

---

[1] Vergl. die Anmerkung zur einundzwanzigsten Vorlesung auf Seite 265.

der betreffenden Extremität; es kommt ihr vor, als ob das
vom Schlag betroffene Glied ihr nicht mehr angehöre, ihr
fremd geworden sei. Fast unmittelbar darauf stellt sich auch
die Lähmung her, erreicht sehr rasch ihre volle Höhe und
stellt sich nun mit all den klinischen Merkmalen dar, die Sie
bereits kennen.

So ist die Uebereinstimmung zwischen den beiden Reihen
von Thatsachen, die wir hier einander gegenüberstellen, in der
augenfälligsten Weise auch noch in Betreff der Pathogenese
vervollständigt worden. Allerdings war die Heftigkeit der Erschütterung bei unseren beiden Männern — beim Kutscher,
als er vom Bock herunterfiel, und beim Maurer, als er vom
Gerüste stürzte, eine weit bedeutendere, aber dabei handelt
es sich doch nur um eine quantitative Abstufung, nicht mehr
um eine principielle Verschiedenheit, und man darf sich
jetzt auf eine verschieden hohe Empfänglichkeit der einzelnen Individuen berufen. Ich muss zwar hinzufügen, dass
sich die beiden Männer weder im Augenblicke des Sturzes,
noch auch später, zur Zeit, als die Lähmung eintrat, in dem
Zustand des hypnotischen Schlafes befanden. Man darf sich
aber bei diesem Anlasse die Frage stellen, ob der psychische
Zustand, der sich in Folge der Aufregung, des nervösen
Shocks, während des Unfalles entwickelt und denselben auch
eine Zeit lang überdauert — ob dieser eigenthümliche Zustand bei veranlagten Personen, wie Pin ... und Porcen ..
unzweifelhaft sind, nicht gewissermassen die Hypnose, in welche
wir unsere Hysterischen versetzen, aufwiegt?[1] Wenn wir uns
auf den Boden dieser Hypothese stellen, dürfen wir annehmen,
dass jene eigenthümliche Empfindung in dem vom Schlage
betroffenen Gliede, über die sich unsere Hysterischen beklagen,
zur Vorstellung von einer Lähmung des Gliedes Anlass giebt,
und können ferner vermuthen, dass eine Empfindung der
gleichen Art und Intensität bei den zwei hysterischen Männern
in Folge des Sturzes auf die Schulter zu Stande gekommen
ist, und bei ihnen dieselbe Wirkung wie bei den hysterischen
Frauen gethan hat. In Folge der Trübung des Ichs, die in
dem einen Falle die Hypnose, in dem anderen, wie wir vor-

---

[1] Wahrscheinlich liegt ein ganz ähnlicher Mechanismus der Entstehung
jener so mannigfachen und oft so hartnäckigen und dauerhaften, aber doch
nicht von organischen Erkrankungen ableitbaren, nervösen Störungen zu
Grunde, welche besonders von unseren Collegen in England und Amerika
unter dem Namen „Railway Spine" und „Railway Brain" studirt worden
sind. Ich habe derselben in einer früheren Vorlesung (der achtzehnten dieser
Sammlung) Erwähnung gethan, als ich die Bedeutung materieller Erschütterungen für die Entwickelung hysterischer Erscheinungen bei dazu veranlagten
Personen, selbst Männern, betonte.

aussetzen, der nervöse Shock mit sich bringt, würde nun diese
einmal aufgetauchte Vorstellung sich im Geiste der Kranken
festsetzen, daselbst, jeder Beeinflussung entzogen, erstarken und
endlich mächtig genug werden, um sich objectiv durch eine
Lähmung zu verwirklichen. Die fragliche Empfindung hätte
so in beiden Fällen geradezu die Rolle einer Suggestion
gespielt. [1]

Ich gebe Ihnen diese Deutung, meine Herren, für so viel,
als sie werth ist, ohne ihr eine übergrosse Wichtigkeit beizu-
legen. Ich halte sie aber in allem Ernst für würdig, einer
genaueren Prüfung an zahlreicheren Beobachtungen unterzogen
zu werden. Ueberdies möchte ich Sie mit einer neuen Thatsache bekannt machen, die mir gleichfalls zu ihren Gunsten
zu sprechen scheint.

Es giebt Personen, und sie sind vielleicht zahlreicher als
man glaubt, bei denen man die Mehrzahl sowohl der psychischen,
als auch der somatischen Erscheinungen des Hypnotismus
im wachen Zustande beobachten kann, ohne dass man nöthig
hat, sie erst in die Hypnose zu versetzen. Es scheint, dass
die Hypnose, welche für andere Menschen ein aussergewöhn-
licher Zustand ist, für diese merkwürdigen Geschöpfe den
natürlichen, normalen Zustand darstellt, wenn man unter
solchen Verhältnissen überhaupt noch von einem normalen
Zustand sprechen darf. Diese Leute s c h l a f e n , gestatten Sie
mir den Ausdruck, selbst wenn sie ganz wach zu sein scheinen,
sie gehen im alltäglichen Leben einher wie in einem Traume,
stellen die objective Aussenwelt und die Hirngespinnste, die
man ihnen aufdrängt, in die gleiche Linie und unterscheiden
nicht zwischen den beiden. Ich habe Ihnen eine Person von
dieser Art als Beispiel kommen lassen; es ist die Ihnen aus
früheren Studien wohlbekannte Hysteroepileptische, Namens
Hab . . [2] Sie ist seit einer Reihe von Jahren mit allgemeiner,
vollkommener und unwandelbarer Anästhesie behaftet und
ihre Anfälle entsprechen durchaus dem typischen Bilde. Sie
sehen, bei dieser Kranken, die keiner hypnotisirenden Procedur

---

[1] Was die Empfindungen betrifft, die sich an das Trauma knüpften, so
können wir darüber von unseren beiden Männern keine Auskunft bekommen.
Der eine, Pin . . ., hat beim Falle für einen Augenblick das Bewusstsein verloren, der andere, Porc .., versichert, bei Besinnung geblieben zu sein; aber
keiner von beiden kann uns genauer angeben, was er im Augenblick des
Unfalls und an den nächstfolgenden Tagen in dem betroffenen Glied verspürt
hat. Man weiss auch, dass die Hypnotisirten beim Erwachen in der Regel
nicht die geringste Kenntniss von dem haben, was mit ihnen während des
Schlafes vorgegangen ist, und zwar selbst, wenn die Hypnose keine tiefe war.
[2] J. M. Charcot, Lezioni cliniche etc. Redatte dal Dr Miliotti, Lez. XX,
pag. 159. Dello stato di malo istero-epilettico.

unterworfen wurde, sich also im wachen Zustand befindet, können wir gleichzeitig die Contractur durch Druck auf die Muskelmassen, Sehnen oder Nervenstämme erzeugen (Contractur der Lethargie), sowie auch die kataleptische Gliederstarre in den mannigfachsten Stellungen, und endlich die somnambulische Contractur durch leichtes Streichen der Haut oder durch Handbewegungen auf Distanz. Alle diese somatischen Eigenthümlichkeiten finden sich bei dieser Person gewissermassen vermengt, bestehen nebeneinander, ohne sich an gewisse Perioden zu halten, wie es für den grossen Hypnotismus Gesetz ist. Was aber ihren psychischen Zustand betrifft, so wird er offenbar durch den Charakter der somnambulen Phase bestimmt. Wenn ich mich der Suggestion durch die Rede bediene und dieser, wie ich nochmals betone, nicht eingeschläferten Kranken versichere, dass ihr rechter Arm gelähmt ist, dass sie ihn nicht mehr willkürlich bewegen kann, so sehen Sie sofort eine schlaffe Monoplegie eintreten, mit all den Eigenthümlichkeiten ausgestattet, die wir nun kennen gelernt haben; und ebenso reicht später die einfache Versicherung, dass sie den eben noch gelähmten Arm wieder bewegen kann, hin, um die Lähmung aufzuheben. Wenn ich endlich, und das ist der Umstand, der uns für jetzt hauptsächlich interessirt, jene Art von traumatischer Suggestion, die ich Ihnen vor einem Augenblick gezeigt habe, die in einem raschen Schlag auf die Schulter besteht, zur Wirkung bringe, so sehen Sie, wie der Arm sofort von neuem der Lähmung verfällt. Diesmal ist die Identität zwischen der absichtlich erzeugten und der bei Pin . . . und Porcen . . durch ein Trauma hervorgerufenen Monoplegie unanfechtbar, möchte ich glauben. Denn sowohl was die Symptomatologie, als auch was die Pathogenese betrifft, herrscht völlige oder fast völlige Uebereinstimmung; die Hypnose ist weder in dem einen noch in dem anderen Falle in Betracht gekommen; es ist alles im wachen Zustand geschehen. Ich glaube, das Beweisverfahren ist überzeugend genug, und es dürfte nicht häufig bei einer experimentellen Untersuchung in der pathologischen Physiologie gelingen, den krankhaften Zustand, dessen Studium man sich zur Aufgabe gemacht hat, in getreuerer Nachbildung hervorzurufen.

Die vorstehenden Betrachtungen, meine Herren, haben nicht nur einen rein speculativen Werth, wir haben vielmehr aus ihnen bereits gewisse praktische Folgerungen ziehen können, die sich uns besonders für die Therapie von einem gewissen Nutzen gezeigt haben.

Unsere beiden Kranken Porcen . . und Pin . . . werden seit einigen Tagen einer planmässigen Behandlung unterzogen, über die ich einige Worte zu sagen habe. Diese Behandlung besteht in zweierlei Massnahmen. Sie ist zunächst eine gewissermassen indirecte, sowohl auf das Allgemeinbefinden als gegen die hysterische Diathese gerichtete. Pin ... bekommt zweimal täglich eine allgemeine kalte Douche; Porcen.., der die Douchen nicht vertragen konnte, nimmt dreimal wöchentlich ein Schwefelbad. Ausserdem werden Beide jeden anderen Tag mit statischer Elektricität behandelt. Diese letztere Einwirkung ist, wie Sie wissen, vorzugsweise dazu bestimmt, die Störungen der Sensibilität zu beeinflussen. Die Erfahrung hat uns seit langer Zeit gelehrt, dass in Folge der Anwendung der statischen Elektricität die Sensibilität bei den meisten Hysterischen mit Anästhesie wiederkehrt, und zwar zunächst nur zeitweilig, für einige Stunden etwa, dann im Masse, als die Zahl der Sitzungen steigt, für längere Zeit, z. B. für mehrere Tage, bis sie sich end-lich bei consequenter Fortsetzung dieser Behandlung bleibend wiederherstellt. Während dieser mehr oder minder beständigen Wiederkehr der Sensibilität werden in der Regel auch die übrigen hysterischen Symptome, z. B. die Anfälle, in günstiger Weise beeinflusst oder selbst zum Verschwinden gebracht.[1]

Ich lenke aber Ihre Aufmerksamkeit vor Allem auf die andere Seite der von uns eingeschlagenen Behandlung. Die-selbe geht von der vorhin erörterten Annahme aus, dass die Lähmung bei unseren beiden Kranken durch einen Mechanis-mus ähnlicher Art entstanden ist, wie er bei der Erzeugung der Lähmungen durch Eingebung in der Hypnose in Betracht kommt. Mannigfache Versuche, bei diesen beiden Männern die Hypnose herbeizuführen, die im Falle des Gelingens unsere Aufgabe gewiss wesentlich erleichtert hätten, sind uns miss-glückt. Wir mussten uns also auf folgendes Verfahren be-schränken: Zunächst haben wir versucht und versuchen fort-während, auf ihre Vorstellung einzuwirken, indem wir ihnen auf's nachdrücklichste versichern, wovon wir übrigens selbst fest überzeugt sind, dass ihre Lähmung trotz ihres langen Bestandes keineswegs unheilbar ist, und dass sie im Gegentheil mit Hilfe einer geeigneten Behandlung sicherlich, vielleicht sogar in wenigen Wochen, heilen wird, wenn sie uns dabei be-hilflich sein wollen.[2] Sodann werden die gelähmten Extremitäten

[1] J. M. Charcot, De l'emploi de l'électricité statique en médecine. Conférence faite à l'hospice de la Salpêtrière, le 26° Décembre 1880. In Revue de médecine 1881, tom. I, pag. 147.
[2] Der Einfluss der Vorstellung auf die Bewegung, sagt Maudsley („Body and mind"), zeigt sich in der plötzlichen Heilung eingebildeter (?) Lähmungen, die in Folge einer energischen Aufforderung vor sich geht. Die Vorstellung der Bewegung, der Glaube daran, dass sie er-

einer eigenthümlichen Gymnastik unterzogen, bei der man sich
der noch vorhandenen, allerdings sehr kraftlosen Bewegungen
bedient, und deren Kraft durch ein sehr einfaches Verfahren
zu erhöhen sucht. Wir geben den beiden Kranken ein Dynamometer in die Hand und lassen sie dasselbe mit aller ihrer
Kraft zusammendrücken, wobei wir sie aufmuntern, die Zahl,
welche der Zeiger des Instrumentes an der Theilung angiebt,
bei jedem neuen Versuch zu steigern. Diese Uebung wird
regelmässig drei- oder viermal zu jeder Stunde des Tages
wiederholt. Doch muss ich Ihnen dabei bemerken, meine
Herren, dass man diese Uebungen weder zu lange nach ein.
ander fortsetzen, noch allzu häufig vornehmen lassen darf-
Wir haben in der That die Erfahrung gemacht, dass das
Maximum, welches vom Zeiger erreicht wurde, wieder zurück-
zugehen beginnt, sobald man die Uebungen zu weit treibt
oder zu häufig wiederholt. Man muss also verstehen zu warten;
übergrosses Drängen würde in solchen Fällen nach meiner
Ueberzeugung zur Ermüdung führen und den erwarteten Erfolg
verzögern.

---

folgen wird, vertritt in diesen Fällen die Bewegung selbst im psychischen
Mechanismus. Sie stellt den wirksamen Nervenstrom dar, der, auf die betreffenden Nerven gerichtet, in der That eine materielle Bewegung auslöst. —
J. Müller hatte es ausgesprochen, dass die Vorstellung einer gewissen Bewegung einen „Nervenstrom" zu den in Betracht kommenden Muskeln veranlasst und dieselben in Zusammenziehung versetzt. Es ist bekannt, dass eine
plötzliche Aufforderung mitunter zur Folge haben kann, die augenblickliche
Heilung einer psychischen Lähmung herbeizuführen, die vielleicht bis dahin
sehr lange Zeit bestanden und den verschiedenartigsten therapeutischen Eingriffen getrotzt hatte. Z. B., man lässt eine Kranke, die mit einer Paraplegie dieser Art behaftet ist, gewaltsam aus dem Bette heben, in dem sie
lange Zeit unbeweglich gelegen hat, lässt sie auf die Beine stellen, sagt ihr
„Geh", und siehe da, sie beginnt zu gehen. Dies ist ein Beispiel von
Wunderheilung, welches viele ähnliche erklärt, und nichts kann besser sichergestellt sein, als das Vorkommen solcher Dinge, die ich meinestheils mehr
als einmal als Augenzeuge miterlebt habe. (Vorlesungen über die Krankheiten des Nervensystems, Band I, 3. Auflage [französisch], pag. 356 u. ff. —
P. Janet, Revue politique et littéraire, Nummer vom 2. August 1884, pag. 131.)
Doch glaube ich, man kann den Arzt nicht genug davor warnen, sich von
der Kenntniss dieser Verhältnisse verleiten zu lassen, um — übrigens in der
besten Absicht von der Welt — den Wunderthäter zu spielen. Die gebiete-
rische Aufforderung ist selbst bei unzweideutigen Fällen von psychischer
Lähmung ein Instrument, dessen Handhabung uns noch nicht vertraut ist,
und dessen Leistungsfähigkeit man, abgesehen von dem Gebiet der Hypnose,
nicht beurtheilen kann. Das Missglücken einer Heilung unter solchen Verhältnissen wäre offenbar geeignet, die Autorität des Arztes, der sie angekündigt hat, schwer zu beschädigen und ihn vielleicht zum Gespötte zu
machen. „Never prophesy unless you be sure" sagt ein englisches Sprichwort.
Mit Hilfe langsamer und stetiger psychischer Beeinflussung vorzugehen, wird
in allen Fällen vorsichtiger und oft wirksamer sein.   J. M. Charcot.

Wenn ich mich nicht täusche, so ist die Wirkung, die wir dabei erzielen, hauptsächlich eine psychische. Man weiss, dass die Entstehung einer Bewegungsvorstellung,[1] so flüchtig angedeutet und undeutlich dieselbe auch sein mag, eine unentbehrliche Vorbedingung ist, damit die betreffende willkürliche Bewegung zu Stande komme. Es ist nun sehr wahrscheinlich, dass bei unseren beiden Männern die organischen Bedingungen, welche für das Zustandekommen einer solchen Bewegungsvorstellung normalerweise erfordert werden, so tief gestört sind, dass dadurch die Bewegung selbst gehemmt oder wenigstens sehr erschwert wird; es läge hier eine Hemmungswirkung auf die motorischen Rindencentra vor, die von der fixen Idee einer motorischen Leistungsunfähigkeit ausgeht, und diesem Verhältniss wäre es wenigstens zum grossen Theile zuzuschreiben, dass sich die Lähmung in greifbarer Wirklichkeit ausbildet.[2] Wenn sich dies thatsächlich so verhält, so sieht man leicht ein, wie durch die dynamometrischen Uebungen die Bewegungsvorstellung, die der Ausführung einer jeden willkürlichen Bewegung vorhergehen muss, in den Rindencentren neu belebt wird, und es zeigt sich in der That, dass die anfangs kraftlosen Bewegungen in dem Masse, als die Anzahl der vorgenommenen Uebungen steigt, immer kraftvoller werden. In demselben Sinne würden Frictionen, Massage und passive, mit dem gelähmten Glied vorgenommene Bewegungen, auch die durch Faradisation der Muskeln erzeugten, wirken, und man hätte sich dieser Mittel zu bedienen, wenn die Lähmung zu Beginn der Behandlung eine vollkommene wäre.

Wie immer es hier mit der Theorie bestellt sein mag, das Eine steht fest, dass die eingeschlagene Behandlung, obwohl erst seit wenigen (kaum drei oder vier) Tagen ausgeübt, uns bereits einige ermutigende Erfolge gebracht hat. So hat bei Pin .. die dynamometrische Ziffer in dieser kurzen Zeit schon um ein beträchtliches Stück zugenommen. Er

---

[1] Vergl. über diesen Gegenstand: James Mill, Bain, The Senses and the Intellect; Spencer, Psychology, tom. I und First principles; H. Jackson, Clinical and physiological researches on the nervous system. Reprints (from the Lancet 1873), pag. 216. — Ribot, Philosophie anglaise, pag. 280. — Maudsley, Physiology of the Mind. — Wundt, Physiologie, pag. 447. — Ferrier, Functions of the Brain, cap. XI. — C. Bastian, Das Gehirn als Organ des Geistes, Band II und Anhang, pag. 278. — Stricker, Studien über die Sprachvorstellungen, Wien 1884, und Ribot, Rev. philos., N° 8, August 1883, pag. 188. — Herzen, The Journal of mental science, April 1884, pag. 44.

[2] Vergl. den Zusatz am Ende dieser Vorlesung.

brachte es nur bis 15 *kg*, als er die Uebungen begann, und
heute erreicht er, wie Sie sehen, 46 *kg*. Bei dieser Gelegenheit
will ich Sie auf den sehr deutlich hemmenden Einfluss aufmerksam machen, den bei Pin . . . das Schliessen der Augen auf
die Entfaltung der motorischen Kraft äussert. Die Ziffer, die
er mit geschlossenen Augen erreicht, ist jedesmal um 8 bis
10 *kg* niedriger, als wenn er bei geöffneten Augen einen
Gesichtseindruck von der ausgeführten Bewegung erhalten
kann. In der Absicht, diesen dynamogenen Einfluss des Seh-
centrums auf das motorische Centrum auszunützen, rathen wir
unseren Kranken auch, immer aufmerksam hinzuschauen, während
sie das Dynamometer mit der Hand zusammendrücken.[1]

Aehnliche Erfolge haben wir bei Porcen .. erzielt, obwohl
die Herabsetzung der Motilität bei ihm eine weit stärkere ist,
da die willkürlichen Bewegungen im Schulter-, Ellbogen- und
Handgelenk völlig aufgehoben, und die der Finger nur sehr
schwach sind. Was die grossen Gelenke betrifft, so ändert
sich nichts an der motorischen Lähmung, wenn die sie
bewegenden Muskelgruppen isolirt in Thätigkeit treten sollen;
es ist uns aber aufgefallen, dass diese Muskeln eine Neigung
zeigten, sich durch Mitbewegung zusammenzuziehen, wenn
der Kranke die dynamometrischen Uebungen mehrmals wiederholt hatte. Man sieht in der That, wie dabei die Muskeln,
welche die grossen Gelenke bewegen, unter der Haut in unverkennbarer Weise vorspringen, und Sie können auch in
diesem Augenblick constatiren, dass das in Beugestellung befindliche Handgelenk einen erheblichen Widerstand gegen
Streckung oder Beugung, die man an ihm zu erzeugen
sucht, bietet, während die Finger des Kranken auf das Instrument drücken.

So unvollkommen diese Erfolge auch für den Augenblick
sein mögen, so sind sie doch geeignet, uns zum Ausharren
auf dem Wege, den wir uns vorgezeichnet haben, zu veranlassen. Ich gebe mich selbst der Hoffnung hin, dass es
rasch vorwärts gehen wird. Ich weiss nicht, ob ich mich
nicht täusche, aber ich meine, in vierzehn Tagen, vielleicht in
einem Monat werden wir ein gutes Stück weiter gekommen sein.

Die hier abgedruckte Vorlesung wurde am 29. März 1885
gehalten. Acht Tage später erwähnte Charcot gelegentlich

---

[1] In Betreff dieses „bahnenden" Einflusses sensorieller und sensitiver
Erregungen siehe die Untersuchungen von Ch. Féré (Bulletin de la Société
de biologie, April bis Juli 1885) und „Brain", Juli 1885, sowie die Revue
philosophique, October 1885.

die beiden in Behandlung stehenden Kranken mit folgenden
Worten:

„Ich freue mich, Ihnen von den Fortschritten, Mittheilung
machen zu können, welche die von uns gewählte Behandlung
bei unseren beiden hysterischen Männern in den letzten acht
Tagen herbeigeführt hat. Bei Pin ... ist die Besserung trotz
ihres langsamen Schrittes ganz unverkennbar. So z. B. war vor
acht Tagen das Maximum, das er am Dynamometer leisten
konnte, 40 *kg*, heute beträgt es 53 *kg*. Es handelt sich hier
um das Maximum bei allen verschiedenen Versuchen, das Mittel
würde ein wenig niedriger ausfallen. Zur gleichen Zeit, während
seine dynamometrische Kraft zunahm, ist auch seine Haut-
sensibilität zurückgekehrt, allerdings nur für's erste in einem
beschränkten Gebiete an der Schulter.

Bei Porcen .. ging der Zeiger des Dynamometers in
voriger Woche nicht über 5 *kg* hinaus. Diese Woche haben
wir etwas gewonnen, denn er brachte es einmal auf 15 *kg*.

Ausserdem zeigt die Sensibilität eine Tendenz zur Wiederkehr in der Achselgrube und im Ellbogenbug, und gleichzeitig
scheint der Kranke wieder in den Besitz der Lagevorstellungen
für die neuerdings sensibel gewordenen Theile des Gliedes zu
kommen. Sie ersehen daraus, dass unsere Voraussetzungen
auf dem Wege sind, einzutreffen. Es wird nicht ohne Interesse
sein, die mannigfachen Zustandsveränderungen, die sich bei
unseren Kranken unter dem Einfluss einer fortgesetzten Behandlung in der Folge gewiss einstellen werden, sehr genau
zu verfolgen."

Diese Veränderungen wurden in der That Schritt für
Schritt verfolgt. Alle Tage wurden Stunde für Stunde die
Ergebnisse der Uebungen am Dynamometer aufgezeichnet, und
in gleicher Weise wurde täglich die ersichtliche Besserung
von Seiten der Sensibilität notirt. Der Zustand des Kranken
Pin ... ist mit Bezug auf letztere fast nicht von der Stelle
gerückt, und auch heute, am 16. Juli, sind bei ihm blos zwei
kleine empfindliche Stellen an der Rückseite des Oberarmes
aufzufinden. Dagegen hat sich bei ihm die Beweglichkeit
des Armes zum Besseren verändert. Um die erzielten Fortschritte besser zu überblicken, haben wir täglich zweimal, am
Morgen und am Abend, das Mittel der am Dynamometer erreichten Zahlen genommen und mit Hilfe dieser Angaben die
beistehende Curve construirt (Fig. 53).

Man ersieht aus derselben, dass der Kraftzuwachs während
der ersten Woche der (am 5. Juni beginnenden) Behandlung
ein rasch ansteigender und beträchtlicher war, da sich die
Ziffer von 25 *kg* auf 49 *kg* hob. Im Laufe der nächsten vier-

zehn Tage schwankte das Mittel der dynamometrischen Kraft

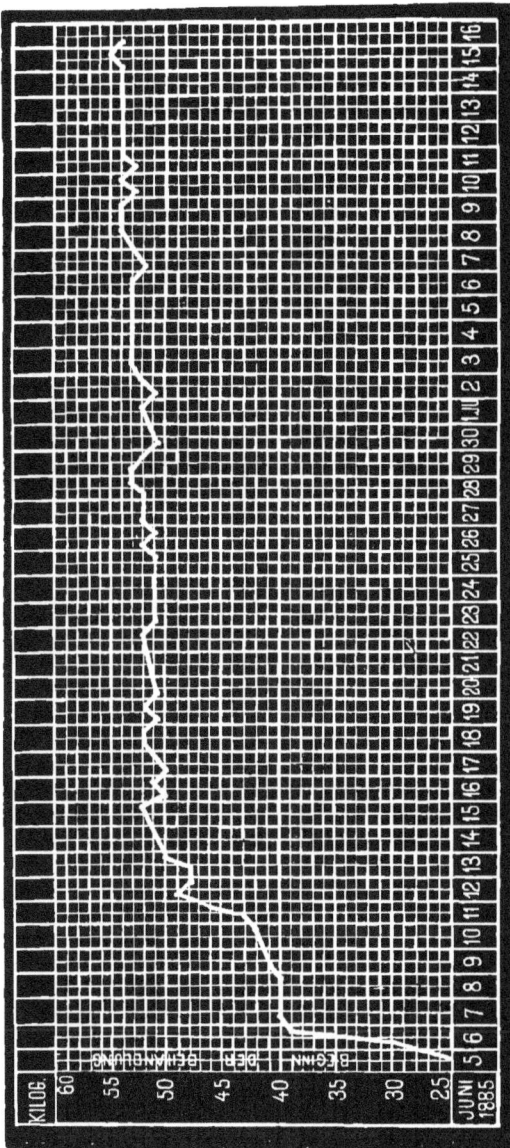

Fig. 53.

zwischen 50 und 52 *kg*. Acht Tage später erreichte es 53 *kg* und wechselte endlich vom 3. bis zum 17. Juli zwischen 54 und 55 *kg.*

Wie erwähnt, war bei Porcen .. die Anästhesie der Haut zu Beginn der Behandlung (5. Juni) eine absolute und über das ganze Glied mit Ausnahme der Hand verbreitet (siehe Fig. 47 und 48, pag. 284). Acht oder zehn Tage später begann die Empfindlichkeit sich in der Ellbogenbeuge und in der Achselhöhle wieder zu zeigen. Am 7. Juli war der Zustand des Kranken so, wie er in Fig. 54 und 55 dargestellt ist. Die Sensibilität ist an einem grossen Theil der Schulterwölbung vorne und hinten wiedergekehrt, desgleichen an der inneren Hälfte der Vorderfläche des Oberarmes; auch in den noch anästhetischen Bezirken der Schulter und des Oberarmes finden sich hie und da sensible Stellen eingestreut. Ferner ist die Empfindlichkeit wiederhergestellt vorne und hinten am Ellbogen in einer Höhenausdehnung von etwa 10 *cm.* Dagegen ist hervorzuheben, dass die Grenze der Anästhesie an der Hand sich auch nicht um eine Linie verrückt hat. Am Oberarm, besonders an dessen Streckseite, und am Vorderarm, zeigen die anästhetischen Bezirke wieder die ihnen bei solchen Personen eigenthümliche Neigung, sich durch Kreislinien abzugrenzen, die eine gedachte, auf der Hauptachse des Gliedes senkrecht stehende Ebene bestimmen.[1] An der Schulter und an der Beugeseite des Oberarmes sind die Grenzen des anästhetischen Bezirkes dagegen unregelmässig, wie ausgezackt.

Was die Besserung in der Beweglichkeit des Armes betrifft, so sind die bei diesem Kranken erzielten Erfolge kaum weniger bemerkenswerth. Am 5. Juni ergab der dynamometrische Versuch nur 5 *kg*, nach Verlauf einer Woche betrug die Ziffer 11, nach Ablauf von zwei Wochen 17, und hatte vierzehn Tage später 21 *kg* erreicht. Am 11. Juli entzog sich der Kranke plötzlich der weiteren Behandlung; während der Woche vor seinem Austritt war seine mittlere Kraft am Dynamometer 27 *kg* gewesen.

Es wird durch das oben Angeführte zum mindesten sehr wahrscheinlich gemacht, dass eine vollkommene Wiederherstellung der Empfindung wie der Beweglichkeit bald erreicht worden wäre, wenn man die Behandlung hätte fortsetzen können. Aber es muss trotzdem bemerkt werden, dass die Heilung des Kranken auch dann keine völlige gewesen wäre, denn die permanenten hysterischen Stigmata — die monoculäre Polyopie, die Gesichtsfeldeinschränkung, rechtsseitige Hemianalgesie u. s. w. — waren zur Zeit, als wir den Kranken

---

[1] Vergl. die Anmerkung zur einundzwanzigsten Vorlesung auf Seite 265.

aus den Augen verloren (11. Juli 1885), noch unverändert geblieben. Dasselbe gilt für Pin. . .; trotz der sehr bedeutenden Besserung, die sich in der Beweglichkeit der rechten oberen Extremität eingestellt hatte, bestanden bei ihm die verschie-

Fig. 54.

Fig. 55.

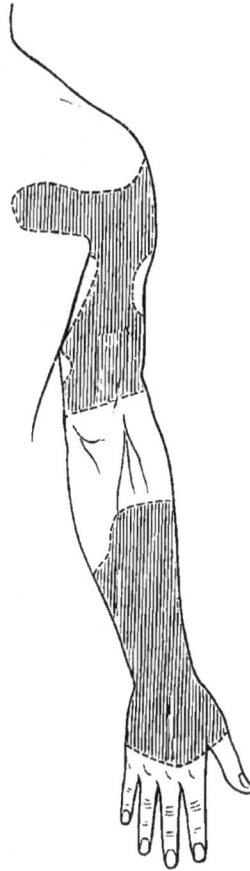

Theilweise Wiederherstellung der Sensibilität bei Porcen..

denen Sensibilitätsstörungen und die hysteroepileptischen Anfälle in fast der nämlichen Intensität weiter, wie zur Zeit, da er zuerst zur Untersuchung kam.[1]

---

[1] Der Kranke Pin . . . wurde durch consequente Fortsetzung der oben angegebenen Behandlungsweise endlich von seiner Monoplegie befreit; seine

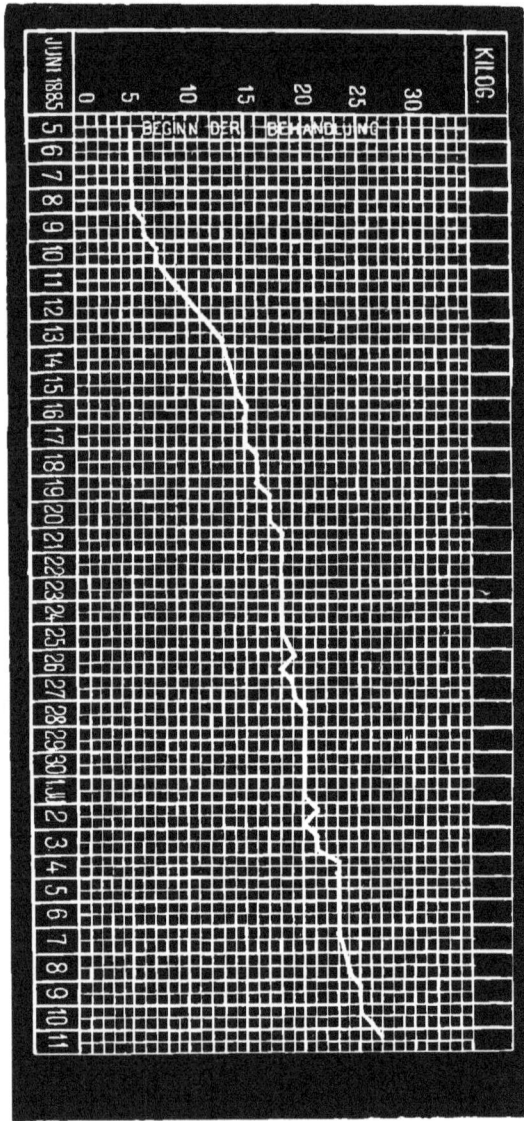

Fig. 56.

Steigerung der dynamometrischen Kraft bei Pore·n..

Hemianästhesie, sowie die Krampfanfälle erwiesen sich aber jeder Behandlung unzugänglich. Er zeigte bis zu seiner im Januar 1886 wegen Unbot-
mässigkeit erfolgten Entlassung das von Charcot erwähnte Phänomen,
dass die motorische Leistungsfähigkeit des früher gelähmten Armes sehr

Zusatz.

Ich habe mich dafür entschieden, mit zahlreichen anderen Autoren anzunehmen, dass die Bewegungsvorstellungen, welche der Ausführung einer willkürlichen Bewegung vorangehen, in den motorischen Rindencentren, genauer bestimmt, in den motorischen Nervenzellen dieser Centren, zu Stande kommen und

erheblich sank, wenn der Kranke denselben bei geschlossenen Augen innerviren musste, während der hemmende Einfluss des Augenschlusses auf die Kraft des gesunden Armes sich nur als geringfügig erwies. — Der andere Kranke Porc.. stellte sich Ende 1885 wieder auf der Klinik vor. Er hatte allen Gewinn an Sensibilität, den ihm die Behandlung in der Salpêtrière gebracht hatte, wieder eingebüsst und auch die Fingerbewegungen waren schwächer geworden. Von Neuem aufgenommen, wurde er der Salpêtrière bereits nach wenigen Tagen überdrüssig, kam aber am Ende Januar 1886 wieder, und zwar in so verändertem Zustande, dass Charcot Veranlassung nahm, ihn in der Vorlesung vom 22. Februar desselben Jahres vorzustellen. Der Kranke hatte sich nämlich in der Zwischenzeit in einem anderen Spitale aufnehmen lassen und war daselbst am 19. Januar 1886 in einen heftigen Wortwechsel mit einem Zimmergenossen gerathen. Dieser reizte ihn durch die Drohung einer Ohrfeige, der Kranke regte sich auf, und die Folge dieses Zwischenfalles war, dass er den seit dem 30. December 1884 bis auf die Finger gelähmten rechten Arm bewegen konnte! Doch war die Lähmung nicht mit einem Schlage völlig beseitigt, erst als der Kranke am nächsten Morgen aufwachte, war er des so lange unbrauchbaren Gliedes wieder vollkommen Herr geworden. Diese zeitlichen Verhältnisse im Auftreten hysterischer Lähmungen — das Einsetzen derselben erst einige Tage nach dem veranlassenden Trauma „gleichsam mit einer Art von Incubation", und deren unvollständiges Schwinden im Momente der plötzlichen oder Wunderheilung — habe ich Charcot oftmals als beachtenswerth hervorheben hören. Die motorische Kraft der genesenen Extremität war, als der Kranke, wie erwähnt, einige Tage später auf die Klinik kam, eine ausserordentlich gute, der hemmende Einfluss des Augenschlusses auch hier sehr deutlich ausgesprochen. Die Sensibilität der Haut war an einigen Stellen, so in einer bandförmigen Zone der Ellbogenbeuge, wiedergekehrt; die totale Aufhebung des Muskelsinns, sowie die übrigen hysterischen Stigmata zeigten sich unverändert. Charcot liess nun den Kranken durch Herrn Gautier einer eigenthümlichen Massagebehandlung unterziehen, von der aus Anlass eines anderen Kranken in der vierundzwanzigsten Vorlesung die Rede sein wird. Nach fünf bis zehn Minuten lang geübter Massage des gesunden (linken) Armes wurde ein Transfert hergestellt, der zuerst nur wenige Minuten, nach einigen Sitzungen aber bereits fünf Stunden lang anhielt. Es wurde bei dieser Gelegenheit bemerkt, dass der Transfert alle Einzelheiten im Zustand des rechten Armes auf den linken (gesunden) übertrug, so dass nun links völlige Anästhesie bis auf die bandförmige Zone in der Ellbogenbeuge und Hemmung der motorischen Kraft durch Augenschluss bestand, während der (früher gelähmte) rechte Arm jetzt ein negatives Abbild des früheren Zustandes der Sensibilität bot, also Empfindlichkeit der Haut überall mit Ausnahme der erwähnten Zone, die nun anästhetisch war. Der Transfert schien noch rascher einzutreten, wenn man anstatt der Massage des linken Armes die Percussion der linken Scheitelgegend vornahm. Als ich Ende Februar 1886 die Salpêtrière verliess, war Charcot geneigt, von der Massagebehandlung die völlige Heilung des Kranken zu erwarten.

Anmerkung des Uebersetzers.

daselbst ihr organisches Substrat finden; sie hätten demnach
einen centralen Ursprung und würden sich hauptsächlich mit
dem „Innervationsgefühl", der „Empfindung der nervösen Entladung", wie man es gleichfalls nennt, decken. Die Vorstellungen,
die von dem eigentlich sogenannten „Muskelsinn" (Sens kin-
esthétique nach Bastian) herrühren, würden dagegen in centripetalen Eindrücken bestehen, die von der Peripherie, nämlich
von Haut, Muskeln, Aponeurosen, Sehnen und Gelenkskapseln
ausgehen; diese Eindrücke würden in den sensitiven Rindencentren aufgespeichert sein, und daselbst könnte auch die
Erinnerung an sie zu Stande kommen. Nur die ersteren Vorstellungen wären zur Ausführung einer gewollten Bewegung
wirklich unentbehrlich, die letzteren würden im Allgemeinen
erst in zweiter Linie mitwirken, aber doch in sehr eingreifen-
der Weise, indem sie die bereits in Ausführung begriffene Bewegung vervollständigen und lenken, sie sozusagen verfeinern. —
Man weiss ferner aus zahlreichen Beobachtungen, dass auch die
Gesichtswahrnehmung, die man von einer in Ausführung begriffenen Bewegung empfängt, sehr mächtig zum Zustandekommen
derselben beiträgt. Aus dieser Auffassung geht also hervor,
dass selbst bei Fortbestand der kinästhetischen und visuellen
Vorstellungen nothwendig eine vollkommene Aufhebung der
willkürlichen Bewegungen eines Gliedes erfolgen muss, wenn
die eigentlich motorischen Vorstellungen — die Innervations-
gefühle — ausgefallen sind, sei es in Folge einer Läsion in
den Nervenzellen der motorischen Rindencentren eines Gliedes
oder in deren Fortsätzen, durch die sie in Verbindung mit
den psychischen Centren stehen. Mein ausgezeichneter College,
Professor Janet, hat die Güte gehabt, mich auf ein ver-
schollenes Buch von Rey Regis, Doctor der medicinischen
Facultät von Montpellier, aufmerksam zu machen, in welchem
bereits (1789) das Vorkommen von motorischen Lähmungen
behauptet wird, die von dem Verlust des Erinnerungsvermögens der motorischen Kraft in Folge von Erkrankung gewisser Hirnpartien abhängen (Histoire naturelle de
l'âme, London 1789, pag. 26 bis 28). Man versteht aus den
vorstehenden Erörterungen, wie die Suggestion der motorischen
Lähmung bei gewissen Personen eine vollkommene Paralyse
der Beweglichkeit erzeugen kann, zu der keinerlei Störungen
in der Sensibilität der Haut und der tiefen Theile, insbesondere kein Verlust des Muskelsinnes, gesellt sind. Wir
haben aber auch bereits hervorgehoben, dass eine solche
Suggestion, wenigstens wenn man sie an vorhin hemian-
ästhetische hysterische Personen ergehen lässt und keinerlei
Bemerkung über die Sensibilität daran knüpft, dass eine

solche Suggestion, sage ich, nach unseren Beobachtungen häufig nicht nur motorische Lähmung, sondern auch den Verlust der Sensibilität in all ihren Arten mit Einschluss der vom Muskelsinn gelieferten Vorstellungen bedingt. Man könnte für solche Fälle die Deutung aufstellen, dass die Lähmung des primären, treibenden Apparates für die willkürliche Bewegung gewissermassen auch die Lähmung des regulirenden Apparates mit sich zieht. Es ist ferner wahrscheinlich, dass bei solchen Lähmungen durch hypnotische Eingebung, sowie bei einem guten Theil anderer hysterischer Lähmungen mit Muskelschlaffheit — die übrigens vielleicht gleichfalls einen psychischen Ausgangspunkt haben —, dass bei all diesen Lähmungen, sage ich, auch die subcorticalen grauen Massen, wie die in der Oblongata und die Nervenzellen des Rückenmarks, welche im Zustand der Norm im directen oder indirecten Zusammenhange mit den motorischen Rindencentren stehen, durch eine Ausbreitung der bestehenden Läsion in diesen Centren mehr oder minder tief ergriffen werden können. Dafür spricht wenigstens einerseits die Aufhebung der automatischen Bewegungen, von wo immer dieselben abhängen mögen, andererseits die Unterdrückung oder Abschwächung der rein reflectorischen Bewegungen, welche Phänomene in solchen Fällen zur Lähmung der willkürlichen Bewegungen hinzukommen.

Ich lasse hier einige Citate folgen, welche mir sehr geeignet zu sein scheinen, um die Ansichten der Autoren, denen sie entlehnt sind, über die Natur und den Sitz des psycho-physiologischen Processes, in dem die Willkürbewegungen entspringen, darzustellen. „Dass die Vorstellung dahin strebt, die That hervorzurufen," sagt Bain (The Senses and the Intellect 1868, 3ᵈ edition, pag. 340), „beweist, dass die Vorstellung bereits eine abgeschwächte Form der That ist. Etwas vorstellen besagt so viel als sich zurückhalten, es auszusprechen oder auszuführen". — „Die geistigen Vorgänge geschehen in denselben Kreisen (Centren?) wie die physischen; ... es bedarf für gewöhnlich nur eines Willensactes, um sie so weit zu steigern, dass sie die Muskeln in Bewegung versetzen." — „Da die in die Muskeln eintretenden Nerven hauptsächlich motorische sind, welche die vom Gehirn ausgehende Erregung auf sie übertragen, ... so thun wir am besten, anzunehmen, dass das nebenhergehende Bewusstsein von der Muskelbewegung mit der centrifugalen Strömung der Nervenkraft zusammenfällt, und nicht, wie bei der eigentlichen Empfindung, ein durch centripetale Nerven geleiteter Vorgang ist."

Spencer (Principles of Psychology. Uebersetzung von B. Vetter 1882, Bd. I, pag. 518): „An einem Willensact der

einfachsten Art können wir noch nichts weiter entdecken
als eine geistige Repräsentation des Actes, worauf die thatsächliche Ausführung desselben folgt — einen Uebergang
jener beginnenden psychischen Veränderung, welche zu
gleicher Zeit die Tendenz zu handeln und die Idee der Handlung darstellt, in die vollkommene psychische Veränderung,
welche die eigentliche Ausführung des Actes, soweit dieselbe
auf geistigem Gebiet sich abspielt, ausmacht. Zwischen einer
unwillkürlichen und einer willkürlichen Bewegung des Beines
besteht eben der Unterschied, dass die unwillkürliche ohne
vorhergehendes Bewusstsein der auszuführenden Bewegung
stattfindet, während die willkürliche erst eintritt, nachdem sie
im Bewusstsein vorgestellt worden war. Da nun aber diese
Vorstellung von derselben nichts Anderes ist als eine schwache
Form des die thatsächliche Bewegung begleitenden psychischen
Zustandes, so ist sie auch nichts weiter als eine auftauchende
Erregung der hier in Frage kommenden Nerven, welche ihrer
thatsächlichen Erregung vorausgeht." Und an anderer Stelle
(First principles): „Der Willensact ist der Beginn einer ner-
vösen Entladung längs einer Linie, welche in Folge früherer
Versuche eine Linie schwächsten Widerstandes geworden ist.
Der Uebergang vom Wollen zum Handeln ist blos die Voll-
ziehung dieser Entladung."

Bei W u n d t (Physiologie, pag. 561) heisst es: „Der Sitz der
Bewegungsempfindungen sind höchst wahrscheinlich nicht die
Muskeln selbst, sondern die motorischen Nervenzellen, da wir
nicht nur von einer wirklich stattfindenden, sondern auch von
einer blos intendirten Bewegung eine Empfindung haben; es
scheint hiernach, dass unmittelbar mit der motorischen Innervation die Bewegungsempfindung verknüpft ist, daher wir
dieselbe als Innervationsempfindung bezeichnen."

M e y n e r t äussert sich (Psychiatrie, pag. 312) folgendermassen: „Ich glaube der Erste gewesen zu sein, welcher sich dahin
äusserte, dass die Innervationsvorgänge von den Hemisphären
aus, welche man Willensacte nennt, nichts weiter seien, als
die Wahrnehmungs- und Erinnerungsbilder der Innervations-
gefühle, indem solche, jede Form der Reflexbewegungen be-
gleitend, in die Hirnrinde übertragen werden, als die primäre
Grundlage secundär von dem Vorderhirn ausgelöster, ähnlicher
Bewegungen. Diese Erinnerungsbilder bekommen dann durch
Associationsvorgänge die Intensität der Kraft zugeführt, durch
welche sie für die vom Vorderhirn ausgehenden secundären Bewegungen als Arbeitsanstoss längs centrifugaler Bahnen wirken."

M. H. J a c k s o n schliesst sich in seinen Clinical and
physiological researches on the Nervous system 1876, pag. XX bis
XXXVII, der Ansicht von B a i n , W u n d t und Anderen an,

dass unser Bewusstsein von der Muskelthätigkeit zum grossen
Theil ein initialer und centraler Vorgang und auf die motorischen
Centren zu beziehen sei.

Nach Maudsley (Physiology of Mind) „scheint es, dass in
den Stirntheilen der Hirnwindungen (in den motorischen Rindencentren) die Erinnerungsbilder unserer Empfindungen von den
Muskeln niedergelegt sind, aus denen wir unsere motorischen
Anregungen schöpfen". — „Die Theile der Gehirnoberfläche,
welche als motorische Centren wirken, sind der Sitz . . . . von
der Vorstellung der Intensität und Art der Muskelinnervation,
also von dem, was man „muscular inductions" genannt hat."

Endlich will ich noch anführen, wie sich Ferrier (die
Functionen des Gehirns, Uebersetzung von H. Obersteiner,
pag. 298) zu der uns beschäftigenden Frage stellt: „Gleichwie
die Wahrnehmungscentren die organische Basis der Erinnerung
an Sinneseindrücke bilden, und den Sitz ihrer Wiederbelebung
oder Reproduction (in der Vorstellung) abgeben, ebenso sind
die motorischen Centren der Hemisphäre nicht nur die Centren
der differenzirten Bewegungen, sondern auch die organische
Grundlage der Erinnerung an die betreffenden Bewegungen,
sowie die Ausgangsstelle ihrer Reproduction und wiederholten
Ausführung. Wir haben also ein Wahrnehmungs- und ein Be-
wegungsgedächtniss, Wahrnehmungs- und Bewegungsvorstellungen; die Wahrnehmungsvorstellungen sind reproducirte
Wahrnehmungen, die Bewegungsvorstellungen sind wieder-
belebte oder reproducirte Bewegungen. Bewegungsvorstellungen
bilden ein ebenso wichtiges Element unserer geistigen Vorgänge, als reproducirte Sinneswahrnehmungen."

Zur Unterstützung der oben auseinandergesetzten Lehre
kann man sich noch auf Beobachtungen berufen, die man an
gewissen Personen, zumeist Hysterischen, machen kann. Wenn
dieselben nämlich aller Arten der Sensibilität an einer Extremität
beraubt sind, so behalten sie doch die Fähigkeit, dieses Glied
frei zu bewegen zum allergrössten Theile, und dies selbst dann,
wenn sie bei geschlossenen Augen den gleichzeitig regulirenden
und bahnenden Einfluss, der von der Gesichtswahrnehmung
der Bewegung ausgeht, nicht zur Hilfe nehmen können. Unser
Kranker Pin . . ist gegenwärtig ein schönes Beispiel dieser
Art. Die Sensibilität der Haut und der tiefen Theile ist bei
ihm, wie schon erwähnt, in der ganzen Ausdehnung der linken
oberen Extremität erloschen, und wenn er die Augen schliesst,
hat er keine Ahnung von den passiven Bewegungen, die man
mit den verschiedenen Abschnitten des Gliedes vornimmt, und
ebensowenig von der Lage derselben im Raume. Wenn er die
Augen offen hat, zeigen die willkürlichen Bewegungen der Ex-

tremität, sowohl die groben, als auch die feiner gegliederten, alle
Charaktere des normalen Zustandes in Betreff ihrer Mannigfaltigkeit wie ihrer Sicherheit. Diese Bewegungen bleiben
auch bei geschlossenen Augen grösstentheils erhalten, nur sind
sie minder sicher, wie zögernd, aber keineswegs ataktisch;
sie werden mit einem Wort gleichsam tappend ausgeführt.
Pin... kann bei geschlossenen Augen noch mit einer gewissen
Sicherheit seine Finger gegen seine Nase, Ohren und Lippen
oder auch gegen einen entfernt von ihm befindlichen Gegenstand richten, und es gelingt ihm mitunter, das Ziel zu erreichen,
aber er. verfehlt es doch am öftesten. Er kann auch in der
Regel nicht einen seiner Finger allein beugen, wenn er dazu
aufgefordert wird, gewöhnlich beugen sich dabei alle Finger
gleichzeitig. Mitunter weiss er nicht anzugeben, ob er die
Bewegung im Handgelenk wirklich ausgeführt hat oder nicht
u. s. w. Ich will hier gar nicht die dynamometrische Leistung
in Betracht ziehen, welche für die Hand 30 Kg. beträgt, wenn
die Augen offen, dagegen nur 15, wenn sie geschlossen sind. Die
Veränderungen in der Ausführung ihrer Bewegungen, welche
solche Kranke darbieten, wenn die Mithilfe der kinästhetischen
und visuellen Vorstellungen ausgeschlossen ist, gewähren uns bis
zu einem gewissen Punkte einen Aufschluss, worin die Leistung
des primären Apparates für die willkürliche Bewegung normaler
Weise besteht. Andererseits enthüllt das Studium jener Fälle von
psychischer Lähmung, bei denen blos die Motilität betroffen
ist, die thatsächlich trotz aller Bedeutsamkeit nur secundäre
Rolle, welche bei der normalen Ausführung willkürlicher Bewegungen den visuellen und kinästhetischen Vorstellungen
zufällt. Es ist übrigens leicht möglich, dass sich hierin auch
normaler Weise individuelle Verschiedenheiten geltend machen.
Es kann sehr wohl sein, dass die eine Reihe von Personen,
wenn es sich darum handelt, eine beabsichtigte Bewegung
auszuführen, ausschliesslich die eigentlichen motorischen Vorstellungen, die andere die kinästhetischen oder visuellen in
Anspruch nimmt, während endlich in dieser Hinsicht günstiger
angelegte Individuen sich bald der einen, bald der anderen
Art, oder beiderlei Vorstellungen gleichzeitig bedienen.
Verschiedenheiten in der Erziehung, Gewohnheit oder
hereditäre Anlage können zur Erklärung dieser individuellen
Abweichungen herbeigezogen werden. Es wird daraus verständlich, dass Läsionen von derselben Natur, derselben Ausdehnung und derselben Localisation bei verschiedenen Personen
abweichende klinische Bilder erzeugen können, je nachdem
das betreffende Individuum in die eine oder in die andere
dieser Kategorien gehört.   J. M. Charcot.

Dreiundzwanzigste Vorlesung.

Ueber einen Fall von hysterischer Coxalgie aus traumatischer Ursache bei einem Manne.

Geschichte der „hysterischen Gelenksaffection". — Beschreibung von B r o d i e. — B r o d i e'sches Symptom. — Bestätigung der Intactheit des erkrankten Gelenkes durch Autopsien. — Vorstellung des Kranken. — Seine Haltung und deren Mechanismus. — Hysterische Stigmata an demselben. — Ergebnisse der Untersuchung in der Chloroformnarkose. — Prognose.

Meine Herren! Die heutige Vorlesung ist dazu bestimmt, Ihnen zu zeigen, dass der kräftige Mann, den Sie hier vor sich sehen, ein Hysterischer ist, dass das schmerzhafte Hüftleiden, welches sich in Folge eines Traumas bei ihm entwickelt hat, und welches ihn nun seit nahezu drei Jahren quält und ihm die Ausübung seines Berufes unmöglich macht, mit seiner Hysterie zusammenhängt, und dass es sich folglich bei ihm nur um eine der Heilung zugängliche Erkrankung sine materia handelt und nicht etwa um ein schweres, organisches Gelenksleiden, welches fast unausbleiblich ein dauerndes Siechthum herbeiführen würde.

Ich weiss sehr wohl, dass die Behauptung, die ich hier zu vertreten gedenke, durch die Erscheinung des Kranken, welche so wesentlich von dem noch heute als classisch geltenden Typus eines Hysterischen abweicht, in keiner Weise wahrscheinlich gemacht wird. Ich bin auch darauf gefasst, dass ein Theil meiner Zuhörerschaft, etwa diejenigen, welche unsere Klinik heute zum ersten Male besuchen, den Eindruck empfangen werden, ich gedenke ein verblüffendes Kunststück aufzuführen oder eine paradoxe Ansicht aufzustellen, um dabei in eitler Selbstgefälligkeit die Hilfsmittel meiner Dialektik spielen zu lassen. Ich bin aber auch überzeugt, dass diejenigen meiner Hörer, welche mir bereits im vorigen Semester die Ehre erwiesen haben, meinen Vorlesungen zu folgen, minder

20*

rasch in ihrem Urtheile sein werden. Diese werden, wie ich hoffe, vertrauensvoll das Ende der Beweisführung abwarten, ehe sie sich entscheiden; denn ihnen ist bereits bekannt, dass die Hysterie beim erwachsenen Manne, selbst beim kräftigen, nicht durch einseitig geistige Ausbildung entnervten Arbeiter vorkommen kann, und dass die erste Kundgebung der Krankheit sich häufig unter dem Bilde einer anscheinend rein localen Affection, wie z. B. Lähmung oder Contractur einer Extremität, verbirgt.

Bei dem Kranken, den ich Ihnen heute vorstelle, handelt es sich nun zwar weder um Lähmung, noch um Contractur, sondern vielmehr — wenigstens ist dies die Ansicht, die ich vertreten werde — um jene Affection, die zuerst von Brodie im Jahre 1837 unter dem Namen „hysterisches Gelenksleiden" beschrieben worden ist.[1]

Diese Affection ist, wie ich glaube, noch sehr wenig bekannt geworden, obwohl seit Brodie mehrere wichtige Arbeiten, zuerst in England,[2] dann in Frankreich[3] und zuletzt in Deutschland[4] und Italien[5] erschienen sind, die sich mit ihr beschäftigen.

Ich glaube, es wird eine nützliche Einleitung sein und unsere eigene klinische Untersuchung sehr erleichtern, wenn ich Ihnen zunächst die grundlegende Beschreibung von Brodie, dem Bahnbrecher auf diesem Gebiete, in ihren grossen Zügen vorführe. Die späteren Autoren haben dieselben um einige

---

[1] Sir B. C. Brodie, Lectures illustrative of certain local nervous affections. London 1837. Lect. II. Various forms of local hysterical affections, pag. 35 et seq. (Französische Uebersetzung von Aigre 1880, Verlag des Progrès médical.)
[2] W. Coulson, Hysterical affections of the hip joint. London Journal of medicine, tom. III, 1851, pag. 631. — Barwell, A Treatise on Diseases of the joints, 1th edition 1861, 2d edition 1881. — On hysterie pseudo-disease or mock disease of the joints. — F. C. Skey, Hysteria, Local or surgical forms of Hysteria; Hysteric affections of joints, 3d lecture, London 1867. — Sir Paget, Leçons de clinique chirurgicale, Trad. du Dr L. H. Petit, 3e leçon, affections neuromimétiques des articulations, pag. 274, Paris 1877. Vergl. auch von amerikanischen Autoren. Weir Mitchell, Lectures on diseases of the nervous system, Philadelphia 1885, 2d edition, pag. 218, Hysterical joints.
[3] M. A. C. Robert, Conférences de clinique chirurgicale, recueillies par le Dr Doumic, Chap. XVI, Coxalgie hystérique, pag. 450. — Verneuil, Bull. de la Société de chirurgie de Paris 1865/6. — Giraldès, Leçons sur les mal. chir. des enfants, pag. 610.
[4] E. Esmarch, Ueber Gelenksneurosen. Kiel und Hadersleben 1872. — O. Berger, Zur Lehre von den Gelenksneuralgien, Berl. klin. Wochenschrift 1873, pag. 255. — M. Meyer, Ueber Gelenksneurosen, Berl. klin. Wochenschrift 1874, pag. 310.
[5] Angelo Minich, Della coscialgia nervosa, Venezia 1873.

interessante Einzelheiten bereichert, aber, wie mir scheint,
nichts Wesentliches an ihr verändern können.

Es handelt sich also dabei nach Brodie um ein schmerz-
haftes Leiden, eine Neuralgie oder Hyperästhesie, wenn Sie
wollen, der Gelenksnervenenden, welche in verschiedenen
Gelenken auftreten und eine schwere organische Gelenkserkrankung so täuschend nachahmen kann, dass die Differentialdiagnose aufs äusserste erschwert wird. Besonders schwierig
wird die Diagnose, wenn das Leiden im Hüftgelenke sitzt;
eine nicht materielle Coxalgie kann dann für ein schweres
organisches Hüftleiden scrophulöser oder anderer Natur gehalten werden und umgekehrt. Doch ist die Abwesenheit
materieller Veränderungen bei der von Brodie beschriebenen
Gelenksaffection hinreichend erwiesen: erstens durch den Verlauf der Krankheit, die in völlige und mitunter selbst sehr
schnelle Heilung ausgeht, und zweitens durch eine gewisse
Zahl von Autopsien. Es mag Sie überraschen, dass ich von
Autopsien bei einer Krankheit rede, der ich selbst einen so
gutartigen Charakter zugeschrieben habe; aber es giebt deren
in der That eine gewisse Anzahl, nur sind es Autopsien am
Lebenden, wahrhafte „Biopsien". Die Kranken nämlich, welche
von diesem Leiden befallen sind, zeigen den eigenthümlichen
Hang, oft in der ungestümsten Weise nach chirurgischen Eingriffen zu verlangen, und Sie sehen nun leicht ein, dass, wenn
solche an Mania operativa passiva leidende Kranke, wie Textor
es genannt hat, zu ihrem Unglücke an Chirurgen gerathen,
die von der Mania operativa, aber diesmal activa (nach
Stromeyer), befallen sind, die seltsamsten Operationen aus
diesem unheilvollen Zusammentreffen entstehen. Selbst Ampu-
tationen wurden mehrmals ausgeführt, wovon Brodie und
Coulson mehrere Beispiele berichten. Die Beobachtung, welche
der letztgenannte Autor erwähnt, ist ganz besonders interessant.
Es handelte sich um ein junges, seit drei Jahren im Kniegelenke leidendes Mädchen; der Unterschenkel war gegen
den Oberschenkel gebeugt, die Schmerzen unerträglich, einige
Chirurgen hatten jeden Eingriff abgelehnt, endlich aber fand
sich einer, der dazu bereit war; die Amputation wurde ausgeführt und siehe da, die Untersuchung des Knies ergab ein
normales Gelenk mit vollkommen gesunder Kapsel, die in
der Zartheit und Transparenz des physiologischen Zustandes
prangte, nur die Knochen waren etwas leicht, boten der Säge
wenig Widerstand und die Knorpel etwas verdünnt, wie man's
gewöhnlich an Extremitäten findet, welche durch längere Zeit
zur Unbeweglichkeit genöthigt waren.[1]

[1] Coulson l. c. pag. 631.

Ich könnte Ihnen noch mehrere Beispiele dieser Art anführen, aber ich glaube, was ich gesagt habe, genügt bereits,
um Ihnen zu zeigen, dass es schmerzhafte Affectionen
der Gelenke ohne materielle Veränderung giebt, welche
schwere Gelenkserkrankungen vortäuschen und durch Irre-
führung der Diagnose die schwersten Folgen heraufbeschwören
können.

An welchen Merkmalen soll man aber diese Gelenksleiden
sine materia erkennen, um sie von organischen Erkrankungen
der Gelenke zu unterscheiden? Die Diagnose bietet hier
Schwierigkeiten ganz besonderer Art, zumal wenn es sich, wie
bei unserem Kranken, um die Hüfte handelt. Ich führe Ihnen
hier die hauptsächlichsten klinischen Eigenthümlichkeiten
dieser Arthralgien auf, welche die Autoren angeben, die hierin,
wie ich schon gesagt habe, blos die Beschreibung von Brodie
wiederholen:

1. Das Bein der leidenden Seite erscheint verkürzt in
Folge der Muskelcontractur, welche das Becken auf der entsprechenden Seite höher stellt.

2. Der Oberschenkel ist gegen das Becken vollkommen
unbeweglich festgestellt, so dass jede Bewegung, die man ihm
ertheilt, sich sofort auf das Becken überträgt; auch dies kommt
auf Rechnung der Muskelcontractur.

Diese beiden Charaktere sind, wie Sie wissen, keine besondere Eigenthümlichkeit der hysterischen Arthralgie, denn
sie finden sich, der eine wie der andere, in der Regel bei
der organischen Coxalgie, wenn dieselbe in das sogenannte
dritte Stadium getreten ist.[1] Wir dürfen aber von den nächsten
Punkten mehr für die Unterscheidung der beiden Affectionen
erwarten.

3. Der Schmerz zeichnet sich durch einige besondere
Eigenthümlichkeiten aus. Zwar wird er wie bei der echten
Coxalgie gleichzeitig in die Hüfte und in's Knie verlegt und
durch Schlag auf die Hüfte, das Knie oder die Ferse gesteigert, aber Brodie hat bereits darauf aufmerksam gemacht,
dass er sich nicht streng auf das Gelenk selbst beschränkt,
sondern sich auch auf die dem Gelenke entsprechende Hautpartie erstreckt, selbst über das Poupart'sche Ligament hinaus-
greift, den unteren Theil des Abdomens und sogar das Gesäss
einnimmt. Es ist also auch eine oberflächliche Schmerzhaftigkeit vorhanden, die sozusagen in der Haut sitzt und oft so
sehr hervortreten kann, dass das Kneipen der Hautdecke über
dem Gelenke schmerzhafter empfunden wird, als selbst ein

---

[1] Barwell l. c.

tiefer Druck, den man auf diese Gegend ausübt. — Personen, die an organischer Coxalgie leiden, werden ferner häufig genug durch zuckende Schmerzen (starting pains) in der Hüfte aus dem Schlafe geweckt; die an hysterischer Coxalgie Erkrankten können dagegen zwar durch ihre Schmerzen wach erhalten werden; sind sie aber einmal eingeschlafen, so werden sie durch dieselben nicht weiter gestört.

4. Auch die Art und Weise der Entwickelung und des Verlaufes können wichtige Anhaltspunkte für die Unterscheidung ergeben. Bei den Hysterischen kann das Leiden plötzlich auftreten und dann mit einem Schlage, zumeist in Folge einer psychischen Erregung, wieder verschwinden, oder die Person leidet etwa an Krampfanfällen, und im Gefolge eines solchen Anfalles stellt sich die Coxalgie ein u. dgl.

Brodie giebt ferner an, dass die Temperatur der leidenden Theile niemals erhöht gefunden wird, und dass dieselben keinerlei Atrophie erfahren, wie lange auch immer das Leiden anhalten mag. Wir werden sogleich sehen, dass die erstere Behauptung richtig ist, die zweite aber nicht in allen Fällen zutrifft.

Wir dürfen uns nicht verhehlen, meine Herren, dass dies alles nur feine Unterschiede sind, und es wird in schwierigen Fällen immer erforderlich sein, zur Chloroformirung zu greifen, wie schon seit beinahe dreissig Jahren empfohlen wird, um festzustellen, ob das Gelenk der Sitz materieller Veränderungen ist oder nicht. Dabei ist aber die von Prof. Verneuil gemachte Bemerkung zu berücksichtigen, dass bei eben beginnenden organischen Gelenksleiden selbst die Untersuchung in der Narkose mitunter keine Anhaltspunkte für die Annahme einer Läsion liefern kann, und dass daher auch diesem Verfahren keine entscheidende diagnostische Bedeutung zukommt, wenigstens nicht, wenn es sich um frühe Stadien der Erkrankung handelt.

Sie sehen also, meine Herren, dass die Differentialdiagnose zwischen der hysterischen und der organischen Coxalgie die ernstesten Schwierigkeiten bietet, und ich muss sagen, fast in allen Fällen dieser Art, in denen ich zur Begutachtung beigezogen wurde, habe ich die Aerzte wie die Chirurgen in grosser Verlegenheit gefunden.

Ich komme nach dieser Einleitung zu unserem Kranken zurück, bei dem ich mich zur Behauptung berechtigt glaube, dass seine seit bald drei Jahren bestehende Coxalgie rein hysterischer Natur ist.

Es ist ein 45jähriger Mann, Namens Ch., Vater von sieben Kindern, aus dessen Vorgeschichte nichts Bemerkenswerthes zu erwähnen ist, weder hereditäre Veranlagung, noch eigene

Erkrankungen. Er hat sieben Jahre lang als Zuave gedient und ist während dieser Zeit niemals krank gewesen; ich hebe besonders hervor, dass er zu keiner Zeit seines Lebens an nervösen Anfällen oder an Zeichen von Rheumatismus gelitten hat.

Seinem Handwerke nach ist er Brettschneider und arbeitet an der „gerade Säge" genannten Maschine im Dienste einer unserer grossen Eisenbahngesellschaften. Am 13. Mai 1883 betraf ihn bei der Arbeit ein Unfall. Die Treibstange einer Dampfmaschine, die sich unter dem Ort befindet, wo er arbeitet, stiess heftig gegen den Boden, auf dem er stand, so dass er in die Luft geschleudert wurde, angeblich bis zu einer Höhe von 2 oder 3 Meter. Er verlor das Bewusstsein nicht, verspürte aber sofort einen heftigen Schmerz, begleitet von Taubheit des einen Beines; es kam ihm, wie er sagt, vor, als ob dieses gleichzeitig schmerzhaft sei und fehlen würde. Er konnte nachher doch noch einige Schritte machen, wurde nach Hause gebracht und blieb zunächst durch zwei Monate bettlägerig. Wie er behauptet, war die Extremität in den ersten Tagen angeschwollen. Nach Ablauf der genannten Zeit begann er mit Krücken umherzugehen, später bediente er sich nur eines Stockes und seit länger als einem Jahre ist sein Zustand im Gleichen geblieben, so wie Sie ihn heute sehen werden.

Wenn wir den Kranken zunächst in horizontaler Bettlage untersuchen, können wir Folgendes constatiren: Es besteht, wie Sie bemerken, eine erhebliche Verkürzung der linken unteren Extremität, ganz wie man sie in der dritten Periode der organischen Coxalgie beobachtet. Das Gelenk ist unbeweglich, der Oberschenkel ist in fast unveränderlicher Stellung mit dem Becken gleichsam verlöthet. Der Kranke klagt über spontane Schmerzen in der Leistengegend, in der Hüfte und im Knie; diese Schmerzen steigern sich, wenn man einen Druck auf diese Gegenden ausübt, wenn man das Glied irgendwie bewegt und wenn man auf den grossen Trochanter oder auf die Ferse schlägt. Wollen Sie ferner beachten, dass das linke Bein im Ganzen, Ober- wie Unterschenkel, ein wenig schmäler ist als das rechte. Der Unterschied im Umfange beträgt etwa einen Centimeter.

Lassen wir nun den Kranken aufstehen und betrachten wir ihn von vorne (Fig. 57 *A*). Sie sehen, er neigt sich auf die gesunde Seite hinüber, den Stock hält er in der rechten Hand, der linke Fuss berührt den Boden nicht, oder nur ganz leicht mit der Fussspitze, der linke Unterschenkel ist gestreckt und steht etwas vor dem rechten. Wie mir mein Freund und

College Professor Lannelongue unlängst sagte, als ich ihm
eine gute Photographie des Kranken in aufrechter Stellung
vorlegte, ist dies ganz die Stellung und Haltung der Coxalgi-
schen, welche noch zu stehen vermögen.

Wenn wir jetzt den Kranken von rückwärts betrachten
(Fig. 57 B), so fällt uns zunächst ein Unterschied im Ver-

Fig. 57.

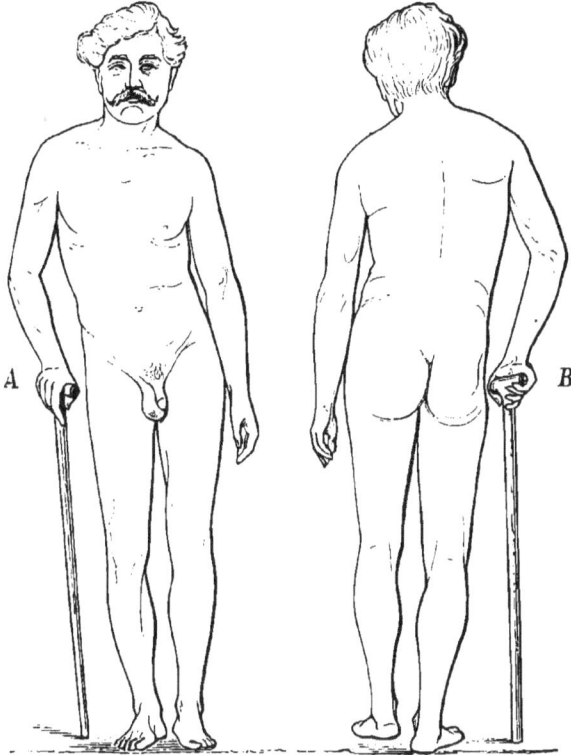

halten der beiden Hinterbacken auf; die rechte ist gerundet
und zeigt jenes Grübchen hinter dem Trochanter, welches
von der Contraction des M. glutaeus maximus herrührt, die
linke dagegen erscheint breiter, abgeflacht und schlaff hängend.
Auch diese Eigenthümlichkeiten finden sich bei der organischen Coxalgie wieder, und mehrere Autoren,[1] die ihnen eine

---

[1] B. Barwell l. c.

gewisse klinische Bedeutung beilegen, haben dieselbe bereits
gewürdigt.

Der Unterschied in der Erscheinung der beiden Hinterbacken hängt nämlich einzig und allein von der Stellung der
Person ab. Wir haben uns davon versichert, indem wir neben
unseren Kranken einen gesunden Mann hinstellten, der gewöhnt ist, Malern Modell zu stehen, und ihm auftrugen, die
Haltung des Kranken, nachdem er sie sorgfältig studirt hätte,
so genau als möglich nachzuahmen. Was sich bei dieser Zusammenstellung ergeben hat, sehen Sie mit grosser Deutlichkeit
an der nach einer Photographie angefertigten Zeichnung, die
ich Ihnen hier vorlege (Fig. 58).

Beachten Sie, dass die Glutäalfalte links höher steht
und breiter ist als rechts, sowie dass die rechte aus zwei
Falten besteht, während die linke einfach ist. Die Längsfurche
zwischen den Hinterbacken verläuft schräge von links nach
rechts, also von der kranken zur gesunden Seite aufsteigend;
ferner besteht eine sehr deutliche Krümmung der Wirbelsäule,
deren Concavität nach links gewendet ist. Auch diese Verkrümmung hängt ganz unzweifelhaft ausschliesslich von der
abnormen Haltung des Beckens und hauptsächlich von dessen
Hebung auf der kranken Seite ab. Ich habe endlich noch zu
bemerken, dass die Ungleichheit der beiden Ober- und Unterschenkel weit deutlicher hervortritt, wenn der Kranke aufrecht steht.

Was den hinkenden Gang unseres Kranken betrifft, so
brauche ich wohl nichts weiter über denselben zu sagen. Sie
bemerken, dass er von dem Gange bei organischer Coxalgie
älteren Bestandes nicht wesentlich abweicht.

Kurz, bei dieser ersten Untersuchung, meine Herren, haben
wir nichts gefunden, was der Annahme einer Gelenkserkrankung
mit mehr oder weniger tiefgreifenden und ausgebreiteten Zer-
störungen, welche ohne Abscessbildung in Gelenksankylose
ausgegangen ist, widersprechen würde.

Besteht hier aber wirklich eine Ankylose? Die Untersuchung in der Narkose müsste in dem Stadium der Krankheit,
das uns vorliegt — drei Jahre nach dem Beginne derselben —
eine unzweideutige Antwort auf diese Frage geben. Aber ich
will auf diesen Punkt jetzt nicht eingehen und behalte mir
vor, später darauf zurückzukommen.

Vorher möchte ich noch den Kranken von einem anderen
Gesichtspunkte aus untersuchen. Ich will mich auf den Boden
der Annahme begeben, dass er an einer Coxalgie sine materia
leidet, und nachforschen, ob er die Symptome zeigt, welche
der Beschreibung von Brodie entsprechen.

Wenn wir also zuerst den Allgemeinzustand unseres
Kranken in Betracht ziehen, so finden wir, dass derselbe
während der 2½ Jahre der Krankheit keine Schädigung erlitten hat; es besteht keine Abmagerung, keine Anämie, er
hat niemals gefiebert, sein vortrefflicher Appetit war auch
keinen Augenblick gestört.

Fig. 58.

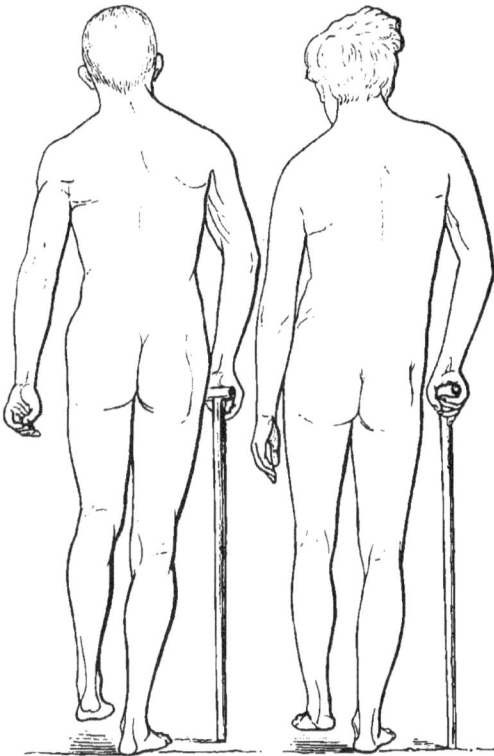

Sie werden mir zugeben, dass diese, man möchte sagen,
vollkommene Erhaltung der Gesundheit nicht mit der Annahme
eines schweren, seit einer langen Reihe von Monaten bestehenden Gelenkleidens in Einklang zu bringen ist, selbst wenn
letzteres den günstigsten Verlauf genommen haben sollte.

Beachten Sie nun, dass sich die Rigidität der Muskeln
nicht nur auf das Hüftgelenk beschränkt, sondern auch am
Knie-, und selbst am Sprunggelenke zu constatiren ist. Diese

Symptome gehören nicht mehr der gemeinen organischen Coxalgie an, ebensowenig wie die Temperaturherabsetzung im Vergleiche mit der gesunden Seite und die blauviolette Verfärbung der Haut, die Sie bei unserem Kranken hauptsächlich am Knie und Unterschenkel beobachten können.

Wir wollen nun von Neuem auf die Untersuchung der Schmerzhaftigkeit zurückkommen und uns die Dinge ein wenig genauer besehen, als wir bisher gethan haben. Der Schmerz, welcher bereits spontan, wenigstens zeitweilig, von grosser Heftigkeit ist, wird noch verstärkt, wie ich bereits erwähnt, wenn man auf den Trochanter oder auf die Ferse schlägt und wenn man einen Versuch macht, das Gelenk zu bewegen. Er zeigt aber die Eigenthümlichkeit, dass er diffus ist, er strahlt nämlich über das Poupart'sche Band aus, geht am Unterleib hinauf, fast bis in die Nähe der linken Brust und erstreckt sich auch auf das Gesäss. Ferner, wenn man eine Hautfalte, sei es in der Leistengegend, sei es vorne über dem Knie aufhebt und ein wenig zwischen den Fingern drückt, entsteht ein intensiver Schmerz, der ganz ausser Verhältniss zur Heftigkeit ist, mit der man die Haut gekneipt hat. Ich muss auf diese Hyperästhesie der Haut in der Nähe des Hüftgelenkes Werth legen, weil sie von den meisten Autoren, welche über die hysterische Coxalgie geschrieben haben, hervorgehoben worden ist. Sie verdient in der That den Namen „Brodie'sches Symptom", denn dem berühmten englischen Chirurgen ist es zu danken, dass die Bedeutung, welche derselben in diagnostischer Hinsicht zukommt, erkannt wurde.

Ich muss noch hinzufügen, dass der Kranke Ch. bei solchen Reizungen der Haut in der Leistengegend und am Knie in einen Zustand von äusserster Angst geräth, sein Gesicht röthet sich, die Venen am Halse und an den Schläfen schwellen an u. dgl. Als wir dies bemerkten, befragten wir ihn, was er in diesem Augenblicke verspüre, und siehe da, die Angaben, die er uns machte, entsprachen genau der Beschreibung einer regelrechten hysterischen Aura, nämlich: Beengung in der Magengrube, dann Herzklopfen, Zusammenschnürung im Halse und zuletzt Sausen im linken Ohre und Klopfen in der Schläfe derselben Seite. Dieselben Zustände stellten sich auch ein, wenn man auf den grossen Trochanter und auf die Ferse klopfte, oder überhaupt dem Hüftgelenke irgend eine Erschütterung zuführte. Sie entnehmen daraus, meine Herren, dass, wenn bei unserem Kranken auch keine hysterischen Anfälle vorkommen, man doch bei ihm die Phänomene der hysterischen Aura hervorrufen kann, welche in der Regel den Anfall einleiten, und zwar durch Erregung echter hystero-

gener Zonen, von denen die einen in der Haut über dem
Hüft- und Kniegelenke gelegen sind, während die anderen,
tiefer gelegenen, theils die Synovialhaut, theils die Gelenkskapsel einzunehmen scheinen.

Die Entdeckung, von der ich eben berichtet habe, musste
uns natürlich auf die Vermuthung bringen, dass eine eingehendere und auf ein bestimmtes Ziel gerichtete Untersuchung
bei unserem Kranken vielleicht noch andere Symptome ent-

Fig. 59.

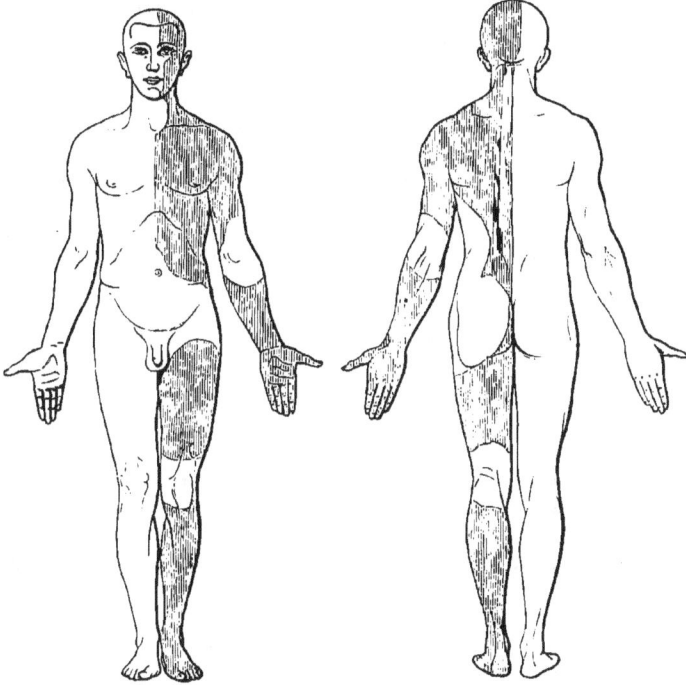

hüllen würde, welche das Bestehen der hysterischen Diathese
noch unzweideutiger und sozusagen greifbarer bezeugen
könnten. Unsere Erwartung wurde darin nicht getäuscht: Eine
planmässige Prüfung der Sensibilität des Kranken in ihren
verschiedenen Arten hat uns in der That gelehrt, dass er eine
vollkommene Anästhesie für Stiche und Temperaturreize fast
auf der ganzen linken Körperhälfte darbietet; nur wenige
Bezirke sind verschont geblieben. Der Muskelsinn ist für die
Bewegungen in gewissen Gelenken (Fuss-, Hand-, Finger- und

Schultergelenk) aufgehoben, für andere, z. B. für das Ellbogengelenk, noch erhalten. Die Sinnesorgane Geruch, Geschmack
und Gehör sind auf der linken Seite in ihrer Leistungsfähigkeit erheblich beeinträchtigt, das Gesichtsfeld auf derselben
Seite sehr deutlich eingeengt, während sich das rechte Auge
ganz normal verhält. Endlich will ich noch anführen, dass
man den Pharynx des Kranken kitzeln, auf jede Weise und
mit allen Mitteln reizen kann, ohne die mindeste Spur einer
Reflexbewegung auszulösen — wie Sie wissen, ein im hohen
Grade charakteristisches Phänomen.

Aus all dem Vorhergehenden müssen wir folgern: 1. dass
unser Kranker ein Hysterischer ist; 2. dass die Gelenksaffection, an der er leidet, eine gute Anzahl der Symptome
zeigt, welche der hysterischen Coxalgie als eigenthümlich zukommen, und keines von denen, welche für die Annahme
einer schweren Gelenkserkrankung ausschlaggebend sind. Selbst
die Abmagerung des leidenden Gliedes entspricht nicht der
Muskelatrophie mit völliger Muskelschlaffheit, die sich bei der
organischen Coxalgie findet, und kann vielleicht ungezwungen
auf die verhältnissmässige functionelle Unthätigkeit, die schon
seit $2^1/_2$ Jahren besteht, zurückgeführt werden. Alles, sowohl
die allgemeine, als auch die locale Affection bei unserem
Kranken wäre demnach auf Hysterie zu beziehen. Die An-
knüpfung des ganzen Zustandes an ein Trauma würde keineswegs gegen diese Deutung sprechen; wir wissen ja aus unseren
früheren Studien, dass eine traumatische Erschütterung beim
Manne vielleicht noch eher als beim Weibe den Erfolg haben
kann, die bis dahin latent gebliebene hysterische Disposition
zum Ausbruche zu bringen.

Trotzdem, und selbst angesichts all der Argumente, die
wir hier zusammengestellt haben, kann die Diagnose noch
zweifelhaft erscheinen, und ich bin der Erste, dies zuzugestehen.
Es ist in der That nicht leicht, bei einer so hochgradigen
und schon seit mehreren Jahren bestehenden functionellen
Untüchtigkeit die Idee eines organischen Leidens von der Hand
zu weisen. Man kann sich ja unter Anderem die Frage vor-
legen, ob die hysterischen Symptome, die sonst nicht zweifelhaft sind, sich nicht in einem bestimmten Zeitpunkte zu einer
organischen Coxalgie hinzugestellt haben, welche so gewissermassen das Stichwort für das Auftreten der Neurose und ihrer
Aeusserungen gegeben hätte. Sie sehen ein, nur die Untersuchung in der Chloroformnarkose könnte alle diese Zweifel
beheben. Wir wollten uns natürlicherweise dieses Mittels zur
Aufklärung bedienen, aber der Kranke hat uns bisher den
hartnäckigsten Widerstand entgegengesetzt. Ich verzweifle

übrigens nicht daran, ihn zur Einsicht zu bringen, so dass er sich jetzt oder später eine Untersuchung gefallen lässt, die ihm im Grunde doch nur von Nutzen sein kann.

In Ermanglung einer eigenen Erfahrung dürfen wir uns aber, meine Herren, auf das Ergebniss einer Untersuchung berufen, welche ein ausgezeichneter Chirurg vor kaum 4 oder 5 Monaten an dem Kranken angestellt hat. Ein College, welcher damals zugegen war, hat uns von diesem Ergebnisse unterrichtet und versichert, dass das Gelenk in der Narkose sich vollkommen frei, vollkommen beweglich, ohne Anzeichen von Contractur oder Verwachsung erwiesen hat.

Die Schlüsse, welche man damals aus der erwähnten Untersuchung zog, waren die folgenden, meine Herren: 1. Bei dem Individuum besteht keine Spur eines organischen Gelenksleidens; 2. er ist aller Wahrscheinlichkeit nach ein Simulant.

Sie begreifen, meine Herren, dass wir nach den vorstehenden Erörterungen uns dieser letzteren Folgerung nicht anzuschliessen im Stande sind.

Gewiss besteht keine organische Coxalgie bei unserem Kranken, das ist hinreichend sichergestellt; aber es besteht bei ihm eine hysterische Coxalgie, eine Coxalgie sine materia, wenn Sie es so nennen wollen. Und diese Erkrankung ist, obwohl nur eine dynamische, vollkommen echt, ganz und gar nicht geheuchelt, und wir haben nicht die leiseste Berechtigung, unseren Mann der Simulation zu bezichtigen.

Das Eine ist aber, wie Sie, meine Herren, begreifen, ausgemacht; von dem Augenblicke an, da wir erkannt haben, es handle sich nur um eine hysterische Coxalgie, ist die Prognose im Grossen und Ganzen weit weniger bedenklich, als wir sie hätten stellen müssen, wenn wir bei der Annahme eines organischen Gelenksleidens verblieben wären. Eine hysterische Coxalgie mag sich immerhin in die Länge ziehen, Monate und selbst Jahre währen — unser Fall bietet ja leider ein Beispiel dafür — aber endlich muss es, früher oder später, zu der Zeit oder zu einer anderen zur Heilung kommen.

Wie soll man es nun anstellen, um diesen günstigen Ausgang, den wir erwarten und vorhersagen, zu beschleunigen? Dies ist eine Frage, die ich nicht beantworten kann, ohne mich in längere Erörterungen einzulassen, und daher möchte ich mir diese Aufgabe für die nächste Vorlesung aufsparen.

Vierundzwanzigste Vorlesung.

Ueber einen Fall von hysterischer Coxalgie aus traumatischer Ursache bei einem Manne.

(Fortsetzung und Schluss.)

Ergebnisse der Untersuchung in der Chloroformnarkose bei dem Kranken. — Combination der organischen mit der hysterischen Coxalgie. — Schwierigkeiten der Diagnose. — Beispiele. — Reproduction des Symptomcomplexes der hysterischen Coxalgie durch die Hypnose. — Erklärungsversuch auf Grund der Lehre von den psychischen Lähmungen. — Therapie. — Wirkung der Massage bei dem Kranken und anderen hysterischen Personen.

Meine Herren! Sie sehen hier von neuem den Kranken, den ich Ihnen in der letzten Vorlesung als ein bemerkenswerthes Beispiel der Erkrankung, welche man als hysterische Coxalgie zu bezeichnen pflegt, vorgestellt habe.

Sie erinnern sich der zahlreichen und unstreitig höchst gewichtigen Argumente, welche uns diese Diagnose aufnöthigten. Doch dürften sich noch einige Zweifel und Bedenken bei Ihnen behauptet haben; wir konnten ja die Chloroformnarkose bei dem Kranken nicht selbst einleiten, und waren daher nicht im Stande, uns eine eigene Ueberzeugung von der Unversehrtheit des leidenden Gelenkes zu bilden.

Nun, diese Zweifel, meine Herren, sind jetzt behoben. Der Kranke, welcher sich bisher der Chloroformnarkose, von einer Befürchtung, deren Grund mir unerfindlich ist, getrieben, widersetzt hatte, hat sich nun in besserem Verständniss seines eigenen Vortheils gefügt. Er wurde am letzten Freitag narkotisirt und ich will Ihnen im Folgenden die Ergebnisse unserer Untersuchung mittheilen.

Der Kranke war innerhalb sechs bis sieben Minuten, nach einer sehr kurz dauernden Erregungsperiode, tief eingeschläfert. Unsere Erfahrungen über die Wirkung des Chloroforms bei Hysterischen hatten uns ein ganz entgegengesetztes Verhalten

befürchten lassen. Die Muskeln des Kranken waren in völliger
Erschlaffung, an den Muskeln des kranken Beines trat diese
Erschlaffung am spätesten ein; die Haut wurde durchaus unempfindlich, selbst an den Stellen, welche vorher der Sitz
der stärksten Hyperästhesie gewesen waren; man konnte mit
Ober- und Unterschenkel die ausgiebigsten Bewegungen vornehmen, ohne auf den mindesten Widerstand zu stossen;
Klopfen auf den grossen Trochanter oder auf die Ferse rief
keinerlei Reaction hervor. Während wir diese Bewegungen
ausführten, konnten wir weder mit der aufgelegten Hand, noch
mit Hilfe des Stethoskops eine Spur von Crepitiren wahrnehmen. Es drängt sich uns also die Folgerung auf, dass
das Gelenk frei von Verwachsungen ist, dass die Knochen-
und Gelenksflächen keine jener Gestaltveränderungen und Erkrankungen verrathen, welche bei einer Coxalgie von so langer
Dauer nicht fehlen dürften, vorausgesetzt nämlich, dass es
sich um ein organisches Leiden handelt.

Erlauben Sie mir noch, meine Herren, dass ich Ihnen
mittheile, was an dem Kranken während der Periode des Er-
wachens zu beobachten war.

Zunächst, und ehe noch eine Schmerzhaftigkeit von Seiten
des Gelenkes vorhanden war, stellte sich ein gewisser Grad
von Rigidität in den Muskeln des erkrankten Gliedes wieder her.
Als die Sensibilität der Haut bereits theilweise wiedergekehrt war, und der Kranke auf Fragen zu antworten
begann, zeigte sich die Empfindlichkeit der tiefen Theile (geprüft durch Schlagen auf den grossen Trochanter und auf die
Ferse) noch keineswegs erhöht; die Hyperästhesie in der
Tiefe war es also, die am längsten ausblieb. Als aber der
Kranke vollkommen erwacht war, nach zwanzig bis fünfund-
zwanzig Minuten also, kehrte Alles: Verkürzung, Schmerz und
Hinken in genau den nämlichen Zustand zurück, der vor der
Narkose bestanden hatte.

Auf jeden Fall ist die Diagnose von nun an über jeden
Zweifel sichergestellt. Sie wissen wohl, mit der Behandlung
steht es anders; hier ist noch alles zu thun, und diese muss
auch von jetzt an das Ziel unserer Bemühungen werden.

Ich sehe mich aber, ehe ich zur Frage der Therapie
übergehen kann, genöthigt, Ihre Aufmerksamkeit auf einen
anderen Punkt zu lenken, der bei der Diagnose der hysterischen Coxalgie noch in Betracht kommt.

Wenn ich so viel Werth darauf gelegt habe, die Untersuchung unseres Kranken in der Narkose vorzunehmen, so
leitete mich dabei die Erwägung, dass wir es möglicher Weise
mit einer Combination zu thun haben könnten, wie die

folgende: Einerseits die organische Erkrankung der scrophulösen Coxalgie, andererseits, mit ihr vereint, die dynamische
Läsion der hysterischen Coxalgie. Unser Kranker ist allerdings ein unzweifelhafter Hysteriker, und die Symptome der
hysterischen Coxalgie sind bei ihm sehr deutlich ausgesprochen,
aber es könnte sein, dass sich hinter diesen Symptomen überdies eine echte Coxalgie verbirgt; — das wäre dann eine gemischte hystero-organische oder organisch-hysterische Form,
wie Sie es nun nennen wollen.

Aber kommt denn eine solche gemischte Form in Wirklichkeit klinisch vor? Ja gewiss, und sie ist vielleicht sogar
häufiger als man glaubt, wenn auch die Autoren sie, soweit
ich es beurtheilen kann, mit Stillschweigen übergehen. Die
Wichtigkeit dieser Thatsache veranlasst mich, Ihnen einige
Worte darüber zu sagen. Dank der freundlichen Unterstützung
meiner Collegen Lannelongue und Joffroy bin ich in der
Lage, Ihnen von drei Fällen[1] zu berichten, in denen diese
Combination unter solchen Verhältnissen aufgetreten ist, dass
es schwer wurde, den Irrthum zu vermeiden.

In allen drei Fällen gieng der erste Eindruck dahin, dass
es sich um ein hysterisches Leiden handle; erst eine genauere
Untersuchung hat gezeigt, dass hinter den hysterischen
Symptomen ein unerkannt gebliebenes organisches Hüftgelenksleiden versteckt war. Ich will diese Combination von organischer
Erkrankung mit hysterischen Symptomen zum Anlass nehmen,
um Ihnen im Vorbeigehen zu bemerken, dass man nicht

---

[1] Ich schalte hier eine gedrängte Darstellung der drei Fälle ein:
Erster Fall (mitgetheilt von Prof. Lannelongue): Knabe von eilf
Jahren, die Mutter leidet häufig an hysterischen Anfällen. Das erkrankte
Glied zeigt eine Contractur nicht nur im Hüft-, sondern auch im Knie- und
Sprunggelenk. Man kann das Glied nicht berühren, ohne dass der Knabe
in wirkliche Krämpfe verfällt. In der Chloroformnarkose ergiebt sich dann
äusserst starkes Crepitiren. Es besteht eine Verkürzung von 2 cm, die davon
herrührt, dass der Kopf des Oberschenkels auf der Gelenkspfanne reitet.
Später kommt es zur Abscessbildung.
Zweiter Fall (mitgetheilt von Prof. Lannelongue): Mädchen von
dreizehn Jahren, der Vater trägt die Zeichen einer Kinderlähmung, die
Mutter hat bis in ihr 30. Lebensjahr hysterische Anfälle gehabt. Schmerzhafte Contractur des rechten Fusses im Alter von sieben Jahren. Nervöse
Krämpfe im neunten Jahre. Dieselben treten im zehnten Lebensjahre von
Neuem auf. Mit eilf Jahren Schmerz in der linken Hüfte und Hinken.
Darauf folgt ein so erheblicher Nachlass der Erscheinungen,
dass man ein rein nervöses Leiden annimmt und das Kind
herumgehen lässt. Endlich wird, als die Schmerzen sich wieder einstellen, in der Narkose untersucht. Man findet nun Crepitiren und sehr
bedeutende Schwierigkeiten bei der Verbesserung der falschen Stellung, die
von Veränderungen der Knochen herrühren. Eine tiefe Schwellung lässt
Abscessbildung befürchten.

glauben darf, materielle Erkrankungen des Organismus bilden,
wenn sie einigermassen stärker entwickelt sind, ein Hemmnis
für die Existenz hysterischer Erscheinungen. Dies gilt allerdings
für manche Fälle, in anderen aber, und vielleicht weit häufiger,
kann man sehen, dass die hysterischen Stigmata während
der Entwickelung mehr oder minder schwerer organischer
Affeetionen unbeeinflusst bleiben. Ich will hier nur zum Beispiel
auf einen Fall verweisen, den wir kürzlich auf der Klinik beobachtet haben, einen überaus schweren Fall von acutem Gelenksrheumatismus, zu dem sich eine, später zum Tode führende,
Perikarditis hinzugesellte.

Ich will mich bei diesem Punkte nicht länger aufhalten;
das Gesagte wird, glaube ich, genügen, um Ihnen zu zeigen,
dass, wenn sich eine organische Erkrankung bei einem
hysterischen Individuum entwickelt, die Symptome der beiden
Erkrankungen sich derart combiniren können, dass eine pathologische Zwitterbildung zu Stande kommt, die den Arzt nicht
überraschen darf.

Kehren wir nun zu unserem Kranken zurück. Wir haben den
Beweis erbracht, dass er an einer echten und rechten hysterischen Coxalgie leidet, der keine organische Läsion beigesellt
ist. Wir dürfen also behaupten, dass er einmal, jetzt oder
später, genesen wird; aber wann wird er genesen, und welche
Mittel sollen wir anwenden, um diesen Ausgang zu beschleunigen?

Ich habe vor, mit Ihnen zunächst die Theorie, die pathologische Physiologie der Fälle, die uns in Anspruch nehmen,
zu studiren, weil ich bei dieser Arbeit Anhaltspunkte auf-

Dritter Fall (mitgetheilt von Dr. Joffroy): Fräulein X. aus Peters-
burg, 18 Jahre alt. Keime hereditärer Belastung. Mit sechs und mit 14 Jahren
häufige Krampfanfälle, welche hysterische Krämpfe in der Gestalt partieller
Epilepsie gewesen sein mögen. Vorübergehende Symptome von Coxalgie im
Alter von sechs Jahren, mehrmaliges Wiederauftreten derselben mit eilf
Jahren. Neuerdings Coxalgie im Alter von 18 Jahren, die zur Zeit, da die
Kranke zur Untersuchung kommt, bereits seit fünf Monaten besteht. Heftiger
Schmerz in der Hüfte und am Knie, scheinbare Verkürzung, die Kranke
geht mit Hilfe von Krücken, berührt kaum den Boden mit der Spitze des
kranken Fusses; keine hysterischen Stigmata. Mit Rücksicht auf die Ansicht
der früher beigezogenen Aerzte, auf den eigenthümlichen Gang der Kranken
und besonders auf die seit zehn Jahren unablässig einander folgenden Nachlässe und Rückfalle wird eine hysterische Coxalgie — obwohl mit Vorbehalt — angenommen. Die Anwendung allgemeiner lauer Bäder führt
zunächst eine sehr erhebliche Besserung herbei, ein neuer Nachlass tritt ein,
und die Kranke kann wieder ohne bedeutende Schmerzen gehen. Als man
sich jedoch mittlerweile zur Narkose entschliesst, findet man, „dass im Hüftgelenk keine völlige Erschlaffung möglich ist und dass die Bewegungen, die
man im Gelenke ausführt, ein Crepitiren erzeugen, welches über das Bestehen
hochgradiger Knochenerkrankungen keinen Zweifel aufkommen lässt."

zufinden hoffe, die uns gestatten könnten, unsere Behandlungsmethoden auf rationelle Grundlagen zu heben. Es bietet sich
uns bei diesem Studium ein Mittel dar, von dem wir bereits
in ähnlichen Fällen Gebrauch gemacht haben. Ich meine
nämlich die künstliche Erzeugung der Symptome der hysterischen Coxalgie, um dadurch eine bessere Einsicht in die
Bedingungen und in den Hergang ihrer Entwickelung zu
gewinnen.

Sie begreifen wohl, dass kein Thier, so hoch es auch in
der Rangordnung der Thiere stehen mag, uns bei diesen Versuchen dienen kann, sondern einzig und allein der Mensch
selbst, wenn er unter den eigenthümlichen psychischen Bedingungen des hypnotischen Zustandes steht.

Ich stelle Ihnen hier zwei Frauen vor, die Beide offenkundig hysterisch sind und Beide die deutlichsten Zeichen des
„grossen Hypnotismus" erkennen lassen. Sie sehen sie Beide
im wachen Zustande und bemerken, dass alle wesentlichen
Charaktere der hysterischen Coxalgie, Schmerz, Hinken und
alle anderen, auf die ich hier nicht wieder eingehen will, an
ihnen zu beobachten sind. Aber die Bedeutung dieser Demonstration liegt darin, das es sich hier um Zustände handelt,
welche wir selbst, vorsätzlich, künstlich in der Hypnose erzeugt
haben. Wir haben es bei diesen Kranken natürlich nicht zu
weit treiben wollen, wir sind innerhalb der durch die Vorsicht
gebotenen Schranken geblieben, aber trotzdem ist es uns gelungen, einen Zustand zu erzeugen, in dem Sie deutlich das
von Brodie beschriebene Leiden in einer milden Form erkennen werden.

Bei der einen dieser Frauen sind wir in der Weise vorgegangen, dass wir während der Hypnose eine leichte Torsion
des Oberschenkels im Hüftgelenke vornahmen; sie beklagte
sich sofort über heftigen Schmerz in der Hüfte, und — worauf
ich Sie ausdrücklich aufmerksam mache — auch im Knie, obwohl
dem Kniegelenk nicht das mindeste widerfahren war.

Bei der anderen Kranken begnügten wir uns damit, ihr
in der Hypnose zu versichern, dass sie einen Anfall gehabt
habe, und während desselben auf die Hüfte gefallen sei. Die
lebhafte Schilderung, die wir von diesem angeblichen Ereigniss
machten, und der Nachdruck, mit dem wir auf den heftigen
Schmerzen verweilten, welche sich daraus ergeben sollten,
haben die gewünschte Wirkung gethan, und auch hier trat
das merkwürdige Symptom auf, dass sich die Kranke gleichzeitig über Schmerz in der Hüfte und im Knie beklagte,
obwohl wir nur von einer Contusion der Hüfte gesprochen
hatten. Es ergab sich ferner, dass die Haut über dem Hüft-

und Kniegelenk sehr empfindlich geworden war, trotzdem früher auf der ganzen Seite Anästhesie bestanden hatte. Ich habe Ihnen ferner mitzutheilen, dass unsere Kranken nach dem Erwachen aus der Hypnose nicht das mindeste von unseren Eingriffen wussten, und Beide fest daran glaubten, sich die Hüfte während eines Anfalles verletzt zu haben.

Meine Herren! Sie erinnern sich gewiss jener beiden Männer Porcen.. und Pin..., die ich noch kürzlich neuerdings vorgestellt habe. Bei diesen hatte sich in Folge eines Schlages auf die Schulter eine hysterische Lähmung des entsprechenden Armes entwickelt, und ich zeigte Ihnen, dass man bei Hysterischen, die in den hypnotischen Schlaf versenkt sind, das vollkommene Ebenbild dieser Lähmung hervorrufen könne, und zwar sowohl durch eine mündliche Suggestion, als auch durch eine leichte traumatische Einwirkung, die man auf die Schulter ausübt, was man geradezu als „traumatische Suggestion" bezeichnen darf.

Ich bin der Ansicht, dass der hypnotische Zustand, in welchem die Suggestion solche Erfolge erzielt, in mehr als einer Hinsicht dem gleichzustellen ist, was man in England „nervous shock" zu nennen pflegt, im Gegensatz zum traumatischen Shock, mit dem er sich häufig genug vereint, ohne jedoch darum mit ihm zusammenzufallen. Dieser nervöse Shock kommt zu Stande, wenn eine heftige Erregung, ein Schreck, das Individuum befällt, und als Beispiel dafür kann uns der Schreck bei einem Unglücksfalle dienen, besonders, wenn dieser, wie es bei Eisenbahnunfällen vorkommt, Lebensgefahr mit sich bringt. Bei solchen Anlässen bildet sich häufig ein ganz eigenthümlicher psychischer Zustand heraus, den Page, welcher demselben eine eingehende Würdigung geschenkt hat, der Hypnose an die Seite stellt, und zwar nicht mit Unrecht, wie ich glaube. [1]

In dem einen wie in dem anderen Falle würden nämlich die psychische Selbstständigkeit, der Wille und das Urtheilsvermögen, mehr oder minder unterdrückt oder verdunkelt, und daher den Suggestionen das Thor geöffnet werden. Die leichteste traumatische Einwirkung, die ein Glied betrifft,

---

[1] „Wir sind geneigt .... zu glauben, dass der primäre Sitz der functionellen Störung im Gehirne selbst liegt, und dass es dabei wie bei der Hypnose .... zu einer zeitweiligen Hemmung in der Thätigkeit jenes Theiles des Sensoriums kommt, welches die Empfindungen und Bewegungen, die sich auf die Körperperipherie beziehen, beherrscht und regelt." (Page, Injuries of the spine and nervous shock, pag. 207, 2ᵈ edition, London 1885. Vergl. auch Wilks „On hysteria and arrest of cerebral action" (Guy's Hosp. Rep., vol. XXII, pag. 35) und Tuke „Influence of the mind upon the body," pag. 99.

kann dann zu einer Lähmung, Contractur oder Arthralgie desselben Veranlassung geben. So sieht man häufig nach Eisenbahnzusammenstössen je nach den Umständen Monoplegien, Hemiplegien und Paraplegien auftreten, welche organische Leiden vortäuschen, obwohl sie nichts Anderes sind als functionelle, psychische Lähmungen, welche mit den hysterischen Lähmungen zum mindesten grosse Uebereinstimmung zeigen.

Ich bedauere es lebhaft, dass ich bei dieser angedeuteten Zusammenstellung des nervösen Shocks mit dem psychischen Zustande, welcher die somnambule Periode des Hypnotismus kennzeichnet, nicht länger verweilen kann. Ich hoffe aber, das Wenige, was ich gesagt habe, wird hinreichen, um Ihre Aufmerksamkeit auf diesen Gegenstand zu richten, und um denselben Ihrem Nachdenken zu empfehlen.

Um nun auf unseren an hysterischer Coxalgie leidenden Kranken zurückzukommen, so werden Sie wohl verstanden haben, meine Herren, dass die Coxalgie dieses Kranken auf Grund jener Theorie gedeutet werden muss, welche ich im vorigen Semester auf die Fälle von hysterischer Monoplegie aus traumatischer Ursache angewendet habe. [1]

Sie haben Sich davon überzeugt, dass man in der Hypnose eben so gut einen Schmerz wie eine Lähmung durch mündliche Eingebung oder mit Hilfe eines leichten Traumas suggeriren kann, und es steht ganz in der Macht des Beobachters, diesen suggerirten Schmerz in irgend einen Theil eines Gliedes zu verlegen.

Wie es also psychische Lähmungen giebt, hervorgerufen durch den Mechanismus, den wir in einer der früheren Vorlesungen als „traumatische Suggestion" bezeichnet haben, so giebt es auch spastische Coxalgien, die sich auf denselben Vorgang zurückführen lassen. Unser Brettschneider ist ein Beispiel dieser Art; das Trauma, das ihn traf, erzeugte bei ihm einen nervösen Shock und die dazu gehörige psychische Verfassung. Allerdings hat das Hüftgelenk selbst eine Erschütterung, vielleicht selbst eine mehr oder minder heftige Contusion erfahren, aber diese locale Einwirkung hatte keine schweren organischen Veränderungen zur Folge, und der Schmerz, den sie verursachte, konnte sich nur auf Grund des psychischen Zustandes, den der nervöse Shock verschuldete, ausbilden, steigern und endlich in der Erscheinungsform einer hartnäckigen Arthralgie endgiltig festsetzen.

Dies ist, meine Herren, der Erklärungsversuch, den ich Ihnen vorlege; wenn ich auf denselben einigermassen Nach-

---

[1] Vergl. die zwanzigste, ein- und zweiundzwanzigste Vorlesung.

druck gelegt habe, so geschah dies, weil sich unsere Behandlungsmethode gewissermassen selbstverständlich aus demselben ableitet. Wenn es sich um eine vorzugsweise psychische Affection handelt, so werden wir also eine vorzugsweise psychische Behandlung einzuschlagen haben. — Aber wie sollen wir diese in's Werk setzen? Wir wissen aus den Beobachtungen mehrerer Autoren, dass solche psychische Arthralgien, seien sie von einem Trauma oder von einer anderen Veranlassung abhängig, mitunter bei Gelegenheit einer heftigen Erregung oder einer religiösen Ceremonie, die das Gemüth lebhaft ergreift, mit einem Schlage in Heilung übergehen. Aber von diesen Mitteln steht uns leider keines zu Gebote; wir haben zwar versucht, durch unsere Autorität zu wirken, haben dem Kranken, als er aus der Chloroformnarkose erwachte, und als der Schmerz wie das Hinken nachgelassen hatten, nachdrücklich eingeredet, dass er geheilt sei, aber ich muss Ihnen gestehen, ohne Erfolg. Hätten wir von der Wirkung einer Scheinoperation, wie sie Hancock und Barwell vorgeschlagen haben, mehr zu erwarten? Ich bin davon nicht überzeugt. Sie wissen ja auch, wenn man Mittel dieser Art anwendet, muss man des Erfolges ganz sicher sein; ein Fehlschlagen unter solchen Verhältnissen würde uns nur in den Augen des Kranken ganz umsonst blosstellen. Was die Hypnose betrifft, mit welcher hier vielleicht viel auszurichten wäre, so steht ihr der Umstand im Wege, dass sich der Kranke entschieden gegen sie sträubt.

Seit etwa zehn Tagen unterziehen wir unseren Kranken einer sehr einfachen Behandlung, die in der Anwendung der Massage besteht. Diese Behandlung hat uns bis jetzt keine bleibenden Erfolge ergeben; doch will ich die einfache Operation vor Ihnen ausführen lassen und Ihnen zeigen, welches die augenblicklichen Wirkungen der mit dem Kranken täglich wiederholten Procedur sind.

Sie erinnern Sich, meine Herren, dass Ch . . . eine linksseitige Hemianästhesie im strengen Sinne des Wortes darbietet, von der nur gewisse, nicht blos empfindliche, sondern selbst hyperästhetische Hautpartien freigeblieben sind. Diese hyperästhetischen Bezirke nehmen am Arm insbesondere den Ellbogen, und am Bein Hüfte und Knie ein; Kneipen der Haut an diesen verschiedenen Stellen löst heftige Schmerzen und die Phänomene der Aura aus. Die Hyperästhesie ist übrigens nicht auf die Haut beschränkt, sondern betrifft in gleicher Weise die tiefen Theile (Synovial- und Gelenkskapsel); auch Klopfen auf den grossen Trochanter, auf die Ferse, wie überhaupt alle Bewegungen, die man mit der unteren Extre-

mität vornimmt, erzeugen denselben Schmerz. Ich erinnere
Sie ferner daran, dass diese Gelenksempfindlichkeit von einer
Contractur der Muskeln, welche das Hüft- und Kniegelenk,
und selbst derer, die das Becken bewegen, begleitet ist, und
dass die so verursachte Hebung des Beckens die anscheinende
Verkürzung des linken Beines verschuldet.

Nachdem ich mich also entschlossen hatte, bei unserem
Kranken die Wirkung der Massage zu versuchen, bat ich
Herrn Gautier, der sich seit einer Reihe von Jahren wissen-
schaftlich mit dieser Methode beschäftigt, uns hierbei seinen
Beistand zu leihen, und ich danke ihm, dass er meiner Auf-
forderung nachgekommen ist.

Wir haben ihm dabei unbedingte Freiheit gelassen, und er
wird nun vor Ihnen das Verfahren in Anwendung bringen,
zu dem er sich entschlossen hat. Sie sehen, er geht in der
Weise vor, dass er zuerst mit seiner Hand eine einfache
Effleurage an der linken Hinterbacke des Kranken ausführt, er
steigt dann allmählich mit dem Druck, und nun macht er eine
echte, tiefe Massage. Vor acht Tagen war diese Behandlung
dem Kranken noch sehr unangenehm, heute erträgt er sie
bereits sehr viel besser. Nach vier bis fünf Minuten beginnt
er, wie er sagt, nicht mehr zu verspüren, dass er frottirt wird,
dann giebt er eine Empfindung von Eingeschlafensein im ganzen
Bein an, und bald darauf „hat er kein Bein mehr", wie
er sich ausdrückt. In der That ist die linke untere Extremität
in ihrem ganzen Umfange unempfindlich geworden, die hyperästhetischen Stellen über dem Hüft- und Kniegelenk sind verschwunden; man kann die Haut jetzt ungestraft kneipen. Aber
noch mehr; die Anästhesie ist auch in die Tiefe gegangen,
denn man kann jetzt auf den Trochanter wie auf die Ferse
schlagen, ohne den leisesten Schmerz auszulösen. Endlich will
ich Ihnen noch Eines zeigen, was uns in noch höherem Grade
interessiren muss: Auch die Contractur ist geschwunden, und
Sie können jetzt alle Gelenke des linken Beines selbst ganz
rücksichtslos nach allen Richtungen bewegen, ohne den mindesten Widerstand zu finden, und ohne dass der Kranke den
leisesten Schmerz äussert. Sie sehen, wir können jetzt wieder,
wie wir es bereits in der Chloroformnarkose gethan haben,
constatiren, dass die Gelenke vollkommen frei und beweglich
sind, dass kein Crepitiren in ihnen entsteht, mit einem Wort,
dass Kapseln und Gelenksflächen absolut intact sind. Ausserdem sind alle Vorstellungen des Muskelsinnes für das Glied
aufgehoben. Wir haben also, streng genommen, die Coxalgie
mit Contractur in eine schlaffe hysterische Lähmung von bester
typischer Form verwandelt.

Wie lange hält nun dieser Lähmungszustand an? Etwa eine bis anderthalb Stunden. Und was geschieht dann? Dann erscheint der Schmerz von Neuem, steigt rasch bis zu der früheren Intensität an, und die Contractur, sowie die schein- bare Verkürzung des Beines stellen sich wieder her. Ich muss also zugeben, dass unsere Massage dem Kranken bisher nur eine sehr flüchtige Erleichterung gewährt hat, aber ich kann Ihnen doch auch mittheilen, dass seit zwei oder drei Tagen Schmerzen und Contractur nicht mehr in ihrer vollen Höhe wiederkehren. Der Kranke gesteht selbst bereitwillig zu, dass die Symptome der Coxalgie eine Neigung zur Abnahme zeigen, die sich nach jeder neuen Sitzung verstärkt, und wir bauen auf diesen Umstand die Hoffnung, im Laufe der Zeit zu dem ersehnten Ziele zu gelangen.

Wir rechnen allerdings noch auf etwas Anderes, wovon ich aber erst sprechen kann, nachdem der Kranke ab- getreten ist.

Es handelt sich nämlich um Folgendes: Wie Sie wissen, hat sich der Kranke die Affection, an welcher er leidet, im Dienste einer Eisenbahngesellschaft zugezogen. Diese zahlt ihm gegenwärtig Tag für Tag eine Summe aus, die ungefähr so viel beträgt als der Lohn, den er sich durch seine Arbeit ver- diente. Wenn diese Unterstützung ihm entzogen würde, wäre er, arbeitsunfähig, wie er gegenwärtig ist, mit seinen sieben Kindern dem grössten Elend verfallen. Mit Rücksicht darauf lebt er nun in einer beständigen Sorge vor der Zukunft, in einer gemüthlichen Depression, die wohl geeignet ist seinen Zustand, der ja, wie wir annehmen, hauptsächlich psychisch bedingt ist, zu unterhalten. Ich glaube nun zu wissen, dass die Verwaltung der Eisenbahngesellschaft bereit ist, dem Ch . . eine Pension anzuweisen, auf die er für die Zukunft rechnen kann. Man darf erwarten, dass das psychische Befinden unseres Kranken eine wesentliche Veränderung erfahren wird, sobald er nicht mehr beständig das Gespenst des Elends vor seinen Augen sieht; seine gemüthliche Depression wird ohne Zweifel weichen, und es wird uns nicht mehr so schwer fallen, ihn zu überreden, dass seine Krankheit keine unheilbare ist, dass sie in Genesung ausgehen kann und muss, und dass er selbst zu seiner Heilung beitragen kann, wenn er es nur mit festem Entschlusse will. — Dazu noch die Hilfe der Massage, und alles wird, wie ich hoffe, gut enden.

Ehe ich schliesse, möchte ich noch Ihre Aufmerksamkeit, meine Herren, auf die Erfolge lenken, welche die Massage bei diesem Kranken erzielt. Sie glauben gewiss nicht daran, dass eine einfache Massage bei jeder beliebigen Person so auffällige Wirkungen hervorbringen könnte; wir wissen allerdings, dass sie im Stande ist, im Laufe der Zeit Neuralgien, Schmerzhaftigkeit der Gelenke u. A. m. zu bessern und zu heilen; aber, auch nur vorübergehend, eine wahrhafte motorische und sensible Lähmung einer Extremität zu machen, das geht weit über ihre gewöhnliche Leistungsfähigkeit hinaus.

Wodurch ist also der wirklich merkwürdige Effect der Massage bei unserem Kranken bedingt? Ich glaube, durch die Beschaffenheit der Person, durch das Terrain, auf dem sie zur Wirkung gelangt. Nur weil die Person, an der wir die Massage angewendet haben, ein Hysterischer ist, konnten wir durch dieselbe so auffällige Erfolge erzielen. Man könnte vielleicht sagen, dass die Massage hier eine Art von localer Hypnose dargestellt hat. Ich will zur Unterstützung dieser Ansicht anführen, dass ein ähnliches Verfahren bei zwei hysterischen Frauen meiner Klinik mit Hemianästhesie ganz übereinstimmende Ergebnisse geliefert hat. In weniger als fünf Minuten erzeugten wir bei ihnen eine Anästhesie der Haut auf der empfindenden Seite, dann eine Anästhesie der tiefen Theile und zuletzt eine vollkommene, aber vorübergehende motorische Lähmung der Extremität, begleitet von Aufhebung des Muskelsinnes. Wir haben also in diesem Umstande eine neue Bekräftigung für die Annahme der Hysterie bei unserem Kranken gefunden; aber das ist ein Punkt, auf den ich hier nicht weiter eingehen will. Ich glaube Ihnen eine genügende Anzahl von Beweisen für diese Annahme bereits vorgelegt zu haben.

Ich habe Ihnen auseinandergesetzt, welche Mittel wir auch weiterhin in Anwendung zu bringen gedenken, um das Ziel, das wir uns gesteckt haben, zu erreichen. Wird es uns gelingen? Ich hoffe es, ohne es aber zuversichtlich behaupten zu wollen, und ich werde mich freuen, wenn ich Ihnen den Kranken, den wir hier sorgfältig studirt haben, vielleicht in einigen Wochen oder Monaten, geheilt von dem Leiden, das ihn seit drei Jahren quält, vorstellen kann. [1]

---

[1] Der Kranke, ein ziemlich beschränkter und eigensinniger Mensch, entzog sich bald darauf der weiteren Behandlung, und war bis zum Tage, an welchem der Druck dieses Buches abgeschlossen wurde, nicht wiedergekehrt.　　　　　　　　　　　　　　Anmerkung des Uebersetzers.

Fünfundzwanzigste Vorlesung.

-- --

Eine hysterische Hemiplegie.

Vorgeschichte der Kranken. — Nächtliches Trauma ohne materielle Läsion
— Plötzliches Auftreten einer Hemiplegie am nächsten Tage ohne cerebrale
Vorboten. — Charaktere der Lähmung: Muskelschlaffheit, Anästhesie, Verlust
des Muskelsinnes. — Fehlen einer Mitbetheiligung der Gesichtsmuskulatur.
— Ausschliessung einer organischen Ursache für diese associirte Monoplegie.
— Heilung durch einmalige Faradisation.

Meine Herren! Vor vier Tagen stellte sich in unserer
Dienstagsambulanz ein Fall von plötzlich entstandener motorischer Lähmung vor, welchen ich Ihrer Aufmerksamkeit
würdig glaube. Da die Erscheinungen, welche die Kranke
bietet, von einem Augenblick zum anderen schwinden können,
habe ich es für gerathen gehalten, Ihnen die Kranke gleich
heute vorzuführen.

Die 19jährige Henriette A . . ., Wäscherin auf einem der
Boote auf der Seine, erfreut sich für gewöhnlich einer guten
Gesundheit. Ihr Vater, ein Brillenglasschleifer, gegenwärtig
50 Jahre alt, hat vor einiger Zeit einen apoplektischen Anfall
erlitten, von dem ihm eine linksseitige Hemiplegie zurück-
blieb; er wird auch häufig von Ohnmachten befallen. Ihre
Mutter und Schwester zeigen keine nervösen Erscheinungen.
Was unsere Kranke selbst betrifft, so ist zu bemerken,
dass sie im Alter von 16 Jahren Scharlach überstand und dann
in der Reconvalescenz von nervösen Anfällen befallen wurde,
die nach ihrer Mittheilung die folgenden Eigenthümlichkeiten
hatten: Keine Aura, Bewusstlosigkeit, keine Zuckungen der
Extremitäten, beim Erwachen Gefühl einer Kugel in der
Magengrube und Weinkrampf. Zungenbiss und unwillkürlicher
Harnabgang kamen während dieser Anfälle niemals vor. Diese
nervösen Zustände hielten etwa ein Jahr lang, von ihrem
16. bis zu ihrem 17. Jahre an; die Menstruation war während
dieser Zeit sehr unregelmässig, ist aber, seitdem die Kranke

17 Jahre alt wurde, in jeder Hinsicht normal geworden. Die Kranke hat ferner nie an Rheumatismus gelitten und zeigt keine Symptome eines Herzleidens.

Nachdem Sie nun, meine Herren, die Vorgeschichte dieser Kranken kennen, will ich Ihnen mittheilen, unter welchen Verhältnissen das gegenwärtige Leiden bei ihr auftrat. In der Nacht des 29. Novembers brach, während sie schlief, ein über ihrem Bette befindliches Brett ab und fiel mitsammt den Gegenständen, die darauf standen, auf ihren Kopf. Sie schreckte aus dem Schlafe auf, entsetzt über das Geräusch und den unerwarteten Schlag, war den Rest der Nacht hindurch sehr aufgeregt und konnte nicht wieder einschlafen. Wir müssen aber bemerken, dass das herabfallende Brett der Henriette A. auch nicht den geringsten Schaden zugefügt hatte, und dass sie nach ihrer eigenen Versicherung auch nicht die Spur einer Contusion zeigte. Nur die Regeln, welche sie erst einige Tage später erwartet hatte, traten noch im Laufe derselben Nacht ein.

Am nächsten Tag, dem 30. November, erhob sie sich wie gewöhnlich, ging auf das Boot und arbeitete wie alltäglich, ohne etwas besonderes zu verspüren. Gegen 7½ Uhr Abends aber, als sie mit ihrem Eimer in der Hand Wasser schöpfen gieng, knickte sie auf der rechten Seite plötzlich zusammen, konnte sich nicht mehr erheben, ihr rechtes Bein war zu schwach geworden, um sie zu tragen, und der Eimer war der rechten Hand, die ihn nicht mehr zu halten vermochte, entfallen und weit weggerollt. Dabei war das Bewusstsein ungestört, sie rief Leute herbei, um sie aufzuheben, sobald sie ihre Schwäche merkte, hatte kein Schwindelgefühl, keine Betäubung, keine Spur von Krämpfen, kurz keinerlei cerebrale Phänomene. Die Lähmung betraf das rechte Bein und den rechten Arm, aber nicht die Gesichtsmuskeln dieser Seite, und ich hebe diesen Punkt hervor, um ihn Ihrer besonderen Aufmerksamkeit zu empfehlen. Ihre Schwäche war damals so arg, dass man sie im Wagen in's Haus ihrer Eltern befördern musste.

An den folgenden Tagen, am 1., 2. und 3. December, besserte sich die Lähmung des rechten Beines allmählich um ein Geringes, doch musste die Kranke noch am letzten Dienstag, als sie unsere Consultation externe aufsuchte, einen Wagen gebrauchen und bedurfte einer kräftigen Unterstützung, um bis in den Saal zu gelangen.

Während der vier Tage, welche seither verflossen sind, hat die Besserung noch weitere Fortschritte gemacht. Sie werden sich überzeugen können, dass die Beweglichkeit des rechten Beines in erheblichem Grade wiederhergestellt ist.

Sie kennen nun, meine Herren, die Verhältnisse, unter denen die Hemiplegie bei unserer Kranken auftrat, und es ist Zeit, das Studium der Charaktere, durch welche jene sich auszeichnet, in Angriff zu nehmen.

Untersuchen wir zunächst, wie sich gegenwärtig die Motilität verhält: Die obere Extremität hängt vollkommen schlaff und entspannt herab und fällt als Ganzes nieder, wenn man sie aufhebt. Dies ist der Eindruck, den die Extremität im Allgemeinen macht; geht man aber näher ein, so findet man, dass die Beweglichkeit doch in einzelnen Muskeln erhalten ist, während allerdings die Mehrzahl der Muskeln am Ober- und Vorderarm dieselbe eingebüsst haben. So kann der Vorderarm noch gestreckt werden (durch die Thätigkeit des M. triceps), aber nicht mehr gebeugt (Biceps und Brachialis internus). Die Beugung der Finger ist, obwohl mit sehr geringer Kraft, noch möglich; Pronation, Supination und Beugung des Vorderarmes sind wie die Ab- und Adduction des Handgelenkes aufgehoben, aber im Handgelenk besteht noch leichte Palmar- und Dorsalflexion, und die Finger können einander angenähert und in die durch Interosseiwirkung erzeugte Stellung gebracht werden.

Untersuchen wir die Muskeln der Schulter. Wir finden, dass der Deltoides ganz und gar nicht functionirt, der Pectoralis major noch theilweise, und dass der Trapezius und die anderen Rumpfarmmuskeln vollkommen ungeschädigt sind.

Was das Bein betrifft, so haben wir eben erwähnt, dass dasselbe sich zum Theile erholt hat. Es zeigt jetzt auch nicht die Symptome einer wirklichen totalen Lähmung, sondern vielmehr die einer Parese, welche an einigen Muskeln deutlicher ist als an anderen. Die Kranke kann auch mit leichtem Hinken gehen. Ferner dürfen wir den Umstand nicht übersehen, dass sich keine Assymmetrie im Gesichte, und keine Lähmung im Kreismuskel des Mundes zeigt; ebensowenig ist eine Lähmung am Rumpfe nachweisbar. Die Lähmung, welche uns diese Kranke darbietet, ist also nicht eigentlich eine Hemiplegie, sondern vielmehr eine brachio-crurale Monoplegie.

Sie sehen auch, dass die Sehnenreflexe nicht gesteigert sind wie bei einer gewöhnlichen Hemiplegie, sie sind im Gegentheile im Vergleich zur gesunden Seite herabgesetzt. Wir haben es nicht mit einer spastischen, sondern mit einer — wenn auch nicht absolut — schlaffen Lähmung zu thun.

Wenn wir uns jetzt zur Untersuchung der Sensibilität wenden, so constatiren wir am rechten Bein eine ziemlich erhebliche Abstumpfung der Empfindlichkeit für Schmerz- und Temperatureindrücke; am rechten Arm ist die Empfindlichkeit vollkommen aufgehoben, und diese Aufhebung betrifft die Hand, den Vorderarm und den Oberarm bis zur Schulterhöhe. Die Haut der Brust ist empfindlich geblieben, die Trennungslinie zwischen dem anästhetischen und dem empfindlichen Gebiet geht etwa durch die Mitte der Wand der Achselhöhle. Was die Sinnesverrichtungen, Gesicht, Geruch, Geschmack und Gehör betrifft, so ist hierin keine Veränderung zu finden. Es besteht auch kein deutlicher Ovarialschmerz, keine Hyperästhesie an einer anderen Körperstelle.

Es erübrigt uns noch die Prüfung des Muskelsinnes. Wir verbinden der Kranken die Augen und heissen sie mit ihrer linken Hand nach ihrer gelähmten rechten greifen. Sie sehen, meine Herren, dass sie dies nicht trifft, sie sucht ihre rechte Hand oben, unten, überall und weiss sie nicht zu finden. Nichts Aehnliches ist für das rechte Bein zu constatiren; es macht ihr keine Schwierigkeiten, bei geschlossenen Augen mit der linken Hand nach ihrem rechten Fuss zu greifen.

Eine andere Erscheinung, die ein gewisses Interesse bietet, ist das Verhalten der localen Temperatur. Wie man sich durch wiederholte vergleichende Messungen an der Oberfläche beider Körperseiten überzeugen kann, ist die Temperatur an der gelähmten Seite um mehrere Zehntel eines Grades herabgesetzt. Im Uebrigen ist über die centrale Temperatur nichts zu bemerken; kein Fieber, vortrefflicher Allgemeinzustand.

Lassen Sie uns nun versuchen, meine Herren, die verschiedenen Symptome, welche diese Kranke zeigt, zusammenzufassen und in einer Weise anzuordnen, die uns zu einer rationellen Diagnose führen kann. Was finden wir vor? Eine associirte Monoplegie mit Herabsetzung der Sehnenreflexe, die plötzlich aufgetreten ist, ohne von epileptiformen oder apoplektiformen Gehirnsymptomen begleitet zu sein; zu dieser Monoplegie kommt hinzu eine vollkommene Anästhesie mit Aufhebung des Muskelsinnes, auf den von der Lähmung befallenen Arm beschränkt; endlich sind alle diese Erscheinungen bei einem jungen Mädchen von 19 Jahren aufgetreten, welches vorher Zeichen von Hysterie geboten hat.

Aus diesem Material dürfen wir, meine Herren, den Schluss ziehen, dass die Hemiplegie eine hysterische ist. Denn wenn wir zunächst in Erwägung ziehen, ob dieselbe von einer cerebralen Herderkrankung — Blutung oder Erweichung — herrühren kann, so dürfen wir diese Möglichkeit getrost zurückweisen. So sieht eine cerebrale Blutung oder Erweichung nicht aus; es besteht ja, wie wir gesehen haben, keine wirkliche Hemiplegie, in unserem Falle, sondern eine associirte Mono-

plegic ohne jede Betheiligung des Gesichtes, und ausserdem
finden wir eine Anästhesie, die sowohl an Intensität wie an
Sitz genau mit der Extremitätenlähmung zusammenfällt. Ebensowenig kann es sich um eine Hemiplegie spinaler Natur
handeln, denn dann müssten, wie Ihnen bekannt ist, Lähmung
und Anästhesie auf entgegengesetzten Seiten sein, anstatt wie
hier, nicht nur auf derselben Seite, sondern sozusagen vollkommen einander deckend.

Kurz, meine Herren, ich glaube, es ist nicht nöthig, uns
länger hierbei aufzuhalten und unserer Diagnose künstliche
Schwierigkeiten in den Weg zu legen. Die rein hysterische
Natur dieser Lähmung ergiebt sich mit der grössten Sicherheit aus der eingehenden Untersuchung, die wir an unserer
Kranken angestellt haben, und wir haben nichts zu thun, als
diese Diagnose anzunehmen, um jene Consequenzen für die
Prognose und Therapie aus ihr zu ziehen, die sich ungezwungen
daraus ableiten lassen.

(Charcot fügte noch die Bemerkung hinzu, dass man die
elektrische Untersuchung der Muskeln bis dahin aufgeschoben
habe, weil jeder Versuch der Art wahrscheinlich die Wiederkehr der Motilität, also Heilung, herbeiführen würde, und
dass es ihm daran gelegen sei, seine Hörer zu Augenzeugen
dieses möglichen Erfolges zu machen. Hierauf liess der Professor die Muskeln an der rechten Schulter und am Oberarm
der Kranken faradisiren. Nach Verlauf einer Minute war die
Sensibilität dieser Theile [ohne Transfert] zurückgekehrt; eine
Minute später war der ganze rechte Arm wieder empfindlich,
und die Motilität verschwunden. Die Kranke bediente sich
ihres Armes ebenso ausgiebig wie vor der Erkrankung und
drückte den Zuhörern, welche sich eifrig herandrängten, um
sich von der Wirklichkeit des Vorganges zu überzeugen, der
sich unter ihren Augen abgespielt hatte, kraftvoll die Hand.[1])

---

[1] In diesem Augenblicke bestand noch die Schwäche des Beines
welches keinerlei elektrische Behandlung erfahren hatte. Dieselbe hielt
noch zwei Tage an, schwand darauf von selbst, und Empfindung wie Beweglichkeit verhielten sich von da an in jeder Hinsicht normal.

Sechsundzwanzigste Vorlesung.

Ueber hereditäre Ataxie.

Die klinischen Charaktere der Friedreich'schen Krankheit halten die Mitte zwischen denen der Tabes und der multiplen Herdsklerose, die Krankheit sondert sich aber durch mehrere Punkte scharf von den beiden anderen ab. — Alter der Erkrankten. — Heredität. — Verlauf. — Reflexaufhebung, Zittern, Gangstörung, Ataxie, Nystagmus, Sprachstörung. — Keine anderweitigen Augensymptome, keine visceralen und trophischen Störungen. — Erhaltung der Sensibilität. — Anatomische Läsion der hereditären Ataxie.

Meine Herren! Der ziemlich merkwürdige und neuartige Fall, den ich Ihnen heute vorstellen will, gehört in eine Gruppe von Erkrankungen, welche den Namen des vor einigen Jahren verstorbenen Heidelberger Arztes Friedreich tragen, weil dieser die erste Beschreibung von ihnen gegeben hat.

Sie werden fragen, was dies für eine Erkrankung ist. Man kann darauf antworten: Diese Erkrankung halte klinisch die Mitte zwischen der eigentlichen, progressiven, Ataxie locomotrice und der Herdsklerose, während sie histologisch weder die Läsion der gemeinen Tabes noch die der disseminirten Sklerose aufweist, sondern sich vielmehr durch eine eigenartige spinale Läsion auszeichnet.

Wir wollen uns die klinischen Charaktere dieser drei Krankheiten, der Ataxie, der Herdsklerose und dieser neuen Friedreich'schen Krankheit in einer vergleichenden Zusammenstellung vorführen.

Vom Standpunkt der Aetiologie ist die Herdsklerose immer als eine Krankheit der Erwachsenen (zwanzig, fünfundzwanzig, dreissig Jahre) aufgefasst worden. Man weiss aber heute, dass sie auch Kinder befallen kann, und ich habe aus fremden Autoren 20 Fälle gesammelt, die sich auf Individuen im Alter von drei, vier, fünf und vierzehn Jahren beziehen. Die eigentliche Ataxie locomotrice tritt kaum vor fünfundzwanzig oder dreissig Jahren auf, im Alter von zwanzig Jahren nur in

seltenen Fällen. Die Kranken, um die es sich bei der Friedreich'schen oder hereditären Ataxie handelt, sind dagegen
Kinder oder stehen im frühen Jünglingsalter.

Was die Heredität anbelangt, so besitzen wir über das
Verhalten der disseminirten Sklerose nur wenig Kenntnisse.
Wir wissen blos, dass dieselbe zur grossen Gruppe der erblich
verknüpften Nervenkrankheiten gehört, das heisst, sie entwickelt
sich bei nervös beanlagten Personen, und man kann sie nicht
selten bei mehreren Kindern eines und desselben Elternpaares
antreffen. Sie ist, kurz gesagt, der mittelbaren Vererbung
unterworfen. Denselben Charakter der mittelbaren Vererbung
mit Umwandlung der Erkrankungsform begegen wir auch bei
der progressiven Ataxie locomotrice, und auch hier kommt es
nicht selten vor, dass mehrere Kinder derselben Ehe von der
Erkrankung ergriffen werden. Von der Friedreich'schen
Krankheit endlich haben wir eben erwähnt, dass sie auch als
hereditäre Ataxie bezeichnet wird. Eigentlich ist sie nicht anders
hereditär als die beiden anderen Erkrankungen. Die Personen,
welche sie befällt, stammen von Ascendenten ab, die an verschiedenartigen Nervenkrankheiten leiden. Es kommt aber ein
sehr merkwürdiger Umstand in Betracht: Die 20 Beobachtungen
von hereditärer Ataxie, welche der Autor, nach dem die Krankheit
benannt ist, veröffentlicht hat, vertheilen sich auf nur vier oder
fünf Familien. Das heisst also, in einer Familie wird eine
grosse Zahl von Kindern von dieser Krankheit befallen. So
finden wir in den Mittheilungen der klinischen Gesellschaft
in London für das 1881 folgende sehr lehrreiche Familiengeschichte: Die Mutter leidet an Chorea, der Vater an Albumin-
urie, ein Bruder des Vaters gleichfalls, ein anderer Bruder
ist irrsinnig. Dieses Elternpaar hat neun Kinder: das erste,
jetzt ein Mann von 39 Jahren, leidet an hereditärer Ataxie;
das zweite, ein Mädchen, ist im Alter von zehn Jahren,
unbekannt woran, gestorben; das dritte, ein Mann von fünf-
unddreissig, ist gesund; das vierte, ein Mann von dreiund-
dreissig Jahren, gleichfalls gesund; das fünfte, Mädchen von
neunundzwanzig Jahren, hereditäre Ataxie; das sechste, Mann
von sechsundzwanzig Jahren, gesund; das siebente, Mann von
dreiundzwanzig Jahren, hereditäre Ataxie; das achte, ein
Jüngling von neunzehn Jahren, hereditäre Ataxie; das neunte,
Jüngling von achtzehn Jahren, hereditäre Ataxie. Also fünf
Kinder unter neun, die an hereditärer Ataxie leiden. Tritt in
diesem eigenthümlichen Verhalten der Erkrankung nicht deren
Beziehung zur neuromusculären Veranlagung deutlich hervor?

Uebergehen wir jetzt zur Entwickelung und zur Prognose
der Krankheit.

Die disseminirte Sklorose ist in ihrem Verlauf nicht unabwendbar progressiv, sondern zeigt Stillstände und Nachlässe, welche mitunter eine wirkliche Heilung vortäuschen können, eine Heilung, die aber in der Regel nicht anhaltend ist. Doch kann sich die Krankheit auch bessern und rückbilden. — Die eigentliche locomotorische Ataxie dagegen nimmt einen unaufhaltsam progressiven Verlauf und strebt einem ebenso unabwendbar verderblichen Ausgange zu; Stillstände sind, wenn sie vorkommen, selten, Heilungen habe ich nie beobachtet. — Die hereditäre Ataxie nähert sich hierin mehr der Ataxie locomotrice; sie bildet sich nämlich niemals zurück und nimmt einen progressiven Verlauf, ihre Entwickelung ist gleich unaufhaltsam wie ihr Ausgang.

Wenn wir nun diese drei Krankheiten mit Bezug auf das Symptomenbild, das sie klinisch ergeben, zusammenstellen, so können wir für die Ataxie locomotrice auf den bekannten Complex spinaler, cephalischer oder bulbärer Erscheinungen, sowie visceraler und trophischer Störungen als charakteristisch hinweisen. Wir dürfen auch auf die absolut pathognomonischen, blitzähnlichen Schmerzen nicht vergessen.

Bei der Herdsklerose beobachtet man an den oberen Extremitäten Bewegungsstörungen, welche durch rhythmische Schwankungen ausgezeichnet sind, während die Störungen der Coordination bei der Ataxie nichts Rhythmisches an sich haben. Das letztere gilt auch für die hereditäre Ataxie. Von Seite der unteren Extremitäten zeigt sich bei der multiplen Sklerose Steigerung der Sehnenreflexe, spastische Paraplegie, Gliederstarre; bei der Ataxie locomotrice wie bei der hereditären Ataxie findet man dagegen Aufhebung der Reflexe, Erschwerung des Aufrechtstehens und des Ganges. So viel über die spinalen Symptome. Was die bulbären oder cephalischen anbelangt, so beobachtet man bei der Sklerose, wie bei der hereditären Ataxie fast constant Nystagmus der Augen, der bei der Tabes nicht vorkommt. Bei der Sklerose, wie bei der hereditären Ataxie ist Sprachstörung vorhanden, Scandiren, die Sprache wird mitunter unverständlich. Dies gehört nicht in den Rahmen der Tabes, insoferne sie sich nicht etwa mit progressiver Paralyse complicirt. Dafür treten die Symptome am Auge, welche in der Tabes eine so grosse Rolle spielen, weder bei der Sklerose noch bei der Friedreich'schen Krankheit auf. Die visceralen Symptome, welche man bei der Ataxie locomotrice so häufig beobachtet, mit denen die Krankheit oft sozusagen auf die Bühne tritt, fallen bei der Sklerose, wie bei der hereditären Ataxie weg, und wenn bei der multiplen Sklerose die Blase afficirt sein kann, so geschieht dies doch nur zufällig.

Die trophischen Störungen, welche, wie die Muskelatrophien, Gelenks- und Knochenerkrankungen für die Tabes charakteristisch sind, kommen bei der hereditären Ataxie, wie bei der multiplen Sklerose niemals zu Stande; es sei denn, dass sich bei letzterer Erkrankung gelegentlich ein wenig Muskelatrophie einstellt.

Um es nun zusammenzufassen: die hereditäre Ataxie ist eine Erkrankung, welche ihrem klinischen Bilde nach in der Mitte zwischen der eigentlichen Ataxie locomotrice und der multiplen Sklerose steht, von beiden Krankheiten einige Symptome entlehnt und sich andererseits durch den Ausfall einer gewissen Reihe von Merkmalen, die der einen oder der anderen Erkrankung zukommen, scharf von ihnen scheidet. Was die pathologische Anatomie der hereditären Ataxie betrifft, so geht aus den sieben oder acht Autopsien, die unter den erwähnten zwanzig Fällen gemacht werden konnten, hervor, dass sie von der bei multipler Sklerose, wie von der bei Tabes durchaus verschieden ist. Es handelt sich hier nicht um eine Erkrankung in zerstreuten Herden, sondern um eine diffuse Läsion der Hinter- und der Seitenstränge, zu der sich jedesmal ein gewisser Grad von chronischer Entzündung der Meningen hinzugesellt. Ueber die Veränderungen im verlängerten Marke kann man wegen Unzulänglichkeit der Untersuchungen noch nichts aussagen.

Es existirt also im nosographischem System eine eigene, bisher nur durch zwanzig — oder wenn wir unsere Beobachtung hinzurechnen, über die wir sofort einige Worte sagen werden — durch einundzwanzig Fälle repräsentirte Krankheitsform, welche den Namen hereditäre Ataxie oder Friedreich'sche Krankheit führt. Dieselbe nähert sich in ihren Symptomen sowohl der multiplen Sklerose, als auch der eigentlichen Tabes, ist aber in gewissen Punkten von Beiden scharf gesondert.

Unser Kranker ist ein achtzehnjähriger Jüngling, der, wenn man darin seinen Angehörigen Glauben schenken darf, erst seit einem Jahr krank sein würde. Das Leiden — die Coordinationsstörung — ist also erst seit dieser Zeit aufgefallen. (Er arbeitet bei seinem Vater, der Goldschmied ist.) Wenn wir uns aber in ein längeres Verhör einlassen, erfahren wir, dass dieser Junge sehr spät gehen gelernt hat, dass er immer mit seinen Händen ungeschickt war, dass er immer Sprachstörung und auch Incoordination der Bewegungen gezeigt hat. Die Krankheit besteht also schon seit sehr langer Zeit, und wird nur vor einem Jahr durch eine rasche Verschlimmerung auffällig geworden sein. In Betreff der Heredität liegen hier Ausnahms-

22*

verhältnisse vor, denn die Eltern sollen keine nervösen
Erkrankungen gezeigt haben; von den neun Kindern, Knaben
und Mädchen, die sie hatten, seien zwei gestorben, der eine
an Gehirnentzündung, der andere an Krämpfen, sechs von
den sieben übrigen sollen vollständig gesund sein; nur unser
Kranker, der zweitgeborene von den neun Geschwistern, wäre von
der Erkrankung befallen. Er hat nie blitzähnliche Schmerzen
gehabt, sein Gang ist der typisch ataktische, seine Beine werden
von unaufhörlichen, nicht rhythmischen Schwankungen bewegt,
seine oberen Extremitäten zeigen gleichfalls Coordinationsstörung, die Sprache ist erschwert, Nystagmus besteht, aber
ohne jedes andere Symptom von Seiten der Augen, endlich
zeigt sich die Kenntniss der Lagevorstellungen im Grossen
und Ganzen erhalten.

Dies ist der sehr merkwürdige Fall, den ich Ihrer Aufmerksamkeit empfehlen wollte.

Siebenundzwanzigste Vorlesung.

Ueber alkoholische Lähmungen.

Geschichte der Alkohollähmung. — Nachweis der krankhaften Veränderungen in den peripheren Nerven. — Schwierigkeiten bei der Erhebung der Aetiologie. — Bevorzugung des weiblichen Geschlechtes. — Periode der Schmerzen, welche an die laucinirenden Schmerzen bei Tabes erinnern. — Lähmung, vorzugsweise der Extensoren. — Vasomotorische Phänomene an den Füssen. — Analgesie und eigenthümlicher Geisteszustand der Kranken. — Verlauf der Erkrankung. — Mögliche Verwechslung mit den nervösen Erscheinungen bei Diabetes.

Meine Herren! Die beiden Kranken, welche wir heute untersuchen wollen, leiden an einer Lähmungsform, welche auf die Einwirkung einer chronischen Alkoholintoxication zurückzuführen ist. Da die Functionsstörungen, welche sie zeigen, ungewöhnlicher Natur sind, und deren Beschreibung erst in jüngster Zeit erfolgt ist, wollen wir sie nicht unbeachtet an uns vorbeigehen lassen.

Das Verdienst, als der Erste Lähmungen beim chronischen Alkoholismus erkannt zu haben, gebührt Magnus Huss.[1] Aber die Kenntniss der nervösen Krankheitsbilder war zur Zeit, da der schwedische Autor schrieb, noch zu ungenügend, als dass es möglich gewesen wäre, diese Gruppe von Erscheinungen in wissenschaftlich befriedigender Weise einzureihen. Huss hat auch in seinem Buche kaum mehr als eine flüchtige Skizze des Symptomcomplexes gegeben.

Erst in dem Artikel „Alkoholismus", den Lancereaux in dem Dictionnaire encyclopédique des sciences médicales, 1804 veröffentlicht hat, finden wir den ersten Versuch einer getreuen Beschreibung dieser Lähmungen; daselbst wird auch der Umstand hervorgehoben, dass die Lähmung wie bei der Bleiintoxation mit Vorliebe die Streckmuskeln befällt. Diesem

---

[1] Magnus Huss, Chronische Alkoholskrankheit. Stockholm und Leipzig 1852.

Artikel ist eine Anmerkung von Leudet, Professor der medicinischen Klinik zu Rouen, beigegeben, in der ein neues Merkmal, das Vorkommen der schmerzhaften Lähmungen, angeführt wird. Der gelehrte Professor von Rouen kam dann im Jahre 1867[1] von Neuem auf die Schmerzen von neuralgischem Charakter zurück, die sich besonders bei Nacht in den unteren Extremitäten einstellen, und brachte einen guten Theil dessen, was Valleix als Néuralgie générale bezeichnet hatte, unter den Gesichtspunkt des Alkoholismus.

Auch der anatomischen Kenntniss dieser Erkrankung hatte Leudet eine wichtige Thatsache zu danken. Er war der Erste, der die Gelegenheit hatte, in solchen Fällen Autopsien vorzunehmen, und konnte dabei die Unversehrtheit des Rückenmarkes, sowie Läsionen der peripheren Nerven und der Muskeln, zu welchen sich die erkrankten Nervenstämme begeben, feststellen. Lancereaux hat später diese Veränderungen, welche denen nach Nervendurchschneidung analog sind, bestätigen können.

Man sollte erwarten, dass die englischen Autoren. in deren Vaterlande der Alkoholismus eine so bedeutende Rolle spielt, schon sehr frühzeitig mit ihren wissenschaftlichen Beiträgen auf diesem Gebiete hervorgetreten seien. Doch geschah es erst im Jahre 1872, dass Wilks und Lockhart Clarke[2] die Aufmerksamkeit auf eine Form von Paraplegie lenkten, die man in London, wie es scheint, sehr häufig bei Frauen und selbst bei Ladies beobachten kann, und die von ihnen übereinstimmend als „alkoholische Paraplegie" bezeichnet wurde. Sie sollte dadurch ausgezeichnet sein, dass lange Zeit vor dem Eintreten der motorischen Störungen anfallsweise wiederkehrende Schmerzen bestünden, welche die Kranken mit elektrischen Schlägen vergleichen. Endlich gab dann im Jahre 1881 Lancereaux[3] eine Darstellung der Krankheit, welche im Grossen und Ganzen noch heute zutreffend ist, und die man nur in Einzelheiten vervollständigen konnte.

Die Aetiologie der alkoholischen Lähmungen braucht uns nicht lange aufzuhalten. Doch will ich betonen, dass man nach den Anamnese sorgfältig suchen muss, denn in der ersten

---

[1] E. Leudet, Etude clinique sur la forme hyperésthétique de l'alcoolisme chronique et de sa relation avec les maladies de la moelle (Arch. gén. de Méd. 1867, tom. I, pag. 1).

[2] Wilks und Lockhart Clarke, Lancet 1872. — Vergl. Charcot, Leçons sur les maladies du système nerveux, tom. II, pag. 30. — Wilks ist auf diese Lähmungen noch später in seinem Werke: On Diseases of the nervous system, London 1883, zurückgekommen.

[3] Lancereaux, De la paralysie alcoolique, Gaz. hebd. de méd. et de chir. 1881, pag. 119 u. ff.

Periode der Erkrankung hält es sehr schwer, ein Eingeständniss zu erlangen, und wenn die Erkrankung voll entwickelt ist, kommt ein eigenthümlicher Geisteszustand hinzu, den ich mir später zu behandeln vorbehalte. Darf man vielleicht die eine oder die andere Art von Alkohol besonders beschuldigen? Es ist nicht wahrscheinlich; sicher ist nur so viel, dass in der Mehrheit der Fälle die Trinkerinnen und nicht die Trinker erkranken (nach Lancereaux zwölf Fälle unter fünfzehn), und zwar die Trinkerinnen der feinen Welt, die Ladies nach Wilks, welche superfeinen Cognac, Douceurs, feine Liqueure geniessen, ebenso wie die Frauen aus dem Volke, welche Wein, Johannisbeerenliqueur, eau de mélisse und a. dgl. zu sich nehmen.[1]

Woher rührt diese Bevorzugung der Frauen, die mir schon seit langer Zeit bei dieser Erkrankung aufgefallen ist? Eine unserer Kranken zeigt deutliche neuropathische Veranlagung; das kommt nun im Allgemeinen sehr in Betracht, reicht aber nicht aus, um den Einfluss des Geschlechts auf die Häufigkeit der Erkrankung aufzuklären. Es giebt hier ein Räthsel zu lösen. Was das Alter betrifft, so zeigt uns die Aetiologie bereits an, dass es sich um Kranke im reifen Alter handelt.

Die Entwickelungsweise der Krankheit ist fast immer die nämliche. Abgesehen von den anderen Symptomen, welche uns die Alkoholintoxication bekunden, unter denen ich besonders die schreckhaften Träume, nächtliches Alpdrücken, grauenhafte Visionen hervorheben will, scheint einer der ersten Vorboten dieser Lähmungsformen in dem Auftreten von heftigen Schmerzen zu bestehen, welche vorzugsweise in den unteren Extremitäten wüthen. Diese Schmerzen haben viel Aehnlichkeit mit jenen, welche sich in der Initialperiode der Ataxie locomotrice zeigen; es sind prickelnde Empfindungen, Ameisenlaufen, Stiche und wirkliche blitzähnliche Schmerzen, welche die Extremitäten durchfahren. Sie treten ganz besonders in der Nacht auf, und die Kranken sehen auch immer mit Entsetzen der nächtlichen Ruhe entgegen, welche während des Schlafes durch schreckliche Hallucinationen, während der schlaflosen Stunden durch grausame Schmerzen unterbrochen ist.

Diese Schmerzen breiten sich alsbald aus; nachdem sie vorzugsweise an beiden unteren Extremitäten symmetrisch aufgetreten, und von Hyperästhesie der Haut begleitet waren, ergreifen sie dann beide oberen Extremitäten, und nach Verlauf einer gewissen, bei den verschiedenen Indi-

---

[1] Id, Union médicale, Nᵒ 145, 1882 et seq.

viduen wechselnden Zeit macht die Hyperästhesie einer neuen
Erscheinung, der Analgesie, Platz. Jetzt werden Kälte, Wärme
und Stiche an den befallenen Gliedmassen nicht mehr empfunden,
die Berührung des Bodens nicht mehr verspürt; dies ist auch der
Moment, in dem sich die Lähmungen geltend machen. Auch
diese sind symmetrisch, befallen die oberen wie die unteren
Extremitäten, und zwar hauptsächlich die letzteren, aber es
giebt gewisse Muskelgruppen, die ihnen vorzugsweise verfallen,
nämlich, wie ich schon sagte, die Strecker. Betrachten Sie
diese beiden Frauen, welche ich auf hohen Stühlen habe
niedersetzen lassen; Sie sehen, ihre Füsse hängen schlaff in
Spitzfussstellung herab, sie sind nicht im Stande, die Fuss-
spitzen zu erheben; die Sehnenreflexe sind, wie Glynn[1] gezeigt hat, aufgehoben. Bei einer dieser Kranken können Sie
auch die Strecker der Vorderarme in mässigerem Grade von
der Lähmung ergriffen finden. Die Muskeln des Rumpfes sind
in beiden Fällen frei, doch kann man andere Male eine Affection derselben sehen; was die Gesichtsmuskeln anbelangt, so
scheinen sie vom Alkohol immer verschont zu werden.

Bei dieser Gelegenheit möchte ich Ihre Aufmerksamkeit
auf eine Eigenthümlichkeit lenken, die bei diesen beiden
Frauen in auffälligster Weise hervortritt. Betrachten Sie ihre
Füsse und Unterschenkel; sehen Sie nicht die vasomotorischen
Erscheinungen, die daselbst bestehen, diese diffuse, an manchen
Stellen in's Violette spielende Röthung der Haut, dieses Oedem
um die Knöchel, das sich fast constant vorfindet, ohne dass
uns die Untersuchung des Harns eine ausreichende Erklärung
dafür geben könnte, denn unsere Kranken sind weder dia-
betisch, noch haben sie Eiweiss im Harn. Andere Male sind
es Schweisse, die sich auf die Füsse oder Hände beschränken,
plötzlich ausbrechen und wieder aufhören, ein rascher Wechsel
von Röthung und Blässe, endlich kommt es nach Ablauf einer
gewissen Zeit an diesen gelähmten Füssen zu fibrösen Verwachsungen der Sehnen und zu Verdickungen des Bindegewebes, welches das Tibio-tarsalgelenk umgiebt, Verwachsungen,
welche sich einer Wiederherstellung der Beweglichkeit als
Hinderniss entgegensetzen. Wenn unsere Kranken genesen
sind, werden sie wahrscheinlich die Hilfe einer chirurgischen
Operation in Anspruch nehmen müssen. Sie bemerken ferner,
dass die gelähmten Muskeln sich weich anfühlen, und ich kann
Ihnen sagen, dass deren elektrische Erregbarkeit erheblich
vermindert ist.

---

[1] R. Glynn, Cases of alcoholic paraplegia. Liverpool medico-chirur-
gical journal, Juli 1883.

Ich gelange nun zur Schilderung des Geisteszustandes bei diesen beiden Frauen, die uns hierbei als Typen dienen können Es ist bei den Störungen, die sich an den Alkoholismus knüpfen, wie bei denen des Morphinismus; ich möchte sagen, die Diagnose muss Sie bereits auf das ätiologische Moment hinführen. Es wird Ihnen schon in den ersten Stadien der Krankheit, wenn die Personen noch die volle Klarheit ihres Geistes besitzen, schwer werden, ein Geständniss von ihnen zu erhalten, und Sie werden sich an die Umgebung wenden müssen; ist es einmal zur Lähmung gekommen, so dürfen Sie nie auf eine ätiologische Aufklärung von Seiten der Kranken rechnen. Wir wissen zuverlässlich, dass diese beiden Frauen, die eine Cognac, die andere Johannisbeerschnaps getrunken haben; Mann und Tochter haben es uns mitgetheilt. Aber fragen Sie einmal die Kranken nach ihren Lebensgewohnheiten, sie werden Ihnen Beide versichern, dass sie der unbedingtesten Nüchternheit ergeben waren, und darin geraten sie nicht in Widerspruch mit sich selbst; sie erinnern sich eben an nichts mehr, sie haben Beide das Gedächtniss verloren. Sie sind im Stande Ihnen heute anzugeben, dass sie blitzähnliche Schmerzen in den Beinen empfinden, die Eine wird Ihnen sogar sagen, dass sie unruhiges Wasser und Schlangen in ihren Träumen gesehen hat, aber morgen lauten ihre Mittheilungen ganz abweichend, nur dass sie Ihren Nachfragen in Betreff des Trinkens in jedem Falle und alle Male ein entrüstetes Leugnen entgegensetzen werden.

Ich hatte in meiner Praxis eine Dame, die sich in Gemeinschaft mit ihrem Manne dem Trunke ergeben hatte; ihre Beine wurden gelähmt, das Ehepaar stellte natürlich den Alkoholismus in Abrede; Kinder, Freunde, waren nicht vorhanden; die Bedienten getrauten sich nicht etwas zu sagen; es wurde mir sehr schwer, die Gewissheit über die Aetiologie zu bekommen, auf welche die physischen Symptome für sich allein hindeuteten. Endlich gelang es mir doch, und zwar im vollsten Masse, in Folge der Mittheilungen, welche mir die Mutter der Kranken machte. Diese Mittheilungen behoben jeden Zweifel.

Der Verlauf dieser Lähmungen ist ein wesentlich chronischer, nur selten nehmen sie den acuten Verlauf an, wie Broadbent[1] ein solches Beispiel beobachten konnte. Dieser Verlauf geht unaufhaltsam bis zum Ende weiter, wenn die Kranken dem Alkoholgenusse nicht entsagen, oder wenn die Vergiftung von zu altem Bestand ist. Bei einem jungen Manne konnte ich eine derartige Lähmung durch Isolirung, Alkohol-

---

[1] Broadbent, Royal medical society. London, 12. Februar 1884.

entziehung und Hydrotherapie in drei Monaten zum Schwinden
bringen, aber der Kranke verfiel später von Neuem dem unheilvollen Hange, von dem sich die Trunkenbolde, wie Sie
wissen, so schwer losmachen können, und die Lähmung kehrte
wieder. Auch bei einer Dame heilte die Lähmung unter derselben Behandlung, aber der vom Alkohol geschwächte Organismus erlag bald darauf der Phthise.

Die Diagnose dieser Lähmungen ist besonders in der
ersten Periode nicht immer leicht, die Schmerzen, die man
dann beobachtet, könnten an beginnende Tabes denken lassen.
Hier werden Ihnen die anamnestischen Erhebungen von grossem
Werthe sein. Es giebt, wie ich schon erwähnt habe, eine All-
gemeinerkrankung, welche ähnliche Schmerzen hervorruft,
den Diabetes; [1] aber Sie werden sicherlich nicht unterlassen, den
Harn Ihrer Kranken zu untersuchen.

Was die Bleivergiftung betrifft, bei welcher ebenfalls
Extensorenlähmung vorkommt, so werden Sie ja über das
Anrecht derselben auf die Erzeugung solcher Zustände bald
in's Klare kommen; Sie dürfen aber auch nicht vergessen, dass
Diabetiker und Saturnine häufig genug auch gleichzeitig Alko-
holiker sind.

Die Behandlung habe ich bereits angedeutet: Isoliren Sie
die Kranken sobald als möglich, übergeben Sie dieselben ver-
lässlichen Personen, die sich nicht bestechen lassen, den
Kranken den Alkohol, den Sie entzogen haben, heimlich wieder
zu geben, wenden Sie die Hydrotheraphie und Tonica an, und
Sie werden vortreffliche Erfolge erzielen, die nur leider allzu
oft durch die unausrottbaren Gewohnheiten der Kranken ver-
nichtet werden, sobald dieselben ihrem gewöhnlichen Leben
und ihren Leidenschaften wiedergegeben sind.

---

[1] Bernard und Ch. Féré, Des troubles nerveux observés chez les
diabétiques (Arch. de Neurologie 1882, tom. IV, pag. 336).

Achtundzwanzigste Vorlesung.

Ueber die Basedow'sche Krankheit.

Rudimentäre Formen. — Ein neues Symptom. — Die elektrische Behandlung.

I.

Meine Herren, ich beabsichtige heute die Basedow'sche Krankheit, auch Parry'sche, Graves'sche Krankheit, Goître exophthalmique genannt, zu besprechen. Die Ehre, dieser Krankheit seinen Namen zu verleihen, muss dem deutschen Autor Basedow, der 1844 die erste Beschreibung von ihr gab, zuerkannt werden.

Die erste Beobachtung dieser merkwürdigen Erkrankung in Frankreich ist, wenn ich nicht irre, von mir selbst im Jahre 1856 veröffentlicht worden.

Meiner Gewohnheit getreu werde ich zuerst die typische Form der Erkrankung beschreiben. Sie wissen, dass dieselbe durch eine Dreizahl von sehr auffälligen Symptomen gekennzeichnet ist, deren gleichzeitiges Bestehen die Diagnose der Krankheit sichert: nämlich Vortreten der Augäpfel, Vergrösserung der Schilddrüse und Pulsbeschleunigung. Zu diesen drei Hauptsymptomen muss aber als viertes das Zittern, eine Erscheinung von hoher klinischer Bedeutung, hinzugefügt werden.

Ausserdem kommen noch eine Reihe von anderen mehr nebensächlichen Symptomen zur Beobachtung, welche fast alle Apparate des Körpers betreffen können. Ich stelle Ihnen alle diese Symptome hier in einer Uebersicht zusammen, welche, wie ich wohl nicht zu sagen brauche, eine durchaus willkürliche Anordnung giebt und nur dazu bestimmt ist, dem Gedächtnisse zu Hilfe zu kommen:

— 318 —

Symptome der Basedow'schen Krankheit.

1. Hauptsymptome	Pulsbeschleunigung, Asystolie. Kropf. Exophthalmus. Zittern.	
2. Nebensymptome von Seiten	des Verdauungs-apparates	Erbrechen, eigenthüml. Diarrhöe Heisshunger, Bulimie. Ikterus.
	der Athmung	Beschleunigte Athmung. Husten. Angina Pectoris.
	des Nervensystems	Neuralgien. Lähmungen,Graefe'schesSympt. Krämpfe, epileptiforme Anfälle. Psychische Veränderung. Erregbarkeit.
	der Haut	Vitiligo, Urticaria. Hitzegefühl, Schweisse. Abnahme des elekt.Widerstandes.
	der Harnsecretion	Polyurie, Albuminurie. Glykosurie.
	der Genitalsphäre	Amenorrhöa. Impotenz.

Gehen wir zunächst mit einigen Worten auf die Eigenthümlichkeiten ein, welche die Cardinalsymptome zeigen können. Der Exophthalmus kann sehr hohe Grade erreichen, Functionsstörungen des Auges bleiben dabei gewöhnlich aus, die Cornea zeigt einen eigenthümlichen feuchten Glanz. Im Zusammenhange mit dem Exophthalmus steht das Graefe'sche Symptom, dass das obere Augenlid die Bewegung des Augapfels nicht ausreichend mitmacht, wenn die Blickrichtung gesenkt wird. Dieses Symptom findet sich durchaus nicht constant vor.

Der Tumor der Schilddrüse ist mehr oder weniger umfangreich und immer pulsirend. Wenn man die Gegend der Schilddrüse alpirt, fühlt man das heftige Pulsiren der Carotiden und Schilddrüsenarterien.

Die Pulsbeschleunigung muss, wie wir sehen werden, als das Wesentlichste unter den Symptomen aufgefasst werden. Die Frequenz des Pulses geht gewöhnlich bis auf 130 Schläge in der Minute, selbst noch darüber hinaus. Dabei ist übrigens in der Regel kein Zeichen einer organischen Erkrankung am Herzen aufzufinden. Die Haut ist geröthet, die Kranken schwitzen leicht und reichlich; es ist aber wichtig zu bemerken, dass sich zu all diesen Zeichen eines fieberhaften Zustandes, wenigstens in der Regel, auch nicht die geringste Temperaturerhöhung hinzugestellt.

Das vierte Hauptsymptom, der Tremor, hatte bis auf die jüngste Zeit keine entsprechende Würdigung gefunden. Doch pflegte ich in den letzten drei Jahren meine Hörer häufig auf dasselbe aufmerksam zu machen. Herr Doctor P. Marie, mein gegenwärtiger Assistent, hat nun gezeigt, dass der Tremor eine nahezu constante Theilerscheinung der Basedow'schen Krankheit[1] ist. Er hat denselben auch mit Hilfe der graphischen Methode einer gründlichen Untersuchung unterzogen, aus welcher hervorgeht, dass dieses Zittern von allen anderen in der Neuropathologie bekannten verschieden ist. So z. B. ist es frequenter als das senile Zittern und das bei der Schüttel-lähmung (acht bis neun Schwankungen in der Secunde), und die Finger zittern dabei nicht einzeln. Andererseits ist es sehr verbreitet und ergreift alle grossen Muskeln des Rumpfes und der Extremitäten; die Muskeln des Kopfes und der Endglieder der Extremitäten befällt es fast niemals, und man beobachtet an diesen Körpertheilen blos Gesammtbewegungen, welche ihnen vom übrigen Körper mitgetheilt werden.

Uebergehen wir nun zu den Symptomen zweiter Ord-nung, von denen einige gleichfalls durch besondere Eigenthüm-lichkeiten ausgezeichnet sind. So z. B. die Diarrhöe, welche niemals oder fast niemals von kolikartigen Schmerzen begleitet ist. Sie tritt anfallsweise auf als eine seröse Entleerung, die zwei oder drei Tage lang anhält und dann von selbst ver-schwindet, um nach mehr oder weniger gleichmässigen Pausen wiederzukehren.

Ich nenne Ihnen ferner noch die falsche Angina pectoris und den Husten ohne Auswurf, welche beide Erscheinungen von Marie mit besonderer Sorgfalt studirt worden sind.

Das Symptom, welches ich selbst in Betracht ziehen will, verdient wahrscheinlich unter die Cardinalsymptome auf-genommen zu werden und hat darum ein besonderes Interesse, weil es objectiver Natur und der exacten Messung zugänglich ist. Ich meine die Verringerung des elektrischen Widerstandes, die Herr Dr. Romain Vigouroux vor einigen Jahren entdeckt, und ich seither in einer Vorlesung des Jahres 1882 behandelt habe. Wenn Sie bei einem gesunden Individuum die Elektroden einer Kette von, sagen wir, zehn Elementen, die eine am Brustbein, die andere am Rücken anlegen, so er-halten Sie einen gewissen Ausschlag am Galvanometer, an-genommen von zehn Theilstrichen. Wiederholen Sie aber den-selben Versuch bei derselben Anzahl von Elementen an einer

---

[1] Contribution à l'étude et au diagnostic des formes frustes de la maladie de Basedow, par le Docteur Pierre Marie, Paris 1883.

Person, die an Basedow'scher Krankheit leidet, so finden Sie einen weit grösseren Ausschlag, etwa 90 bis 100 Theilstriche. Die Stromintensität ist also im zweiten Falle viel grösser, und daraus folgern wir, dass der Widerstand des Körpers sehr viel geringer ist. Dieses Verhältniss hat bei keinem der von Vigouroux untersuchten Kranken gefehlt. Ausser bei der Basedow'schen Krankheit hat Vigouroux diese Verringerung des elektrischen Widerstandes bei verschiedenen Herzleiden, insbesondere bei der Asystolie aufgefunden. Ich beschränke mich darauf, Ihnen hier das Wesentliche an der in Wirklichkeit ziemlich complicirten Thatsache mitzutheilen, und muss es Herrn Vigouroux überlassen, Ihnen in seinen Vorlesungen über Elektrotherapie alle technischen Einzelheiten zu entwickeln. Ich will nur hinzufügen, dass es mit den gegenwärtigen elektrischen Apparaten möglich ist, den genauen Betrag der so gefundenen Widerstandsherabsetzung zu bestimmen und den Widerstand in den von den Elektrikern gewählten Einheiten auszudrücken. Es steht uns so ein neues Symptom von grosser Empfindlichkeit zu Gebote, und wir werden sehen, dass dasselbe bei gewissen zweifelhaften Fällen, bei den rudimentären Formen, eine grosse diagnostische Bedeutung erlangen kann.

Ehe ich nun weiter gehe, will ich Ihnen zwei Kranke vorstellen, die das vollständige Bild der Krankheit zeigen.

Die erste ist ein Mädchen von 27 Jahren, das in einem Geschäfte angestellt ist. Sie ist ziemlich schwächlich gebaut, von hereditärer Belastung ist nichts zu berichten. In ihrer Kindheit hat sie weder Krämpfe noch fieberhafte Exantheme durchgemacht; die Menstruation trat im Alter von 17 Jahren ein; vorausgieng während dreier Jahre Nasenbluten, das beinahe regelmässig ein- oder zweimal im Monat auftrat. Gegen das Ende des Jahres 1879 begann die Periode unregelmässig zu werden und erschienen neuralgische Schmerzen im Kopfe, einige Zeit später auch in der Magengrube. Im November 1881 Herzklopfen, welches sich allmählich so sehr steigerte, dass die Athmung erschwert wurde. Zur selben Zeit soll sich der Tremor an den oberen Extremitäten eingestellt haben, so dass die Kranke gewisse feinere Arbeiten nicht mehr ausführen konnte.

Im Juli musste sie wegen einer durch Fieber und Schwere der Glieder ausgezeichneten Erkrankung durch etwa zwölf Tage das Bett hüten. Während der Reconvalescenz wurden die Kranke und ihre Angehörigen auf den Exophthalmus und das Wachsthum des Kropfes aufmerksam.

In den ersten Tagen des Monats October 1882 bildete sich Abmagerung aus, bald darauf wurde der Kranken das

Gehen beschwerlich, und ein Jahr später, im Januar 1884, war eine vollentwickelte Lähmung da.

Diese Paraplegie bestand noch, als die Kranke (am 24. Juli 1884) sich auf unsere Klinik aufnehmen liess. Die unteren Extremitäten zeigten sich erheblich abgemagert, jedoch fehlte eine Veränderung der elektrischen Erregbarkeit, sowie Störungen der Sensibilität und der Blasenfunction.

Gegenwärtig kann die Kranke, wie Sie sehen, mit Leichtigkeit umhergehen, der sehr bedeutende Exophthalmus hat sich ein wenig zurückgebildet, die Schilddrüsenschwellung ist im Gleichen. Der Tremor ist noch sehr deutlich, die Pulsfrequenz beträgt 130, der elektrische Widerstand, zu Anfang der Behandlung 1080 Einheiten (Ohms), ist noch jetzt sehr gering. Wir schreiben die Veränderung im Zustande der Kranken der Behandlung zu, von der später die Rede sein soll.

Wir haben es hier also mit einem typischen Fall zu thun. Ausser den angeführten Cardinalsymptomen hat unsere Kranke aber auch einige der Nebenerscheinungen der Krankheit gezeigt. So ersehen wir aus ihrer Geschichte, dass sie im März 1883 von Hustenanfällen heimgesucht wurde; seitdem sie sich hier befindet, hat sie Anfälle von Diarrhöe gehabt; endlich ist die Periode, nachdem sie lange Zeit schmerzhaft und spärlich gewesen war, seit den letzten vierzehn Monaten gänzlich ausgeblieben.

Als ätiologische Momente kommen gewiss die übermässige Anstrengung, sowie Kummer in der Familie in Betracht, die kurz vor dem Ausbruch der Erkrankung auf die Kranke gewirkt haben.

Unsere zweite Kranke ist eine Frau von 43 Jahren, verheiratet und Familienmutter. Ihr Vater ist einem Blasenleiden erlegen, ihre Mutter wurde wegen doppelseitigen Glaukoms operirt, eine ihrer Töchter ist an Krämpfen gestorben, eine andere (sie hat fünf Kinder gehabt) im Alter von 6 Jahren an Meningitis.

Ihre gegenwärtige Krankheit ist vor 18 Monaten, und zwar plötzlich aufgetreten. Nachdem sie sich beim Reiben des Bodens in ihrer Wohnung sehr angestrengt hatte, wurde sie von Herzklopfen, Schmerzen in den Beinen und Diarrhöen befallen, und musste besonders wegen des letzteren Leidens zwei Monate bettlägerig bleiben. Nach Ablauf dieser Zeit zeigten sich fast gleichzeitig das Hervortreten der Augäpfel (zuerst des rechten), die Anschwellung der Schilddrüse und der Tremor. Später litt sie an Erbrechen, profusen Schweissen und an einem beständigen, peinlichen Wärmegefühl. Sie schläft wenig und träumt dabei sehr lebhaft, gesteht selbst zu, dass

sich ihr Charakter verändert hat. Ihre Pulsfrequenz beträgt
140, die Athmungsfrequenz 24. Die Herztöne sind rein. Der
elektrische Widerstand ist 900 Einheiten.

Ich mache Sie darauf aufmerksam, dass der Kropf unter
dem Einflusse der Behandlung fast vollkommen zurückgegangen
ist. Auch die anderen Symptome haben sich wie bei unserer
ersten Kranken gebessert. In der That ist die Prognose bei
der Basedow'schen Krankheit trotz der anscheinenden Schwere
der Erscheinungen günstiger zu stellen, als man früher gemeint
hat. Es ist eine der Krankheiten, die uns nicht ungerüstet
finden; von der Behandlung, die wir bei unseren Kranken
einschlagen, will ich am Ende sprechen. Die gänzliche Genesung
ist im Allgemeinen nur eine Sache der Zeit, höchstens dass,
wenn der Kropf sehr lange bestanden hat, ein gewisses Mass
von Vergrösserung der Schilddrüse in Folge von Bindegewebs-
neubildung zurückbleibt.

II.

Ich muss aber jetzt, nachdem sich die Kranken zurück-
gezogen haben, hinzufügen, dass die Unbedenklichkeit der
Diagnose einigen Einschränkungen unterliegt. Es giebt nämlich
Fälle, deren Anstieg ein so rapider, und deren Natur von Anfang an so ungünstig ist, dass die Therapie nicht die Zeit hat,
sich zur Geltung zu bringen. Doch muss ich wiederholen, dass
solche Fälle nur seltene Ausnahmen sind.

Das wäre also die typische Form. Ich habe mich nicht
dabei aufgehalten, Ihnen die Diagnose derselben zu entwickeln,
weil sie, besonders, seitdem die Krankheit besser gekannt ist,
in solchen Fällen nicht die mindeste Schwierigkeit bietet.
Ganz anders nun, wenn wir an die rudimentären Formen
herangehen. Diese sind in erst jüngster Zeit gehörig beachtet
worden; ich habe Sie zu wiederholten Malen, besonders seit
drei Jahren, auf dieselben aufmerksam gemacht. Eine vortreffliche Darstellung finden Sie in der erwähnten Arbeit von
P. Marie, von der man sagen darf, dass sie eine neue
Epoche in der Kenntniss der in Rede stehenden Erkrankung
eröffnet hat.

Nehmen Sie an, dass ein Kranker anstatt der vier Cardinalsymptome nur eines derselben nebst mehreren Symptomen
zweiter Ordnung zeigt. Sie begreifen sofort, dass dann der
Zustand ein ganz verändertes Bild giebt, und dass die Diagnose
Schwierigkeiten bereiten kann, die noch erheblicher werden,
wenn die nebensächlichen Symptome das Bild beherrschen.
Man kann es so z. B. mit psychischen Veränderungen oder

mit epileptiformen Krämpfen zu thun haben, und läuft Gefahr, deren Abhängigkeit von der eigentlichen Erkrankung zunächst zu übersehen.

Ich stelle Ihnen hier zwei Kranke vor, die mit dieser rudimentären Form behaftet sind. Der erste Kranke ist ein Mann, und ich will Ihnen im Vorbeigehen bemerken, dass die Basedow'sche Krankheit bei beiden Geschlechtern in gleicher Weise vorkommt. Vielleicht, dass sie bei Frauen ein wenig häufiger ist; was die rudimentären Formen betrifft, so glaube ich nicht, dass darüber statistisches Material vorliegt. Dieser Mann ist fünfzig Jahre alt, Kutscher im Dienste eines Privaten. Sein Vater ist an Asthma, seine Mutter an einer blitzähnlich tödtenden Apoplexie gestorben. Die Letztere war nervös und bekam Zittern, wenn sie in Erregung gerieth. Eine anderweitige hereditäre Belastung liegt nicht vor. Der Patient hat von Erkrankungen nur die Blattern im Alter von dreiundzwanzig Jahren, als er bei Militär diente, durchgemacht. Er weiss weder von Kummer, noch von heftigen Aufregungen oder Ausschweifungen irgend welcher Art zu berichten.

Im Juli 1884 erkrankte er an Abgeschlagenheit mit Fieber. Er konnte acht Tage später seinen Dienst wieder aufnehmen, brachte einen vollen Tag unter freiem Himmel zu und trank dann gegen Abends einige Mundvoll kalten Wassers an einem Brunnen. Eine Viertelstunde später verspürte er Hitzegefühl und eine Beengung in der Gegend des Brustbeines, welche sich gegen beide Schultern hin ausbreitete. Diese Empfindung hörte bald auf, kehrte aber wieder, und es kam zu so einer Reihe von Anfällen, die eine Minute lang dauerten und durch Zwischenzeiten von zwei bis drei Minuten von einander getrennt waren. Der Kranke musste sich nun zu Bette legen und verblieb durch zwei Monate darin. Die beschriebenen Anfälle hielten in den ersten drei Wochen ohne Veränderung an, dann kam eine achttägige Pause, während welcher er sich nur über grosse Schwäche beklagte, und zuletzt trat ein heftiger Schmerz auf, der tagsüber das Auge und während dreier Tage auch das Ohr der rechten Seite zum Sitze hatte; dabei delirirte er ein wenig. Als er das Bett verlassen konnte, war er ausserordentlich hinfällig und bemerkte, dass er ein wenig zitterte. Er brachte nun drei Wochen in seiner Heimat (Haute-Garonne) zu, wo er sich sehr wohl befand; als er aber (am 1. November) nach Paris zurückkehrte, traten die Anfälle und das Zittern wieder auf und verstärkten sich immer mehr. Am 12. November liess er sich in's Spital aufnehmen, wo wir ihn untersuchten und das Folgende constatiren konnten: Der Kranke klagt tagsüber nur über eine leichte Zusammenschnürung im Halse,

Ohrensausen und Schwäche der Beine. Die Anfälle treten nur bei Nachtzeit auf, etwa zehn in einer Nacht, jeder von drei oder vier Minuten Dauer. Sie bestehen in einem sehr heftigen und schmerzhaften Gefühl von Zusammenziehung, welches seinen Sitz im Rückgrat zwischen den Schultern hat, und sich auf dieselben und auf die Arme bis zu den Handgelenken ausbreitet. Der Kranke ist dann genöthigt aufzustehen und sich der Kälte auszusetzen, wodurch der Anfall abgeschnitten wird. Es fehlt übrigens die Präcordialangst, die der echten Angina pectoris zukommt, obwohl die Schmerzen unverkennbar derselben Natur wie bei Angina pectoris sind.

Alle Muskeln des Rumpfes und der Glieder zeigen sehr deutlichen Tremor. Die Muskeln des Kopfes sind davon frei, wiewohl der Kopf durch die von den anderen Körpertheilen mitgetheilten Bewegungen erschüttert wird.

Die Pulsfrequenz beträgt 122, der Puls ist schwach, regelmässig, seine Spannung herabgesetzt, die Respirationszahl ist 22.

Wenn sich der Kranke niederlegt, wird er von Hustenanfällen heimgesucht, dreissig bis vierzig auf einander folgenden Stössen ohne bemerkenswerthen Auswurf. Dies geschieht besonders häufig nach den Schmerzanfällen. Auch leidet er mitunter an mässigen dyspeptischen Beschwerden.

Fünf oder sechs Mal in der Woche tritt Diarrhöe ein, wobei er drei bis vier seröse Entleerungen innerhalb zweier Stunden hat. Gelegentlich Erbrechen nach der Mahlzeit und nicht selten Heisshunger.

Kropf, Exophthalmus, sowie Steigerung der Schweisssecretion fehlen.

Die Sensibilität, sowohl die allgemeine, wie die Leistungsfähigkeit der Sinnesorgane ist erhalten. Die Haut zeigt keine Flecken, keine Veränderung ihrer Färbung. Die Kraft der Hände beträgt am Dynamometer 35 kg für die rechte und 30 kg für die linke Hand. Die Sehnenreflexe an den oberen Extremitäten fehlen.

Die Untersuchung des Harnes (dessen Menge zweieinhalb Liter in vierundzwanzig Stunden erreicht) ergiebt weder Eiweiss noch Zucker.

Der elektrische Widerstand, vom Nacken zum Brustbein gemessen, ist bei 1170 Einheiten.

Der vierte unserer Fälle, den ich minder ausführlich behandeln darf, betrifft eine Frau von fünfundvierzig Jahren. Auch diese ist wieder eine rudimentäre Form, aber ich möchte sie als secundär oder nachträglich rudimentär bezeichnen. Die Kranke bot nämlich im Anfange das vollständige Krankheitsbild, und erst unsere Behandlung hat die Schilddrüsenschwellung und

den Exophthalmus zum Schwinden gebracht; auch der anfänglich sehr herabgesetzte elektrische Widerstand (900 Einheiten)
hat sich bedeutend gehoben. Gegenwärtig sind zwar nur noch
die Pulsbeschleunigung und das Zittern übrig geblieben, doch
ist die Diagnose der Erkrankung leicht zu machen, besonders
wenn man die Krankengeschichte zu Hilfe nimmt.

Dagegen haben Sie an unserem vorigen Kranken entnehmen
können, wie sehr die vorgefundenen Symptome vom classischen Krankheitsbilde abweichen können. Exophthalmus und
Struma fehlten; an deren Stelle fanden wir fieberhaften Beginn
und ungewöhnliche nervöse Störungen der Respiration und
der Verdauung, welche Sie Mühe haben würden, bei irgend
einer Erkrankung unterzubringen, läge Ihnen nicht die Zusammenstellung, die ich gegeben habe, vor. Aber die Pulsbeschleunigung, das Zittern und die Verringerung des elektrischen Widerstandes geben uns den Schlüssel für das Verständniss des eigenthümlichen Symptomcomplexes in die Hand
und lassen uns keinen Zweifel über die Diagnose. Wollen Sie
sich gefälligst merken, dass Fälle dieser Art keineswegs zu
den klinischen Seltenheiten gehören. Die rudimentären Formen
der Basedow'schen Krankheit sind eher verhältnissmässig
häufig, und unter den Kranken, welche unsere elektrische
Abtheilung besuchen, finden sich in der Regel vier oder fünf
solcher Fälle.

Ich habe Ihnen gesagt, dass wir gegen die uns hier be-
schäftigende Krankheit eine wirklich mächtige Behandlungsmethode besitzen. Die Hydrotherapie, der Aran'sche Eis-
beutel u. dgl. sind gewiss auch im Stande, die Krankheit im
günstigen Sinne zu beeinflussen, aber ich habe hier ganz besonders die elektrische Behandlung im Auge. Man hat bereits
früher, zumal in Deutschland, durch die Galvanisation am
Halse oder, wie man auch sagt, Galvanisation des Sympathicus,
gute Erfolge erzielt. Diese Methode ist nun von R. Vigouroux
ausgearbeitet und vervollkommnet worden und liefert in seiner
Hand seit fünf oder sechs Jahren constant die günstigsten
Ergebnisse. Ich werde Ihnen die einzelnen Acte des Verfahrens
nun auseinandersetzen.

Man beginnt die Sitzung mit der Faradisation des Halses.
Dazu wird 1. die positive Elektrode, als welche man eine breite
Platte wählt, auf die untere und hintere Halsgegend aufgesetzt;
die negative, olivenförmige, oder kleine Knopfelektrode setzt
man unter starkem Druck auf die Carotis unterhalb des
Kieferwinkels.

Vigouroux redet der Faradisation sehr das Wort, er
behauptet, dass diese weit auffälligere Wirkungen ergiebt, als

23*

die Galvanisation. Unmittelbar nach der Faradisation kann
man bei manchen Kranken eine Veränderung in der Färbung
der Wange auf der behandelten Seite bemerken; gleichzeitig
sinkt die Temperatur an der entsprechenden Hälfte des Kopfes
um ein bis zwei Grade, und die Empfindung von Spannung
in der Augenhöhle lässt nach oder verschwindet. Wenn man
den constanten Strom anwendet, sind alle diese Veränderungen
zum mindesten zweifelhaft. Auf diese Weise behandelt man
nun die Region der Carotiden auf beiden Seiten.

2. Sodann wird die negative Elektrode leicht über die
Lider geführt, um den M. orbicularis zur Contraction zu
bringen.

3. Darauf faradisirt man die Struma und den M. sterno-
hyoïdeus und thyroïdeus, deren Zusammenziehung zu erhalten
wünschenswerth ist.

4. Endlich übergeht man zur Galvanisation in der Präcordialgegend. Die grosse Elektrode bleibt an ihrer Stelle hinten,
den Knopf der anderen Elektrode ersetzt man durch eine lange
und schmale Platte, die man an die innere Partie des dritten
Intercostalraumes anlegt. Wenn dies geschehen ist, ersetzt
man mittelst eines einfachen Griffes am Schlüssel den faradischen Strom durch den galvanischen und kehrt dabei gleichzeitig dessen Richtung um. Die Anode oder der positive Pol
wird jetzt durch die vorne angebrachte Elektrode dargestellt.
Die Stromintensität wechselt dabei zwischen 50 und 70 Zehntel
Milliampères. Dieser letzte Theil des Verfahrens hat die Be-
ruhigung der Herzthätigkeit zum Zwecke. Das Herzklopfen
nimmt sofort an Heftigkeit, wenn auch nicht an Frequenz ab.
Dies letztere Symptom bietet der Behandlung immer die grössten
Schwierigkeiten und widersetzt sich am längsten einer dauernden Beeinflussung.

Die Sitzung, welche diese verschiedenen Acte umfasst,
dauert 10 bis 15 Minuten, welche Zeit sich auf die drei Haupt-
punkte der Behandlung (Faradisation der Carotiden und der
Schilddrüsengegend und Galvanisation der Herzgegend) gleich
oder annähernd gleich vertheilen, und soll jeden zweiten Tag
wiederholt werden.

Ich werde es nicht versuchen, Ihnen eine physiologische
Erklärung für die so erzielten Erfolge zu geben. Fest steht
nur die Thatsache, dass die letzteren sehr auffällig sind. Zunächst nur vorübergehend und bald nach der elektrischen
Sitzung wieder verschwunden, halten sie dann nach jedem
Male länger an und man kann sich leicht vorstellen, wie sie
sich bei häufiger Anwendung des Verfahrens dauernd befestigen können. Dies ist auch der Fall. Die Symptome, welche

am ehesten, mitunter schon in den ersten Tagen der Behandlung weichen, sind der Exophthalmus und die Struma. Wie
ich Ihnen schon erwähnt habe, kann in veralteten Fällen ein
Rest von der letzteren zurückbleiben.

Zur völligen Wiederherstellung bedarf es eines langen
Zeitraumes, sechs Monate oder mehr. Die elektrische Behandlung bedarf übrigens nicht der Unterstützung durch eine anderweitige Therapie; ich führe dies an, weil es ein Punkt ist,
auf den Herr Vigouroux grosses Gewicht legt.

K. k. Hofbuchdruckerei Carl Fromme in Wien.

www.ingramcontent.com/pod-product-compliance
Lightning Source LLC
Chambersburg PA
CBHW021400210326
41599CB00011B/958